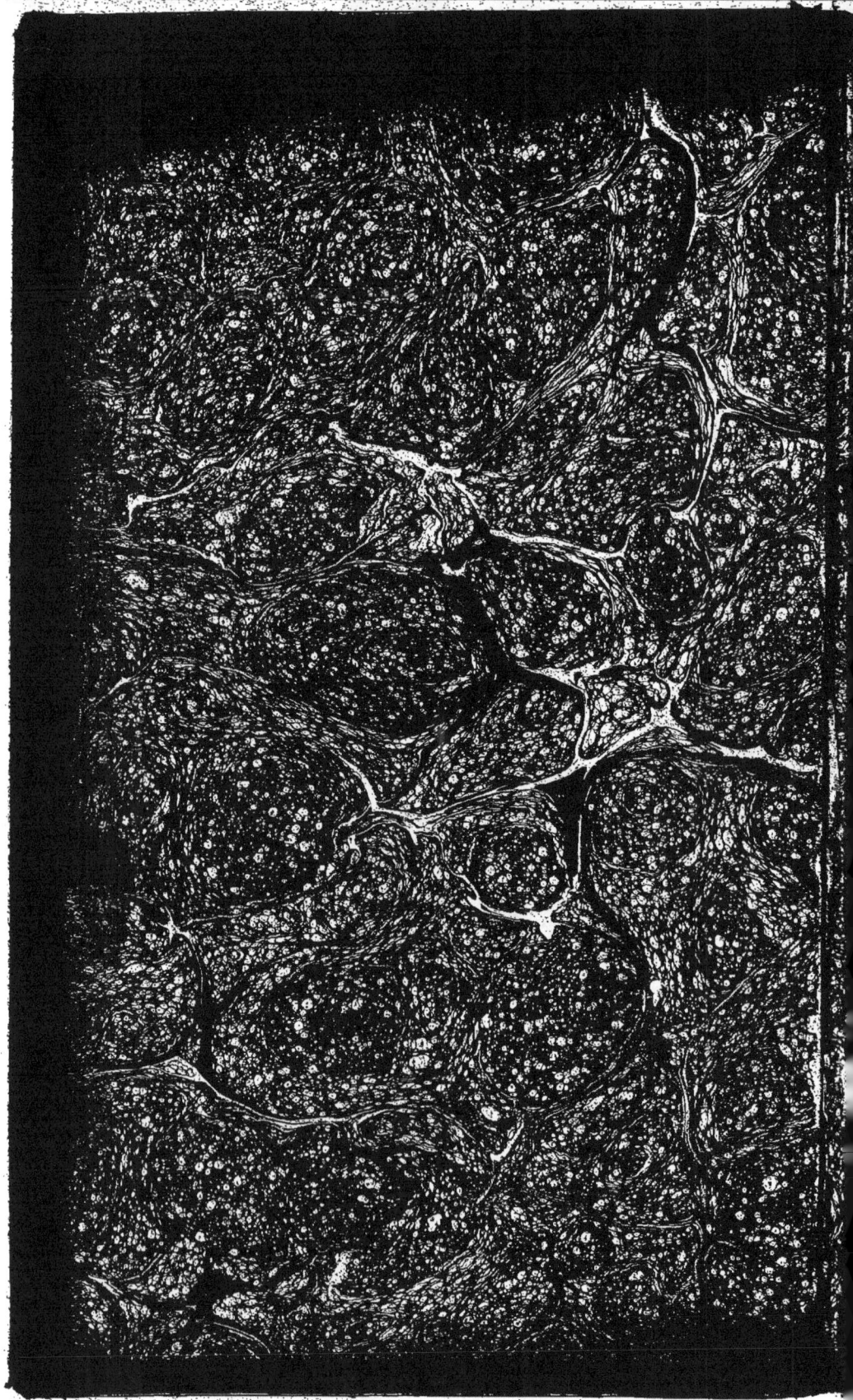

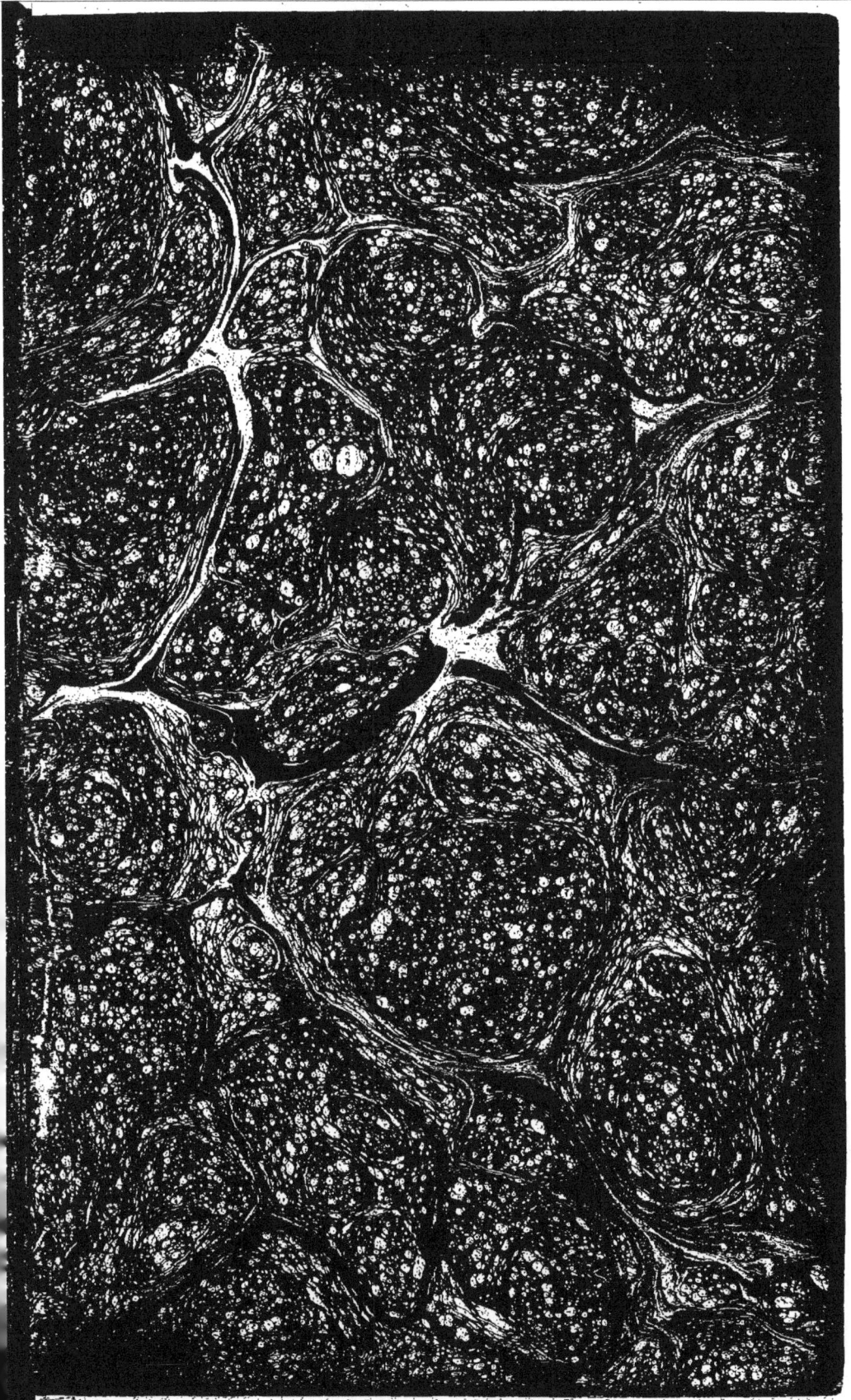

S/A
7-943 ter I

# TRAITÉ

# DE CHIMIE

## ÉLÉMENTAIRE,

### THÉORIQUE ET PRATIQUE.

# TRAITÉ
# DE CHIMIE
## ÉLÉMENTAIRE,
### THÉORIQUE ET PRATIQUE,

#### Par L. J. THENARD,

Membre de l'Institut impérial de France; Professeur de Chimie au Collége impérial de France, à l'Ecole impériale polytechnique et à l'Ecole normale; Membre de la Société philomatique, et Membre–Adjoint de la Société de la Faculté de Médecine de Paris; Correspondant des Académies de Berlin, de Madrid, d'Erfurt, etc.

---

## TOME PREMIER.

---

## A PARIS,

Chez CROCHARD, Libraire, rue de l'Ecole de Médecine, n° 3.

~~~~~~~~

### DE L'IMPRIMERIE DE LEBÉGUE.

~~~~~~~~

1813.

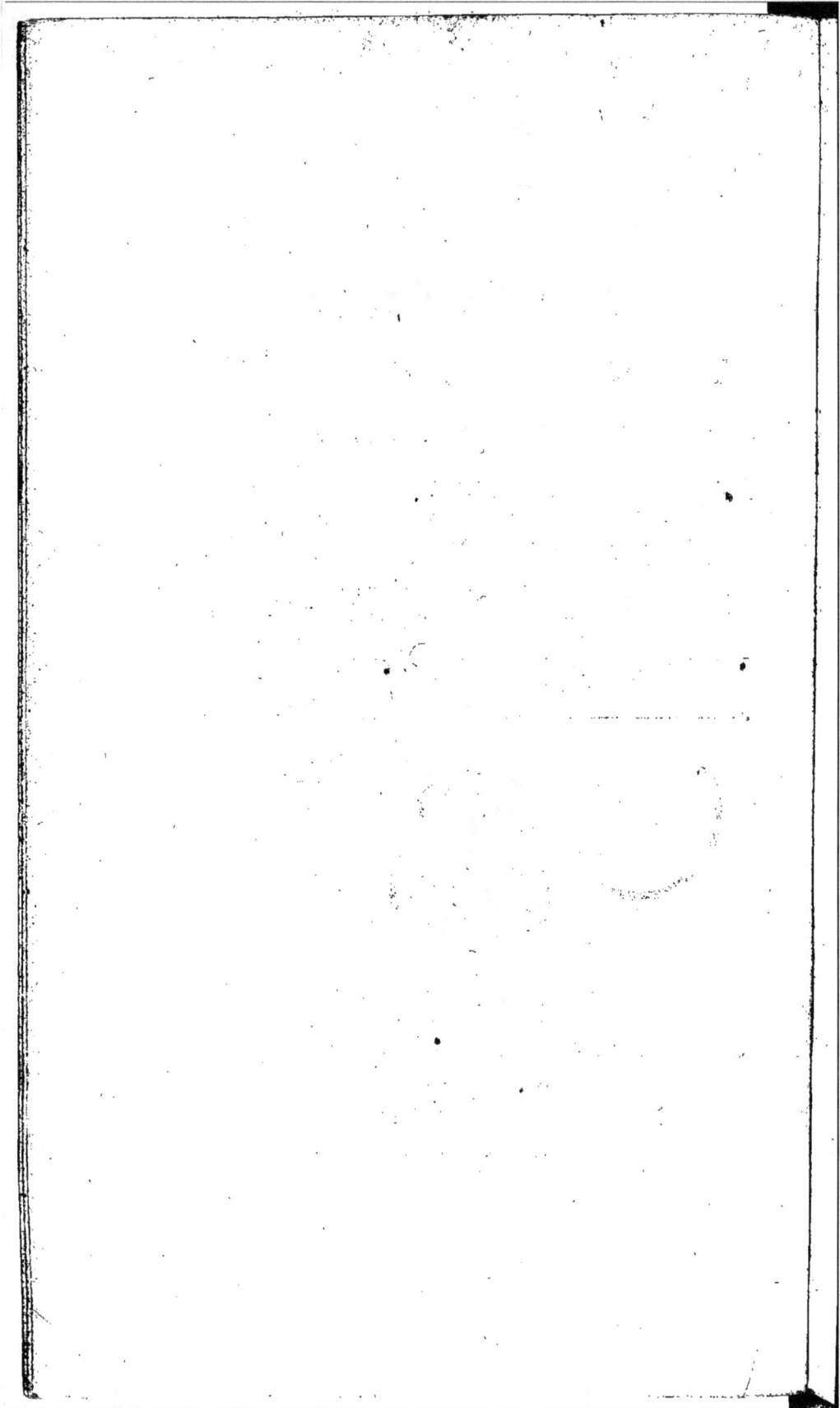

# A MON AMI

# GAY-LUSSAC,

## MEMBRE DE L'INSTITUT IMPÉRIAL DE FRANCE,

### PROFESSEUR DE CHIMIE A L'ÉCOLE IMPÉRIALE POLYTECHNIQUE,

### PROFESSEUR DE PHYSIQUE A L'ÉCOLE NORMALE, etc., etc.

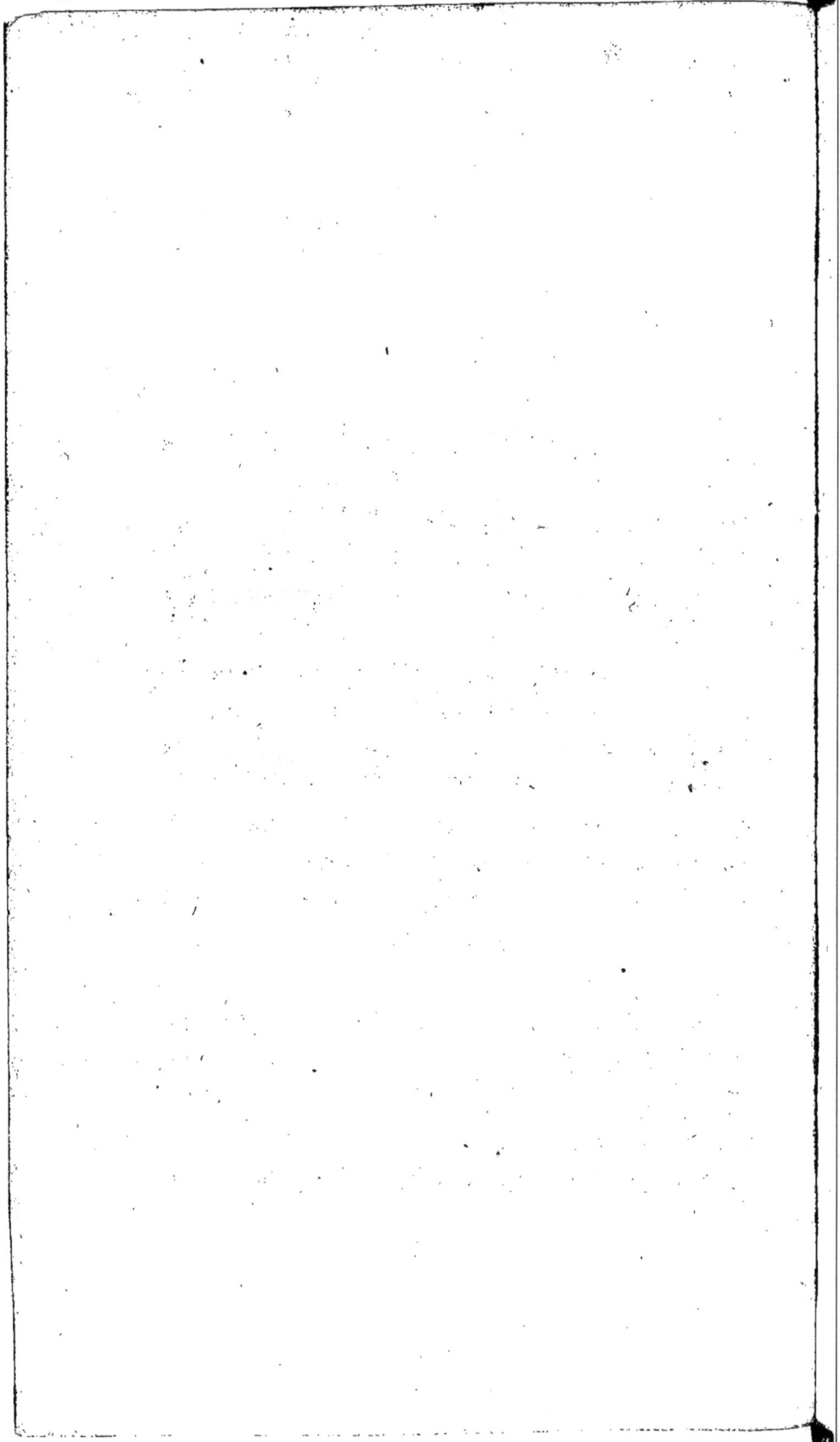

# PRÉFACE.

L'ouvrage dont je publie aujourd'hui la première partie, doit se composer de quatre volumes in-8°. Dans les deux premiers, je traiterai de tout ce qui est relatif aux corps inorganiques; dans le troisième, de tout ce qui concerne les corps organiques; et dans le quatrième, de l'analyse chimique, ou des moyens généraux par lesquels on parvient à séparer les principes constituans des corps et à en déterminer la proportion: celui-ci renfermera, en outre, toutes les planches de l'ouvrage, et la description des ustensiles que l'on doit se procurer dans un laboratoire de chimie, ainsi que leurs usages et la manière de s'en servir.

La méthode que j'ai constamment suivie consiste à procéder du simple au composé, du connu à l'inconnu, à réunir dans un même groupe tous les corps analogues, et à les étudier d'abord d'une manière générale et ensuite

d'une manière particulière : on la trouvera
exposée ( premier volume, page 1 1 7 ). L'avantage de cette méthode, employée par les na-
turalistes, se fera sentir surtout dans l'étude
des métaux et des composés, dont ils font
partie. En effet, il est possible de faire de ces
sortes de corps une étude générale si précise,
qu'on soit presque dispensé de les étudier
en particulier. Pour s'en convaincre, il suffira de lire l'histoire des métaux , ou celle
des phosphures, des sulfures, des alliages (premier volume), ou bien encore celle des oxides
métalliques ou des sels (deuxième volume).

En considérant ainsi les phénomènes, il est
évident qu'on doit éviter de fréquentes répétitions : aussi ai-je renfermé dans les trois
premiers volumes ce qui, par les méthodes
adoptées jusqu'ici dans les ouvrages de chimie, aurait fait le sujet d'un bien plus grand
nombre.

Cependant il me semble avoir exposé tous
les faits qui sont connus, et n'avoir parlé d'aucun sans en donner l'explication et sans dire
comment on peut le constater ; j'ai même été
quelquefois minutieux dans la description des

expériences, parce que j'ai voulu mettre les élèves dans le cas de les répéter toutes.

J'ai puisé dans un grand nombre de sources, que j'indiquerai avec soin à mesure que l'occasion s'en présentera; je me contenterai de dire actuellement que l'ouvrage de M. Thomson m'a été fort utile, pour la partie historique, et que j'ai tiré du Traité de Minéralogie de M. Brongniart la majeure partie de ce que je rapporte sur l'état naturel des matières minérales.

Malgré les soins que j'ai pris pour ne pas commettre d'erreurs, je crains qu'il ne m'en soit échappé quelques-unes : je saurai beaucoup de gré à ceux qui voudront bien me les faire connaître. Je crains aussi de ne pas avoir toujours été assez réservé dans quelques points de théorie que l'expérience n'a point encore confirmés; mais l'on m'excusera peut-être, lorsqu'on saura que je ne les ai hasardés que pour indiquer des sujets de recherches aux jeunes chimistes.

Deux de mes amis, M. Chevillot, l'un des essayeurs généraux des Monnaies, et M. Denoue,

docteur en médecine de la Faculté de Paris,
ont bien voulu me seconder dans l'impression
de cet ouvrage. Qu'il me soit permis de leur
en témoigner ma reconnaissance.

# ERRATA.

Le Lecteur est prié de faire les corrections suivantes :

Page 8, ligne 20, pl. 1, fig. 14; *lisez* pl. 14, fig. 1.

P. 9, l. 19, est lui-même susceptible; *lisez* est quelquefois susceptible.

P. 65, l. 17, la première appartient, etc.; *lisez* selon quelques physiciens, la première appartient, etc.

P. 85, l. 7, Alcorazas; *lisez* Alcarazas.

P. 97, l. 8, formant; *lisez* fermant.

P. 137, l. 27, en le mettant; *lisez* en la mettant.

P. 171, l. 16, tube de verre recourbé ABC, etc.; *lisez* tube de verre recourbé ABC, pl. 20, fig. 6.

P. 205, l. 30, la tension de l'air; *lisez* la tension de l'eau.

P. 234, l. 11, mettez un point et une virgule au lieu d'une virgule seule, *après* haut degré.

P. 260, l. 19, t. 43 et 48; *lisez* t. 43 et 58.

P. 265, l. 10, t. 4; *lisez* t. 50.

P. 281, l. 17, 2 kilog. de sel avec un kilog. de neige; *lisez* 1 kilog. de sel avec 2 kilog. de neige.

P. 284, l. 3, Tran. philos., 1803; *lisez* Tran. philos., 1802.

P. 286, l. 8, Oruzo; *lisez* Oruro.

P. 297, l. 11, les du mélange; *lisez* les $\frac{5}{6}$ du mélange.

P. 306, l. 11 ( voyez quatrième volume, etc.) ; *lisez* ( voyez troisième volume, etc. )

P. 315, l. 5, de phosphore et d'acide; *lisez* de phosphure et d'acide.

P. 334, dernière ligne, tome 74; *lisez* tome 64.

P. 336, l. 12, t. 76; *lisez* t. 66.

P. 336, l. 13, tome 78; *lisez* tome 75.

P. 361, l. 30, parties égales de phosphure; *lisez* parties égales de phosphore.

P. 381, l. 17, Neggarg; *lisez* Nagyag.

P. 392, l. 7, cohésion, ou, pour, etc. ; *lisez* cohésion; ou que pour, etc.

P. 408, l. 11, l'un et l'autre l'absorbe au-dessous; *lisez* absorbe l'un et l'autre au-dessous.

P. 409, l. 24, est employé pour faire les cloches en grand : cet alliage se fait dans des fours, etc. ; *lisez* est employé pour faire les cloches : cet alliage se fait en grand dans des fours, etc.

P. 425, en note, pour l'allier à l'argent ; *lisez* pour allier le cuivre à l'argent.

P. 426, l. 26, ajoutez qu'il faut que l'alliage contienne de l'argent.

P. 433, l. 10, on ouvre le robinet ; *lisez* on enlève le robinet.

P. 494, l. 20, on le pulvérise ; *lisez* on pulvérise ce sel.

P. 541, l. 24, formé de 100 de soufre et de 192 d'oxigène ; *lisez* formé de 100 de soufre et de 92 d'oxigène.

P. 542, l. 3, t. 74 ; *lisez* t. 78.

P. 584, l. 24, t. 2 ; *lisez* t. 1.

Il existe aussi quelques faux numéros dans le cours de l'ouvrage ; mais le lecteur trouvera toujours facilement les objets qu'on veut indiquer en consultant la table et l'ordre suivant lequel les corps sont étudiés (premier volume, page 117).

# ADDITIONS.

1° NOUS disons, page 75, qu'on ne connaît encore exactement la chaleur spécifique d'aucun gaz ; mais MM. Delaroche et Berard, dans un Mémoire couronné par la classe des Sciences mathématiques et physiques de l'Institut, viennent de déterminer, avec beaucoup de soins, celle de plusieurs gaz, savoir : de l'air atmosphérique, du gaz hydrogène, de l'acide carbonique, de l'oxigène, de l'azote, de l'oxide d'azote, du gaz oléfiant, du gaz oxide de carbone, de la vapeur aqueuse.

Nous nous contenterons de rapporter les principaux résultats auxquels ils sont parvenus, et nous inviterons nos lecteurs à consulter le Mémoire même des auteurs (Annales de Chimie, t. 85).

| | Sous le même volume. | Sous le même poids. |
|---|---|---|
| La chaleur spécifique de l'air étant . . | 1,0000 . . | 1,0000 |
| Celle des autres gaz est, savoir : | | |
| De l'hydrogène . . . . | 0,9033 . | 12,3401 |
| De l'acide carbonique. | 1,2583 . | 0,8280 |
| De l'oxigène. . . . . . | 0,9765 . | 0,8848 |
| De l'azote. . . . . . | 1,0000 . | 1,0318 |
| Du protoxide d'azote . | 1,3503 . | 0,8878 |
| Du gaz oléfiant . . . | 1,5530 . | 1,5763 |
| De l'oxide de carbone . | 1,0340 . | 1,0805 (a) |

---

(a) *Voyez* le tableau de la pesanteur spécifique des gaz, premier volume, page 176.

Comparant ensuite la chaleur spécifique de ces mêmes gaz à celle de l'eau, prise pour unité, ils trouvent :

Chaleur spécifique de l'eau . . . . . . . . . .1,0000
De l'air. . . . . . . . . 0,2669
Du gaz hydrogène . . . . 3,2936
Du gaz acide carbonique. . 0,2210
Du gaz oxigène . . . . . 0,2361
Du gaz azote . . . . . . 0,2754
Du protoxide d'azote . . . 0,2369
Du gaz oléfiant . . . . . 0,4207
Du gaz oxide de carbone . 0,2884
De la vapeur aqueuse. . . 0,8470

Enfin, comparant la chaleur spécifique des gaz à celle des composés dans lesquels ils entrent, ils arrivent à des résultats qui ne sont point toujours d'accord avec la loi reconnue par le docteur Irvine. Ce physicien admet que, quand deux corps se combinent, et qu'il y a condensation et dégagement de calorique, le composé qui en résulte a une chaleur spécifique moindre que celle que l'on trouve par un calcul fondé sur la connaissance de la chaleur spécifique des composans et des proportions dans lesquelles ils s'unissent; et qu'au contraire, quand dans une combinaison il y a production de froid, la chaleur spécifique du composé est plus grande que celle qui est donnée par le calcul.

Or, MM. Delaroche et Berard, en considérant l'eau comme formée de 87 d'oxigène et de 13 d'hydrogène, trouvent, par le calcul, que sa chaleur spécifique devrait être au plus de 0,6335, tandis que, d'après l'expérience, elle est de 1,0000.

Outre ces divers résultats, MM. Delaroche et Berard en rapportent encore un autre digne de remarque, et en partie observé par M. Gay-Lussac; c'est que la chaleur spécifique d'un gaz, considérée sous le rapport des volumes, augmente avec sa densité, mais suivant une progression moins rapide.

2° M. Berard a fait tout récemment des recherches sur la lumière; il a observé, comme Herschell, que, dans le spectre solaire au-delà du rayon rouge, il existe des rayons calorifiques; et, comme Wollaston, etc., que, dans ce même spectre au-delà du rayon violet, il existe des rayons obscurs incapables d'échauffer, et d'où dépend l'action chimique du fluide lumineux. Il a observé, de plus, que les rayons calorifiques ont la propriété de se polariser de même que les rayons lumineux. ( *Voyez* Annales de Chimie, t. 85; et 1$^{er}$ volume de cet ouvrage, page 87.)

3° Nous avançons, premier volume, page 533, que l'acide nitreux qui se forme au commencement de l'opération, dans l'extraction de l'acide nitrique du nitre par l'acide sulfurique, provient de ce que le nitre contient du sel marin et de ce que l'acide muriatique enlève une portion d'oxigène à l'acide nitrique. Indépendamment de cette cause, il en est une autre bien plus puissante; c'est que l'acide sulfurique concentré a la propriété de décomposer l'acide nitrique à l'aide d'une légère chaleur. En effet, si l'on expose à une température de 100 et quelques degrés un mélange de 3 à 4 parties d'acide sulfurique et d'une partie d'acide nitrique, même à peine fumant, on ne tarde point à obtenir du gaz acide nitreux et du gaz oxigène: alors l'acide sulfurique s'empare de l'eau de l'acide nitrique, qui, ne pouvant exister seul, donne lieu nécessairement à ces deux gaz.

Il est évident que des phénomènes analogues doivent avoir lieu en traitant le nitre par l'acide sulfurique; et si, lorsque ce sel est fondu, l'acide nitrique cesse de se décomposer; c'est qu'alors il s'empare de l'eau de l'acide sulfurique, mise en liberté, parce que celui-ci se combine de toutes parts avec la potasse, base du nitre.

4° Nous admettons; premier volume, page 314; que le résidu rouge qu'on obtient en faisant brûler rapidement le phosphore, n'est autre chose que du phosphure de carbone, après avoir été bien lavé. Il paraît, d'après les expériences de M. Vogel, que ce résidu n'est que de l'oxide de phosphore. (Annales de Chimie, t. 85.)

# TRAITÉ
# DE CHIMIE
## ÉLÉMENTAIRE,
## THÉORIQUE ET PRATIQUE.

## PREMIÈRE PARTIE.

### *Corps Inorganiques.*

## CHAPITRE PREMIER.

*Notions sur la nature des Corps, et sur la force qui unit leurs Parties constituantes.*

1. IL existe un petit nombre de corps dont on ne peut retirer qu'une sorte de matière : ceux dont on peut en retirer plusieurs sortes sont, au contraire, en grand nombre.

On appelle les premiers, corps simples ou élémens; et les seconds, corps composés. Le fer est un corps simple ou un élément, parce que, de quelque manière qu'on le traite, on n'en retire que du fer : le marbre est un corps composé, parce qu'on peut en retirer de la chaux , du charbon et un air particulier. Les anciens n'admettaient que quatre élémens : le feu , l'eau , l'air et la terre. De ces quatre élémens, il n'en existe qu'un tout au plus ; car l'air, l'eau et la terre sont de véritables composés. On en reconnaît aujourd'hui quarante-sept (a). Il est possible qu'il en existe plus ou moins, et que plusieurs des corps que nous regardons comme élémentaires, ne le soient réellement pas. Quoi qu'il en soit, ce sont ces quarante-sept corps qui, seuls ou combinés deux à deux, trois à trois, constituent pour nous tous les corps qui existent.

2. On dit que deux ou un plus grand nombre de corps se combinent, lorsqu'ils réagissent les uns sur les autres , de manière à n'en plus former qu'un seul dont toutes les parties , même les plus tenues, contiennent une certaine quantité de chacun d'entre eux. C'est ainsi qu'en faisant fondre dans un creuset 80 parties de plomb et 20 parties de soufre, on obtient un composé, dans les plus petits fragmens duquel on trouve du plomb et du soufre. C'est encore ainsi qu'en faisant fondre du sel dans l'eau, il en résulte une liqueur dont toutes les gouttes sont salées.

3. Lorsque deux corps A et B se combinent, on n'aperçoit pas même avec le microscope les parties entre lesquelles la combinaison a lieu, tant elles sont tenues ; il en résulte de nouvelles parties , moins petites que les précédentes, mais assez petites encore pour n'être pas sensibles à la vue.

---

(a) L'on ne comprend point, dans ce nombre, les quatre fluides impondérables, et l'on y comprend, au contraire, les radicaux présumés des acides muriatique et fluorique.

Quelquefois ces nouvelles parties restent isolées après leur formation, et sont toujours invisibles comme l'air ; mais le plus souvent, elles se réunissent et forment un seul corps qui paraît à l'état liquide ou solide. Dans tous les cas, nous les désignerons, ainsi que celles qui les constituent, sous le nom générique de molécules. Nous appellerons celles-ci, molécules constituantes ; et les autres, molécules intégrantes. Les molécules intégrantes sont donc toutes de la même nature que le corps auquel elles appartiennent : ce sont, à proprement parler, les particules de ce corps ; aussi leur donne-t-on souvent ce nom. Les molécules constituantes sont, au contraire, de nature différente. Il en existe autant de sortes dans un composé, qu'il contient de corps différens. Elles se combinent une à une ou deux à une, etc., enfin toujours en petit nombre, pour constituer des molécules intégrantes. Tous les corps composés contiennent ces deux sortes de molécules. Les corps simples n'en contiennent, au contraire, qu'une sorte ; car les molécules constituantes et intégrantes sont nécessairement les mêmes dans les corps simples.

4. Tous les corps ne se combinent pas, parce que différentes causes, dont nous parlerons bientôt, s'y opposent ; mais tous tendent à se combiner. On ne peut expliquer cette tendance générale à la combinaison, qu'en admettant l'existence d'une force inhérente aux molécules de la matière. Cette force, quelle qu'en soit la cause, car nous l'ignorons absolument, a a été appelée attraction moléculaire : elle n'a lieu qu'à des distances inappréciables, ou près du point de contact. En effet, si la distance qui sépare deux corps

est mesurable, si l'œil peut la saisir, leurs molécules ne s'attireront point ; mais s'ils se touchent, ou s'ils sont dans un contact apparent, elles pourront s'attirer et s'unir. C'est à l'attraction moléculaire qu'il faut attribuer l'adhérence que contractent deux plaques bien polies de verre ou de marbre , etc. , qu'on fait glisser l'une sur l'autre, et la propriété qu'ont les liquides de s'élever à une certaine hauteur au-dessus de leur niveau, dans des tubes capillaires (*a*).

5. L'attraction moléculaire prend différens noms , selon qu'elle s'exerce entre des molécules de même nature , ou des molécules de nature différente : on l'appelle cohésion dans le premier cas, et affinité dans le second. Examinons actuellement les phénomènes qui dérivent de ces deux forces.

### DE LA COHÉSION.

6. La cohésion étant la force qui unit les molé-cules de même nature , c'est-à-dire, les molécules inté-grantes ou les particules d'un corps, doit être en pro-

---

(*a*) L'attraction moléculaire paraît donc être bien différente de l'attraction céleste, puisque celle-ci s'exerce entre les masses et à des distances considérables, et qu'elle agit toujours en raison directe des masses et en raison inverse du carré des distances. Cependant , il serait possible de concevoir, jusqu'à un certain point, comme l'a fait M. Laplace, que l'attraction moléculaire fût soumise à la même loi que l'attraction céleste : ce serait de supposer que le diamètre des molécules est incomparablement moindre que l'intervalle qui les sépare. Cette supposition, qu'appuie la grande facilité qu'a la lumière à passer dans tous les sens, à travers les corps transparens, ferait dépendre de la forme des molécules constituantes tous les phénomènes chimiques.

portion directe avec l'effort nécessaire pour désunir ces molécules ou particules : il suit de là qu'elle est insensible dans l'air ou les fluides aériformes, qu'elle est très-faible dans les liquides, et plus ou moins grande dans les solides.

7. La cohésion qui existe entre les particules respectives de deux corps que l'on veut combiner, est toujours un obstacle à leur combinaison : si donc cette cohésion est plus grande que leur affinité, la combinaison ne peut avoir lieu. Voilà pourquoi les corps à l'état solide ne se combinent point ensemble, ou du moins ne se combinent que très-rarement. Prenons pour exemple le plomb et le soufre, et, pour plus de clarté, représentons la cohésion et l'affinité par des nombres. Supposons que la cohésion qui unit les particules du soufre soit égale à 7, ainsi que celle qui unit les particules du plomb, et que l'affinité des particules du soufre, pour celle du plomb, ne soit égale qu'à 6; il est évident que dans ce cas la combinaison n'aura pas lieu, puisque la cohésion des deux corps qui doivent s'unir l'emporte sur leur affinité.

Si la cohésion respective de deux corps que l'on veut combiner est un obstacle à leur combinaison, on remarque, au contraire, que celle du composé auquel ils doivent donner lieu, favorise la formation de ce composé. C'est ce qu'on verra particulièrement en traitant des sels.

8. Lorsqu'on diminue d'une manière quelconque la cohésion d'un corps solide, au point de le rendre liquide ou gazeux, et qu'ensuite on fait disparaître la cause de ce changement, le corps repasse à son premier état, et ses molécules se disposent de telle ma-

nière qu'elles donnent naissance à un solide régulier qu'on appelle cristal. Par conséquent, toutes les fois qu'un corps passera de l'état gazeux ou liquide à l'état solide, il cristallisera. Si ce passage était trop rapide, la cristallisation serait confuse, ou les formes qu'affecterait le solide ne seraient pas régulières. Il pourrait même se faire qu'il n'en résultât qu'une masse, au milieu de laquelle on distinguerait à peine quelques rudimens de cristaux. C'est un phénomène de ce genre qui a lieu, lorsqu'en mêlant ensemble deux portions d'eau tenant en dissolution l'une un corps A et l'autre un corps B, il se forme un composé A B insoluble dans l'eau, ou dont les particules ont plus de cohésion entre elles, que d'affinité pour ce liquide. Alors, ce composé apparaît sous forme de poudre ou de flocons, et se dépose ou se précipite, en général, au fond du vase dans lequel on opère : de là l'expression de précipité, que nous emploierons pour désigner un corps solide séparé tout à coup d'un liquide.

9. Les agens que nous employons ordinairement pour faire cristalliser les corps, sont l'eau et le feu, et quelquefois l'esprit de vin.

Il y a deux manières de faire cristalliser les corps par l'eau : tantôt on les dissout dans ce liquide à l'aide de la chaleur, et on laisse refroidir la dissolution; tantôt on abandonne la dissolution refroidie à une évaporation spontanée. Dans le premier cas, la cristallisation a lieu, parce que l'eau a la propriété de dissoudre une plus grande quantité du corps à chaud qu'à froid, et qu'on en dissout une quantité telle, qu'une portion s'en dépose nécessairement par le refroidissement. Dans le second cas, elle est due à ce que l'eau se vaporisant, il arrive bientôt une époque à laquelle le corps qu'elle contient ne peut plus être tout entier dissous.

On observe que les corps, en cristallisant au milieu de l'eau, en retiennent presque toujours une portion plus ou moins grande, qu'on appelle ordinairement eau de cristallisation.

Il y a également deux manières de faire cristalliser les corps par le feu. L'une consiste à les exposer à l'action du feu, jusqu'à ce qu'ils soient fondus; à les laisser refroidir tranquillement, jusqu'à ce qu'il se soit formé une croûte à leur surface; à percer cette croûte, et à décanter leurs parties intérieures qui, à cette époque, sont encore liquides : on en obtient, par ce moyen, toutes les parties extérieures, sous forme d'une couche solide et cristalline. Cette couche se moule dans le vase où l'on opère; de sorte que, si l'on se sert d'un creuset, ce qui arrive le plus souvent, il en résulte une sorte de géode ou cavité remplie de cristaux ; *exemple* : soufre, bismuth.

L'autre manière consiste à réduire les corps en vapeurs, et à les condenser peu à peu. Cette méthode n'est pas souvent pratiquée, parce qu'il y a peu de solides volatiles. Nous donnerons pour exemple l'arsenic. Que l'on mette 40 à 50 grammes d'arsenic dans une cornue de grès ; qu'on en bouche le col avec un bouchon percé d'un petit trou ; qu'on expose la panse de cette cornue à l'action d'un feu capable d'en faire rougir la partie inférieure, pendant demi-heure; qu'ensuite on la laisse refroidir et qu'on la casse, on trouvera tout l'arsenic dans le col, sous forme de cristaux extrêmement brillans.

Quant à la cristallisation par l'alcool, elle se fait toujours en opérant la dissolution du corps à l'aide de la chaleur, et laissant refroidir cette dissolution ; procédé qui, comme on le voit, est entièrement semblable à celui que nous avons indiqué d'abord.

10. On savait depuis long-temps que les corps étaient susceptibles de prendre, par la cristallisation, des formes très-variées, et que les cristaux étaient formés de lames superposées, susceptibles d'être séparées les unes des autres mécaniquement. Mais ce que nous ne savons que depuis peu, et qui est dû aux recherches de Bergman, et surtout de M. Haüy, c'est que le même corps prend souvent des formes diverses, qui toutes peuvent être ramenées à la même par une division mécanique. Nous citerons pour exemple le minéral que les minéralogistes appellent chaux carbonatée : tantôt il affecte la forme d'un prisme héxaèdre régulier ; tantôt, celle d'un rhomboïde ; quelquefois celle d'un dodécaèdre terminé par douze triangles scalènes ; d'autrefois, celle d'un dodécaèdre dont les faces sont des pentagones. Que l'on prenne l'un de ces cristaux, le dodécaèdre à douze triangles scalènes (*pl. 14 fig. 1*) ; que l'on fasse passer successivement un plan ou une lame d'acier à travers le cristal par les deux arrêtes AB et BC, CD et DE, EF et FA, BC et CD, DE et EF, FA et AB, l'on enlèvera à chaque section une portion du cristal, et on le transformera, au moyen des six sections, en un noyau qui sera un rhombe dont toutes les faces seront parfaitement polies. (Voy. *fig.* 2, le noyau inscrit dans le dodécaèdre). On parviendra également à transformer en rhomboïde, par des sections ou coupes faites dans le sens des lames du cristal, la chaux carbonatée en prisme hexaèdre.

L'on appelle forme primitive, celle que les cristaux

peuvent prendre par la division mécanique, et qui est toujours la même pour les cristaux de même nature ; et l'on appelle forme secondaire, celle qui est propre à chacun de ses cristaux, et qui diffère de la forme primitive : ainsi, la forme primitive de la chaux carbonatée est un rhombe, et ses formes secondaires sont le prisme hexaèdre régulier, etc. La forme primitive de la chaux fluatée est un octaèdre, et sa forme secondaire un cube. Les formes primitives que l'on a reconnues jusqu'à présent sont en général au nombre de six ; savoir : le tétraèdre régulier ; le prisme hexaèdre régulier ; le parallélipipède, qui est tantôt rhomboïdal, tantôt cubique, etc. ; l'octaèdre dont la surface est composée de triangles qui sont, suivant les espèces, équilatéraux, isocèles ou scalènes ; le dodécaèdre à plans rhombes, égaux et semblables ; et le dodécaèdre composé de deux pyramides droites hexaèdres réunies par leurs bases.

Le noyau d'un cristal est lui-même susceptible d'être subdivisé : il se subdivise tantôt parallèlement à ses faces et quelquefois dans d'autre sens. On arrive ainsi à une forme que l'on peut regarder comme celle des molécules intégrantes. Supposons que le noyau qu'on veut subdiviser soit le rhomboïde de la chaux carbonatée ; l'on reconnaîtra bientôt qu'il n'a pas d'autres joints que ceux qui sont parallèles à ses faces : en conséquence, à mesure que la subdivision s'exécutera, il en résultera un rhomboïde de plus en plus petit ; d'où il suit que la molécule intégrante devra être rhomboïdale. On admet aujourd'hui trois formes principales de molécules intégrantes : 1° le tétraèdre ; 2° le prisme triangulaire ; 3° le parallélipipède. Ce sont ces molécules qui, en s'ac-

colant ou se disposant les unes à côté des autres deux à
deux, trois à trois, quatre à quatre, forment le noyau ou
cristal primitif, et par suite le cristal secondaire. Nous ne
rechercherons pas comment, la forme moléculaire étant
donnée, on peut trouver la forme primitive ou la
forme du noyau, et toutes les formes secondaires qui
sont souvent très-multipliées : nous aurions même pu
supprimer l'esquisse que nous venons de tracer, des
moyens par lesquels on passe des formes secondaires à
la forme primitive, et de celle-ci à la forme de la molécule intégrante ; c'est à la physique et à la minéralogie qu'il appartient spécialement de traiter de
cette théorie. Nous renverrons donc ceux qui voudront
avoir des notions précises à cet égard, aux traités soit
de physique, soit de minéralogie du savant auteur de
la *Cristallographie*.

## DE L'AFFINITÉ.

11. L'affinité ou la force qui tend à unir les molécules de nature différente, varie entre les différens
corps. Ainsi, un corps A n'a pas pour un corps B le
même degré d'affinité que pour un corps C ; d'où il
suit qu'il sera plus ou moins facile de séparer A de
B, que de le séparer de C, *toutes circonstances égales
d'ailleurs* (a).

Cette force est modifiée, 1° *par la quantité relative
des corps entre lesquels la combinaison peut avoir lieu.*

(a) La cohésion ne paraît dépendre que de la figure des molécules ;
mais l'affinité dépend tout à la fois, et de leur figure et de leur
nature.

Souvent les corps s'unissent en diverses proportions, quelquefois même en toutes proportions. On remarque alors que l'un tient d'autant plus à l'autre, qu'il est en plus petite quantité par rapport à celui-ci. Supposons trois composés formés, le premier, d'une partie de A et d'une de B; le second, d'une partie de A et de deux de B; le troisième, d'une de A et de trois de B : il sera plus facile d'enlever une portion de A, et moins facile au contraire d'enlever une portion de B au premier qu'au second, et à plus forte raison qu'au troisième. En réfléchissant, on voit bientôt qu'il en doit être ainsi; car, dans le premier composé, il n'y a, par exemple, qu'une molécule de B qui agit sur une molécule de A; au lieu que dans le troisième, il y en a trois. Cependant l'affinité de A pour B dans celui-ci n'est pas triple de ce qu'elle est dans le précédent, parce que, sans doute, la deuxième et la troisième molécules B sont moins près que la première de la molécule A, avec laquelle elles sont unies.

2° *Par les combinaisons dans lesquelles les corps peuvent être engagés.* Si un corps A est combiné avec un corps B, son action sur un corps C sera nécessairement toute autre que s'il était libre. En général elle sera moindre, et quelquefois nulle.

3° *Par la Cohésion :* c'est ce qu'on a démontré en parlant de cette force (7).

4° *Par le Calorique.* Lorsqu'on expose les corps à l'action de ce fluide, ou qu'on les échauffe, ils augmentent de volume, passent souvent de l'état solide à l'état liquide, et de cet état à l'état gazeux. On voit donc que le calorique éloigne les molécules d'un corps quelconque, et que, par conséquent, il en diminue l'attraction ; cependant il concourt souvent à la combinaison d'un grand nombre, et surtout de ceux qui sont solides. Mettez deux corps solides en contact, ils ne se combinent point, parce que leur cohésion l'emporte sur leur affinité ; mais si on les fond, ou si l'on fond l'un d'eux, ils pourront s'unir, parce que leur cohésion sera singulièrement affaiblie, et qu'il est possible que leur affinité ne le soit que très-peu. Il ne faudrait pas les chauffer assez, pour les porter à l'état de fluide aëriforme ; il en résulterait un tel écartement entre leurs molécules, que souvent la combinaison n'aurait pas lieu. C'est donc entre les corps qui sont à l'état liquide, que l'affinité s'exerce le plus facilement ; d'où l'on voit qu'entre deux corps, dont l'un sera solide, et l'autre liquide ou gazeux, il devra y avoir bien plus d'action qu'entre deux corps solides ou deux corps gazeux, ou un corps solide et un corps gazeux, toutes circonstances égales d'ailleurs.

5° *Par l'état électrique des corps.* C'est ce que l'on concevra facilement, si l'on observe que deux corps électrisés de la même manière se repoussent, et que deux corps électrisés d'une manière différente s'attirent (56).

6° *Par la pesanteur spécifique.* Lorsque deux corps ont une pesanteur spécifique différente, ils tendent à se séparer. Si donc leur affinité est extrêmement faible, ils ne pourront pas se combiner. Telles sont l'huile et l'eau.

7° *Enfin par la pression.* Cette force, dont l'effet est de rapprocher les molécules, et par conséquent d'augmenter l'affinité, n'a pas d'influence sur l'union des corps solides et liquides les uns avec les autres, parce que ces corps ne sont que très-peu ou ne sont point compressibles; mais il est facile de concevoir qu'elle doit être susceptible d'en avoir beaucoup sur leur union avec les gaz dont la compressibilité est très-grande, et sur celle des gaz entre eux. Supposons qu'un gaz ait un peu plus de force expansive que d'affinité pour l'eau, il ne se combinera pas avec elle; mais si on le comprime, l'afffinité va devenir prépondérante, et l'union aura lieu. L'eau ne dissoudra que peu de gaz, si la pression est faible, parce qu'à mesure qu'elle en dissoudra, son affinité dissolvante diminuera; elle en dissoudra beaucoup au contraire si la pression est forte, et d'autant plus qu'elle sera plus forte. Supposons actuellement qu'après avoir dissous un gaz dans un liquide par la pression, on supprime tout à coup cette pression; à l'instant même, la force élastique devenant plus grande que l'affinité, le gaz se dégagera sous forme de bulles, et produira une sorte d'ébullition. C'est un phénomène de ce genre qui a lieu quand on débouche une bouteille de cidre, de bière ou de vin mousseux. L'action du feu sur la craie, à diverses pressions, peut encore être citée comme exemple de ce que nous venons d'avancer. La craie est un composé de chaux qui est toujours solide, et d'un autre corps qui est toujours gazeux. Lorsqu'on fait rougir la craie dans un creuset, sans exercer sur elle d'autre pression que celle de l'air, elle se décompose et laisse dégager le corps gazeux qu'elle contient; mais lorsqu'on fait l'expérience de manière à exercer sur elle une forte pression, elle ne se décompose pas même à une température très-élevée. Par exemple, si, après avoir rempli exactement de craie un tube de fer très-épais, on le scelle avec beaucoup de soin et solidement, on pourra, sans décomposer la craie, exposer ce tube à une chaleur bien supérieure à celle qui la décomposerait à la pression ordinaire : alors elle se fondra, cristallisera par le refroidissement, et formera du marbre. C'est au chevalier Hall qu'on doit cette observation. On en trouvera beaucoup d'autres, plus ou moins analogues, dans le mémoire qu'il a publié à cet égard.

12. L'action moléculaire et réciproque de deux corps dépend donc, 1° de leur affinité; 2° souvent de leur quantité; 3. des combinaisons dans lesquelles ils peuvent être engagés, et qui sont étrangères à celles qu'ils doivent former; 4° de leur cohésion respective, et de celle du composé auquel ils doivent donner lieu; 5° de la température à laquelle on les met en contact; 6° de leur état électrique; 7° enfin quelquefois de leur pesanteur spécifique, et quelquefois aussi, lorsque l'un d'eux est gazeux, de la pression à laquelle ils sont soumis. Or, la chimie étant la science qui a pour objet la connaissance de l'action moléculaire et réciproque de tous les corps les uns sur les autres, il s'ensuit que le chimiste doit tenir compte de l'influence de toutes ces forces dans les résultats auxquels il parvient et qu'il s'efforce d'interpréter.

13. Recherchons, d'après cela, ce qui doit arriver en mettant en contact un corps C avec un composé de deux autres corps A et B : ou l'action sera nulle, ce qui arrivera presque toujours si les corps sont solides; ou l'action s'effectuera, ce qui aura presque toujours lieu si les corps sont liquides; et alors, le corps C se combinera avec les corps A et B, et formera un composé ternaire; ou bien il s'emparera de l'un d'eux et isolera l'autre. En effet, supposons que C ait pour A

plus d'affinité que pour B, et plus que n'en ont l'un pour l'autre A et B; supposons au contraire que B n'en ait que très-peu pour AC, et qu'il soit de nature à être par lui-même solide ou gazeux : qu'arrivera-t-il? que les molécules de B tendront plus à se rapprocher ou à s'éloigner les unes des autres, qu'à se combiner avec AC, c'est-à-dire que la cohésion ou la force expansive des molécules de B sera plus grande que leur affinité pour AC; en conséquence, elles se réuniront et donneront lieu à un précipité, ou s'écarteront, et donneront lieu à un fluide élastique. De là les moyens que les chimistes emploient pour séparer les principes constituans des corps, et en déterminer la proportion. Un composé AB étant donné, ils le mettent en contact avec un corps C, qui s'empare, comme nous venons de le dire, de A et isole B; ensuite ils mettent AC en contact avec un autre corps D qui s'empare de C et isole A : ils obtiennent ainsi à part les corps A et B et les pèsent, de sorte qu'ils savent pour combien ces corps entrent l'un et l'autre dans le composé AB. Cette opération se nomme analyse, tandis qu'on donne le nom de synthèse à celle qui est tout à fait inverse, et qui consiste à combiner les élémens des corps. L'analyse est donc l'art de décomposer les corps, et la synthèse, l'art de les recomposer.

Les phénomènes qui dépendent de l'action d'un corps sur un composé de deux autres étant bien conçus, on peut également bien concevoir ceux qui proviennent de l'action d'un corps sur un composé ternaire, ou bien de deux composés binaires l'un sur l'autre, ou même de composés plus compliqués. C'est, au reste, ce qu'on

verra par la suite, à mesure que l'occasion de parler de
ces phénomènes se présentera.

14. S'il n'existait point de force opposée à l'affinité, on
pourrait combiner les corps deux à deux, trois à trois,
enfin tous ensemble; et une fois combinés, il serait impossible de les séparer : mais comme il en existe, il s'en
suit que le nombre des combinaisons doit être res-
treint. L'intervention de ces forces est telle, que le
nombre des combinaisons binaires, ternaires, quaternaires possibles, est plus grand que le nombre des
combinaisons de cinq à six corps, etc.

15. *Lois suivant lesquelles les corps se combinent.*
— Les corps nous offrent deux genres de combinaisons très-distinctes : ceux qui ont une grande affinité
ne se combinent qu'en un certain nombre de proportions; de là résultent de nouveaux corps soumis dans
leur composition à des lois remarquables par leur géné-
ralité, et surtout par la simplicité des rapports qu'elles
établissent entre les quantités respectives des corps
composés.

Nous exposerons par la suite toutes ces lois avec
beaucoup de soin; nous n'en indiquerons qu'une maintenant pour exemple : Si deux corps A et B se combinent en deux proportions, de manière à former les
corps C, D, il arrivera que la quantité de A étant la
même dans C et D, celle de B dans C sera à celle de B
dans D dans un rapport très-simple, par exemple,
comme 1 : 2, ou comme 2 : 3.

Lorsqu'au contraire les corps n'ont qu'une très-faible
affinité, il paraît qu'ils peuvent se combiner en toutes
proportions, du moins entre les limites où leur com-

binaison est possible : tels sont l'eau et le sel, l'eau et l'esprit de vin, ou tout autre corps soluble dans l'eau.

Dans le premier genre de combinaison, les propriétés du composé diffèrent beaucoup de celles des corps qui le constituent. Nous donnerons pour exemple le sel marin qui est formé de deux corps très-caustiques, et dont la saveur salée est franche et agréable ; le soufre, qui, en brûlant dans l'air et se combinant avec un de ses principes, donne naissance à un corps dont la saveur et l'odeur sont très-piquantes.

Dans le deuxième genre de combinaison, les propriétés du composé diffèrent très-peu de celles des composans. Si l'un des corps a de l'odeur et de la saveur, et si les autres n'en ont point, le composé aura l'odeur et la saveur du premier, seulement à un degré moins marqué. La dissolution du sel ou du sucre dans l'eau en est la preuve.

Dans tous les cas, on dit qu'un corps est saturé d'un autre corps, lorsqu'il est combiné avec toute la quantité possible de celui-ci. Ainsi, l'eau chargée de sel marin au point de ne pouvoir plus en dissoudre la plus petite quantité, est dite saturée de ce sel.

16. *Sur la mesure de l'affinité.* — L'affinité étant souvent modifiée par plusieurs forces que, la plupart du temps, on ne peut point évaluer, il doit être extrêmement difficile, pour ne pas dire impossible, de la mesurer. Cependant, M. Berthollet croit qu'on peut mesurer celle d'un certain nombre de corps les uns pour les autres, surtout celle des acides pour les alcalis, et réciproquement. Voici sur quoi il fonde cette opinion. Lorsqu'on combine un acide avec

un alcali dans certaines proportions, on observe que les propriétés de l'un sont neutralisées par celles de l'autre (a); or, comme cette neutralisation ou saturation est un effet immédiat de l'affinité de ces corps, elle doit être regardée, suivant M. Berthollet, comme la mesure de cette affinité même, si on tient compte des quantités respectives d'acide et d'alcali combinés. En conséquence, M. Berthollet établit que les affinités des acides pour les alcalis, ou des alcalis pour les acides, sont proportionnelles à leur capacité de saturation; c'est-à-dire, que l'affinité d'un alcali pour un acide est en raison de la quantité d'acide, qu'une quantité donnée d'alcali peut neutraliser ou saturer, et réciproquement. Supposons qu'une partie d'alcali A exige, pour sa neutralisation ou saturation, 1 partie d'acide B, 2 parties d'acide C, 3 parties d'acide E; l'affinité de l'alcali pour l'acide E sera trois fois aussi grande que pour l'acide B, etc. D'où il suit que si l'on mettait cette partie d'alcali en contact, d'une part, avec une partie d'acide B et 3 parties d'acide E, il n'y aurait pas de raison pour qu'elle se combinât plutôt avec l'un qu'avec l'autre. Nous reviendrons sur ce sujet, qui est de la plus haute importance, en examinant les combinaisons des acides avec les alcalis et autres matières analogues. Quoi qu'il en soit, il est certain que le plus souvent on peut tout

(a) Les acides rougissent la couleur bleue d'une substance appelée tournesol; les alcalis verdissent la couleur bleue de la violette : en les combinant ensemble dans de certaines proportions, il en résulte un composé qui ne change ni la couleur du tournesol, ni celle de la violette. Dans cet état, on dit que le composé est formé de quantités d'acides et d'alcalis telles, qu'elles se neutralisent ou se saturent réciproquement.

au plus déterminer quel est de deux, trois corps, etc., celui
qui a le plus d'affinité pour un autre. Les moyens que
nous employons pour cela varient. S'agit-il de déterminer l'ordre d'affinité d'un gaz pour une série de corps
solides avec lesquels ce gaz puisse former des composés,
eux-mêmes fixes et solides? Nous le combinons avec
chacun de ces corps, et nous exposons successivement
tous les composés qui en résultent à l'action du feu : par-
là nous en éloignons les molécules, et nous parvenons
à porter celles d'un certain nombre d'entre eux hors de
leur sphère d'attraction ; de sorte qu'elles se séparent,
et que le gaz qui, en vertu de l'affinité, avait partagé la
solidité du corps avec lequel il était combiné, est rendu
à son état de liberté et se dégage. Or, il est évident que
les composés dont on opère ainsi la décomposition, sont
formés d'élémens qui ont moins d'affinité réciproque que
ceux qui ne se décomposent pas ; car, excepté l'affinité,
toutes les autres forces sont sensiblement les mêmes ; et il
est certain que moins il faudra de chaleur pour opérer la
décomposition, moins l'affinité sera grande. Représentons
les corps solides par A, B, C, D, etc., le gaz par G, et
les composés par AG, BG, CG, DG, etc. Supposons
que AG se décompose à 100°, BG à une température plus
élevée, CG à une température plus élevée encore, etc. ;
nous en conclurons que G a moins d'affinité pour A que
pour B : mais si AG, BG, etc., ne sont point susceptibles
d'être décomposés par la chaleur, comment détermi-
nera-t-on l'affinité de G pour A, B, etc.? Alors, au lieu
de chauffer AG, BG, etc., seuls, on les chauffe avec
un autre corps qui puisse se combiner avec G, et ne
puisse pas se combiner avec A, B, ni avec AG, ni avec
BG, etc. On peut encore traiter directement AG par B

et G par A , dans le cas où A n'est point susceptible de
se combiner avec B, ni AG avec B ; car si B enlève G
à A, et que A ne puisse point l'enlever à B, il sera
prouvé que G aura plus d'affinité pour B que pour A.
En général, c'est par des moyens plus ou moins analogues qu'on cherche à déterminer l'ordre d'affinité d'un
corps quelconque pour d'autres, quel que soit l'état qu'ils
affectent. Mais il faut avouer que la nécessité de tenir
compte de toutes les forces autres que l'affinité, et qui
peuvent accélérer ou retarder l'action des corps, rend
presque toujours la solution du problème très-délicate,
et même assez souvent impossible. C'est pour ne pas
avoir eu égard à ces forces, que Geoffroy, Bergman, etc.,
ont nécessairement commis de graves erreurs dans les
tables où ils nous présentent les corps rangés par ordre
d'affinité. Ces tables ne sont réellement que des tables
de décomposition : elles n'en seraient pas moins utiles,
si elles étaient exactes ; mais il s'en faut beaucoup
qu'elles le soient toujours.

17. La théorie que nous venons d'exposer relativement
aux forces d'où dépend l'action chimique, est bien différente de celle que l'on admettait autrefois, et qui est
due à Bergman. Alors on ne faisait dépendre cette action
que de l'affinité, ou du moins l'on négligeait souvent de
tenir compte de la quantité des corps, de la force expansive des uns, et de la cohésion des autres. D'après
cette théorie, l'affinité était regardée comme absolue :
on s'imaginait que quand deux corps A et B avaient
plus d'affinité l'un pour l'autre qu'ils n'en avaient
réciproquement pour un autre corps C, celui-ci ne
pouvait enlever aucune portion de A ni de B au composé AB ; et qu'au contraire, quand un corps A avait

plus d'affinité pour un corps B que pour un corps C, et plus que n'en avaient entre eux B et C d'une part, et les trois corps A, B et C de l'autre, le corps A enlevait le corps B au corps C, et agissait avec une égale force sur B, depuis le commencement jusqu'à la fin de son action; mais il s'en faut beaucoup qu'il en soit ainsi. C'est à M. Berthollet qu'appartient l'honneur d'avoir démontré cette importante vérité, et, par conséquent, d'avoir renversé la théorie de Bergman sur les affinités. C'est lui qui, le premier, reconnut l'influence de la quantité, et tint compte convenablement de la cohésion, de la force élastique et de la pesanteur spécifique des corps. Nous n'avons pu, en quelque sorte, qu'indiquer ses belles recherches. Pour s'en faire une idée exacte, il faut les lire dans l'ouvrage même où elles ont été consignées. ( Voyez *Statique Chimique.* )

# CHAPITRE SECOND.

## *Des Corps impondérables.*

18. D'après la définition que nous avons donnée de la chimie, nous devons considérer successivement tous les corps, et faire une étude spéciale de tous les phénomènes qui dépendent de leur réaction réciproque et moléculaire. Mais cette étude ne doit point être arbitraire; autrement, elle offrirait de grands obstacles à vaincre.

Parmi les corps, les uns sont impondérables et les autres pondérables. Nous nous occuperons d'abord de l'étude des corps impondérables, parce qu'il n'en existe que quatre, et qu'il existe, au contraire, un grand nombre de corps pondérables ; que trois d'entre ces corps impondérables sont généralement répandus, qu'ils jouent un rôle remarquable dans presque tous les phénomènes chimiques, et qu'il faut connaître leurs propriétés pour pouvoir connaître celles des autres corps.

Les quatre corps impondérables sont, le fluide de la chaleur ou le calorique, le fluide lumineux, le fluide électrique et le fluide magnétique. Leur impondérabilité rend leur existence douteuse ; quoi qu'il en soit, nous en parlerons comme s'ils étaient des corps réels, mais nous n'affirmerons rien à cet égard, et nous préférons cette hypothèse à toute autre, parce quelle est plus commode pour exposer les faits.

## DU CALORIQUE.

19. Tous les corps augmentent ou diminuent de volume, selon qu'on les expose à l'action de la chaleur ou du froid. Le thermomètre, instrument que l'on forme en remplissant en grande partie d'esprit de vin ou de mercure un tube de verre terminé par une boule, est un exemple remarquable de ce fait (V. *pl.* 16, *fig.* 3). Qu'on plonge la boule de cet instrument dans de l'eau bouillante, le liquide du tube thermométrique s'élèvera environ jusqu'au nombre 100 ; qu'on la plonge dans la glace, il s'abaissera au moins jusqu'au nombre 0 ; enfin, qu'on la retire de l'eau ou de la glace, bientôt il reviendra à son point de départ. Les phénomènes seront encore les mêmes en mettant le thermomètre en contact avec tout autre corps : c'est ce qu'on a l'occasion d'observer en

suivant la marche du thermomètre dans l'air. En effet,
dans l'été la colonne du tube thermométrique s'élève
quelquefois jusqu'à 30°, tandis que, dans l'hiver, elle
s'abaisse souvent au-dessous de 0°; dans les autres saisons,
cette colonne se soutient entre 0° et 30°; et dans tous les
temps, d'un jour à l'autre, sa hauteur varie selon qu'il fait
plus ou moins chaud ou plus ou moins froid : aussi se sert-
on avec succès du thermomètre, pour mesurer le degré
de chaleur des corps ou leur température. C'est au fluide
appelé calorique qu'on attribue ces divers phénomènes.

20. Pour procéder avec ordre à l'étude du calorique,
nous en énoncerons d'abord les principales propriétés,
et nous reprendrons ensuite chacune d'elles pour les
développer convenablement, et les prouver autant que
possible par l'expérience.

21. Le calorique est un fluide susceptible, quand il
est libre, de se mouvoir sous forme de rayons, à la
manière de la lumière; d'une extrême subtilité; invisible, éminemment élastique, impondérable; qui tend
à se mettre en équilibre dans tous les corps, les pénètre
plus ou moins facilement, les dilate, les décompose,
les fait passer de l'état solide à l'état liquide, de l'état
liquide à l'état gazeux; qui peut s'en séparer et les ramener par-là de l'état gazeux à l'état liquide, et de
celui-ci à l'état solide; enfin, qui jouit de la propriété
de se combiner en différentes proportions avec chacun
d'eux, pour les élever à la même température.

## Du Calorique rayonnant.

22. De toutes les expériences que l'on peut citer en
faveur de l'existence du calorique rayonnant, il n'en
est aucune qui soit aussi satisfaisante que la suivante.

On prend deux miroirs concaves AA' (*pl.* 15,) dont la concavité est parabolique. On les dispose à 3 à 4 mètres l'un de l'autre, de manière que leurs parties concaves soient en regard, et que leurs axes BB' se confondent. On place, d'une part, au foyer F du miroir A, un corps chaud et non incandescent; et on place, d'une autre part, deux thermomètres très-sensibles, savoir: l'un au foyer F' du miroir A', et l'autre au point M, situé à égale distance de F et de F'. Les choses étant ainsi disposées, voici ce qu'on observe. Lorsque le corps chaud est un petit boulet de fonte voisin de la chaleur rouge, le thermomètre F' s'élève en 5 à 6 minutes de plusieurs degrés, par exemple de 7 à 8°, et le thermomètre M s'élève seulement de 1°,5 à 2°; mais lorsque le corps n'est qu'un petit matras d'eau bouillante, le thermomètre M reste presque stationnaire, tandis que l'autre monte d'une manière très-sensible. Les miroirs s'échauffent, mais à peine, dans un espace de temps même très-considérable. Si le corps chaud était incandescent; par exemple, si c'était des charbons rouges, et qu'on activât la combustion avec un soufflet, la chaleur au point F' serait assez grande pour y enflammer de l'amadou, de la poudre à canon, du soufre, etc. (*a*).

On ne peut point expliquer ces phénomènes en supposant que la chaleur du corps placé en F se communique de proche en proche au point F' par les couches

---

(*a*) Au lieu de deux thermomètres, on n'a employé (*pl.* 15) que le thermomètre différentiel de M. Leslie. Ce thermomètre, dont on trouvera la description (38), a la propriété d'indiquer la différence de température de deux espaces, dont le plus chaud est occupé par la boule remplie en partie de liquide, et appelée boule focale, et dont l'autre est occupé par l'autre boule.

d'air intermédiaires ; car, dans cette hypothèse, les points M, etc., seraient plus élevés en température que le point F', et c'est ce qui n'est pas. On ne peut bien s'en rendre compte qu'en supposant que le corps chaud, placé au foyer F, lance de toutes parts du calorique rayonnant, de même qu'un corps lumineux lance des rayons de lumière ; et que le calorique rayonnant, de même que le fluide lumineux, traverse l'air, et est réfléchi par les miroirs polis. En effet, on voit alors que toute la surface du miroir A reçoit du calorique rayonnant du corps chaud ; et l'on trouve facilement que tous les rayons de calorique en vertu de la courbure du miroir, sont réfléchis parallèlement à l'axe, vont frapper le miroir A', sont réfléchis de nouveau par ce miroir, et passent tous au point F' ; en sorte qu'en plaçant en ce point un thermomètre susceptible d'absorber le calorique rayonnant, il s'y élèvera plus que dans tous les autres points.

Soit, par exemple, le rayon FR ; ce rayon fera, avec la tangente tg, au point R sur lequel il tombe, un certain angle FR g ; mais, en se réfléchissant, il en fera un autre t RS, qui devra être égal à l'angle FR g, et tel que RS, qui représente le rayon réfléchi, sera parallèle à l'axe. Parvenu en S, il se réfléchira de nouveau, en faisant avec la tangente mn, au point S, un angle de réflexion F' sm égal à l'angle d'incidence RS n ; d'où il suit qu'il passera en F'. Soit à présent un autre rayon quelconque, il se réfléchira toujours parallèlement à l'axe, et, parvenu au miroir A', il subira une nouvelle réflexion qui le portera en F'.

23. Il suit de tout ce que nous venons de dire, qu'un corps chaud, placé dans l'air, est le centre d'une multitude

de rayons calorifiques; que ces rayons traversent l'air presque librement, et que le miroir en absorbe quelques-uns et réfléchit tous les autres. Mais s'il arrive que ce corps chaud soit en présence d'un autre corps aussi chaud ou plus chaud que lui, il recevra du calorique rayonnant de celui-ci, en même temps qu'il lui en enverra, puisque tous deux en lanceront de toutes parts; et l'on conçoit qu'il n'y a pas de raison pour que cet effet n'ait pas lieu à une température de moins en moins élevée : seulement, alors le rayonnement prendra une marche décroissante. On est donc conduit à admettre que les corps rayonnent ou lancent du calorique à toute espèce de température: le calorique fait sans cesse effort pour s'en échapper, et c'est dans la quantité de cet effort ou de cette tension que consiste leur température. Or, dans cette hypothèse, que devient le calorique lancé par un corps quelconque? il traverse l'air, comme le fait le calorique rayonnant du corps placé au foyer du miroir parabolique; il traverserait également tous les gaz qu'il pourrait rencontrer sur son passage. Arrivé à la surface des corps solides et liquides, il est en partie réfléchi, et en partie absorbé par ces corps; c'est-à-dire, qu'il se comporte avec eux comme s'il tombait sur le miroir : il n'y a de différence à cet égard, que dans les quantités de calorique absorbées et réfléchies; d'où l'on voit qu'un corps quelconque, solide ou liquide, lance, absorbe, et réfléchit sans cesse du calorique rayonnant. Il lance une partie de celui qu'il contient, et il absorbe et réfléchit une partie de celui qui lui arrive continuellement. On connaît ces diverses propriétés : la première, sous le nom de pouvoir émissif; la seconde, sous celui de pouvoir absorbant; et la troisième, sous le nom de pouvoir réfléchissant. Ces pouvoirs dépendent principalement de la température et du poli de la surface des corps.

1° *De la température.* — Plus un corps est chaud, et plus il a de pouvoir émissif; car alors, plus le calorique de ce corps a de tension, ou plus il fait effort pour s'en dégager : c'est ce que l'on a occasion d'observer sans cesse.

2° *Du poli du corps.* — Si l'on fait tomber beaucoup de calorique rayonnant sur un corps métallique bien poli, ce corps s'échauffera à peine; d'où il faut conclure que presque tout le calorique sera réfléchi. Mais si, après avoir dépoli ce corps en le rayant avec du sable, etc., on l'expose de nouveau à l'action de la même quantité de calorique, il s'échauffera très-fortement; d'où il suit que presque tout le calorique sera absorbé : on voit donc déjà que le poli influe sur le pouvoir réfléchissant et sur le pouvoir absorbant. Prouvons qu'il n'influe pas moins sur le pouvoir émissif. Si l'on remplit d'eau bouillante deux vases de même nature et de même dimension, que l'un soit bien poli et que l'autre ne le soit pas, ils se refroidiront inégalement, quoique placés tous deux dans les mêmes conditions. Le refroidissement du premier sera bien plus lent que celui du second; donc, le pouvoir émissif de celui-ci sera bien plus grand que celui de l'autre.

En général, plus un corps a de poli, et plus son pouvoir réfléchissant est grand, et ses pouvoirs émissifs et absorbans sont faibles; moins il a de poli, et plus, au contraire, son pouvoir réfléchissant est faible, et ses pouvoirs émissifs et absorbans sont considérables. Par conséquent, en recouvrant un corps poli d'une légère couche d'un corps quelconque qui ne le soit pas, ou ne le soit que peu, on doit singulièrement diminuer son pouvoir réfléchissant et augmenter son pouvoir émissif et absorbant; c'est ce qui a lieu en effet : on peut facilement s'en convaincre de la manière suivante. Que l'on prenne un vase cubique de fer-blanc; qu'on recouvre trois de ses faces, l'une de noir de fumée, en l'exposant à la flamme d'une bougie, l'autre de papier, la troisième d'un vernis, et qu'on ne recouvre la quatrième d'aucun corps; ensuite, après avoir rempli ce vase d'eau bouillante, qu'on en mette successivement les faces au foyer et en regard d'un miroir, et l'on verra que la face brillante fera monter beaucoup moins le thermomètre placé au foyer d'un autre miroir vis-à-vis du premier, que les autres, par exemple, huit fois moins que celle qui est couverte de noir de fumée (a). Tout restant dans le même état, que l'on recouvre de noir de fumée le miroir au foyer duquel se trouve le vase cubique de fer-blanc, et dès-lors ce miroir acquierra la propriété de s'échauffer et de réfléchir si peu de calorique, que le thermomètre placé au foyer de l'autre montera à peine.

3° On pourrait être tenté d'attribuer la propriété qu'ont les corps non polis d'absorber et d'émettre, etc., plus de calorique que les corps polis, à ce que ceux-ci ont moins de surface que ceux-là. Mais M. Leslie a prouvé que cet effet dépendait d'une autre cause. Si l'on fait un certain nombre de raies dans le même sens sur l'une

_____

(a) Il ne faudrait pas que la couche de vernis fût trop épaisse; car, comme les corps gras sont de mauvais conducteurs du calorique, il s'en suivrait que le calorique n'arriverait que difficilement jusqu'à la surface, et que, par conséquent alors, la couche, au lieu de favoriser le dégagement du calorique, s'y opposerait.

des faces brillantes d'un vase cubique de fer blanc; si l'on en fait ensuite le même nombre sur une autre face du cube, mais moitié dans un sens, moitié dans l'autre, on verra qu'en remplissant le vase d'eau bouillante, et procédant d'ailleurs à l'expérience comme nous l'avons dit précédemment, il se dégagera sensiblement plus de calorique par la face qui portera des raies croisées que par l'autre. C'est que par l'entrecroisement des raies il se forme des pointes, et que les pointes transmettent plus facilement le calorique que les corps ronds. ( Voy. pour plus de détails sur le calorique rayonnant, les mémoires de MM. Leslie et le comte de Rumford. )

## De l'équilibre du Calorique.

24. Toutes les fois que deux corps sont à des températures différentes, le plus chaud cède du calorique à l'autre, de manière que tous deux acquièrent la même température. On dit alors qu'ils contiennent des quantités de calorique qui se font équilibre, ou qui sont au même degré de tension, parce qu'elles réagissent de la même manière sur le thermomètre. Cet effet a lieu entre les corps qui sont à distance, comme entre ceux qui se touchent. Nous allons d'abord nous occuper de ce qui a lieu dans le premier cas ; nous verrons ensuite ce qui arrive dans le second.

*Equilibre à distance.* — On a vu que tous les corps placés dans l'air, émettaient, absorbaient et réfléchissaient sans cesse du calorique rayonnant ; par conséquent, un corps dont la température ne change pas, en émet et en absorbe la même quantité, quelle que soit d'ailleurs celle qu'il réfléchisse. Mais puisque les corps

qui sont à des températures différentes finissent par
arriver à la même température, il faut nécessairement
que ceux qui sont chauds émettent plus de calorique
qu'ils n'en absorbent, et que ceux qui sont froids en
absorbent au contraire plus qu'ils n'en émettent ; de
telle manière que les quantités émises et les quantités
absorbées par le même corps, se rapprochent sans cesse
du terme où elles seront égales, et enfin l'atteignent :
alors l'équilibre est nécessairement établi.

C'est au moyen de cette théorie que nous devons à
M. Pierre Prévost, que l'on explique facilement le résultat d'une expérience très-curieuse qui a été faite par
MM. De Saussure et Pictet. Lorsque, au lieu d'un
corps chaud, on met de la neige au foyer d'un miroir
concave, le thermomètre à air, placé à l'autre foyer,
descend de plusieurs degrés. Plusieurs physiciens ont
pensé, d'après cela, qu'il existait un fluide frigorifique,
et que ce fluide se réfléchissait comme celui de la chaleur ; mais, pour expliquer ce résultat, il n'est pas
nécessaire d'admettre l'existence d'un fluide particulier :
nous dirons plus, un tel résultat, tout extraordinaire
qu'il paraisse, est une conséquence nécessaire de la propriété qu'ont tous les corps de lancer du calorique
rayonnant, et de la tendance qu'ils ont à se mettre en
équilibre. Le thermomètre et la glace lancent du calorique de toutes parts : celui qui tombe sur le miroir au
foyer duquel se trouve le thermomètre, est réfléchi de
manière à être porté sur la glace ; tandis que celui qui
tombe sur le miroir au foyer duquel se trouve la glace,
est réfléchi de manière à être porté sur le thermomètre.
Il suit de là que, au moyen des miroirs, les échanges
de calorique, entre le thermomètre et la glace, sont

très-multipliés; mais comme la glace absorbe plus de calorique qu'elle n'en dégage, le thermomètre doit descendre, et la glace fondre. Nous ne tenons pas compte ici des échanges directs qui ne doivent avoir que très-peu d'influence sur les résultats de l'opération.

*Équilibre du calorique au contact.* — Lorsqu'on met en contact deux ou un plus grand nombre de corps solides, liquides ou gazeux, à des températures différentes, le calorique passe immédiatement des plus chauds dans les plus froids, de la même manière que d'une molécule à une autre dans l'intérieur d'un même corps; on ne sait pas si, dans ce cas, il y a rayonnement. Quoi qu'il en soit, l'équilibre s'établit plus ou moins promptement, en raison de la capacité des corps pour le calorique (45), et de la faculté plus ou moins grande qu'ils ont de conduire ce fluide (27).

Le calorique tendant toujours à se mettre en équilibre, nous en enlevons nécessairement une certaine quantité aux corps qui sont au-dessus de notre température, et au contraire nous en cédons une portion à ceux qui sont au-dessous. De là résultent les deux sensations que nous connaissons sous les noms de chaleur et de froid. Ces deux sensations ne sont donc que l'effet, sur nos organes, d'une quantité plus ou moins grande de calorique : mais elles sont singulièrement modifiées par la température de l'atmosphère, très-variable dans le cours de l'année. Nos organes s'accoutument aux sensations prolongées, de sorte que le corps qui nous paraissait un peu froid, finit par ne plus l'être au bout d'un certain temps. Si alors nous venons à toucher ce même corps après que sa température aura été élevée de quelques degrés, il devra nous paraître chaud, parce que ce corps nous enlèvera moins de calorique dans le même temps. Voilà pourquoi les caves profondes, qui sont toujours à 12°,5, nous paraissent froides en été, où l'air est au-dessous de 20$_0$, et chaudes en hiver, où l'air est au-dessous de 0$_0$; voilà pourquoi l'eau des puits nous paraît très-fraîche dans l'été, et pour ainsi dire chaude dans l'hiver.

25. *Elasticité, ténuité, invisibilité du calorique.* — Ces trois propriétés du calorique sont évidemment prouvées par ce qui précède. Le calorique est parfaitement élastique, puisqu'il fait sans cesse effort pour s'élancer des corps, et que d'ailleurs c'est à lui que les corps, et particulièrement les gaz, doivent leur élasticité.

Il faut que le calorique soit d'une ténuité prodigieuse; autrement, il serait impossible de concevoir comment une multitude de rayons calorifiques peuvent traverser l'air en tous sens, et s'entrecroiser, sans qu'il en résulte aucune déviation dans leur route. L'on ne concevrait pas non plus comment le calorique peut s'introduire dans tous les corps, et passer à travers tous, à tel point qu'aucun ne peut le contenir. Quant à l'invisibilité du calorique, elle n'est pas moins évidente, puisque le calorique va sans cesse d'un corps à l'autre sans que l'œil puisse le saisir.

26. *Impondérabilité du calorique.* — La plupart des corps, en se combinant, laissent dégager une grande quantité de calorique : or, ils sont aussi pesans après qu'avant leur combinaison; le calorique est donc impondérable, ou du moins s'il est pesant, nos balances ne sont pas assez sensibles pour en apprécier le poids.

Pour constater ces importans résultats, on prendra un flacon de deux litres, dont le bouchon soit de verre et bien usé, et l'on y versera environ 250 grammes d'eau et 250 grammes d'acide, mais de manière qu'ils ne se mêlent pas, et que le liquide le plus lourd, qui est l'acide, occupe la partie inférieure. A cet effet, on versera l'eau la première ; ensuite on fera plonger un tube au fond du flacon, et l'on versera l'acide par ce tube : alors on retirera le tube, on bouchera bien exactement le flacon, on l'essuiera et on le pèsera à une balance sensible à un demi-milligramme. Cela étant fait, on agitera doucement le flacon jusqu'à ce que l'eau et l'acide, qui formaient deux couches très-distinctes, n'en forment plus qu'une et soient combinés : il en résultera un grand dégagement de calorique, c'est-à-dire que le vase s'échauffera beaucoup. Lorsque ce vase sera revenu à sa température primitive, on le pèsera de nouveau, et l'on verra que son poids ne sera pas sensiblement diminué. Cependant il se sera dégagé beaucoup de calorique à travers ses parois, d'où l'on conclura que le poids du calorique est inappréciable.

### De la propagation du Calorique à travers les corps.

27. Lorsqu'on expose l'extrémité d'un corps solide à l'action du feu, non-seulement les parties qui composent cette extrémité s'échauffent, mais les parties environnantes jusqu'à une certaine distance s'échauffent elles-mêmes de manière que leur température va en décroissant, à partir du foyer. Tous les corps ne jouissent pas également de la propriété de propager le calorique : il y a même une grande différence à cet égard. Ceux qui la possèdent à un haut degré s'appellent bons con-

ducteurs du calorique ; tels sont la plupart des métaux. Ceux qui la possèdent à un faible degré s'appellent mauvais conducteurs ; tels sont le bois, le charbon, les graisses : aussi sait-on qu'on ne peut, sans se brûler, tenir par une extrémité une barre de fer de quelques centimètres de long qu'on fait rougir par l'autre ; tandis qu'on peut faire cette expérience sans danger avec un morceau de charbon. En général, plus un corps est pesant, et plus, à quelques exceptions près, il est bon conducteur du calorique.

28. Les liquides sont de très-mauvais conducteurs du calorique, plus mauvais même que le charbon. En effet, que l'on prenne un vase de verre, qu'on le remplisse à moitié d'un liquide à la température ordinaire, par exemple de mercure ; qu'on y verse ensuite un liquide chaud plus léger que le premier, par exemple, de l'eau bouillante, le liquide inférieur, c'est-à-dire le mercure, ne s'échauffera que lentement (*a*).

Cependant, lorsqu'on met sur le feu un vase plein d'eau, elle ne tarde point à entrer en ébullition : c'est qu'alors la couche inférieure, s'échauffant par son contact avec les parois du vase, devient plus légère que les autres couches, et s'élève à la partie supérieure ; la seconde prend sa place et s'élève à son tour, etc. ; de sorte qu'il en résulte deux courans, l'un ascendant d'eau chaude, et l'autre descendant d'eau froide, jusqu'à ce que l'eau soit en ébullition. M. de Rumford, qui a fait beaucoup

---

(*a*) On concevra facilement, d'après cela, pourquoi dans les mers et dans les lacs, l'eau, en été, est quelquefois à 20° à la surface, tandis qu'à 5 ou 6 mètres au-dessous, elle n'est qu'à une température bien inférieure.

d'expériences à cet égard, croit même que c'est par ce seul moyen que les liquides s'échauffent, et que la conductibilité n'y entre pour rien. Mais ce que nous avons dit prouve qu'elle contribue réellement à les échauffer.

29. Quoique les liquides conduisent très-difficilement le calorique, les gaz le conduisent plus difficilement encore; on ne peut même pas constater s'ils sont réellement conducteurs, parce que, en les mettant en contact avec un corps chaud, le calorique de celui-ci s'élance entre leurs molécules sous forme de rayons. Toutefois, ils s'échauffent rapidement en raison surtout de leur peu de capacité pour le calorique, et de la mobilité de leurs molécules, propriété qui les rend susceptibles de former des courans ascendans chauds et des courans descendans froids, comme les liquides.

## De la Dilatation.

30. Tous les corps qu'on expose à une température supérieure à la leur se dilatent, à moins qu'on ne les comprime suffisamment ; leur dilatation est d'autant plus grande, que la température à laquelle on les expose est plus élevée. Il n'y a qu'un petit nombre de corps qui fassent exception; et encore n'est-ce que dans les degrés voisins de leur passage de l'état liquide à l'état solide, et de l'état solide à l'état liquide. C'est ainsi qu'à 4°, l'eau occupe moins de volume qu'à 3°; à 2°, moins qu'à 1°; à 1°, moins qu'à 0° liquide; à 0° liquide, moins qu'à 0° solide. Ce phénomène dépend, selon toute apparence, de ce qu'alors les molécules tendent à s'arranger de manière à donner naissance à des cristaux, et de ce que cet arrangement nécessite un

plus grand écartement entre elles. Quoi qu'il en soit, hormis ces exceptions qui sont en très-petit nombre, et qui n'ont lieu que pour une très-petite partie de l'échelle thermométrique, la loi est générale ; et l'on remarque que, pour un même nombre de degrés de l'échelle thermométrique, les solides se dilatent moins que les liquides, et ceux-ci moins que les gaz ; ce qui provient sans doute de ce que les premiers ont beaucoup plus de cohésion que les seconds, et les seconds plus que les derniers.

31. *Dilatation des solides.* — Les solides sont très-peu dilatables : ils le sont tous inégalement. Ainsi, en passant de 0° à 100°, le fer se dilate moins que le cuivre ; mais chacun d'eux, en particulier, se dilate sensiblement d'une manière uniforme entre ces deux températures, c'est-à-dire, par exemple, que le fer éprouve la même dilatation en passant de 0° à 10°, que de 10° à 20°, de 20° à 30°. Cette uniformité de dilatation paraît même avoir lieu dans tous les solides jusqu'au degré voisin de leur fusion. A ce degré, la dilatation prend plus souvent un accroissement très-sensible. En général, les métaux les plus fusibles sont ceux qui se dilatent le plus.

32. *Dilatation des liquides.* — Les divers liquides nous présentent dans leur dilatation des phénomènes analogues aux solides. Ils sont tous inégalement dilatables, et chacun d'eux, en particulier, se dilate à très-peu de chose près, uniformément, excepté dans les degrés voisins des changemens d'état. Le mercure jouit surtout de cette propriété entre 0° et 100°. D'ailleurs les liquides qui entrent le plus facilement en ébullition, sont, à quelques exceptions près, ceux qui se dilatent le plus.

La dilatation depuis 0° jusqu'à 100 degrés pour une longueur quelconque, regardée comme unité, est pour

| | | |
|---|---|---|
| Mercure.... | 0,00616... | Lavoisier et Laplace. |
| Zinc....... | 0,00294... | } Sméaton. |
| Plomb..... | 0,00287... | |
| Étain...... | 0,00228... | |
| Argent..... | 0,00212... | Berthoud. |
| Laiton..... | 0,00193... | } Sméaton. |
| Cuivre battu | 0,00170... | |
| Or........ | 0,00146... | Berthoud. |
| Bismuth.... | 0,00139... | } Sméaton. |
| Fer........ | 0,00126... | |
| Platine..... | 0,00087... | Borda. |

33. *Dilatation des Gaz.* — On vient de voir que tous les solides et les liquides se dilatent inégalement; tous les gaz au contraire se dilatent également, et leur dilatation est uniforme et égale, pour chaque degré, à $\frac{1}{266,67}$ de leur volume à 0°, sous la pression atmosphérique. C'est à MM. Dalton et Gay-Lussac qu'on doit la découverte de cette loi. Nous allons d'abord prouver qu'elle est vraie pour l'air; nous prouverons ensuite qu'elle l'est pour les autres gaz.

Soit un tube gradué, d'un petit diamètre, bien sec, ouvert par l'une de ses extrémités, et terminé à l'autre par une boule dont on connaît la capacité, ainsi que celle des divisions du tube (a); on introduit dans le

---

(a) On détermine le rapport de la capacité de la boule avec celle des divisions du tube, de la manière suivante : on pèse le tube vide et on note son poids; ensuite on remplit la boule de mercure en la chauffant, et plongeant l'extrémité du tube dans ce métal; on pèse de nouveau le tube, et soustrayant du poids trouvé celui du tube vide, on a le poids du mercure contenu dans la boule. Alors déter-

tube une petite colonne de mercure pour renfermer l'air de la boule et d'une partie de ce tube, et en même temps pour servir d'index. Ensuite on le place horizontalement dans une petite cuve en cuivre ou en fer blanc, à une légère distance du fond, de manière que la portion du tube comprise entre l'index et l'extrémité ouverte sorte en dehors par une ouverture (*a*) pratiquée dans la paroi latérale de la cuve; puis on recouvre de glace fondante la boule et la portion du tube qui se trouve entre elle et l'index. Par l'action de la glace fondante, l'air se condense, et l'on juge qu'il est arrivé à zéro, lorsque l'index, qui d'abord s'est porté du côté de la boule, se fixe en un point qu'on note soigneusement : alors on met de l'eau dans la cuve; on porte cette eau à 10°, de 10° à 20°, de 20° à 30°, et enfin à 100°. On observe attentivement la marche de l'index, qui indique la dilatation de l'air; et l'on voit que ce fluide, en passant de 0° à 10°, se dilate autant qu'en passant de 10° à 20°, de 20° à 30°; et qu'enfin en passant de 0° à 100°, il se dilate de 0,375 de son volume. Or, puisque la dilatation est la même en passant de 0° à 10°, de 10° à 20°, de 20° à 30°, etc., il s'en suit que, par chaque degré, sa dilatation est de $\frac{0,375}{100} = 0,00375 = \frac{1}{266.67}$ du volume

minant, par une méthode analogue, le poids du mercure que peut contenir un certain nombre des divisions du tube, lesquelles sont toutes d'égale capacité, on en conclut facilement le rapport cherché, puisqu'il suffit pour cela de diviser le poids du mercure de la boule par celui de l'une des divisions. (Voyez comment on gradue un tube (37).

(*a*) Cette ouverture doit être garnie d'un bouchon de liège percé d'un trou, dans lequel le tube entre à frottement.

qu'il occupe à o°. Pour que l'expérience soit exacte, il faut, à mesure que le gaz se dilate, enfoncer le tube dans la cuve, de manière que le mercure affleure continuellement sa paroi. Sans cela, toute la masse d'air sur laquelle on opèrerait, ne serait point soumise à la température de l'eau de la cuve, et sa dilatation serait un peu moins grande qu'elle ne devrait l'être.

Sachant que l'air se dilate de $\frac{1}{266,67}$ de son volume à o°, il n'est rien de plus facile que de prouver que tous les gaz sont dans le même cas. On prend deux tubes de verre fermés par l'une de leurs extrémités, gradués avec le plus grand soin, et de dimensions parfaitement égales ; on les remplit d'abord de mercure, puis on introduit dans l'un la moitié de son volume du gaz que l'on veut essayer, et dans l'autre la motié de son volume d'air : on porte l'appareil dans une étuve dont on élève la température à volonté, et l'on n'observe absolument aucune différence dans la marche de la dilatation des gaz.

On peut prouver, à l'aide du même appareil, que les vapeurs se dilatent dans le même rapport que les gaz ; mais il faut préalablement échauffer cet appareil, en le tenant pendant quelque temps dans une étuve dont la température doit être, pour l'éther par exemple, de 6o°. Alors, faisant passer de la vapeur éthérée dans l'un de ces tubes, et de l'air dans l'autre, de manière qu'ils correspondent chacun à la même division, on élève la température de 6o à 100°, et l'on voit que la marche des deux fluides ne diffère en rien.

Puisque la dilatation des gaz est égale pour chaque degré au $\frac{1}{266,67}$ de leur volume, à o° ; connaissant le volume d'un gaz à une température quelconque, il est extrêmement facile de savoir ce que deviendra ce volume à toute autre température. En effet, on aura la dilatation du volume du gaz pour chaque degré, en le divisant par 266, 67 ou plus exactement par 266 $\frac{2}{3}$, plus le nombre d'unités dont la température du gaz est au-dessus de zéro (*a*).

Cette dilatation étant connue, on la prendra autant de fois qu'il y aura de degrés entre les deux températures, et on ajoutera la somme au volume, ou on l'en retranchera, selon que ce volume devra être plus ou moins grand que le volume cherché.

Supposons qu'on ait 100 parties de gaz à + 40°, et qu'on veuille connaître le volume de ce gaz à + 20°, on divisera 100 par 266 $\frac{2}{3}$ + 40 ou par 306 $\frac{2}{3}$, et l'on obtiendra pour quotient 0,326; ce quotient, multiplié par 20, donnera 6,520, qui, retranchés de 100, donneront 93$^{\text{parties}}$,48 pour le volume qu'occuperont les 100 parties de gaz à + 20°.

34. Nous avons supposé dans ce que nous venons de dire de la dilatation des gaz, qu'ils étaient soumis à une pression constante, susceptible de céder à leur force expansive. Mais qu'arriverait-il, s'ils n'étaient comprimés extérieurement par aucun corps, ni par l'air ni par les parois des vases qui les recèlent? Comme ils sont sans cohésion, et qu'ils n'obéissent qu'à la force répul-

---

(*a*) Car le volume d'un gaz au-dessus de zéro égale son volume à zéro, plus la dilatation pour chaque degré, prise un nombre de fois égal au nombre de degrés, dont la température est au-dessus de zéro. Or, son volume à zéro égale cette dilatation prise 266 $\frac{2}{3}$; donc, en divisant le volume au-dessus de zéro par 266 $\frac{2}{3}$, plus autant d'unités qu'il y en a dans le nombre de degrés dont la température est au-dessus de zéro, on aura la dilatation pour chaque degré. Si le gaz était au-dessous de zéro, il faudrait évidemment diviser son volume non pas par 266 $\frac{2}{3}$ plus le nombre d'unités; mais par 266 $\frac{2}{3}$, moins le nombre d'unités, dont la température serait au-dessous de zéro.

sive du calorique, ils sé raréfieraient indéfiniment à une température quelconque. Il est facile de s'en convaincre : que l'on prenne un vase plein d'air, qu'on l'adapte à la machine pneumatique, et que l'on mette cette machine en jeu, on retirera continuellement du vase une certaine quantité d'air ; et cependant, ce vase sera toujours plein : donc, à mesure qu'on retirera une portion d'air, le reste se raréfiera de manière à occuper toujours le même espace. Mais l'air ne peut point se raréfier, sans que le calorique qu'il contient ne diminue de tension ; par conséquent, à mesure qu'il se raréfiera, il devra en même temps se refroidir, et c'est en effet ce qui a lieu. Il est possible même que le froid soit très-considérable ; le thermomètre ordinaire ne peut l'indiquer, parce qu'il a trop de masse, et que par cette raison en s'abaissant un peu, il fait monter l'air raréfié d'un grand nombre de degrés. Il y a donc dans cette expérience une certaine quantité de calorique qui devient insensible au thermomètre. Nous connaîtrons par la suite ce calorique, sous le nom de calorique latent.

## *Thermomètres.*

35. C'est sur la propriété qu'ont les corps de se dilater, que sont fondés les thermomètres. On en distingue trois sortes : les premiers sont construits avec des corps solides, et sont destinés à mesurer les hautes températures ; les seconds sont construits avec des liquides, et servent aux mesures des températures basses et moyennes ; les troisièmes sont contruits avec de l'air, et ne s'emploient que lorsqu'il s'agit de reconnaître des variations légères de température.

36. *Thermomètres solides.* — Ces thermomètres étant destinés à mesurer les degrés très-élevés de température, on leur a donné le nom de pyromètres. On en a construit avec différentes matières. La plupart sont fondés sur la dilatation des métaux ; mais celui qui est le plus généralement employé, le pyromètre de Wedgwood, est fondé sur la propriété qu'a l'argile de prendre du retrait quand on l'expose à une haute température, et d'éprouver une contraction à peu près proportionnelle à l'intensité de la chaleur. Ce pyromètre est composé de deux pièces : la première est un petit cylindre d'argile de 12 millimètres de diamètre, de 14 à 15 millimètres de longueur, un peu applati sur une des faces, et cuit à une chaleur rouge : la seconde est une jauge destinée à mesurer la diminution de volume de l'argile chauffée ; elle est formée d'une plaque en cuivre ou en laiton, sur laquelle sont soudées deux règles de même métal, parfaitement égales, et longues de 304 millimètres, formant un canal convergent, dont l'ouverture est de 12 millimètres à une extrémité et de 8 millimètres à l'autre ; l'une des règles est divisée en 240 parties égales, qu'on appelle degrés ; le 0° de l'échelle est placé à l'extrémité la plus large. On divise ordinairement l'instrument en deux, afin de le rendre plus portatif, et l'on a ainsi sur la même plaque deux canaux convergens, dont l'un est la suite de l'autre. (Voy. *pl.* 16, *fig.* 1.)

CC′C″C‴; plaque de laiton.

DD′; rainure formée par les deux règles EE′, FF′.

GG′; autre rainure faisant suite à la première et formée par les deux règles FF′, HH′.

I ; petit cylindre d'argile entrant dans la rainure DD′.

L , *fig.* 2 ; petit creuset ou étui terreux , très-réfrac-
taire , pour calciner le cylindre d'argile.

Pour que cet instrument puisse être comparable, il
faut que les petits cylindres soient constamment formés
avec la même argile, et que cette argile soit absolument
infusible (*a*).

Veut-on connaître maintenant la température à laquelle le cuivre fond, par exemple : mettez un de ces
petits cylindres dans le creuset avec le cuivre, et aussitôt

---

(*a*) Wedgwood s'était d'abord servi , pour former ces cylindres,
d'argile blanche de cornouailles, qui est composée , suivant lui,
de deux parties de silice et trois d'alumine; mais, depuis, il a reconnu la nécessité d'y ajouter la moitié de son poids d'alumine pure,
précipitée de l'alun par la potasse du commerce et lavée avec de l'eau
bouillante. On se procurera donc de l'argile blanche , infusible, semblable à celle de cornouailles; on la délayera dans l'eau ; on laissera
déposer un moment pour permettre aux matières étrangères de se
rassembler au fond du vase; on décantera ensuite , en faisant passer
à travers un tamis de soie très-fin, l'argile en suspension , qui,
peu à peu, se précipitera ; on décantera l'eau devenue claire , et on
fera sécher. On mêlera alors cette argile sèche avec la moitié de son
poids d'alumine pure; on délayera le tout dans deux cinquièmes
d'eau en poids ; on pétrira avec le plus grand soin la pâte qu'on
obtiendra ainsi ; on la fera passer, à l'aide d'une légère pression, par
des trous ronds pratiqués au fond d'un cylindre de fer, et l'on aura
de longues baguettes qu'on coupera en pièces de longueur convenable. On fera sécher ces pièces à la chaleur de l'eau bouillante; on
les applatira légèrement d'un côté, et on les ajustera de manière
qu'elles arrivent juste au 0° de la jauge. Si, par hasard, il s'en trouvait
qui dépassassent le 0° d'un ou deux degrés, on marquerait sur un des
bouts du cylindre ce nombre de degrés, qu'on déduirait ensuite
quand on devrait s'en servir. On pourra les faire cuire alors dans
un four à une température légèrement rouge, pour leur donner de
la dureté, et pour qu'elles puissent être exposées tout à coup à une
très-haute chaleur, sans éprouver de gerçures.

que ce métal sera fondu, retirez le cylindre ; laissez-le refroidir ; regardez jusqu'à quel degré il peut avancer alors dans la jauge, et vous verrez qu'il ira jusqu'à 27°. Quand la substance est de nature à se vitrifier, ou à s'attacher au cylindre, il faut préalablement le mettre dans une enveloppe de terre à creuset.

Le 0° de ce pyromètre correspond à 598° du thermomètre centigrade ; et chacun de ses degrés égale 72 degrés du même thermomètre : du moins c'est ce que Wedgwood a trouvé, en comparant la dilatation de l'argent au thermomètre à mercure et à son pyromètre.

On attribue généralement à la perte d'une portion d'eau le retrait qu'éprouve l'argile à une haute température. Cette opinion est fondée pour les basses températures ; mais elle est erronée pour les températures au-dessus de 29° du pyromètre, ainsi que Théodore de Saussure s'en est assuré par l'expérience suivante : un cylindre pyrométrique, qui, avant d'avoir été chauffé, pesait 1$^{\text{gram}}$,72, avait perdu à 29°, 132 milligrammes ; mais depuis ce terme jusqu'au 170$^{\text{eme}}$ degré, il ne perdit plus rien, quoiqu'il eût diminué de plus d'un quart de son volume. Le retrait de l'argile ne peut donc être dû évidemment qu'à la combinaison plus intime de ses élémens.

37. *Thermomètres à liquides.* — Plusieurs liquides peuvent être employés pour construire des thermomètres ; mais celui qu'on doit préférer est le mercure, parce qu'il réunit trois principaux avantages ; 1° celui de supporter, avant de bouillir, une plus haute température que tous les autres liquides ; 2° celui d'être plus sensible à l'action de la chaleur, à raison de sa conductibilité et de son

peu de capacité pour le calorique ; 3° celui surtout d'é-
prouver une dilatation proportionnelle à la marche
effective de la chaleur, du moins entre les points de
l'ébullition et de la congélation de l'eau.

On doit d'abord faire choix d'un tube capillaire ou
d'un très-petit diamètre. Ce tube doit être, autant que
possible, cylindrique, afin qu'en le divisant en parties
égales, chaque division ait la même capacité. Il le sera
évidemment, si une petite colonne de mercure, introduite dans son intérieur et portée successivement dans
tous ses points, au moyen d'une légère inclinaison,
occupe partout la même longueur (a). Lorsque l'on ne
peut point se procurer de tube cylindrique, ce qui arrive souvent, on doit prendre ceux qui s'en rapprochent le plus, et les partager en divisions d'égale
capacité, par le procédé qui est dû à M. Gay-Lussac.
Pour cela, on introduit, comme nous venons de le
dire, une petite colonne de mercure dans un tube A B,
( *Pl.* 16, *fig.* 4. ) ouvert par les deux bouts. On marque
sur le verre même les points extrèmes de cette colonne,
et la promenant successivement dans toute la longueur
du tube, on a une première échelle de parties égales,
CD, DE, EF, FG ; on fait ensuite sortir du tube un peu
moins de la moitié du mercure, et faisant coïncider,
avec la première division C, l'extrémité de la colonne
restante, elle n'atteindra plus la seconde division D,
mais elle dépassera la moitié de l'espace compris entre
ces deux divisions. On marquera le point H où elle arri-

_____

(a) On introduit une petite colonne de mercure dans le tube, en
plongeant l'une des extrémités du tube dans un bain de mercure,
fermant l'autre extrémité avec le doigt, et enlevant le tube.

vera; la faisant ensuite glisser jusqu'à la seconde D, elle n'atteindra plus la première C, mais elle dépassera encore la moitié de l'intervalle compris entre ces deux divisions : on marquera également le point I où elle arrivera. Le point I et le point H étant également éloignés du milieu de la grande division CD, on aura le milieu K de la capacité de cette division, en prenant la moitié de l'intervalle qui les sépare ; car la distance entre ces deux points étant très-petite, on peut regarder cette partie comme cylindrique. Faisant la même opération sur toutes les autres grandes divisions DE, EF, FG, et marquant ainsi le milieu de chacune d'elles, on aura une nouvelle échelle de parties égales qui seront deux fois plus nombreuses : on divisera ensuite ces dernières par le même procédé, et ainsi de suite, jusqu'à ce que l'on ait obtenu le nombre de divisions que l'on désire.

S'étant ainsi procuré un tube soit cylindrique, soit divisé en petites portions d'égale capacité, on attache avec soin l'une de ses extrémités à l'ouverture d'une bouteille de caout-chouc (vulgairement gomme élastique), et l'on expose l'autre à la flamme de la lampe, jusqu'à ce que le verre se ramollisse ; alors on l'arrondit en bouton à l'aide d'une petite tige de fer ou de cuivre ; on continue de chauffer jusqu'au rouge blanc, ayant soin de tourner de temps en temps le tube sur lui-même, pour empêcher qu'il ne fonde sur les côtés; ensuite on retire le tube de la flamme ; on le tient verticalement, de manière que la partie chauffée soit en haut ; puis pressant avec la main sur la bouteille de caout-chouc, le tube se trouve soufflé en boule. Si cette boule n'a pas la grosseur qu'on désire, on la ramollit à la lampe, en ayant soin de tourner promptement le tube entre les doigts, et on le souffle de nouveau (*a*).

37 *bis*. Cela étant fait, on chauffe cette boule pour chasser une partie de l'air qu'elle contient ; on plonge ensuite l'extrémité du tube dans du mercure bien pur et bien sec ; tout à coup le mercure s'élève, parvient peu-à-peu jusque dans la boule et la remplit en partie à mesure qu'elle se refroidit : on répète cette opération deux ou trois fois, mais en portant chaque fois le mercure jusqu'à l'ébullition. Il se forme ainsi de la vapeur mercurielle qui chasse l'air de la boule et du tube, et qui, par sa condensation, opère un vide, à l'aide duquel la boule et tout le tube se remplissent de mercure. Alors, par une chaleur convenable, on fait sortir du tube une telle quantité de mercure, qu'il n'en reste à la température ordinaire qu'environ le tiers de sa hauteur : on fait fondre l'extrémité du tube à la lampe, on l'effile, et on la ferme hermétiquement, en dirigeant dessus le dard de la flamme d'un chalumeau, au moment où, après avoir exposé de nouveau la boule à l'action du feu, le mercure est bouillant (*b*).

(*a*) On ne doit point souffler les boules de thermomètre avec la bouche, parce qu'on porterait de l'humidité qu'il serait très-difficile de chasser. D'ailleurs, il serait très-difficile, et même impossible, de souffler une boule à l'extrémité d'un tube d'un très-petit diamètre.

(*b*) On ne conserve pas le tube plein de mercure, parce que le thermomètre ne pourrait point indiquer les degrés supérieurs à l'eau bouillante ; et l'on ne ferme le tube qu'au moment où le mercure est bouillant, pour qu'il n'y reste point ou qu'il n'y reste que peu d'air. S'il en restait une trop grande quantité, le thermomètre pourrait se briser à une haute température ; car alors cet air serait fortement comprimé.

Il ne s'agit plus maintenant que de graduer le tube pour achever la construction du thermomètre ; on le gradue diversement en raison du thermomètre que l'on veut obtenir. Nous ne parlerons spécialement que de la graduation du thermomètre centigrade, parce qu'une fois connue, il sera facile de se faire une idée des autres, et que, d'ailleurs, nous n'emploierons que cette sorte de thermomètre. On plonge d'abord la boule et la partie du tube qui contient du mercure dans la glace fondante ; on les y laisse pendant quelque temps, ou plutôt jusqu'à ce que le mercure se soit arrêté en un point que l'on marque avec de la cire à cacheter ; ensuite, on les retire de la glace, et on les expose à la vapeur de l'eau distillée bouillante sous une pression de 76 centimètres. A cet effet, on met quelques centimètres d'eau distillée dans un vase d'étain ou de fer blanc, dont les parois sont, de 8 à 10 centimètres, plus élevées que le thermomètre : ce vase porte un couvercle percé de deux trous, dont l'un est destiné à laisser passer la partie supérieure du tube, et l'autre sert à donner issue à la vapeur d'eau : le baromètre étant à 76 centimètres, on dispose le thermomètre dans ce vase, de manière que le point du tube où l'on présume que doit s'arrêter le mercure, soit un peu au-dessus du couvercle : on place le vase sur le feu, et l'on porte l'eau à l'ébullition. Le mercure, enveloppé de vapeurs aqueuses, s'élève graduellement dans le tube, et se fixe en un point que l'on marque avec de la cire, comme celui qui correspond à la glace fondante. Il est bien évident que ces deux points déterminés dans un lieu quelconque, seront toujours les mêmes, puisque d'une part, la glace fond partout à la même température, et

que de l'autre la vapeur de l'eau distillée bouillante est
partout au même degré de chaleur sous la même pression (a). Ayant ainsi obtenu ces deux points fixes, on
divise en 100 parties d'égale capacité l'intervalle qui les
sépare, et l'on partage en parties égales à celles-ci, la
capacité du tube qui se trouve soit au-dessus, soit au-
dessous de cet intervalle. Chaque partie prend le
nom de degré; le point qui correspond à la glace fondante est le 0° du thermomètre, et par conséquent
celui qui correspond au point de l'eau bouillante, en
est le centième degré. Les degrés qui sont au-dessous
de 0° s'expriment par le signe —, et ceux qui sont
au-dessus, par le signe +. Tous les degrés auront la
même longueur, si le tube est cylindrique, et en auront
une différente, s'il ne l'est point. Dans tous les cas, on
les tracera facilement : dans le premier, on se ser-

(a) L'air presse sur tous les corps; l'élévation du mercure dans le
baromètre indique son degré de pression. On fait l'expérience que nous
venons de rapporter à la pression de 76 cent. ; parce que, comme on
le verra (41), l'eau exige d'autant plus de calorique pour entrer en
ébullition, qu'elle est soumise à une pression plus considérable. Il
suit de-là que les couches inférieures d'eau doivent bouillir moins
facilement que les supérieures, parce qu'elles sont soumises non-
seulement à la pression de l'atmosphère, mais encore à celle des
couches au-dessous desquelles elles se trouvent. C'est pourquoi on
ne doit point déterminer le second point fixe, en plongeant le thermomètre dans de l'eau bouillante; ou, du moins, si l'on employait
ce moyen, il faudrait n'y plonger que la boule. C'est encore pourquoi
l'on a recommandé de ne mettre que quelques centimètres d'eau dans
le vase où la vapeur doit se former ; car cette vapeur étant toujours à
la même température que les couches d'eau dont elle provient, il
s'en suit que si ces couches étaient multipliées, la vapeur qui se formerait à la surface serait sensiblement moins chaude que celle qui
se formerait au fond.

vira d'une échelle dont 100 parties auront la même
étendue que l'intervalle compris entre les deux points
fixes ; dans le second, il ne s'agira que de prendre pour
un degré, un certain nombre de divisions primitives du
tube (37). Si ces divisions sont au nombre de 300 entre
les deux points fixes, on en prendra 3 pour équivaloir
à chaque degré du thermomètre. La longueur des
degrés sera d'autant plus grande, que la boule aura
plus de capacité, et que le tube en aura moins ou sera
plus capillaire : il faudra donc que la capacité de la
boule ne soit pas trop grande, relativement à celle du
tube, si l'on veut que le thermomètre indique un grand
nombre de degrés ; et d'ailleurs, il faudra faire en sorte
que le 0° soit à plus ou moins de distance de la boule,
selon qu'on voudra avoir plus ou moins de degrés
au-dessus ou au-dessous de 0°. Tantôt les thermomètres sont à boule ou réservoir sensiblement sphérique, tantôt à réservoir cylindrique. Ceux-ci sont
un peu plus sensibles, parce qu'ils présentent plus
de surface. Lorsque le réservoir doit être grand, on le
souffle à part, et on le soude au tube thermométrique :
on amincirait trop le verre en le soufflant à l'extrémité
de celui-ci. (Voy. *pl.* 16, *fig.* 3, deux thermomètres,
dont l'un est à réservoir cylindrique, et l'autre à réservoir sphérique.)

Une fois qu'on se sera procuré un thermomètre tel
que celui que nous venons de décrire, et qu'on appelle
thermomètre *étalon*, il sera très-facile de se procurer autant de thermomètres à mercure qu'on voudra.
Il suffira de prendre un tube capillaire, en donnant
toutefois la préférence à celui qui approche le plus

d'être cylindrique; de souffler une boule à son extrémité; d'y introduire, comme on l'a dit (37 *bis*), une certaine quantité de mercure; de déterminer, comme précédemment, les points fixés de la glace fondante et de l'eau bouillante; d'en déterminer ensuite plusieurs autres en plongeant ce thermomètre, comparativement avec le thermomètre étalon, dans un même vase rempli d'eau, que l'on portera successivement à différentes températures; et d'achever la division, en regardant comme cylindrique, l'intervalle qui se trouvera entre deux points consécutifs. Supposons que l'un de ces points corresponde au 10ème degré, et l'autre au 15ème, on divisera l'intervalle en 5. D'ailleurs, on s'y prendra de la même manière pour obtenir les degrés soit au-dessous de 0°, soit au-dessus de l'eau bouillante; si ce n'est que, pour la détermination des premiers, on fera usage de liquides non congelables, tel que l'alcool, et refroidis par des mélanges frigorifiques; et que pour la détermination des seconds, on se servira de liquides qui ne bouillent que bien au-dessus de 100°, par exemple, de mercure.

On se procurera facilement aussi par ce procédé des thermomètres à esprit de vin; mais il ne faudra point perdre de vue dans leur construction, qu'ils n'indiquent point le degré de l'eau bouillante, parce que l'esprit de vin bout à environ 82°. En conséquence, après avoir déterminé le zéro par la glace fondante, on déterminera les autres points comme on vient de le dire. Ces thermomètres ainsi faits sont aussi exacts que ceux à mercure, puisque leur marche est évidemment la même. On s'en sert particulièrement pour les basses températures, et surtout pour celles qui sont au-dessous du 40ème degré, point auquel le mercure se congèle.

Outre le thermomètre centigrade qui est le seul dont nous nous servirons, et le même que celui de Celsius, il en est trois autres qui sont assez généralement employés, savoir : celui de Réaumur ou plutôt de Deluc, en France, en Italie, en Espagne; celui de Fahrenheit en Angleterre, et celui de Delisle en Russie. Ces thermomètres ne diffèrent du thermomètre centigrade, que par les points fixes dont on est parti pour leur construction, et par la valeur de chaque degré de leur échelle.

Le thermomètre de Réaumur a les mêmes points fixes que le thermomètre centigrade, c'est-à-dire, la glace fondante et l'eau bouillante. On partage en 80° l'intervalle compris entre ces deux points. Le 0° correspond à la glace fondante.

Le thermomètre de Fahrenheit a pour points fixes, l'eau bouillante, et le froid produit par un mélange de sel marin et de neige. L'intervalle compris entre ces deux points est divisé en 212. Le 0° correspond au point donné par le froid, et son 32e degré au 0° du thermomètre centigrade ou de Réaumur.

Le thermomètre de Delisle n'a qu'un point fixe, savoir, celui de la chaleur de l'eau bouillante; ce point est le 0° de l'instrument. Chaque degré audessous de ce terme est un 0,0001 de la capacité de la boule, et de la partie du tube qui se termine au 0°. Le 150ème degré de l'échelle descendante de ce thermomètre, correspond au 0° du thermomètre centigrade : ce thermomètre est toujours à mercure.

On voit, d'après cela, que 5° du thermomètre centigrade équivalent à 4° du thermomètre de Réaumur, à 9° du thermomètre de Fahrenheit, et à 7°,5 du thermomètre de Delisle.

38. *Thermomètre à air.* — On connaît plusieurs thermomètres à air; mais nous ne donnerons que la description du thermomètre différentiel de M. Leslie, parce que ce thermomètre est préférable aux autres. Pour le construire, on prend deux tubes d'un diamètre un peu plus grand que celui des thermomètres ordinaires; leur longueur peut être inégale. On souffle à l'extrémité de chacun d'eux une boule de 10 à 12 millimètres de diamètre, on introduit dans l'une d'elles une petite quantité d'acide sulfurique teinte en rouge avec du carmin, et on soude ensemble les deux tubes, en les présentant à la flamme de la lampe; on recourbe ensuite ces deux tubes qui n'en forment plus qu'un, de manière à leur donner la forme de la lettre U; on les assujettit sur un support, et on fixe, le long de la branche dont la boule est vide, une échelle, dont on fera connaître la graduation plus bas. (Voy. *pl.* 16, *fig.* 5.) E représente le niveau du liquide dans la boule A, et E' le représente dans le tube B C. Les dimensions de ce thermomètre peuvent varier. Les boules ont de 10 à 12 millimètres de diamètre, et sont distantes d'environ 6 à 8 centimètres l'une de l'autre. Les deux branches A D et B C peuvent avoir de 8 à 16 centimètres de hauteur : le tube B C, qui porte l'échelle, doit avoir un calibre exact d'environ un demi-millimètre. Dans tous les cas, la boule A prend le nom de boule focale, parce que dans les expériences, elle occupe toujours l'espace le plus chaud.

Si l'on expose les deux boules à la même température, le liquide étant également pressé de part et d'autre, restera stationnaire; mais si l'on chauffe la boule A, le liquide montera dans le tube B C, à une hauteur proportionnelle à l'excès de l'élasticité de l'air de cette boule, sur celle de l'air de la boule B. Ce thermomètre indique donc la différence de température des deux espaces occupés, l'un par la boule A, et l'autre par la boule B; et voilà pourquoi M. Leslie l'a appelé thermomètre différentiel. La graduation en est fort simple : on expose les deux boules du thermomètre à la même température, et l'on note le point auquel répond la colonne liquide dans le tube BC : ce point est le zéro du thermomètre. Ensuite on expose en même temps la boule A à un certain nombre de degrés au-dessus de 0°, par exemple à 10°, et la boule B à 0° : ce qu'il est facile de faire en plaçant l'instrument dans une chambre à 10°, mettant un écran entre les deux boules, et entourant la boule B de glace ou de neige. Par ce moyen, le liquide s'élève dans le tube B C, et s'arrête en un point qu'on note comme le premier ; puis l'on divise en 100 parties l'espace compris entre ce point et le 0°. On se procure les degrés au-dessous de 0° en faisant une opération inverse, c'est-à-dire, en exposant la boule B à une certaine température au-dessus de 0°, et en entourant la boule A de glace.

La marche de ce thermomètre est facile à concevoir. Lorsque le liquide est à 0°, l'air des deux boules est à la même température. Son ascension au-dessus de 0° indique que l'air de la boule A est plus chaud que celui de la boule B. Son abaissement au-dessous de 0° indique le contraire. 10° de ce thermomètre égalent un degré centigrade.

C'est pour estimer le calorique réfléchi par les miroirs et concentrés en un point, que M. Leslie a inventé le thermomètre différentiel; mais il fait observer qu'en couvrant la boule B d'une feuille d'or, on peut le rendre

propre à mesurer toute espèce de rayonnement de calorique, par exemple, les quantités de calorique qui sont
continuellement lancées du feu dans une chambre, parce
qu'alors cette boule absorbera environ huit fois moins
de calorique rayonnant que si elle était à nu.

### Causes de l'état et du changement d'état des corps.

38 *bis*. Les corps sont tantôt à l'état solide, tantôt à l'état
liquide, et tantôt à l'état gazeux ou de fluide aériforme.
Cette manière d'être des corps dépend, ainsi qu'il est
facile de le voir d'après ce qui précède, du rapport qui
existe en eux, entre la force de cohésion qui tend à
unir leurs molécules intégrantes, et la force répulsive
du calorique qui tend à les éloigner. Lorsque la première l'emporte sur la seconde, les corps sont solides :
lorsqu'au contraire la seconde l'emporte sur la première,
les corps sont liquides ou gazeux; liquides, si la cohésion est faible; gazeux, si elle est nulle. Il suit de-là que
si l'on pouvait rendre ces deux forces alternativement
prépondérantes, augmenter l'une et diminuer l'autre;
ou bien, ce qui est la même chose, faire varier à volonté la distance qui sépare les molécules, on ferait
passer tous les corps de l'état solide à l'état liquide, et
de l'état liquide à l'état gazeux; et, réciproquement, on
les ferait passer tous de l'état gazeux à l'état liquide, et
de l'état liquide à l'état solide : on les rendrait même
beaucoup plus denses que ceux qui jouissent de la plus
grande densité. Mais notre puissance à cet égard est
bornée, parce que nous ne pouvons produire qu'un certain degré de chaleur et de froid. C'est pourquoi il est
des solides que nous n'avons point encore pu fondre, des

liquides que nous n'avons pas pu solidifier, et des gaz que nous n'avons pas pu liquéfier.

Quoi qu'il en soit, la fusion et surtout la gazéification ont toujours lieu entre les molécules intégrantes, et non point entre les molécules constituantes ; car, aussitôt que les molécules constituantes d'un corps peuvent être portées par le calorique à la distance qui constitue l'état liquide, et à plus forte raison qui constitue l'état gazeux, ce corps est sans doute décomposé : ainsi, chaque molécule intégrante d'un corps doit être considérée comme un petit solide.

Il existe à la température ordinaire bien plus de solides que de liquides, et bien plus de liquides que de gaz. Ceux-ci, à cette température, ne sont qu'au nombre de 20.

39. *Fusion ou liquéfaction des corps par le Calorique.* — Les solides fondent à des températures diverses. La glace fond à 0° ; le plomb à 263° centigrades, et le zinc à 370. Ceux qui sont bons conducteurs entrent presque aussitôt en fusion au centre qu'à la surface : exemple, le plomb. Mais ceux qui sont mauvais conducteurs nous offrent à cet égard une très-grande différence : le beurre, la graisse, etc., en sont des exemples. Quelquefois le corps se ramollit avant de fondre ; souvent, au contraire, il passe sur-le-champ de l'état solide à celui d'une parfaite liquidité. Tous les corps gras sont dans le premier cas ; le plomb, la glace, sont dans le second. La plupart des corps en fondant augmentent de volume ; quelques-uns cependant en prennent un qui est moindre ; telle est particulièrement la glace (30). Les corps, excepté un très-petit nombre, exigent, pour entrer en fusion, une température plus élevée que le plus fusible de leurs

principes constituans : par conséquent, ils ont, en général, plus de cohésion que celui de leur principe constituant qui en a le moins ; car un corps est d'autant plus difficile à fondre que ses molécules sont plus cohérentes. Nous citerons, comme faisant exception, l'alliage résultant de la combinaison de 8 parties de bismuth, 5 de plomb et 3 d'étain. Cet alliage fond dans l'eau bouillante ; tandis que l'étain, le plus fusible des trois métaux qui le constituent, n'entre en fusion que bien au-dessus de cette température.

Mais de tous les phénomènes que nous présente la fusion des corps, le plus important est le suivant. Tous les corps, pendant leur fusion, absorbent une quantité de calorique qui est absolument insensible au thermomètre, et que, pour cela, on appelle calorique latent. Supposons un corps à une température telle qu'il ne puisse pas recevoir de calorique, sans que quelqu'une de ses parties entre en fusion ; supposons ensuite qu'on expose ce corps à l'action du feu, il se combinera avec beaucoup de calorique, et se fondra à mesure, sans que sa température s'élève sensiblement. La glace peut être citée pour exemple : que l'on prenne un kilog. de glace en poudre à 0°, ou plutôt de neige, à cause de son extrême division ; qu'on la mette dans un vase de verre à 0° lui-même, et qu'on y verse un kilog. d'eau à 75° ; il en résultera deux kilog. d'eau à 0°, c'est-à-dire, que la glace en fondant est susceptible de rendre latente toute la quantité de calorique nécessaire pour élever un poids d'eau égal au sien, de 0° à 75°. On voit pourquoi la glace est si long-temps à fondre, lorsque le dégel arrive.

40. *De la formation et de la tension des Vapeurs.* — Tous les liquides ont une tendance à se réduire en gaz

que l'on appelle vapeurs, pour les distinguer des gaz permanens. En vertu de cette tendance, un liquide quelconque, placé dans un espace vide, donne naissance à une certaine quantité de vapeurs. Cette quantité dépend de l'espace, de la température et de la nature du liquide. 1° Elle est proportionnelle à l'espace, de sorte qu'un espace double donne lieu à la formation d'une quantité double de vapeurs ; par conséquent, en comprimant de la vapeur, de manière à la réduire au quart de son volume, on doit en liquéfier les trois quarts. 2° Elle croît avec la température, mais dans un rapport plus grand que celle-ci ; d'où il suit qu'il se vaporisera plus de liquide de 0° à 20°, que de 0° à 10°, et moins de 0° à 10° que de 10° à 20°. 3° Elle varie en raison des divers liquides ; car on observe que les liquides qui entrent le plus facilement en ébullition, ou dont les points de l'ébullition sont le moins élevés, sont en même temps ceux qui, à une température quelconque, donnent naissance à la vapeur la plus dense. C'est ainsi que la vapeur de l'éther est bien plus dense que la vapeur d'eau, et la vapeur d'eau bien plus dense que la vapeur mercurielle : celle-ci à la température ordinaire est si rare, qu'il est, pour ainsi dire, impossible d'en démontrer la présence. Dans tous les cas, la vapeur ne se forme qu'à l'aide d'une certaine quantité de calorique appartenant au liquide, de sorte que celui-ci se refroidit ; elle en absorbe une quantité proportionnelle à sa densité et à sa chaleur latente. On a même mis cette propriété à profit, pour se procurer des froids artificiels (53).

Nous avons supposé, dans ce que nous venons de dire, que l'espace était vide ; mais les phénomènes seront encore les mêmes dans le cas où il sera plein d'air, ou d'un

gaz quelconque, pourvu que ce gaz n'ait point d'action sur
le liquide. C'est ce qu'a fait voir M. Dalton ( tom. XX,
page 325, Biblio. Britann., Sciences et Arts ); il n'y
aura d'autre différence qu'en ce qu'alors la vaporisation
sera moins prompte. En effet, soit qu'on mette le liquide
dans un espace vide ou plein, la vapeur qui se forme a
la même tension ou la même force élastique ; c'est-à-dire,
exerce la même pression sur les parois des vases qui la
recèlent. Or, ce résultat ne peut avoir lieu, qu'autant que
la quantité du liquide vaporisée de part et d'autre est
égale. La question se réduit donc à mesurer la tension
de la vapeur, et à faire voir qu'elle est réellement la
même dans les deux cas.

Pour cela, on prend un ballon à deux tubulures : à
l'une d'elles, on adapte deux robinets qui laissent
entre eux un petit espace; et à travers l'autre, on fait
passer un baromètre. (Voy. *pl.* 14, *fig.* 3. ) On fait le
vide dans le ballon, au moyen d'un tuyau de cuir EE',
adapté d'une part au robinet A, et de l'autre à la machine pneumatique, ainsi qu'on le dira plus particulièrement en parlant de la récomposition de l'eau (287).
Alors on ouvre le robinet A; on remplit d'eau ou de
tout autre liquide l'espace compris entre les deux robinets; on ferme le robinet A, et on ouvre le robinet B.
Le liquide tombe dans le ballon ; une portion de ce liquide se réduit tout à coup en vapeurs, et élève jusqu'à
une certaine hauteur, qu'on note avec soin, le mercure
qui, par l'effet du vide, s'était mis dans la branche CC',
presqu'au même niveau que dans la branche DD'.

Cela étant fait, on sèche exactement le ballon; on
y fait le vide de nouveau; on le remplit d'air sec par un
procédé semblable à celui qui sera indiqué (113); on

note la hauteur à laquelle le mercure s'élève ; puis on porte de l'eau dans le ballon, en s'y prenant comme précédemment ; et l'on voit qu'au bout de 7 à 8 minutes environ, le mercure s'élève autant par le seul effet de la pression de l'eau, que quand le ballon était vide.

Supposons qu'on opère à 18°, 75, l'on trouvera que l'eau, dans le vide, sera susceptible d'élever le mercure de 14 millimètres. Par conséquent, si l'air sec élève le mercure à $0^{mètre}$, 744, cet air saturé d'humidité à la température de 18°,75, l'élèvera à $0^m$,758 (a).

Mais puisque les liquides peuvent se vaporiser aussi bien dans un espace plein de gaz que dans un espace vide, il faut nécessairement admettre que les gaz n'exercent aucune pression sur les vapeurs qu'ils contiennent ; car une vapeur que la moindre pression liquéfie, peut exister dans un gaz dont la pression est très - considérable.

---

(a) On peut prendre la tension des liquides dans le vide par un procédé bien plus simple que le précédent. A cet effet, on remplit de mercure, à quelques millimètres près, un tube de 8 à 9 décimètres de long, et d'environ 14 millimètres de diamètre, fermé par l'une de ses extrémités, et ouvert par l'autre. On achève de le remplir avec le liquide, dont on veut mesurer la tension ; puis, bouchant ce tube avec le doigt, on le renverse et l'on promène à plusieurs reprises le liquide dans toute sa longueur, afin de détacher les petites bulles d'air adhérentes à ses parois ; ensuite on le tient verticalement, son ouverture étant tournée en haut ; le liquide gagne la partie supérieure, et entraîne l'air qui se dégage sitôt qu'on a enlevé le doigt. On remplace cet air par une nouvelle quantité de liquide ; on renverse de nouveau le tube ; et ainsi de suite jusqu'à ce qu'il soit entièrement purgé d'air. Alors, on ferme bien exactement l'extrémité ouverte avec le doigt ; on la plonge dans le mercure et l'on pose le tube dans une situation verticale ; on examine quelle est la hauteur du mercure dans le baromètre : de cette hauteur, on retranche celle à laquelle s'élève le mercure dans le tube, et la différence donne la tension du liquide.

L'air et l'eau nous serviront d'exemple. La vapeur d'eau que peut contenir l'air à 16°,75 ne soutient qu'une colonne de mercure de 14 millimètres : elle serait réduite en liquide par une colonne tant soit peu plus grande, parce qu'alors la tendance que les molécules auraient à se réunir l'emporterait sur leur force répulsive ; et cependant l'air est capable de faire équilibre à une colonne de 76 centimètres. L'on est donc forcé de reconnaître cette loi remarquable ; savoir, que la pression d'un gaz quelle qu'elle soit, n'agit en aucune manière sur la vapeur qu'il est susceptible de contenir.

41. *Ebullition, ou passage rapide des liquides à l'état de gaz.* — Tous les corps qui sont liquides à la température ordinaire, et plusieurs même de ceux qui ne le deviennent qu'à 100°, 200°, tels que le soufre, etc, sont susceptibles de bouillir et de devenir gazeux. En effet, lorsqu'on expose l'un de ces liquides, de l'eau, par exemple, au-dessus du feu, dans un vase de verre ou tout autre vase, il s'échauffe, et bientôt se dilate jusqu'à un certain point. Alors, les parties du liquide qui sont le plus rapprochées du foyer prennent tout à coup une très-grande expansion, se réduisent en vapeur, deviennent bien plus légères que celles qui n'ont point encore changé d'etat, les traversent rapidement, les soulèvent et produisent un mouvement qu'on appelle ébullition. Cette ébullition a toujours lieu au moment où la vapeur qui se forme a une tension égale à celle de l'air atmosphérique, et où par conséquent elle peut le déplacer. L'ébullition nous présente plusieurs phénomènes qu'il faut examiner avec soin.

1°. Aussitôt qu'un liquide commence à bouillir, sa température ne s'élève plus, quelle que soit d'ailleurs l'ébullition qu'il éprouve, qu'elle soit lente ou vive; tout le calorique qu'il reçoit est employé à réduire en vapeurs un plus ou moins grand nombre de ses parties; ce calorique devient latent ou insensible au thermomètre, de sorte que la vapeur qui se forme est à la même température que le liquide bouillant. On peut s'en convaincre en remplissant d'eau la moitié de la capacité d'un matras; introduisant dans ce matras deux thermomètres; les disposant l'un au-dessus de l'eau, l'autre dedans; puis portant l'eau à l'ébullition. Bientôt toute la capacité du matras qui était remplie par l'air, le sera par l'eau réduite en gaz ou vapeur, et l'on verra que les deux thermomètres seront au même degré et à environ 100°.

2° Les différens liquides, en bouillant, ou en passant à l'état de gaz ou de vapeurs, rendent latentes différentes quantités de calorique; ces quantités sont toujours très-grandes : l'eau, par exemple, en rend latent $5^{fois},66$ autant qu'elle en exige pour passer de 0° à 100°, d'après MM. Clément et Désormes. Si donc l'on fait passer 1 kilogramme de vapeur d'eau à 100°, à travers $5^{kilog},66$ d'eau à 0°, il en résultera $6^{kilog},66$ d'eau à 100°, en supposant qu'il n'y ait point de perte.

3°. La pression de l'air ou toute autre pression influe singulièrement sur le degré auquel les liquides entrent en ébullition; moins elle est grande, et plus la température à laquelle leur ébullition a lieu est basse (a).

_____

(a) Il ne faut pas oublier que l'air est pesant. Une colonne d'air est capable de soutenir une colonne de mercure de même base, environ à 76 centimètres de hauteur; il presse donc sur tous les corps, comme une colonne de mercure de 76 centimètres qui aurait pour base leur surface.

Si on met de l'eau à 40° dans un vase de verre ou autre, sous le récipient de la machine pneumatique, et si on fait le vide, bientôt l'eau entrera dans une vive ébullition. Si le vide d'air étant parfait, on absorbe la vapeur d'eau à mesure qu'elle se forme, l'ébullition aura même lieu à zéro (53). Lorsqu'au lieu de diminuer la pression de l'air, on l'augmente, on retarde le degré auquel l'eau bout. Toute autre pression qu'on rendra plus ou moins forte produira le même effet. On peut le prouver d'une manière bien remarquable avec la machine de Papin, espèce de cylindre de laiton ou de fer, dont le couvercle est assujetti par une forte vis. Que l'on remplisse cette machine d'eau, que l'on assujettisse parfaitement le couvercle, et l'on pourra la faire rougir sans que l'eau bouille, parce que la force comprimante sera très-grande; mais que l'on supprime la pression, et tout à coup l'eau se réduira en vapeurs avec un grand bruit. (*Voy.* la description des planches, art. Machine de Papin.)

4° Les corps étrangers que les liquides peuvent tenir en dissolution influent aussi sur le degré auquel ceux-ci bouillent : ils retardent constamment l'ébullition des liquides plus volatils qu'eux. C'est ainsi que l'eau salée ou sucrée bout moins promptement que l'eau pure, qui, sous la pression de 76 centimètres, entre en ébullition à 100°.

5° Le volume que les liquides prennent en bouillant ou se réduisant en vapeurs, est plusieurs centaines de fois plus grand que celui qu'ils occupent. On doit à M. Gay-Lussac une méthode très-simple, au moyen de laquelle on parvient à déterminer comparativement ce volume. On souffle une petite boule à l'une des extrémités d'un petit tube de verre; on effile ce tube par l'autre extrémité et on le pèse; alors, on le remplit de liquide, comme les tubes thermométriques (37 *bis*). On bouche l'extrémité effilée, en dirigeant dessus le dard de la flamme d'un chalumeau; on le pèse de nouveau, et retranchant le poids du tube vide du poids du tube plein, on a celui du liquide, et par conséquent son volume (*a*). Cela fait, on introduit ce tube sous une cloche longue et étroite d'environ un litre et demi de capacité, graduée, pleine de mercure, et dont les parois plongent dans un bain de ce métal que contient une chaudière de fonte; on se procure un cylindre de verre creux, ouvert par les deux extrémités, et d'un diamètre au moins une fois et demie aussi grand que celui de la cloche; on le dispose de manière qu'il enveloppe la cloche, et que ses bords inférieurs s'enfoncent d'environ six à sept centimètres dans le mercure. On remplit d'eau l'espace vide compris entre les parois intérieures du cylindre et les parois extérieures de la cloche, et on porte peu-à-peu cette eau jusqu'à la chaleur de l'ébullition. Bientôt le tube est brisé par la force expansive du liquide; celui-ci se réduit tout entier en vapeurs, déprime le mercure, et occupe un volume qu'il est facile de mesurer en raison de la graduation de la cloche. M. Gay-Lussac a trouvé par cette méthode, que, sous la pression de 76 centimètres et à la température de 100°, l'eau en vapeur occupe un volume 1698 fois plus considérable qu'à l'état liquide à + 4°. (Ann. de chimie, novembre 1811.)

42. Nous avons dit que tous les corps, en se fondant ou se gazéfiant, rendaient latente une certaine quantité

---

(*a*) Sa pesanteur spécifique est supposée connue.

de calorique ; mais ce n'est pas seulement dans cette circonstance qu'ils jouissent de cette propriété : ils en jouissent dans toutes les circonstances où leurs molécules s'éloignent. En effet, lorsqu'on raréfie les gaz sous le récipient de la machine pneumatique, ils se refroidissent considérablement (34) : donc, pour les maintenir à la même température, il faudrait leur fournir une certaine quantité de calorique, laquelle deviendrait toute entière latente. Or, tous les corps qu'on expose à l'action du feu augmentent de volume ou se raréfient, à moins qu'on ne les comprime suffisamment ; par conséquent, une portion du calorique qu'ils reçoivent alors doit être sans action sur le thermomètre : d'où l'on peut dire que les corps contiennent deux portions de calorique, l'une qui sert à les dilater et qui est insensible au thermomètre, et l'autre qui sert à les échauffer. La première appartient en quelque sorte à l'espace ; c'est la seule qu'on dégage des corps par la compression.

### De la décomposition des corps par le Calorique.

43. Lorsqu'un composé est formé de corps fixes (a), on ne peut pas en opérer la décomposition par le calorique, parce qu'il est impossible d'éloigner assez ses molécules, pour les porter hors de la distance à laquelle elles s'attirent, ou hors de leur *sphère d'attraction* ; mais, lorsqu'il est formé de corps qui sont les

---

(a) On appelle fixes, les corps que l'on ne peut volatiliser, c'est-à-dire, réduire en gaz ou vapeurs. Le fer, l'or, etc., sont des corps fixes.

uns fixes , les autres volatils , ou bien qui sont tous plus
ou moins volatils, on parvient à le décomposer, à moins
que l'affinité de ses molécules , ce qui arrive assez souvent, ne soit très-forte. *Exemple de décomposition*,
craie (7). *Exemple de non décomposition*, alliage d'or
et d'argent. Il est évident qu'on décomposerait tous les
corps indistinctement par le calorique, si l'on pouvait
produire un degré de chaleur quelconque, car alors on
augmenterait à volonté la distance qui sépare leurs
molécules.

La décomposition des corps par le calorique, donne
souvent naissance à des composés nouveaux. C'est ce
qui arrive toutes les fois que, par la réaction des élémens, il peut s'en former de volatils, et que la température n'est pas trop élevée pour s'opposer à la formation de ceux-ci. On aura par la suite l'occasion d'observer un grand nombre de ces résultats.

### Contraction des Corps par le froid.

44. Après avoir examiné les phénomènes que les corps
nous présentent en les exposant à l'action du feu, nous
devons examiner ceux qu'ils nous présentent en les laissant refroidir. Cette nouvelle étude sera facile à faire,
n'étant véritablement qu'une dépendance de la première. Si , après avoir exposé un corps à l'action du feu,
on le laisse refroidir, il reviendra à son premier état, en
éprouvant , dans un ordre inverse , les divers phénomènes que le feu lui avait fait subir. S'il s'est échauffé
rapidement, il se refroidira de même ; si sa dilatation
a été grande et uniforme, sa contraction le sera aussi ; si sa
fusion et sa liquéfaction ont été promptes et ont occa-

sionné la disparition d'une grande quantité de calorique, son retour à l'état liquide et solide s'effectuera
facilement, et aura lieu en laissant dégager la même
quantité de calorique que celle qu'il avait absorbée.

De même qu'il y a des corps solides que nous n'avons
pu fondre, des corps liquides que nous n'avons pu gazéifier par la chaleur, de même il est des corps gazeux que
nous n'avons pu liquéfier, et des liquides que nous n'a-
vons pu solidifier par le froid. Jusqu'ici, on n'a encore
pu liquéfier aucun des corps qui sont gazeux à la température ordinaire, quoiqu'on les ait exposés à un froid de
44° au moins : il faut cependant en excepter le gaz éther
muriatique, qui se liquéfie à $+ 12°,5$. Un grand nombre
de liquides, au contraire, ont pu être solidifiés ; parmi
ceux-ci, nous citerons le mercure, qui se congèle à
$— 40°$ ; parmi ceux qu'on n'a pu solidifier, nous citerons l'alcool, l'éther.

## Du Calorique spécifique.

45. Jusqu'à présent, on a fait de vains efforts pour
mesurer la quantité totale ou absolue du calorique que
contiennent les corps ; on n'a encore pu mesurer que la
quantité relative de calorique qu'ils absorbent, pour
s'élever sous le même poids, d'un même nombre de degrés. C'est à cette quantité de calorique que les corps
exigent pour passer sous des poids égaux d'un degré à
un autre, qu'on donne le nom de calorique spécifique.

Les corps de même nature sous le même état, excepté
ceux qui sont très-dilatables, contiennent, à très-peu de
chose près, la même quantité de calorique spécifique ;
mais les corps de même nature sous différens états, et à

plus forte raison les corps de nature différente, en contiennent différentes quantités. On dit de deux corps qui contiennent des quantités de calorique spécifique différentes, que l'un a plus de capacité pour le calorique, que l'autre. C'est à Black que nous sommes redevables des idées que nous avons sur le calorique spécifique : c'est lui qui, de 1760 à 1765, fit l'importante découverte que chaque corps, en passant d'une température à une autre, exigeait une quantité de calorique qui lui était propre ; découverte qui depuis a été confirmée et étendue par Crawford, le docteur Irvine, Wilcke, Lavoisier et M. Laplace.

46. *Calorique spécifique des corps qui sont de même nature et sous le même état.* — En mêlant ensemble, sous la pression atmosphérique, deux parties d'un gaz, égales en poids, inégales en température et par conséquent en volume, on obtient un mélange dont la température est toujours plus élevée que la moyenne des deux ; donc la capacité des gaz pour le calorique croît avec la température quand ils peuvent se dilater. (Gay-Lussac, Annales de Chimie, n° 241, page 98.) Mais il est probable que si leur volume restait constant, leur capacité serait la même, c'est-à-dire qu'un gaz renfermé dans un vase, exigerait autant de calorique pour passer de 0° à 10°, que de 10° à 20°, etc.

S'il en est ainsi, les corps de même nature à l'état liquide, et surtout à l'état solide, doivent avoir sensiblement la même capacité, parce que leur dilatation est faible. C'est en effet ce que l'expérience prouve. Supposons qu'on agisse sur un kilogramme d'eau à + 10°; et sur un autre kilog. d'eau à + 50°; il en résultera deux kilog. à + 30°.

47. *Calorique spécifique des corps qui sont de même nature et sous différens états.* — Les corps qui sont de la même nature et sous différens états contiennent différentes quantités de calorique spécifique. Quoiqu'on n'ait fait, pour constater cette loi, qu'un petit nombre d'expériences, tout nous porte à croire qu'elle existe : nous n'en donnerons qu'un exemple. Si l'on prend un kilogramme d'eau à 90°, et un kilog. de glace à — 10°, on aura un mélange de 2 kilog. d'eau à + 3°. Maintenant, si l'on se rappelle qu'un kilog. de glace à 0° exige, pour passer à 0° liquide, un kilog. d'eau à 75°, et si on ajoute à ces 75° les 6° donnés par les 2 kilog. d'eau à + 3°, dont on vient de parler, il en résultera une somme de 81° ; or, de 81° à 90°, il y a un déficit de 9° : il faut donc que ces 9° aient été employés pour faire passer la glace de — 10° à la température de 0° solide.

48. *Calorique spécifique des corps de nature différente.* — Tous les corps de nature différente contiennent différentes quantités de calorique spécifique : on peut le prouver par la méthode que nous venons d'exposer, c'est-à-dire, en mêlant ensemble les corps deux à deux, sous des poids égaux, et à des températures différentes ; car, dans ce cas, la température du mélange ne sera jamais moyenne entre celle des deux corps mêlés. Que l'on prenne 1 kilogramme de mercure à 0°, et 1 kilogramme d'eau à 34°, on obtiendra 2 kilogrammes d'un mélange à 33° : donc la quantité de calorique qui élève l'eau d'un degré, est capable d'élever le mercure à 33° ; donc ces deux corps contiennent des quantités de calorique spécifique très-différentes.

Non-seulement on peut prouver par cette méthode

que les divers corps contiennent différentes quantités de calorique spécifique, mais encore on peut déterminer quel est le calorique spécifique d'un grand nombre d'entre eux, si ce n'est même de tous. Pour cela, on procède de deux manières : 1° si les corps n'ont pas d'action chimique sur l'eau, on les mêle avec elle, comme nous venons de le faire pour le mercure. On trouve un certain rapport entre le calorique spécifique de l'eau, et le calorique spécifique de ces corps. On représente celui de l'eau par l'unité, et l'on compare à cette unité celui de ces autres corps. Ainsi, dans l'exemple précédent, ou le calorique de l'eau est au calorique spécifique du mercure comme 33 : 1, celui de l'eau étant représenté par l'unité, l'autre le sera par $\frac{1}{33}$, ou bien par 0,03. Donnons pour plus de clarté un second exemple qui soit général. Soit un kilogramme d'un corps A à 0°, et 1 kilogramme d'eau à 40° : supposons la température du mélange à 25°, il s'en suivra que 15° de l'eau équivaudront à 25° du corps A ; ou bien, que le calorique spécifique de l'eau sera au calorique spécifique du corps A, comme 25 : 15, ou comme 1 : $\frac{15}{25}$, c'est-à-dire 0,6.

2° Lorsque les corps ont une action chimique sur l'eau, cette manière d'opérer n'est plus praticable, parce qu'en se combinant, ils donnent lieu à un dégagement ou à une absorption de calorique : mais alors on verra facilement qu'il suffit de les mêler avec d'autres corps sur lesquels ils n'agissent point, et dont on connaisse le calorique spécifique, pour connaître celui qu'ils contiennent. Soit un corps B qui ait de l'action sur l'eau et qui n'en ait point sur le corps A, dont nous avons précédemment trouvé le calorique spécifique égal à 0°,6, on mêlera parties égales, de A et de B à diverses températures. Supposons que A soit à 30°, B à 10°, et le mélange à 15°, il s'en suivra que 5° de B équivalent à 15° de A; mais le calorique spécifique de A est au calorique spécifique de l'eau, comme 0,6 : 1 : donc celui de B sera à celui de l'eau comme 0,6, multiplié par 3, ou comme 1,8 : 1. Or, lorsqu'un corps aura une action chimique sur l'eau, il sera toujours facile d'en trouver un autre sur lequel il n'ait point d'action non plus que l'eau; d'où l'on voit que cette méthode est générale.

Toutefois elle n'est exacte qu'autant qu'on prend quelques précautions que nous allons indiquer. Il faut que les vases dont on se sert, et que l'air au milieu duquel on opère, soient à la température du mélange (a); car s'ils étaient à une température inférieure ou supérieure, ils céderaient ou enlèveraient nécessairement une portion de calorique aux corps sur lesquels on opérerait. Il faut en outre faire le mélange le plus promptement possible; sans cela, l'action du corps froid et du corps chaud sur les vases et sur l'air produirait des erreurs qu'augmenterait encore le rayonnement du corps chaud.

49. On doit à Lavoisier et à M. de Laplace une méthode différente de celle que nous venons d'indiquer. Nous devons en parler avec d'autant plus de soin, qu'elle est très-ingénieuse, et susceptible d'exactitude.

Supposons qu'on ait une sphère creuse de glace à 0°, et placée dans un air à 0° ou au-dessus de 0°. Supposons

_____

(a) On déterminera cette température par une expérience préliminaire.

ensuite qu'au moyen d'un segment mobile, on puisse renfermer dans cette sphère un corps dont la température soit à 100°. Ce corps cédera du calorique aux couches internes de la sphère de glace, jusqu'à ce qu'il soit arrivé à 0°. Or, comme la glace à 0° ne peut recevoir la plus petite portion de calorique sans se fondre; que l'air ne peut fondre que les couches extérieures de la sphère de glace, et que l'eau résultant de cette fusion ne peut pénétrer dans l'intérieur de la sphère, il s'en suit que la quantité d'eau qu'on trouvera dans cette sphère ne pourra provenir que de l'action du corps, et sera l'expression exacte de la quantité du calorique qu'il exigera pour être porté de 0° à 100°.

Si donc on soumet successivement à l'expérience deux corps égaux en poids et en température, et si l'un fond deux fois autant de glace que l'autre, il contiendra évidemment deux fois autant de calorique spécifique.

Il est très-difficile, pour ne pas dire impossible, de se procurer une sphère de glace; mais on peut mettre le corps dans les mêmes circonstances où il se trouve dans cette sphère, en l'enveloppant de toutes parts de deux couches de glace qui ne se communiquent pas; car la couche extérieure empêchera l'air d'agir sur la couche intérieure, et celle-ci ne sera fondue que par le calorique du corps. On satisfait à ces conditions au moyen du calorimètre inventé par Lavoisier et M. de Laplace. (*Voy. pl.* 17.)

Cet instrument est composé de trois capacités concentriques faites avec du fer-blanc, excepté la capacité intérieure G; celle-ci est formée par un grillage en filde-fer que soutiennent des montans de ce métal; elle porte un couvercle creux HH' dont le fond est percé de trous, et elle reçoit le corps que l'on veut soumettre à l'expérience. La capacité moyenne FF'F" est destinée à contenir la glace dont une portion doit être fondue par le corps; à sa partie inférieure, on place une grille de fer II', puis un peu plus bas un tamis LL', pour recueillir les petits fragmens de glace qui pourraient passer à travers cette grille : au-dessous du tamis se trouve un robinet M, par lequel l'eau provenant de la glace fondue par le corps, s'écoule et est portée dans le vase N. La capacité extérieure EE'E"E'" a pour objet de renfermer la glace qui doit empêcher l'air d'agir sur celle de la capacité moyenne. Elle ne communique point avec cette capacité ; elle porte un robinet O, au moyen duquel la glace fondue par l'air s'écoule au dehors, et est surmontée d'un couvercle creux PP' qui n'est percé que sur les côtés. On met de la glace dans ce couvercle, ainsi que dans celui de la capacité intérieure.

D'après cette description, on voit que le corps se trouve dans les conditions dont nous avons parlé précédemment, c'est-à-dire, qu'il est enveloppé de toutes parts de deux couches de glace; car celle du couvercle intérieur fait suite à la glace de la capacité moyenne , et celle du couvercle extérieur fait suite à celle de la capacité extérieure.

Lorsque l'on veut se servir du calorimètre, on le place sur son pied RR', dans un lieu dont la température soit au-dessus de 0°. On remplit les capacités moyenne et extérieure, ainsi que les deux couvercles de glace à 0° (a). On laisse égoutter l'eau adhérente à la glace de la capacité moyenne; ensuite on pèse très-exactement le corps, et on le porte à la température de 100°, en le plongeant, pendant environ 15 minutes, dans l'eau bouillante; de là, on l'introduit dans la capacité intérieure, après avoir toutefois adapté le vase au robinet. On recouvre sur-le-champ les capacités de leurs couvercles respectifs; et alors on abandonne l'expérience à elle-même pendant 15 à 20 heures, temps plus que suffisant pour que la température du corps soit revenue à 0°, et pour que toute l'eau provenant de la glace qu'il a fondue soit réunie dans le vase. Enfin, on pèse ce vase, et en soustrayant du poids obtenu celui du vase vide, on a le poids de la glace fondue par le corps.

Si le corps dont on veut déterminer le calorique spécifique est solide et sans action sur l'eau, on peut le mettre immédiatement en contact avec elle; mais s'il est liquide, ou si, étant solide, il a de l'action sur l'eau, on s'y prend comme nous allons le dire.

S'il est liquide ou solide, on l'enferme dans un vase dont on a d'abord déterminé le calorique spécifique; on plonge un thermomètre dans le vase; on élève convenablement la température, et on l'introduit dans le calorimètre. Du reste, on fait l'opération comme nous l'avons dit ci-dessus, en tenant compte du calorique fourni par le vase.

_____

(a) Il faut nécessairement que la glace soit à 0°, parce que si elle était au-dessous de 0°, une portion de calorique du corps serait employée à élever cette glace à 0° solide, et se trouverait perdue pour le résultat de l'expérience.

S'il était gazeux, il serait difficile d'en déterminer le calorique spécifique par le calorimètre. Aussi tous les résultats qu'on a obtenus jusqu'ici par cette méthode, laissent-ils beaucoup à désirer.

Tels sont les divers procédés qu'on doit employer pour refroidir les divers corps jusqu'à 0° dans le calorimètre, et recueillir l'eau provenant de leur action sur la glace : il ne s'agit donc plus que de ramener tous les résultats à la même unité, pour les rendre comparables : or, on a pris pour unité la quantité de glace qu'un kilogramme d'eau à 75° est susceptible de fondre en passant à 0°. Cette quantité est un kilog. (39). Il faudra donc rechercher combien un kilog. du corps soumis à l'expérience fondra de glace en s'abaissant de 75°. C'est à quoi l'on parviendra très-facilement, comme on va le voir dans l'exemple suivant. Supposons qu'on ait opéré sur $5^{kilog.}$,5 de fonte de fer à 100°, et qu'on ait obtenu $0^{kilog.}$,812313 d'eau, on dira ; si $5^{kilog.}$,5 de fonte ont fondu $0^{kilog.}$,812313 de glace, combien en fondra 1 kilog. de fonte : on divisera donc $0^{kilog.}$,812313 par $5^{kilog.}$,5, et on trouvera pour quotient $0^{kilog.}$,147693.

Ayant ainsi trouvé qu'un kilog. de fer à 100° peut fondre $0^{kilog.}$,147693 de glace, on en prendra les $\frac{3}{4}$, pour savoir ce qu'un kilog. de fer à 75° en fondra ; ou bien, pour cela, on divisera $0^{kilog.}$,147693 par 100, et on multipliera le nouveau quotient par 75. Il en résultera, pour le cas que nous examinons, $0^{kilog.}$,110770 : d'où l'on voit que la capacité de l'eau pour le calorique est un peu plus de 9 fois aussi considérable que celle du fer. En général, il faudra diviser la quantité d'eau fondue par le nombre de kilog. ou de parties de kilog. du corps soumis à l'expérience ; ensuite diviser le quotient par le nombre de degrés dont le corps était au-dessus de 0°, et enfin, multiplier le nouveau quotient par 75. Le produit de cette multiplication exprimera la quantité de glace qu'un kilog. du corps sera susceptible de fondre en passant de 75° à 0° (*a*).

*Calorique spécifique de diverses substances, comparé à celui de l'eau pris pour unité (b).*

| | | |
|---|---|---|
| Eau. . . . . . . . . . . | 1,0000. | |
| Glace. . . . . . . . . . | 0,9000. | . . K. |
| Soufre. . . . . . . . . . | 0,183 | |
| Fer. . . . . . . . . . | 0,1108. | . . LL. |
| Cuivre. . . . . . . . . . | 0,1111. | . . C. |
| Métal des canons. . . . . | 0,1100. | . . R. |
| Zinc. . . . . . . . . . | 0,0943. | . . C. |
| | 0,162 | W. |
| Argent. . . . . . . . . . | 0,082. | . . . W. |

(*a*) Cependant on doit faire observer qu'on obtient toujours un peu plus d'eau qu'on n'en devrait obtenir. En effet, la glace que l'on emploie est fondante, par conséquent mouillée par une certaine quantité d'eau. Cette quantité est en raison de la surface de la glace. Or, cette surface est d'autant plus étendue que la glace est réduite en plus petits fragmens. On voit donc que, dans ce cas, la quantité d'eau adhérente à la surface de la glace sera plus grande avant l'opération qu'après ; et que l'excédant ajouté à l'eau produite par le corps soumis à l'expérience, causera une légère erreur. On éviterait facilement cette erreur, en se servant d'un calorimètre carré, et introduisant dans sa capacité moyenne des morceaux de glace taillés et de même étendue que ses parois.

(*b*) La lettre C indique Crawford ; la lettre K, Kirwan ; les lettres LL, Lavoisier et Laplace ; la lettre L, Leslie ; la lettre W, Wilcke.

| | | |
|---|---|---|
| Etain. . . . . . . . . . . . . . . . | 0,0704. | LL. |
| Antimoine. . . . . . . . . . . . . . | 0,0645. | C. |
| Or. . . . . . . . . . . . . . . . . | 0,050. | W. |
| Plomb. . . . . . . . . . . . . . | 0,042. | W. |
| Mercure. . . . . . . . . . . . . | 0,0290. | LL. |
| Bismuth. . . . . . . . . . . . . | 0,043. | W. |
| Oxide jaune de plomb. . . . . . | 0,0680. | C. |
| | 0,068. | K. |
| Oxide de zinc. . . . . . . . . . . | 0,1369. | C. |
| Oxide de cuivre. . . . . . . . . | 0,2272. | C. |
| Chaux vive. . . . . . . . . . . . | 0,2168. | LL. |
| Cristal. . . . . . . . . . . . . . | 0,1929. | LL. |
| Acide nitrique, pesant spécifi- | 0,6613. | LL. |
| quement 1,2989. . . . . . . . | 0,62. | L. |
| Acide sulfurique, pe- { 1,872. . . . | 0,34 | L. |
| sant spécifiquement { 1,87. . . . . | 0,3345. | LL. |
| 4 parties de ce dernier acide, plus | | |
| 5 parties d'eau. . . . . . . . . . | 0,6631. | LL. |
| 4 parties du même acide, plus 3 par- | | |
| ties d'eau. . . . . . . . . . . . | 0,6631. | LL. |
| Solution de sel marin { Sel 1. | | |
| formée de . . . . . { Eau 8. | 0,832 | C. |
| Solution de nitre, { nitre 1. | | |
| formée de . . . { eau 8 | 0,8167. | LL. |
| Alcool, ou esprit de vin rectifié. . | 0,64. | L. |
| Huile d'olive. . . . . . . . . . . | 0,500. | L. |
| Huile de lin. . . . . . . . . . . . | 0,528. | K. |
| Huile de thérébentine. . . . . . . | 0,472. | K. |
| Huile de baleine. . . . . . . . . | 0,5000. | C. |

50. Non-seulement on peut déterminer le calorique spécifique des corps à l'aide du calorimètre, mais
on peut encore déterminer la quantité de calorique

relative qui se dégage pendant l'action réciproque des corps solides et liquides, la combustion des corps, la respiration des animaux, etc.

La détermination de la quantité de calorique dégagé par l'action réciproque des corps solides ou liquides, n'offre aucune difficulté. On les amène d'abord à o° en les mettant séparément dans de la glace pilée. On amène aussi à ce degré le vase dans lequel doit s'opérer la combinaison; puis, après avoir placé le vase dans la capacité intérieure du calorimètre, on y introduit les corps et l'on en opère promptement le mélange. Du reste, on se conduit dans l'expérience comme précédemment.

Il est moins facile de déterminer la quantité de calorique qui se dégage pendant la combustion et pendant la respiration des animaux. Cependant, dans un grand nombre de cas, on peut y parvenir avec assez d'exactitude de la manière suivante : On adapte deux tuyaux au calorimètre, l'un par lequel on fait arriver l'air dans la capacité intérieure, l'autre par lequel on l'en fait sortir : tous deux sont entourés de glace, de sorte que l'air arrive et sort à zéro. L'eau provenant de la glace fondue par le passage de l'air dans le premier tuyau, est rejetée; mais celle qui provient de la glace fondue par le passage de ce fluide dans le second tuyau, doit être recueillie avec soin, parce qu'elle est due à l'action du calorique dégagé pendant l'expérience. Ainsi, l'appareil doit être disposé de manière que le second tuyau fasse partie de la capacité moyenne; on remplit évidemment cette condition, en le faisant circuler dans la glace de la capacité moyenne.

51. M. De Rumford vient d'inventer un calorimètre au moyen duquel on peut aisément mesurer le
calorique qui se dégage pendant la combustion d'un
certain nombre de corps, plus facilement, si ce n'est
plus exactement que par le calorimètre de Lavoisier
et de M. De Laplace. Ce nouveau calorimètre est fort
simple : il consiste en une caisse de fer blanc d'environ 22 centimètres de longueur sur 12 centimètres
de largeur et 12 centimètres de profondeur. A environ
3 millimètres au-dessus du fond de la caisse, se trouve
un conduit rectangulaire de 4 centimètres de largeur,
et de 18 millimètres d'épaisseur, qui va en serpentant
horizontalement d'une extrémité à l'autre ; arrivé à
l'une de ces extrémités, ce conduit en perce la paroi,
tandis qu'arrivé à environ 3 millimètres de l'extrémité
opposée, il traverse le fond, et se termine au dehors en un entonnoir renversé. Le dessus de la caisse
porte deux ouvertures, l'une qui sert à la remplir
d'eau, et l'autre à placer un thermomètre. (Voyez
*pl.* 18.)

C C', caisse qui doit contenir de l'eau ;

A A', ouverture pour introduire le thermomètre ;

B, ouverture pour verser l'eau ;

E E', conduit dans lequel passent les produits de la
combustion ;

G, entonnoir renversé pour recevoir la flamme des
corps ;

H H', support en bois ;

I I', briques sur lesquelles on place l'instrument.

Lorsque l'on veut se servir de cet instrument, on le
remplit d'une quantité déterminée d'eau distillée par

l'ouverture B, et on y introduit, par l'ouverture AA', un thermomètre dont le réservoir égale presqu'en hauteur les parois de la caisse, afin d'avoir, avec beaucoup de précision, la température des différentes couches d'eau. L'appareil ainsi disposé, et placé sur son support, on se procure le corps sur lequel on veut opérer. Prenons, pour exemple, de la cire. On en fait une bougie dont la mèche doit être très-fine ; on la pèse, et, après l'avoir placée sous l'entonnoir renversé, on l'allume. Au même instant, les produits de la combustion sont entraînés dans le conduit rectangulaire qui correspond à l'entonnoir renversé, et communiquent à l'eau de la caisse le calorique dégagé par la combustion de la cire. Au bout d'un certain temps, on éteint la bougie, on la pèse de nouveau, et on en conclut le poids de la cire brûlée. Alors, observant la température de l'eau indiquée par le thermomètre, on détermine, au moyen d'un calcul très-simple, la quantité de calorique dégagé par la combustion du corps (a).

Pour que l'air extérieur ne cause pas d'erreur dans le résultat de l'opération, on a soin de mettre l'eau dans la caisse à un certain nombre de degrés au-dessous de la température de l'air environnant ; et, on

---

(a) Supposons que l'eau contenue dans la caisse pèse 6 kilog., et qu'elle ait acquis 10° de chaleur ; ces 6 kilog. représenteront un seul kilog. d'eau dont la température serait élevée de 60°. Or, nous savons qu'un kilog. d'eau, en passant de 75° à 0°, fait fondre un kilog. de glace ; par conséquent, un kilog. d'eau, en passant de 60° à 0°, ferait fondre les $\frac{4}{5}$ d'un kilog. de glace, ou 800 grammes. Ainsi la quantité de chaleur acquise par les 6 kilog. d'eau, serait donc la même que celle qui serait nécessaire pour fondre cette quantité de glace.

termine l'expérience lorsque cette eau a acquis une température d'un même nombre de degrés au-dessus. Par exemple, si l'on suppose l'air à + 10°, on pourra mettre l'eau dans la caisse a + 5°, et terminer l'expérience lorsque cette eau sera à + 15°.

## Sources du Calorique.

52. Le calorique émane de deux sources : 1° du soleil ; 2° des corps soit par la compression , soit par la combinaison.

Non-seulement le soleil lance des rayons de lumière, mais il lance encore des rayons de calorique ; ceux-ci se trouvent en grande partie séparés des rayons lumineux dans le spectre solaire. En effet , si l'on fait passer à travers un prisme de verre un faisceau lumineux, de manière à en isoler les sept rayons rouge , orangé, jaune, vert , bleu, indigo , violet , l'on verra que le rayon violet ou le plus réfrangible échauffera moins le thermomètre que l'indigo ; l'indigo , moins que le bleu, etc. ; et que le rouge ou le moins réfrangible l'échauffera plus que tous les autres, mais moins que ne l'échauffera l'espace au-delà , jusqu'à une certaine distance. Hercshell , à qui cette découverte est due, a prouvé que la plus grande chaleur, hors du spectre, était à 12 millimètres du rayon rouge, et qu'elle était encore sensible à 38 millimètres.

*Chaleur par compression.* — Toutes les fois qu'on comprime un corps d'une manière quelconque, soit en le frottant contre un autre, soit en le percutant, on en rapproche les molécules , on en dégage une portion de calorique, et on l'échauffe constamment.

On a souvent occasion d'observer ces phénomènes.
Qui ne sait qu'en battant le fer, on l'échauffe jusqu'au point de le faire rougir ; qu'en frottant le bois,
on parvient à l'enflammer : n'est-ce point en percutant vivement un caillou avec un morceau d'acier,
qu'on se procure journellement de la lumière ? Alors,
des parcelles métalliques très-chaudes se détachent,
brûlent, fondent et mettent le feu à l'amadou. Les
gaz surtout, eu égard à leur masse, sont susceptibles
de dégager beaucoup de calorique par la compression : on a même profité de cette propriété pour
faire un briquet qu'on appelle briquet à air. Ce briquet est composé d'un corps de pompe en laiton,
et d'un piston également en laiton, dont l'extrémité
est terminée par une petite cavité. On met dans cette
cavité un peu d'amadou bien sec (*a*) ; on adapte
ensuite l'extrémité du piston au corps de pompe ;
on exerce une compression forte et subite, et retirant à l'instant même le piston, on trouve l'amadou
enflammé. Les liquides n'étant point compressibles, ne
peuvent point dégager de calorique par le frottement,
la percussion.

*Chaleur par combinaison.* — Deux ou plusieurs corps
qui se combinent donnent toujours lieu à un changement de température. La température s'élève constamment dans le cas où la combinaison est intime, et
s'abaisse dans le cas contraire. (Voy. pour l'abaissement de température, (709). La production de chaleur
qui se manifeste dans la réaction réciproque des corps,

---

(*a*) On rend l'amadou bien plus combustible en le trempant dans
une dissolution de nitrate de plomb et le faisant bien sécher.

dépend principalement du rapprochement plus ou moins grand des molécules qui s'unissent, et de la capacité plus ou moins grande du nouveau composé pour le calorique. Il suit de là que, selon que ces causes seront plus ou moins influentes, la quantité de calorique dégagée sera plus ou moins grande. C'est en combinant l'un des principes de l'air qu'on appelle oxigène, avec d'autres corps qu'on appelle combustibles, tels que le charbon, le bois, que nous produisons les divers degrés de chaleur qui nous sont nécessaires. ( Voy. pour plus de développement, art. combustion (79).

### Du Froid.

53. Nous avons dit que le calorique émanait de deux sources : nous pouvons dire qu'il en est de même du froid. L'une est naturelle et provient de ce qu'en hiver, où elle se manifeste, le soleil est moins long-temps sur notre horizon qu'en été, et de ce qu'alors ses rayons nous arrivant obliquement, tombent en moins grand nombre sur le même espace, et traversent un plus grand nombre de couches d'air atmosphérique, que dans cette dernière saison où ils nous arrivent presque verticalement. L'autre est artificielle, et sera la seule qui nous occupera. C'est sur la propriété qu'ont les corps de rendre latente une grande quantité de calorique en passant de l'état solide à l'état liquide, et de celui-ci à l'état gazeux ( 39 et 41 ), qu'est fondé l'art de faire des froids artificiels.

*Froid produit par les corps solides et liquides.*— Toutes les fois qu'on mêle ensemble deux corps solides, ou un corps solide avec un corps liquide ; que ces corps n'ont que peu d'affinité l'un pour l'autre, mais assez cependant, relativement à leur cohésion, pour que la combinaison ait lieu et que le composé se fonde promptement, il en résulte un froid plus ou moins considérable. On emploie toujours de la glace ou de la neige dans le cas où les deux corps sont solides. C'est ainsi qu'on produit avec $2^{parties},5$ de glace et 1 partie de sel marin, l'un et l'autre à $0°$, un froid de — $19°$. En substituant d'autres corps au sel marin, et en abaissant leur température ainsi que celle de la glace à $10°$ ou $12°$, on peut produire plus de $40°$ de froid. (709)

*Froid produit par les liquides.* — On a prouvé que les liquides avaient une tendance à se réduire en vapeur à une température quelconque au-dessous du degré de leur ébullition, et que dans un espace vide ou plein de gaz il s'en vaporisait une quantité qui dépendait de l'espace, de la température et de la nature du liquide (40). Or, une portion quelconque d'un liquide absorbe tout autant de calorique, ou en rend latent une quantité toute aussi grande, en passant spontanément à l'état de vapeur, qu'en passant à cet état par l'action directe du feu : par conséquent, la portion qui ne se vaporise pas doit se refroidir, jusqu'à ce qu'elle reçoive des corps étrangers autant de calorique qu'elle en cède, époque à laquelle sa température devient stationnaire. Si donc un liquide a une grande tendance à se vaporiser, il pourra donner lieu à beaucoup de froid. Voilà pourquoi en entourant de linge la boule d'un thermomètre, puis la plongeant à diverses reprises dans l'éther, et la faisant circuler rapidement, on fait descendre, même en été, le mercure bien au-des-

sous de o°. C'est encore pour cette raison que de
l'éther versé sur nos organes, produit une vive sensation de froid, surtout en renouvelant l'air. On a profité de cette propriété des liquides, pour se procurer de l'eau fraîche. En Egypte, on s'en procure
en remplissant d'eau des vases poreux qu'on appelle
*alcorazas*, et les plaçant à l'ombre, au milieu d'un
courant d'air le moins chaud possible. L'eau mouil-
lant continuellement la surface extérieure du vase, se
vaporise en partie, et abaisse la température de celle
qui reste à l'état liquide.

Mais, lorsqu'au lieu d'exposer ces liquides au contact de l'air atmosphérique dont les molécules retardent et gênent la vaporisation, on les place dans le
vide, sous le récipient de la machine pneumatique, et
lorsqu'en même temps on absorbe la vapeur à mesure
qu'elle se forme, il en résulte un froid bien plus considérable que dans le cas précédent : on peut même, par
ce moyen, vaporiser les solides, et en abaisser la
température considérablement. C'est ce que prouve
la belle expérience de M. Leslie sur la congélation
de l'eau dans le vide, en employant l'acide sulfurique, etc., comme absorbant de la vapeur. *Expé-*
*rience* : On prend deux capsules; dans l'une on met
l'eau, et dans l'autre, l'acide sulfurique ; on les place
sous le récipient de la machine pneumatique, sur des
supports en bois ou en fil de fer, de manière que la
première soit au-dessous de la seconde, et qu'elle en
soit très-éloignée ; ensuite on fait le vide le plus exactement possible : alors une portion d'eau se réduit en
vapeur, et remplit tout le récipient ; elle est bientôt absorbée par l'acide, et remplacée à mesure par une autre

portion etc.; de sorte qu'à chaque instant, il s'absorbe et se forme de nouvelle vapeur. Celle qui se forme produit du froid, et celle qui se condense produit de la chaleur : ainsi, tandis que l'eau se refroidit, l'acide doit s'échauffer. Il s'échauffe en effet, non-seulement parce qu'en absorbant la vapeur, tout le calorique latent qu'elle contient est mis en liberté, mais encore, comme on le verra par la suite, parce que l'eau à l'état liquide, en se combinant avec cet acide, donne lieu à une grande émission de calorique. C'est même pour cette raison qu'on met l'acide au-dessus de l'eau. Toutefois l'eau arrive promptement à 0°, quelquefois même avec un mouvement d'ébullition, puis elle se congèle au bout d'un certain temps, et toujours d'autant plus vite, que la température de l'atmosphère à laquelle on opère est moins élevée, que le vide est plus parfait, que la quantité d'eau que l'on emploie par rapport à celle de l'acide est plus petite, et que la surface absorbante de celui-ci est plus grande. Au moyen d'une machine qui fait le vide à 7 millimètres près, et de 200 à 300 grammes d'acide sulfurique placé dans un large capsule, on congèle facilement en 5 ou 6 minutes 30 grammes d'eau, la température de l'eau et celle de l'atmosphère étant à 10 ou 12°. Ces résultats sont très-remarquables, mais ne présentent rien que la théorie n'ait prévu : il n'en est point de même des suivans.

L'eau étant congelée, conserve encore de la tendance à se vaporiser : elle en a même à —40°. Ce qui le prouve, c'est que, dans l'expérience précédente, on peut refroidir la glace jusqu'à 40°. En effet, qu'on enveloppe la boule d'un thermomètre d'une couche de glace en la plongeant dans l'eau à plusieurs reprises, et l'exposant à chaque fois à quelques degrés au-dessous de 0° ; ensuite qu'on suspende ce thermomètre sous le récipient de la machine pneumatique ; que l'on dispose d'ailleurs sur des supports, au haut de ce récipient, une ou plusieurs capsules contenant de l'acide sulfurique concentré : enfin, qu'on fasse le vide aussi exactement que possible, et l'on verra le thermomètre s'abaisser de degrés en degrés, et enfin parvenir, en supposant que toutes les conditions soient les plus favorables, jusqu'à — 40° et au-delà. (Ann. de Chim., n° 233.)

### DES PROPRIÉTÉS CHIMIQUES DE LA LUMIÈRE.

54. Nous n'examinerons point si la lumière est un fluide qui émane des corps lumineux, comme le prétend Newton ; ou si, comme le veulent Descartes, Huygens et Euler, elle n'est qu'un fluide subtil généralement répandu, et mis en vibration par ces corps ; nous ne chercherons point à estimer sa vitesse qui est immense ; nous ne dirons rien de la réflexion que la plupart des corps peuvent lui faire subir ; nous ne parlerons point de la décomposition qu'elle éprouve en passant à travers ceux qui sont transparens ; enfin, nous ne nous occuperons, d'aucune manière, de ses propriétés physiques : nous ne considérerons absolument que ses propriétés chimiques ; et nous ne les considérerons même que d'une manière générale, nous proposant de les prouver par l'expérience, à mesure que l'occasion s'en présentera.

La lumière est susceptible de produire un assez grand nombre de phénomènes chimiques : c'est surtout sur les corps colorés que son action se manifeste. Elle altère dans un espace de temps plus ou moins considérable, soit seule, soit avec le concours de l'air, la plupart des couleurs minérales, et toutes les couleurs végétales et animales; il en est même qu'elle détruit en quelques heures : telle est la couleur rose du carthame, qu'on applique ordinairement sur la soie. Dans toutes ces circonstances, la couleur, ou plutôt le corps sur lequel la lumière agit, éprouve une véritable décomposition. Tantôt ce sont ses principes constituans qui se combinent dans un autre ordre, et qui donnent naissance à des corps nouveaux; tantôt c'est l'un de ses principes qui se dégage, ou l'un d'eux qui se combine avec un principe de l'air. Or, on produit absolument les mêmes effets, en substituant à la lumière une quantité de calorique plus ou moins grande, qui doit égaler quelquefois la chaleur rouge : donc la lumière agit, comme la chaleur rouge, sur certains corps. C'est cette similitude d'action, jointe, d'une part, à ce que le calorique rayonnant se comporte le plus souvent comme la lumière, et de l'autre, à ce que la lumière condensée au foyer d'une lentille ou d'un miroir réflecteur est capable de fondre les corps presqu'infusibles par les moyens ordinaires, qui a fait penser à plusieurs physiciens que ces deux fluides étaient identiques, et pouvaient se transformer l'un dans l'autre; que la lumière, en se combinant avec les corps, devenait calorique, et que le calorique, porté à un grand degré de tension ou accumulé dans un corps, devenait lumière.

Cependant, il s'en faut beaucoup que cette hypothèse soit à l'abri d'objections. On en trouve surtout dans la nature et les propriétés des divers rayons dont la lumière paraît être composée. 1° On sait que le rayon violet échauffe moins le thermomètre que le rayon indigo; celui-ci, moins que le bleu; ce nouveau rayon, moins que le suivant, et ainsi de suite, jusqu'au rouge. 2° Herschell a trouvé qu'au-delà du rayon rouge, hors du spectre, jusqu'à une certaine distance, il existait des rayons plus chauds que le rayon rouge même; que ces rayons étaient obscurs, ou du moins ne prenaient une légère teinte rouge, qu'autant qu'on les rassemblait au moyen d'une lentille; qu'en un mot, ce n'étaient que des rayons calorifiques. 3° Schéele a démontré que le rayon violet était de tous les rayons de la lumière, celui qui avait le plus d'action chimique sur plusieurs corps; et Sennebier a vu que ce rayon jouissait également, plus que tous les autres, de la propriété de développer la couleur verte dans les plantes. Enfin Wollaston, Ritter, Bockmann, assurent qu'au-delà du rayon violet, hors du spectre, on rencontre des rayons obscurs comme ceux qui sont au-delà du rayon rouge, mais qu'ils ont pour propriété caractéristique de ne point produire de la chaleur, et de noircir plus rapidement le muriate d'argent que le rayon violet, et que tous les autres rayons colorés. D'après ces résultats, plusieurs physiciens se persuadent que la lumière contient trois sortes de rayons; des rayons calorifiques, auxquels elle doit la propriété d'échauffer; des rayons lumineux, auxquels elle doit la propriété d'éclairer; et une autre espèce de rayons obscurs, comme les rayons calorifiques, d'où dépend l'action qu'elle exerce sur les corps. Les premiers sont moins réfrangibles que les seconds; et ceux-ci moins que les troisièmes. En conséquence, ils regardent le fluide lumineux et le fluide de la chaleur comme deux fluides distincts. Ils s'appuient d'ailleurs sur ce que la lumière de la lune, réunie au foyer d'une forte lentille, n'élève pas sensiblement le thermomètre.

Mais les partisans de l'opinion contraire répondent à cette dernière objection, que la majeure partie de la lumière de la lune est absorbée par la lentille, et que celle qui se rend au foyer est si faible, que dans tous les cas son action serait à peine sensible. Les objections précédentes les embarrassent d'avantage; ils y répondent toutefois, en disant que les rayons obscurs qui sont au-delà du spectre solaire, sont de véritables rayons de lumière, mais trop faibles pour être sensibles à notre œil; qu'on ne saurait en douter, puisque les rayons calorifiques prennent une teinte rouge, en les rassemblant au foyer d'une lentille; que la faculté d'échauffer, d'éclairer, d'agir chimiquement sur les corps, n'est point particulière à tel rayon; que tous jouissent plus ou moins de ces trois propriétés; que si l'on reconnaît que les rayons lumineux ne résultent que d'une modification du même fluide, il faut reconnaître aussi qu'il en est de même des rayons obscurs, par rapport à un rayon lumineux quelconque, et que, par conséquent, la lumière et le calorique sont deux flu des identiques.

55. Que conclure de toutes ces observations? Qu'il est impossible de prononcer sur la question de savoir si le calorique et la lumière sont deux fluides bien distincts; et que jusqu'à ce que de nouvelles recherches nous aient éclairés à cet égard, on peut adopter l'opinion qu'on voudra. Pour nous, nous adopterons celle qui les suppose dus à une modification du même fluide.

## DE L'ÉLECTRICITÉ.

56. L'on sait que tous les corps contiennent une certaine quantité de fluide électrique ; que l'on peut regarder ce fluide comme étant composé de deux fluides différens ; savoir : de fluide vitré ou positif, et de fluide résineux ou négatif ; que tant que ces deux fluides, constituant le fluide électrique, sont combinés, ils ne manifestent leur présence d'aucune manière ; mais qu'aussitôt que par l'effet de quelques circonstances, l'un ou l'autre, ou tous deux, deviennent libres, ils donnent aux corps qui les recèlent ou à la surface desquels ils se trouvent, la propriété de s'attirer ou de se repousser ; que les corps se repoussent quand ils sont électrisés de la même manière, c'est-à-dire par le même fluide, soit positif, soit négatif; et qu'au contraire ils s'attirent quand il sont électrisés, l'un positivement, l'autre négativement; enfin, que ces effets ont lieu hors du contact, et suivent la loi de la raison inverse du carré des distances. Cela posé, l'on conçoit que si un corps binaire était dans des circonstances telles, que ses molécules constituantes A et B devînssent les unes positives et les autres négatives, il serait possible de les séparer, pourvu qu'elles fussent mobiles, en mettant le composé en présence d'un corps chargé de fluide positif ou négatif, et à plus forte raison en le plaçant entre deux corps l'un électrisé négativement, et l'autre positivement ; car la molécule électrisée négativement serait attirée par le fluide positif, et repoussée par le fluide négatif, et la molécule électrisée positivement

serait, au contraire, repoussée par le fluide positif et attirée par le fluide négatif.

Telle est, précisément, la manière d'agir de la pile voltaïque, instrument le plus précieux, peut-être, que la chimie possède, que l'on doit au génie de M. Volta, et qui, entre les mains de plusieurs physiciens et chimistes, et particulièrement de M. Davy, est devenu la source de tant de brillantes découvertes.

57. *Pile voltaïque.* — Lorsqu'on met en contact deux métaux isolés, et n'ayant que leur fluide électrique naturel, par exemple, un disque de zinc et un disque de cuivre, le zinc devient aussi positif que le cuivre devient négatif. Par conséquent, en représentant l'électricité du zinc par $+\frac{1}{2}$, celle du cuivre devra l'être par $-\frac{1}{2}$. Dans cette hypothèse, voyons ce que deviendront ces électricités dans les cas que nous allons successivement examiner.

Les disques étant ainsi superposés, et leurs électricités étant représentées par $+\frac{1}{2}$ et $-\frac{1}{2}$, que l'on mette l'un d'eux en communication avec le sol; son état électrique deviendra o, et l'état électrique de l'autre disque deviendra $+1$ ou $-1$, $+1$ si le disque est de zinc, $-1$, si le disque est de cuivre : ainsi, le sol fournira toute la quantité du fluide nécessaire pour opérer ce changement. Qu'on tienne les disques isolés, au lieu de les faire communiquer avec le sol, et qu'on mette le disque de zinc en contact avec du fluide positif, de manière à porter son état électrique à $+3$, celui du cuivre deviendra $+2$. Qu'on répète l'expérience, tantôt avec le fluide positif,

tantôt avec le fluide négatif, et qu'on rende successivement l'état électrique du disque de zinc égal à $+3$,
$+2, +1, 0, -1, -2$, etc., celui du disque de cuivre
deviendra dans les mêmes circonstances $+2, +1$,
$0, -1, -2, -3$; enfin, quelques changemens qu'on
leur fasse subir, leur état différera toujours d'une
unité, tant qu'ils seront superposés et qu'ils se tou-
cheront. Supposons maintenant, qu'après avoir placé
sur un isoloir I (*pl.* 19, *fig.* 1) le disque de cuivre C et
le disque de zinc Z, dont les électricités sont par hypothèse $-\frac{1}{2}$ et $+\frac{1}{2}$, on place sur celui-ci un carton H,
imbibé d'eau, qui ne fasse l'office que de conducteur,
puis le disque de cuivre C' sur le carton : qu'arrivera-t-il
alors ? que le disque zinc Z devra céder, par l'intermède
du carton, la moitié de son fluide au disque de cuivre C'.
Comme il contient $+\frac{1}{2}$ de fluide, il semble d'abord qu'il
ne devrait lui en céder que $\frac{1}{4}$; mais s'il en était ainsi,
l'état électrique du disque de cuivre C serait donc $-\frac{1}{4}$,
lorsque celui du disque de zinc Z serait $+\frac{1}{4}$. Or, la différence entre ces deux états doit être égale à l'unité,
et la somme de l'électricité des trois disques doit être
égale à 0; il s'en suit que l'électricité du disque C
sera $-\frac{2}{3}$, celle du disque zinc Z $+\frac{1}{3}$, et celle du
cuivre C' aussi $+\frac{1}{3}$. Supposons que l'on place ensuite
le disque de zinc Z' sur le disque de cuivre C', une
nouvelle distribution de fluide électrique aura lieu, et
devra être telle que ce nouveau disque contienne
une unité de plus que le disque de cuivre C'; que
celui-ci en contienne autant que le disque de zinc Z;
et enfin que ce dernier en contienne une unité de plus
que le disque de cuivre C : d'où l'on voit que l'état
électrique du cuivre C deviendra $-1$; celui du zinc

Z, o ; celui du disque de cuivre C', o ; et celui du zinc Z', + 1. On trouvera facilement, de la même manière, l'état électrique des différens disques que l'on pourra ainsi superposer, en se rappelant qu'il doit y avoir une unité de différence entre l'état électrique de deux disques contigus de cuivre et de zinc, qu'il ne doit y en avoir aucune entre celui de deux disques séparés par un carton mouillé, et que, dans tous les cas, la somme de l'électricité des différens disques doit être égale à o. Si le nombre des disques est pair, on aura l'état électrique du disque C, en divisant ce nombre par 4, et en affectant le quotient du signe —. Soit, par exemple, 16 disques ; l'état électrique du disque C sera — 4, et par conséquent celui des autres sera successivement —3, —3, —2, —2, —1, —1, o, o, + 1, + 1, + 2, + 2, + 3, + 3, + 4. Dans ce cas, il y aura autant de disques supérieurs positifs, que de disques inférieurs négatifs; deux disques quelconques pris, l'un dans la moitié supérieure, et l'autre dans la moitié inférieure, à égale distance des extrémités, seront également électrisés, mais en sens inverse, excepté ceux du milieu qui sont à o ; ils le seront d'autant plus, qu'ils se rapprocheront plus des extrémités, et que le nombre des disques sera plus grand. Si le nombre des disques est impair, on aura l'état électrique du disque C en prenant la moitié de ce nombre augmenté de l'unité, et la moitié de ce nombre diminué de l'unité, multipliant ces deux moitiés l'une par l'autre, divisant le produit par le nombre des disques, et affectant le quotient du signe —. Soit, par exemple, 5 disques; l'état électrique du disque C sera 3 multiplié par 2 et divisé par $5 = \frac{6}{5}$ ; et par conséquent, l'état électrique des quatre autres disques sera $-\frac{1}{5}$, $-\frac{1}{5}$, $+\frac{4}{5}$, $+\frac{4}{5}$. Tant que les disques resteront isolés, ils seront dans l'état dont nous venons de parler; mais cet état changera dès qu'ils cesseront de l'être. En effet, il est évident, d'après ce qui a été dit (57), 1º qu'en mettant en communication le disque C avec le réservoir commun, l'état électrique de ce disque deviendra o, et que celui des autres deviendra nécessairement $+1$, $+1$, $+2$, $+2$; etc.; 2º qu'en mettant, au contraire, le disque supérieur $Z^{XI}$, en communication avec le réservoir commun, ce disque deviendra o comme le disque de cuivre C; mais les disques successivement inférieurs deviendront alors $-1$, $-1$, $-2$, $-2$, $-3$, $-3$, etc. L'on peut voir également que sans l'interposition d'un conducteur humide entre chaque paire de disques, l'état électrique de chaque paire sera absolument le même; qu'en cas d'isolement, chaque disque de cuivre deviendra $-\frac{1}{2}$, et chaque disque de zinc $+\frac{1}{2}$, et que dans le cas contraire, les disques de cuivre deviendront o, et les disques de zinc $+1$, ou les disques de zinc o, et les disques de cuivre $-1$, selon que la communication avec le sol aura été établie entre le cuivre ou le zinc. ( V. le Rapport fait à l'Institut par M. Biot, ou la Physique de M. Haüy. )

58. C'est en superposant des disques de zinc, de cuivre et de carton mouillé, que Volta a construit d'abord l'appareil auquel on a donné le nom de pile voltaïque, appareil qu'ensuite on a singulierement perfectionné, et dans lequel on distingue deux pôles, l'un positif, situé à l'extrémité supérieure zinc, et l'autre négatif, situé à l'extrémité intérieure cuivre.

59. Après un plus ou moins grand nombre d'expé-

riences, on a reconnu, 1° que le zinc et le cuivre étaient
les deux métaux qu'on devait préférer, parce qu'on se les
procurait facilement, et qu'ils se constituaient par le
contact dans un état d'électricité plus grand que la plupart des autres. 2° Qu'il y avait un grand avantage à
souder les deux pièces de zinc et de cuivre qui forment
ce que nous avons appelé précédemment une paire, et
que nous connoîtrons désormais sous le nom d'élémens
de la pile ; que par-là, on obtenait un contact parfait,
et qu'on prévenait l'oxidation des parties contiguës.
3° Que l'eau pure était un conducteur beaucoup moins
bon que celle qui était chargée de sel, et surtout d'a-
cide ; que parmi les acides, c'était l'acide nitrique qui
produisait le plus d'effet, ou transmettait le plus vite
l'électricité d'un élément à l'autre. 4° Qu'au lieu de
plaques circulaires, on pouvait employer avec le
même succès des plaques carrées et de toute autre
forme. 5° Que les effets chimiques d'une pile dépen-
dant principalement de sa tension, et que cette tension
étant en raison directe du nombre des élémens, quelle
que soit leur dimension, il valait mieux se servir d'une
pile à petites plaques que d'une pile à grandes plaques,
toutes choses égales d'ailleurs, c'est-à-dire, la somme
des surfaces étant la même. 6° Que les piles à larges
plaques ne convenaient que dans quelques cas, et particulièrement dans ceux où l'on voulait faire brûler des
fils métalliques, parce qu'alors on avait besoin de faire
passer une grande quantité de fluide, quantité qui
paraît être proportionnelle à la surface des plaques.
7° Qu'en plaçant la pile verticalement, et se servant de
cartons, ou de papiers, ou de draps, pour contenir le
conducteur humide, il en résultait qu'on ne pouvait

mettre qu'une très-petite quantité de liquide entre chaque élément, et que ce liquide, dégagé par la pression, coule le long de la pile, et établit une communication plus ou moins grande entre toutes les parties, ce qui en diminue nécessairement l'effet. 8° Qu'on remédie à ce double inconvénient en plaçant les élémens de la pile de champ à une certaine distance les uns des autres, sur des corps non conducteurs, formant, avec des corps également non conducteurs et du mastic, l'espace qui les sépare inférieurement et latéralement, de manière à produire des auges que l'on remplit du liquide conducteur, et à avoir ainsi une pile horizontale.

On a construit, d'après ces divers principes, un grand nombre de piles qui ne diffèrent, en général, les unes des autres, que par quelques modifications nécessitées surtout par la grandeur des élémens qui les composent. Nous ne donnerons ici que la description de celle que nous nous proposons d'employer par la suite, et qui est formée de plaques de petites dimensions. On trouvera dans les Recherches physico-chimiques publiées à Paris en 1811, la description des piles à larges plaques que l'école impériale polytechnique possède ; et dans le Journal de physique, ou dans les Annales de chimie, la description des piles, aussi à larges plaques, de l'invention de MM. Allen et Pepis.

60. *Construction d'une pile à plaques de petites dimensions.* — On prend de petites caisses de bois de chêne, un peu plus profondes et plus larges que les plaques dont on se sert , et l'on en recouvre le fond d'une couche de mastic d'environ 4 à 5 millimètres

d'épaisseur (*a*). On applique, au moyen d'un peu de mastic, une première plaque contre la paroi intérieure de l'extrémité CC' de la caisse : puis on plonge dans un bain de mastic le tube de verre recourbé (*pl.* 19, *fig.* 3), et on le pose le long des bords inférieurs et latéraux de la plaque contenue dans la caisse. ( Voy. *le tube sur la plaque, pl.* 19, *fig.* 4.) On prend ensuite une seconde plaque, on enduit ses bords latéraux et inférieurs de mastic, et on l'applique contre le tube, parfaitement en regard de la première, de manière que la surface cuivre de l'une corresponde à la surface zinc de l'autre; on pose sur cette nouvelle plaque un second tube, et ainsi de suite, ayant soin de disposer tous les tubes et toutes les plaques sur des plans parallèles, et à égale distance des bords de la caisse; au moyen de cette disposition, il reste entre les parois de la caisse et les parties latérales de chaque élément, deux espaces vides dans lesquels on coule du mastic, pour consolider tout l'appareil. L'épaisseur des plaques de zinc doit être trois à quatre fois aussi grande que celle des plaques de cuivre : elles doivent avoir toutes environ 12 centimètres de haut sur 4 centimètres de large. Chaque caisse n'en doit contenir à peu près que 120 ou 125, afin qu'on puisse la transporter aisément, et qu'en général la manœuvre en soit facile. (Voy. *pl.* 19, *fig.* 2.)

C C' C'' C''', caisse en bois.

DD', plaque de zinc.

─────────────────

(*a*) Composition du mastic : 4 parties de brique pilée, 3 de résine et une de cire jaune.

EE', plaque de cuivre soudée à la plaque DD' de zinc.

II', tube de verre imprégné de mastic, pour séparer le premier élément du second, et former l'auge OO'.

TT'T''T''', mastic coulé entre les parois de la caisse et les plaques.

61. Supposons que la pile soit en contact par le pôle cuivre avec le réservoir commun; tous les autres élémens deviendront positifs, ainsi que nous l'avons vu précédemment. Si alors on établit une communication entre le pôle zinc dont la tension est très-grande, et le pôle cuivre dont la tension est nulle, par un conducteur parfait, tel qu'un fil métallique, le pôle zinc ou positif cédera une portion de son fluide au pôle cuivre, et en enlèvera à l'élément immédiatement au-dessous, qui lui-même deviendra susceptible d'en enlever à l'élément suivant, et ainsi de suite jusqu'au pôle cuivre; de sorte que le fluide circulera sans cesse du pôle positif au pôle négatif par le fil métallique, et du pôle négatif au pôle positif par les élémens et le liquide conducteur qui les sépare. Or, comme il passera plus vite du pôle zinc au pôle cuivre par le fil métallique, que d'un élément à l'autre, par le liquide qui les sépare, il s'en suivra que les pôles seront au même degré de tension; quant aux élémens de la pile, ils s'en rapprocheront plus ou moins, selon que le liquide interposé sera plus ou moins bon conducteur. Mais si, au lieu de faire communiquer les deux pôles par un fil métallique, on les fait communiquer par un corps qui conduise beaucoup moins bien le fluide électrique que le liquide qu'on interpose entre les élémens, le fluide électrique passera bien moins vite du pôle zinc au pôle cuivre, que du pôle cuivre au pôle zinc; en sorte que la pile sera pres-

que dans le même état que s'il n'y avait point de conducteur. Il est évident que ces divers phénomènes se reproduiront dans le cas où, établissant la communication entre les pôles, on mettra le pôle zinc, et non le pôle cuivre, en communication avec le réservoir commun ; seulement alors, le fluide ira par les conducteurs du pôle négatif au pôle positif, et par l'intérieur de la pile du pôle positif au pôle négatif, c'est-à-dire que la circulation sera tout à fait inverse de la précédente. Enfin, si l'on suppose que la pile soit isolée, il y aura deux courans, l'un de fluide positif qui tendra à aller du pôle zinc au pôle cuivre, et l'autre de fluide négatif qui tendra à aller du pôle cuivre au pôle zinc.

62. *Manière de faire agir la pile sur les corps.* — Pour faire agir la pile voltaïque sur un corps, on adapte deux gros fils ou conducteurs métalliques, tantôt en laiton et tantôt en platine, l'un à son pôle positif, et l'autre à son pôle négatif ; l'on remplit presqu'entièrement les auges de la pile d'acide nitrique du commerce, étendu de 12 à 13 fois son poids d'eau, et l'on met en contact le corps sur lequel l'action doit avoir lieu, d'une part avec l'extrémité du fil positif, et de l'autre avec l'extrémité du fil négatif, de telle sorte que ces fils ne se touchent pas, et qu'ils soient distans, le plus souvent, seulement de quelques millimètres. Toutes choses égales d'ailleurs, l'action sera d'autant plus grande que la distance entre les fils sera plus petite, et la communication métallique mieux établie. On rapproche les fils à volonté sans détourner le fluide ou recevoir de commotion, en saisissant ces fils avec les mains bien sèches, ou mieux avec deux tubes de verre, à travers lesquels on les fait passer. Quant à la communication, on ne

peut bien l'établir qu'en terminant chaque fil par des lames de laiton qu'on fait plonger dans les auges extrêmes de la pile. (Voy. *pl.* 19, *fig.* 2.) PP', pile. FF', fils plongeant d'une part dans l'eau de la capsule M, et de l'autre dans les auges extrêmes de la pile, par le moyen de plaques de laiton auxquelles ils sont soudés. On voit, fig. 5, l'un de ces fils soudés à une plaque.

63. Il arrive quelquefois qu'une seule pile n'est pas capable de produire l'effet qu'on désire; alors, on en réunit plusieurs, et l'ensemble prend le nom de batterie. La réunion de plusieurs piles se fait d'une manière très-simple, au moyen d'un fil de laiton terminé par deux plaques métalliques ordinairement de laiton, qu'on fait plonger, l'une dans l'auge positive de la première pile, et l'autre dans l'auge négative de la seconde; car, au moyen de cette disposition, il est évident que les deux piles sont dans le même cas que si elles n'en faisaient qu'une, puisqu'elles font suite l'une à l'autre. On peut de la même manière en réunir trois, quatre ou un plus grand nombre. D'ailleurs, on s'y prend de la même manière que nous l'avons dit tout à l'heure, pour les faire agir sur un corps; seulement, les fils qui doivent porter le fluide au corps, partent l'un du pôle négatif de la première, et l'autre du pôle positif de la dernière. (Voy. *pl.* 19, *fig.* 6, trois piles réunies ensemble.)

C C', conducteurs qui établissent une communication, le premier entre la pile A A' et la pile B B', et le second entre la pile B B' et la pile D D'.

HH', autres conducteurs partant des pôles de la batterie pour faire agir cette batterie sur les différens corps

M, *fig.* 7, conducteur dont la plaque P, vue de face

plonge dans l'auge extrême de la pile A A', et dont la plaque P', vue de côté, plonge dans l'auge extrême de la pile B B'.

A mesure que l'acide agit sur le cuivre ou sur le zinc, la pile perd de sa force; c'est pourquoi il faut le renouveler de temps en temps. A cet effet, on vide les piles en les retournant sens dessus dessous; on les rétablit dans leur première position, et on les remplit d'acide. Lorsque l'expérience est achevée, il faut les vider de nouveau, les laver à plusieurs reprises, et les tenir renversées pour les égoutter, sans quoi les plaques continueraient d'agir et de s'altérer.

64. *Action de la pile sur les corps.*—La pile est sans action sur les corps qui ne sont pas conducteurs du fluide électrique, telle que les gaz (*a*), le soufre solide, les huiles, les graisses, le verre, etc. Elle en a une plus ou moins marquée, au contraire, sur les corps qui sont conducteurs de ce fluide : elle tend à échauffer, à fondre et même à gazéifier ceux de ces corps qui sont simples, et à séparer en outre les élémens de ceux qui sont composés.

Que l'on attache un fil de fer très-fin à l'extrémité de l'un des fils de laiton ou de platine adaptés aux pôles d'une forte batterie composée de larges plaques, par exemple, au pôle zinc; que l'on remplisse les auges d'acide; qu'alors on mette en contact le fil de fer avec le fil de laiton du pôle cuivre, et tout à coup l'on

---

(*a*) Du moins ce ne serait qu'autant que les fils seraient assez rapprochés pour permettre au fluide de passer d'un fil à l'autre sous forme d'étincelle, qu'alors elle pourrait être susceptible d'agir sur eux.

verra le fil de fer rougir et même brûler. Cet effet sera
d'autant plus sensible que les plaques seront plus grandes, et que le fil de fer sera d'un plus petit diamètre:
par conséquent, si ce fil était suffisamment gros, il ne
s'échaufferait pas sensiblement; c'est que, dans ce cas,
tout le fluide pourrait passer à la surface du fil, au lieu
que, dans l'autre, la surface du fil étant bien moindre
et ne suffisant point à son passage, il pénétrerait dans
l'intérieur, et en dégagerait, dit-on, le calorique.
Quoi qu'il en soit, on voit que la batterie voltaïque
agit de la même manière qu'une batterie ordinaire
de bouteilles de Leyde : aussi une pile n'est-elle autre
chose qu'une bouteille de Leyde qui aurait la propriété de se recharger d'elle-même, aussitôt qu'elle
serait déchargée.

La peau bien sèche conduisant mal le fluide électrique, il en résulte qu'en établissant une communication
entre les deux pôles d'une pile avec les doigts sans les
mouiller, on ne la décharge qu'en partie, et l'on ne
reçoit qu'une faible commotion. Mais si on les mouille
d'un liquide très-conducteur, par exemple, d'une dissolution acide; et si alors, saisissant avec les mains deux
corps métalliques, on s'en sert pour établir la communication, on décharge la pile presqu'entièrement, et on
reçoit une vive commotion qui s'étend plus ou moins
dans les organes, et qui devient continue, parce que la
pile se recharge sans cesse.

On conçoit que la pile élève la température des
corps composés, de même que celle des corps simples;
mais comment peut-on concevoir qu'elle en opère la
décomposition? C'est ce qu'il nous faut actuellement

rechercher, et ce que nous allons exposer d'après M. Grotthuss (Annal. de Chimie, n° 172, page 54).

65. Si l'on met en contact les extrémités de deux fils de platine adaptés aux pôles d'une pile en activité, avec un corps susceptible d'être décomposé par cette pile, tout à coup les molécules constituantes des particules placées entre le pôle positif et le pôle négatif, se polariseront, c'est-à-dire que leur fluide électrique naturel se décomposera, et que les unes deviendront positives, et se mettront en regard du pôle négatif, tandis que les autres deviendront négatives, et se mettront en regard du pôle positif. Supposons qu'il n'y ait que 5 particules entre ces deux pôles, et que chaque particule soit composée de deux molécules : représentons par A la molécule positive, et par B la molécule négative de la première, par A′ la molécule positive, et par B′ la molécule négative de la seconde, etc.; il en résultera l'arrangement qu'on observe ( *pl.* 19, *fig.* 8), où le pôle positif est désigné par la lettre P, et le pôle négatif par la lettre N. Or, le fil négatif attirant toutes les molécules A, et repoussant toutes les molécules B, et le fil positif attirant au contraire toutes les molécules B, et repoussant toutes les molécules A, il arrivera que celles-ci se rendront successivement à l'extrémité du fil négatif, en même temps que celles-là se rendront à l'extrémité du fil positif; mais, dans ce trajet, une molécule quelconque négative ne deviendra libre qu'après s'être combinée momentanément, et successivement avec toutes les molécules positives qu'elle rencontrera sur son passage; et réciproquement une molécule quelconque électrisée positivement, se com-

binera avec toutes les molécules électrisées négativement, en présence desquelles elle se trouvera. La
molécule B, par exemple, en quittant la molécule A,
se combinera avec la molécule A', puis l'abandon-
nera pour se combiner avec la molécule A'' dont elle
se séparera pour s'unir avec la molécule A'''; elle
arrivera ainsi jusqu'au fil positif, où, dégagée de
toute combinaison, elle apparaîtra avec toutes ses propriétés caractéristiques. Il en sera de même de toute autre
molécule qu'on considérera : ainsi, la molécule A$^{IV}$, en
quittant la molécule B$^{IV}$ qui la suit, se combinera avec
la molécule B''', etc., etc.; d'où l'on voit que les molécules A$^{IV}$ et B poussées dans un sens opposé par des
forces égales, se combineront à égale distance des deux
pôles.

Supposons actuellement qu'au lieu de placer 5 particules entre les deux pôles, il y en ait une infinité,
il est évident qu'à mesure que celles qui seront dans le
courant du fluide se décomposeront, elles seront rem-
placées par d'autres; et qu'ainsi l'on pourra opérer
la décomposition d'une quantité donnée d'un corps,
pourvu toutefois que la pile soit toujours en action.

Tous les phénomènes dont nous venons de parler
seront également produits dans le cas où l'un des pôles
de la pile sera en contact avec le réservoir commun.
Alors il n'y aura, à la vérité, qu'un pôle attractif et
répulsif; mais sa force sera double de ce qu'elle serait
si la pile était isolée. En effet, considérons une pile
isolée et formée de six élémens ou douze plaques, le
pôle cuivre sera — 3, et le pôle zinc + 3 (57); que l'on
mette en communication l'un de ces pôles avec le réservoir commun, ce pôle deviendra 0, et l'autre devien-

dra + 6 ou — 6, suivant qu'on aura établi la communication par le pôle cuivre ou le pôle zinc.

66. Pour rendre la théorie que nous venons d'exposer plus claire, faisons-en l'application à la décomposition de l'eau. L'eau est un composé de deux corps
qui, quand ils sont libres, sont gazeux, et qui ont reçu
l'un le nom d'oxigène, et l'autre celui d'hydrogène. Si
l'on soumet ce liquide à l'action de la pile, l'oxigène
se rendra à l'extrémité du fil positif, et l'hydrogène à
l'extrémité du fil négatif. Par conséquent, les particules
d'eau se polariseront, de manière que leurs molécules
d'oxigène deviendront négatives, et que leurs molécules
d'hydrogène deviendront positives; les premières seront donc représentées par A, et les autres par B.
(Voy. *pl.* 19, *fig.* 8.)

Or, l'hydrogène ne se combine presque avec aucun métal, tandis que l'oxigène se combine avec tous,
excepté l'or, le platine et quelques autres, et forme
avec eux des composés solides : par conséquent, l'hydrogène se dégagera presque toujours à l'état de gaz à
l'extrémité du fil négatif, et l'oxigène ne se dégagera à
cet état à l'extrémité du fil positif, que dans le cas où
l'on emploiera des fils d'or ou de platine : on fera facilement cette expérience de manière à recueillir les
gaz, en fermant le sommet du pavillon et du bec d'un
entonnoir en verre avec un bouchon, à travers lequel
passeront, sans se toucher, les deux fils d'or négatif
et positif; recouvrant le bouchon intérieurement et extérieurement de cire à cacheter, remplissant l'entonnoir d'eau à moitié, et disposant au-dessus des deux fils
qui devront être saillans d'environ 4 millimètres, deux
petites cloches pleines d'eau. (Voy. *pl.* 19, *fig.* 9.)

Si la pile est forte, et si l'eau contient surtout un peu de sel, on apercevra une vive effervescence au bout de chaque fil. Les gaz auxquels l'effervescence sera due, se rassembleront au haut de la cloche, qui, par ce moyen, se videra peu à peu d'eau, et se remplira à mesure d'oxigène ou d'hydrogène.

67. On doit voir évidemment, d'après ce qui précède, que la décomposition d'un corps par la pile dépend du rapport qu'il y a entre l'affinité réciproque des principes de ce corps, et la propriété qu'ils ont de se constituer dans des états opposés d'électricité plus ou moins grands : que par conséquent, il est possible qu'il y ait des corps que la pile soit capable de désunir, quoiqu'ayant beaucoup d'affinité, et qu'il y en ait d'autres qu'elle ne puisse pas désunir, quoiqu'en ayant très-peu : l'eau est un exemple du premier cas. Delà, on doit sentir combien il serait important de connaître la propriété qu'ont les corps de devenir plus ou moins positifs ou négatifs les uns par rapport aux autres. Malheureusement, on n'a fait encore qu'un très-petit nombre d'observations à cet égard : on sait seulement, 1° que l'oxigène est toujours négatif relativement à un corps quelconque ; 2° qu'il en est de même, en général, d'un corps qui contient de l'oxigène, relativement à un autre corps qui n'en contient point ; et qu'un corps oxigéné est d'autant plus négatif, que les propriétés de l'oxigène qu'il contient sont moins neutralisées ; de sorte que si deux corps oxigénés, A et B, étaient susceptibles de se combiner, on parviendrait à les séparer, dans le cas où l'un d'eux contiendrait l'oxigène dans un état de neutralisation plus grand que l'autre. On verra par

la suite que c'est ce qui arrive souvent, et qu'il n'y a
que très-peu d'exceptions à cette règle.

## DU FLUIDE MAGNÉTIQUE.

68. On connaît sous le nom de fluide magnétique,
la cause qui donne à un aimant, soit naturel, soit artificiel, la propriété de se diriger d'un côté vers le pôle
nord, et de l'autre vers le pôle sud; de s'incliner vers
le premier de ces pôles dans l'hémisphère boréal, et vers
le second dans l'hémisphère austral, et de ne pencher
d'aucun côté dans certains lieux qui forment ce qu'on
appelle l'équateur magnétique; d'attirer, par sa partie
tournée vers le nord, la partie d'un autre aimant
tournée vers le midi, et de repousser, au contraire, la
partie nord de cet aimant, etc. Quoique l'étude de propriétés aussi extraordinaires soit d'un grand intérêt,
nous ne nous en occuperons point, parce qu'elles
appartiennent toute entières à la physique ; nous
ne ferons que nommer le fluide magnétique, pour
lui assigner le rang qu'il doit tenir dans notre classification chimique ; ou du moins, nous observerons
seulement qu'il n'y a que trois corps simples qui
soient susceptibles d'être attirés par l'aimant, et de devenir eux-mêmes aimant ; savoir : le fer, le nickel, le
cobalt ; que le fer jouit de cette propriété à un plus
haut degré que les autres ; que tous la perdent en se
combinant avec beaucoup d'autres corps , et particulièrement le soufre, l'arsenic, l'oxigène ; que l'aimant naturel ou qu'on trouve dans le sein de la terre
est une mine d'oxide de fer; que les aimants artificiels,

tels que l'aiguille, les barreaux aimantés, etc., sont en acier, et formés de fer et de carbone; qu'on se sert quelquefois du barreau aimanté pour séparer le fer pur ou légèrement oxidé des autres corps.

---

# CHAPITRE TROISIÈME.

## Des Corps Pondérables Simples et Composés, et de leur dénomination.

69. Après avoir étudié les quatre fluides impondérables, le fluide de la chaleur ou le calorique, le fluide lumineux, le fluide électrique et le fluide magnétique, comme il convenait de le faire pour l'objet que nous nous proposons, nous devons étudier les corps pondérables simples et composés.

70. Le nombre des corps pondérables simples est de quarante-cinq, non compris les deux radicaux présumés des acides muriatique et fluorique ( 464 et 432). Celui des corps composés est beaucoup plus considérable, et doit même sembler infini, puisqu'une différence dans la proportion des élémens suffit pour en apporter une très-grande dans les propriétés.

On peut donner des noms *insignificatifs* aux corps simples sans qu'il en résulte d'inconvéniens, pourvu que ces noms soient courts et se prêtent à la formation de noms composés.

Mais il est très-important de donner aux corps composés des noms qui rappellent leurs principes constituans. C'est ce qu'ont très-bien senti les fondateurs de la nomenclature française, qui est aujourd'hui généralement adoptée par tous les savans.

On a appelé sept des quarante-cinq corps simples : oxigène, hydrogène, bore, carbone, phosphore, soufre, azote ; les trente-huit autres, qui sont de nature métallique, ont reçu les noms de silicium, zirconium, aluminium, yttrium, glucinium, magnésium, calcium, strontium, barium, sodium, potassium, manganèse, zinc, fer, étain, arsenic ; molybdène, chrôme, tungstène, columbium, antimoine, urane, cerium, cobalt, titane, bismuth, cuivre, tellure, nickel, plomb, mercure, osmium, argent, rhodium, palladium, or, platine, iridium.

On appelle encore d'un nom commun corps combustibles, tous les corps simples autres que l'oxigène, parce que tous peuvent se combiner avec ce principe, en donnant lieu toujours à un dégagement de calorique, et assez souvent à un dégagement de lumière, et que ce sont là les propriétés qui caractérisent le charbon, les bois, les huiles, qui de tout temps ont été connus sous le nom de combustibles.

71. Avant de faire connaître la formation des noms des corps composés, il est nécessaire de dire que ces corps ne sont pas aussi nombreux qu'on pourrait se l'imaginer ; que loin d'y en avoir une infinité, il n'y en a pas autant que de combinaisons possibles 2 à 2, 3 à 3, etc., entre les corps simples. En effet, les corps composés qu'on connaît jusqu'à présent résultent, pour la plupart, 1° de la combinaison de l'oxigène avec chacun des corps combustibles ; 2° de la combinaison d'un corps simple, uni à l'oxigène, avec un autre corps simple aussi uni à l'oxigène ; 3° de la combinaison de deux, trois corps simples ensemble, rarement quatre ; 4° de la combinaison de l'oxigène avec

l'hydrogène et le carbone, principes qui constituent les matières végétales; 5° de la combinaison de l'oxigène avec l'hydrogène, le carbone et l'azote, et quelquefois le phosphore et le soufre, principes qui constituent les matières animales.

72. Tous ces corps simples autres que l'oxigène étant connus sous le nom générique de corps combustibles, on doit connaître en général sous le nom de corps brûlés, ces mêmes corps unis 1 à 1, 2 à 2, 3 à 3, etc., avec l'oxigène. Les corps brûlés reçoivent différens noms, en raison de leur composition et de leurs propriétés. On les appelle oxides et acides : acides, quand ils sont aigres et que, comme le vin aigre, ils rougissent la couleur bleue de tournesol, etc. (16): oxides, quand ils sont insipides, ou quand ayant une saveur, elle n'est pas aigre ; qu'ils verdissent la couleur de la violette, et que, loin de rougir la couleur du tournesol, ils ramènent au bleu celle que l'on aurait rougi par un acide (a).

Si l'oxide ne contient qu'un seul corps combustible, on le désigne par le nom de ce corps même : ainsi, on appelle oxide d'hydrogène, l'oxide qui résulte de la combinaison de l'oxigène avec l'hydrogène. Si le corps combustible peut se combiner en plusieurs proportions avec l'oxigène, et former plusieurs oxides, par exemple, trois, on appelle le premier ou celui qui en

---

(a) On verra par la suite qu'un oxide qui a le même radical, ou, ce qui est la même chose, qui contient le même corps combustible qu'un acide, est toujours moins oxigéné que celui-ci. Si les radicaux étaient différens, le contraire pourrait avoir lieu.

contient le moins, protoxide; on appelle le second,
deutoxide, et le troisième, tritoxide; on donne encore
le nom de peroxide, à celui qui contient le plus d'oxigène. Ainsi on dit, pour exprimer les trois oxides de
plomb, protoxide de plomb, deutoxide de plomb, tritoxide ou peroxide de plomb.

Si l'acide ne contient qu'un seul corps combustible,
on le désigne en joignant au mot générique acide le
nom français ou latin de ce corps, auquel on donne la
terminaison *ique*. Ainsi, on appelle acide carbonique,
l'acide que produit le carbone en se combinant avec
l'oxigène. Si le corps combustible peut se combiner en
plusieurs proportions avec l'oxigène, et former deux
acides, on désigne le plus oxigéné par la terminaison
*ique*, comme le précédent, et le moins oxigéné par la
terminaison *eux*. Ainsi, l'on dit acide phosphoreux,
acide phosphorique, pour exprimer les deux acides
qui résultent de la combinaison du phosphore avec des
proportions différentes d'oxigène; de même, on dit
acide sulfureux, acide sulfurique, pour désigner les
deux acides qui résultent de la combinaison du soufre
avec l'oxigène : ici on a préféré le mot latin *sulfur* au
mot français *soufre*, parce que soufreux, soufrique est
moins doux à prononcer que sulfureux, sulfurique (*a*).

Examinons maintenant comment on désigne les
composés formés de l'union de deux corps brûlés bi-

(*a*) On ne connaît point de corps combustible susceptible de
former trois acides. On désigne, à la vérité, sous les noms d'acide
muriatique, d'acide muriatique oxigéné, d'acide muriatique suroxigéné, trois acides qu'on croit être formés par le même corps
combustible uni à diverses quantités d'oxigène; mais jusqu'ici on
n'a pas pu obtenir ce corps. En traitant de ces acides, on verra
pourquoi on les a nommés ainsi.

naires. Il n'y a pas de règles générales pour désigner
les composés qui peuvent résulter de l'union de deux
oxides ou de deux acides, ou d'un acide avec un
oxide non métallique. Jusqu'à présent on les a désignés
par les noms mêmes des oxides et des acides dont ils
étaient formés ; mais il y a des règles précises et importantes à connaître, pour désigner les composés qui
peuvent résulter de l'union d'un oxide métallique et
d'un acide quelconque. Ces composés, qui sont très-
nombreux, portent en général le nom de sels ; probablement, parce que le plus anciennement connu
d'entre eux est le sel marin. On les désigne en chan-
geant et en variant la terminaison de l'acide, et en faisant suivre le nouveau mot dont on retranche quelquefois
une syllabe, du nom de l'oxide qui entre dans la composition du sel. Si l'acide est terminé en *eux*, on le
termine en *ite*; s'il est terminé en *ique*, on le termine en *ate*. *Exemple :* On appelle carbonate de protoxide de fer, phosphite, phosphate de deutoxide de
plomb, les sels qui résultent de la combinaison de l'a-
cide carbonique avec le protoxide de fer, et des acides
phosphoreux et phosphorique avec le deutoxide de
plomb. On peut encore les appeler par abréviation, le
premier, proto-carbonate de fer, et les deux autres,
deuto-phosphite et deuto-phosphate de plomb. Ces dé-
nominations nous paraissent même préférables.

74. Les règles de la nomenclature, relatives à la
dénomination des corps combustibles composés, varient dans plusieurs circonstances. Si ces corps sont
métalliques, le composé prend le nom d'alliage, qui
a été employé de tout temps, et on ajoute à ce mot
le nom des métaux qui constituent ce composé : on ap-

pelle, d'après cela, alliage de plomb et d'étain, la combinaison du plomb et de l'étain. Si le composé est solide ou liquide, et s'il résulte de la combinaison d'un métal et d'un corps combustible non métallique, on nomme celui-ci le premier en lui donnant une terminaison en *ure*, et on le fait suivre du nom du métal : de là les noms de sulfure de plomb, phosphure de plomb, carbure de fer, qu'on donne aux combinaisons du soufre et du phosphore avec le plomb, et du carbone avec le fer. Si le composé est solide ou liquide, et s'il résulte de la combinaison de deux corps combustibles non métalliques, on nomme le premier celui dont la terminaison en *ure* choque le moins l'oreille.

Si le composé est gazeux, l'un de ces principes constituans sera toujours un gaz et l'autre toujours un solide, excepté dans un seul cas, puisqu'il n'y a que deux corps combustibles simples naturellement à l'état de gaz, et que tous les autres sont solides. Alors, excepté dans ce seul cas, on nommera le premier le corps simple gazeux, sans en changer la terminaison, et on y joindra le nom de l'autre corps simple, en le terminant en *é*. De là les expressions de gaz hydrogène phosphoré, gaz hydrogène sulfuré, gaz hydrogène arseniqué, qu'on emploie pour représenter les combinaisons gazeuses de l'hydrogène avec le phosphore, etc. On verra, par la suite, pourquoi on ne suit pas cette règle pour la dénomination du composé résultant de l'union du gaz hydrogène et du gaz azote.

75. Il ne nous reste plus à parler que des composés d'oxigène, d'hydrogène et de carbone, et des composés d'oxigène, d'hydrogène, de carbone et d'azote. Les premiers constituent les matières végétales, et les se-

conds constituent les matières animales ; ces sortes de composés sont tantôt oxides et tantôt acides. Cependant, on ne peut les désigner à la manière des oxides et des acides qui ne contiennent qu'un corps combustible, parce que leur nombre est beaucoup trop considérable, et qu'ils ne diffèrent que par la proportion de leurs principes constituans. D'ailleurs, quel avantage résulterait-il de cette dénomination, leur composition étant toujours la même? On peut donc leur donner des noms qui n'aient aucun rapport avec leurs élémens, et c'est ce qu'on a fait, comme on le verra à l'article chimie végétale et animale.

76. Telles sont les règles de nomenclature généralement adoptées aujourd'hui. Nous en avons fait l'application à tous les composés, excepté un très-petit nombre qu'il suffira de nommer, lorsque l'occasion s'en présentera, pour entendre la formation de leur nom et connaître leur composition. Résumons-les, pour qu'on ne les perde point de vue. Corps combustible, c'est-à-dire qui peut se combiner avec l'oxigène : tous les corps simples sont combustibles, excepté l'oxigène. Corps brûlé, c'est-à-dire corps combustible combiné avec l'oxigène. Acide, c'est-à-dire corps brûlé, qui est aigre et rougit le tournesol. Oxide, c'est-à-dire corps brûlé, qui n'est point aigre, qui ne rougit point la teinture de tournesol. Protoxide, deutoxide, tritoxide de plomb, ou de tel ou tel autre corps combustible, c'est-à-dire premier oxide ou oxide le moins oxidé, deuxième oxide, troisième oxide de plomb. Acide phosphoreux, acide phosphorique, c'est-à-dire acide de phosphore peu oxidé, acide de phosphore très-oxidé. Carbonate, c'est à-dire composé d'acide

carbonique et d'un oxide métallique ; proto-carbonate
de fer, c'est-à-dire composé d'acide carbonique et de
protoxide de fer. Proto-phosphate, c'est-à-dire composé d'acide phosphorique et d'un oxide peu oxidé,
ou d'un protoxide. Sulfures, phosphures, hydrures, c'est-à-dire composés solides ou liquides de soufre
ou de phosphore, ou d'hydrogène, avec un autre
corps combustible ; par exemple, sulfure de fer, hydrure d'arsenic. Gaz hydrogène sulfuré, phosphoré,
c'est-à-dire composés de gaz hydrogène et de phosphore ou de soufre. Alliage, c'est-à-dire composé de
2, ou 3 ou 4 métaux ; alliage d'étain, de plomb et de
bismuth, etc.

On voit que tout l'artifice dont on s'est servi consiste principalement à réunir les noms des élémens d'un
composé, en variant la terminaison. Les terminaisons
en *ure* rappellent des corps combustibles composés; les
terminaisons en *eux* et en *ique*, des acides plus ou
moins oxigénés; les terminaisons en *ites* et en *ates*, des
sels dont les acides sont aussi plus ou moins oxigénés (a).

(a) C'est à M. Guyton-de-Morveau qu'on doit l'heureuse idée
de la nouvelle nomenclature : ce fut lui qui en posa les premières bases
vers l'année 1780, et qui le premier s'en servit dans ses cours publics,
à Dijon. Bientôt après, il la proposa à l'académie des sciences, qui
chargea MM. Berthollet, Fourcroy et Lavoisier de la revoir avec
l'auteur. Après l'avoir discutée dans un grand nombre de conférences,
et y avoir fait divers changemens, ces chimistes réunis l'adoptèrent
telle qu'elle est aujourd'hui, à quelques modifications près. Cette
nomenclature est bien préférable à l'ancienne : en effet, autrefois le
même corps recevait deux ou trois et même quatre noms différens.
C'est ainsi qu'on appelait la combinaison de l'oxigène avec le

## *De l'ordre suivant lequel nous étudierons les Corps Pondérables.*

77. Nous avons en quelque sorte tracé dans le chapitre précédent, la marche que nous devons suivre dans l'étude des corps pondérables.

L'oxigène étant le corps dont l'action est la plus générale et la plus importante à connaître, nous l'étudierons en premier lieu. Nous nous occuperons, en second lieu, des corps combustibles simples et composés. Ensuite, nous examinerons les oxides et les acides, ou les composés qui résultent de la combinaison des corps combustibles avec l'oxigène. L'examen des oxides et des acides nous conduira naturellement à traiter de leur action réciproque, et des nombreux composés qu'ils peuvent former. Alors, ayant acquis toutes les notions nécessaires pour concevoir l'extraction des métaux, nous en traiterons spécialement. Après avoir ainsi étudié les minéraux ou les corps inorganiques, nous étudierons les matières végétales et animales, ou les corps organiques; mais nous n'étudierons les matières animales qu'après les matières végétales, parce que celles-ci sont moins compliquées que celles-là. Enfin, nous ferons suivre l'étude des propriétés des

---

zinc, *fleurs de zinc*, *pompholix*, *nihil album*, *lana philosophica*, noms qui, outre l'inconvénient d'être multipliés, avaient encore celui de ne donner aucune idée de la nature de cette combinaison; au lieu que le mot oxide de zinc dont nous nous servons pour la désigner est unique, et nous en fait connaître les élémens.

corps pondérables par l'analyse chimique considérée d'une manière générale.

En général, nous étudierons les corps sous sept rapports. Nous examinerons : 1° leurs principales propriétés physiques ; 2° celles de leurs propriétés chimiques dépendantes du rang qu'ils occuperont ; 3° les divers états sous lesquels on les rencontre dans la nature ; 4° la manière dont on peut les obtenir purs ; 5° leur composition ; 6° leurs usages ; 7° l'histoire abrégée de leur découverte ou de la découverte de leurs propriétés les plus saillantes. Nous avons préféré cet ordre à tout autre, parce qu'il nous a paru le plus méthodique. Cependant nous devons faire observer qu'il nous arrivera quelquefois de ne point parler de la préparation d'un corps, parce qu'alors nous n'aurons point les connaissances nécessaires pour l'entendre. C'est ce que nous ferons particulièrement pour les métaux, dont l'extraction suppose la connaissance de tous les autres corps inorganiques, et constitue d'ailleurs une branche particulière, la métallurgie. Nous ferons également observer que par la même raison, nous renverrons souvent à traiter de la composition d'un corps à l'époque où nous nous occuperons de l'analyse chimique.

On trouvera dans le tableau suivant tous les détails convenables sur la classification et la méthode que nous nous proposons de suivre, excepté ceux qui sont relatifs à la chimie végétale et animale, et à l'analyse: nous n'exposerons ceux-ci qu'en traitant des parties auxquelles ils se rapportent.

1° Affinité; causes qui la modifient , définition de la Chimie.

2° Corps impondérables; savoir : calorique, lumière, fluides électrique, magnétique . . . . { Traiter d'une manière générale de leurs propriétés chimiques.

3° Noms des corps pondérables, et exposé de la nomenclature.

4° Oxigène; son extraction , ses propriétés physiques, et son action générale sur les corps, ou combustion.

5° Corps combustibles simples, partagés en . . . . . { 1° Corps simples non métalliques. . / 2° Corps simples métalliques. . .

6° Corps combustibles composés, partagés en . . . . { 1° Combinaison des corps simples non métalliques entre eux . . . . / 2° Combinaison des corps simples métalliques entre eux ou alliages. . / 3° Combinaison des corps simples non métalliques avec les corps métalliques.

**I<sup>re</sup> Partie.**

ÉTUDE des corps inorganiques.

7° Corps brûlés binaires partagés en . . . . . . . {
Oxides non métalliques. . . . . .
Acides non métalliques. . . . . .
Oxides métalliques. . . . . . .
Acides métalliques. . . . . . .
}

ÉTUDE DE CES CORPS.

1° Propriétés physiques.
2° Propriétés chimiques ou action des groupes de corps précédemment examinés sur eux.
3° État naturel.
4° Préparation.
5° Composition.
6° Usages.
7° Historique.

8° Combinaison des corps brûlés binaires les uns avec les autres, partagés en trois sections . . . . . . . {
1° Combinaison des oxides avec les oxides. . . . . . . . . . . . /
2° Des acides avec les acides . . . . /
3° Des acides avec les oxides; ou sels.
}

9° Extraction des métaux, ou métallurgie.

**II<sup>e</sup> Partie.**

ÉTUDE des corps organiques.

10° Chimie végétale.
11° Chimie animale.

} Application des propriétés des divers

On voit, d'après ce tableau, que nous procédons à l'étude des corps, en allant du simple au composé ; que nous réunissons dans un même groupe ceux dont les propriétés sont analogues ; et qu'en traitant de l'action chimique d'un corps quelconque, nous ne parlons jamais que de celle qu'il exerce sur les corps appartenant aux groupes précédemment étudiés. De là résultent de grands avantages : c'est que nous évitons de fréquentes répétitions, et que nous parvenons à des généralités faciles à saisir, et telles que l'histoire générale d'un groupe de corps devient souvent l'histoire particulière de chacun d'eux.

# CHAPITRE QUATRIÈME.

## *De l'Oxigène.*

78. *Propriétés.* — L'oxigène est un gaz sans couleur, sans odeur et sans saveur, dont la pesanteur spécifique est de 1,10359; celle de l'air étant prise pour unité (113). Soumis à une pression forte et subite, le gaz oxigène s'échauffe et devient lumineux : la propriété de s'échauffer par la pression appartient à tous les gaz ; mais, d'après M. Saissy, celle de dégager de la lumière par ce moyen, n'appartient qu'à l'oxigène, l'acide muriatique oxigéné et l'air. L'oxigène la possède à un plus haut degré que l'acide muriatique oxigéné, et celui-ci à un plus haut degré que l'air. De là, M. Saissy conclut que le calorique et la lumière sont deux fluides distincts, que l'oxigène est le seul gaz qui contienne de la lumière, et que les autres gaz ne deviennent

lumineux en les comprimant, qu'autant qu'ils contiennent de l'oxigène libre ou faiblement combiné. Ce qu'il y a de certain, c'est qu'en effet, par la pression, on dégage bien plus de lumière du gaz oxigène que de l'air, et qu'on n'en dégage point, ou que des atômes des gaz acide carbonique, azote et hydrogène. On constate facilement ces résultats au moyen de l'appareil (*pl.* 22, *fig.* 3). A A′ est un cylindre creux de verre bien calibré, très-épais, et fermé en A; on le remplit, sous l'eau, des gaz que l'on vient de nommer; alors on adapte, sous l'eau même, le piston de cuir B à l'extrémité A′ du cylindre; puis on enlève l'appareil; on le porte dans l'obscurité; on appuie d'une part la tige CC′ sur un corps solide, et on abaisse vivement et fortement le corps de pompe AA′.

L'oxigène est de tous les gaz celui qui réfracte le moins la lumière : sa puissance réfractive est de 0,86161. celle de l'air étant prise pour unité (114). N'étant pas composé, il ne peut être que dilaté par le calorique. Il n'est aucun corps simple avec lequel l'oxigène ne puisse se combiner, tantôt avec dégagement de calorique seulement, tantôt avec dégagement de calorique et de lumière (80). L'oxigène ne partage cette propriété si remarquable avec aucun autre; souvent même, il se combine en diverses proportions, soit avec le même corps simple, soit avec deux, trois corps simples à la fois. De là résultent la plupart des phénomènes dont l'étude constitue celle de presque toute la chimie; et pour prouver dès à présent cette importante vérité, il nous suffira d'observer : 1° que l'oxigène est l'un des élémens de l'air et de l'eau, des matières végétales et animales, et de presque tous les composés connus; 2° que, seul, il peut entretenir la vie des animaux; que c'est par lui que l'air lui-même l'entretient, fait brûler le bois, le charbon, et tous les combustibles; altère et rouille les métaux; 3° en un mot, qu'à l'étude des propriétés de l'oxigène, se rattache celle de tous les corps simples et composés.

*Extraction.* — On extrait l'oxigène du peroxide de manganèse (oxide de manganèse du commerce), qu'on rencontre abondamment dans la nature, et qui, quand il est pur, n'est autre chose qu'un composé solide et noir de manganèse et d'oxigène (521). On pulvérise ce peroxide de manganèse dans un mortier de fer ou de laiton, et on l'introduit dans une cornue de grès. On en remplit presque entièrement la panse (*pl* 3, *fig.* 1); on adapte à l'extrémité de la cornue un tube de verre recourbé B B', par le moyen d'un bouchon troué; on la place sur deux barres de fer, dans le laboratoire D D' d'un fourneau à réverbère EE, de manière que le tube de verre qu'elle porte plonge sous l'entonnoir renversé de la table d'une cuve pneumatique FF' pleine d'eau, et que les gaz qui en proviennent ne puissent se dégager que par l'extrémité du tube. (*Voyez* Description des Planches, article flacons de Woulf, comment il faut s'y prendre pour monter un appareil.) Cela fait, on porte peu à peu la cornue jusqu'au rouge, en mettant successivement dans ce fourneau, soit par la porte du foyer, soit par la cheminée I du réverbère, très-peu de charbon rouge, et au contraire beaucoup de charbon noir. D'abord, il ne se dégage que de l'air à l'extrémité du tube B B'; mais, lorsque l'oxide est près de la chaleur rouge, il commence à se dégager du gaz oxigène. On en laisse perdre environ un litre; alors, celui qui passe pouvant être

regardé comme pur, on le recueille. A cet effet, on
met successivement des flacons renversés et pleins
d'eau, ou des cloches semblables à la cloche M sur la
table de la cuve au-dessus du trou de l'entonnoir, sous
lequel le tube B B' s'engage ; lorsque l'un des vases est
plein de gaz, on le remplace par un autre plein d'eau.
On conserve ce gaz dans les cloches ou dans les flacons,
l'ouverture plongée dans l'eau. Il est nécessaire que le
feu soit toujours assez fort pour que le dégagement du
gaz soit continuel. C'est pourquoi il ne faut pas attendre
que ce dégagement se ralentisse pour remettre du charbon dans le fourneau, parce que le charbon étant froid,
diminuerait la température, suspendrait la décomposition du peroxide, et produirait peut-être une absorption, c'est-à-dire, l'introduction de l'eau de la cuve
par le tube de verre dans la cornue (112), et par conséquent sa fracture. On peut regarder l'opération comme
faite, lorsque le fourneau étant plein de feu, il ne se
dégage presque plus de gaz. Alors on laisse refroidir
peu à peu la cornue, pour qu'elle ne casse pas ; mais
auparavant on en enlève le tube, pour qu'il n'y ait
pas d'absorption, à moins que ce tube ne soit un tube
de sûreté (112). De 1 kilog. de peroxide de manganèse
du commerce, on extrait environ 40 à 50 litres de gaz
oxigène ; par là, le peroxide passe à l'état de deutoxide,
d'où il suit que, par la chaleur, on ne peut pas décomposer le deutoxide (522).

Il est facile de se rendre compte des phénomènes
que présente l'extraction de l'oxigène du peroxide
de manganèse. En élevant la température de cet oxide,
on éloigne, dans chaque particule, les molécules de
manganèse des molécules d'oxigène ; mais bientôt, il

y a une certaine quantité de celles-ci hors de leur sphère d'attraction : or, comme l'oxigène est naturellement à l'état de gaz, elles doivent prendre la forme gazeuse, et par conséquent se dégager. Si donc les molécules d'oxigène du deutoxide ne se dégagent pas à la température qui suffit pour dégager les molécules d'oxigène du peroxide, c'est qu'à cette température, elles ne sont point encore assez distantes pour être hors de leur sphère d'attraction.

L'oxigène, extrait du peroxide de manganèse, est ordinairement pur. Il n'y a que celui qui se dégage au commencement de l'opération, qui contient quelquefois du gaz acide carbonique et du gaz azote. Quoi qu'il en soit, lorsqu'on veut se servir même du dernier recueilli pour des expériences de recherches, il faut en éprouver la pureté par le gaz hydrogène (86); ou mieux encore, il faut extraire l'oxigène dont on a besoin alors, du muriate sur-oxigéné de potasse (1036). Celui-ci est toujours pur.

*Usages.* — Les usages du gaz oxigène sont extrémement multipliés. C'est ce que l'on peut prévoir, d'après ce que nous avons dit précédemment : nous ne les exposerons pas ici, parce qu'on n'emploie presque jamais l'oxigène pur, si ce n'est dans quelques opérations de chimie; nous ne les exposerons qu'à l'article air, fluide d'où l'on tire presque tout le gaz oxigène qu'on fait agir sur les corps.

*Historique.* — Le gaz oxigène n'est connu que depuis 38 ans; c'est à Priestley qu'on en doit la découverte; il la fit en 1774. Schéele le découvrit de son côté presqu'en même temps que Priestley. On donna d'abord différens noms au gaz oxigène. Les uns l'appelèrent, avec Priestley, air déphlogistiqué; d'autres, avec Schéele, air du feu;

d'autres air vital, air éminemment respirable : tous ces noms disparurent lors de la réforme de la nomenclature. On leur substitua celui d'oxigène qui signifie *j'engendre acide*, parce qu'en effet, tous les acides contiennent de l'oxigène, et ne diffèrent les uns des autres que par la nature des corps combustibles qui entrent dans leur composition, et que par cette raison on appelle *radicanx* des acides.

## DE LA COMBUSTION.

79. L'oxigène étant l'agent général de la combustion, son histoire doit nécessairement être suivie de celle de la combustion elle-même. En conséquence, après avoir traité de la première, on doit traiter de la seconde.

80. Nous entendons par combustion un phénomène dans lequel l'oxigène se combine avec un corps quelconque. On appelle corps combustible, le corps qui se combine avec l'oxigène ; et corps brûlé, le corps résultant de la combinaison de l'oxigène avec le corps combustible. Comme tous les corps simples peuvent se combiner avec l'oxigène, il s'ensuit qu'ils peuvent tous produire la combustion, ou qu'ils sont tous combustibles : c'est ce que nous avons déjà annoncé au sujet des noms qu'on a donnés à tous les corps simples autres que l'oxigène. (70). La combustion a toujours lieu avec dégagement de calorique, et quelquefois avec dégagement de lumière ; jamais elle n'a lieu avec dégagement de lumière sans dégagement de calorique. Il est important de concevoir la cause de tous ces phénomènes ; nous allons l'exposer avec soin.

Nous avons vu que les molécules des corps n'é-
taient tenues, à distance les unes des autres, que par
le calorique, et que, quand elles se rapprochaient par
une cause quelconque, il y avait toujours un dégagement de calorique plus ou moins grand. Or, lorsqu'un
corps combustible se combine avec l'oxigène, il y a
toujours rapprochement entre les molécules des deux
corps, comme on le verra par la suite; il doit donc
toujours y avoir dégagement de calorique. Mais nous
avons admis que la lumière n'était qu'une modification du calorique : il est donc possible qu'une portion
du calorique qui se dégage dans la combustion, devienne lumière. D'une autre part, l'expérience prouve
que cette transformation ne saurait avoir lieu qu'à la
température d'environ 500°; car ce n'est qu'à cette
chaleur que les corps sont lumineux. Par conséquent
l'on voit, comme nous l'avons déjà dit, qu'il n'existe
pas de combustion avec dégagement de lumière sans
dégagement de calorique, et qu'elle doit toujours avoir
lieu, tantôt avec dégagement de calorique seulement,
tantôt avec dégagement de calorique et de lumière.

Est-ce du corps combustible ou de l'oxigène que provient le dégagement de calorique? On le saura en considérant l'état du corps combustible, celui de l'oxigène
et du corps brûlé. En effet, on a prouvé qu'un corps
contenait plus de calorique à l'état de gaz qu'à l'état
liquide, et plus à l'état liquide qu'à l'état solide.
D'après cela, si le corps combustible est solide, et si
l'oxigène est gazeux, le calorique dégagé proviendra de
l'oxigène, quel que soit l'état du corps brûlé. Si l'oxigène est gazeux, et si le corps combustible l'est aussi,
le calorique dégagé proviendra de l'un et l'autre corps;

mais comme tous les corps combustibles simples sont solides, excepté deux, l'hydrogène et l'azote; et comme parmi les corps combustibles composés, le plus grand nombre est à l'état solide, il s'en suit que, le plus souvent, le calorique qui se dégage dans la combustion provient de l'oxigène. Il serait possible cependant qu'encore bien que le corps combustible fût solide et l'oxigène gazeux, une portion de calorique, mais très-petite, provînt de ce corps: c'est ce qui aurait lieu, si l'affinité de l'oxigène pour le corps combustible était très-grande. Dans tous les cas, la quantité de calorique qui se dégagera dépendra de ces quatre causes, c'est-à-dire, de l'état de l'oxigène, de l'état du corps combustible, de l'affinité plus ou moins grande de ce corps pour l'oxigène, de l'état du corps brûlé, et d'une cinquième, savoir, de la capacité du corps combustible pour l'oxigène. En effet, plus le corps brûlé sera susceptible de contenir d'oxigène, et plus il se dégagera de calorique au moment de sa formation, toutes choses égales d'ailleurs. Quant au dégagement de lumière, il sera d'autant plus grand, que le dégagement de calorique sera lui-même plus grand dans un temps donné, ou que la température s'élèvera davantage.

81. Faisons maintenant des applications de cette théorie à la combustion de différens corps. Prenons d'abord pour exemple la combustion du fer dans le gaz oxigène pur, et dans l'air qui est un mélange de 0,21 de gaz oxigène et de 0,79 de gaz azote (125).

*Combustion du fer dans le gaz oxigène.* — On prend un ressort de montre; on en détruit l'élasticité en le chauffant jusqu'au rouge; on aplatit l'une de ses extrémités, en la battant sur une enclume

avec un marteau; on la coupe avec des ciseaux de
manière à la terminer en pointe : alors on roule le
ressort autour d'un cylindre, et on lui donne la forme
d'une spirale ; on le retire, on attache un peu d'a-
madou à son extrémité effilée, et on adapte à l'autre
un bouchon d'une grosseur convenable ; on allume
l'amadou, et on plonge le ressort dans un flacon de
deux à trois litres, plein de gaz oxigène, et dont le
goulot reçoit le bouchon à frottement. L'amadou
brûle, le fer s'oxide, s'enflamme ; une combustion des
plus vives a lieu ; il se dégage tant de lumière que
l'œil en est ébloui ; des globules fondus de fer oxidé
tombent, et sont si rouges qu'ils pénètrent dans la
substance du flacon même (*a*). S'il y a assez d'oxigène, en moins d'une minute le ressort est con-
sumé.

D'où vient le calorique qui se dégage? Du gaz
oxigène, car le fer est solide et le gaz oxigène gazeux. Pourquoi se dégage-t-il tant de calorique?
Parce que l'oxigène a beaucoup d'affinité pour le fer,
parce que l'oxide de fer est solide, parce que l'oxide
de fer qui se forme contient beaucoup d'oxigène. Enfin, pourquoi se dégage-t-il tant de lumière ? Parce
qu'il y a beaucoup de gaz oxigène absorbé en peu
de temps, et que la chaleur produite ou l'élévation
de température est très-grande.

---

(*a*) Ces globules opèrent souvent la fracture du flacon; on l'évite
en laissant une couche d'eau assez épaisse dans le flacon. Il faut aussi
ménager une issue entre le goulot du flacon et le bouchon, pour que
le gaz puisse s'échapper. Autrement le bouchon pourrait être pro-
jeté au commencement de l'expérience, par la raréfaction du gaz.

*Combustion du fer dans l'air.* — Lorsqu'on expose le fer à l'air, à la température de l'atmosphère, ou bien à une température un peu plus élevée, il finit par s'oxider tout entier, et même plus qu'en le brûlant dans le gaz oxigène. Il doit donc y avoir plus de calorique dégagé dans cette seconde combustion que dans la première? Cependant le fer reste à la même température, et il n'y a pas dégagement de lumière. C'est que l'absorption de l'oxigène est si lente, que la chaleur produite est insensible.

82. Prenons pour second exemple la combustion du gaz hydrogène.

Lorsqu'on remplit une éprouvette de gaz hydrogène (86), et qu'on met ce gaz en contact avec l'air et un corps en combustion, telle qu'une bougie allumée, il y a production de chaleur et de lumière, provenant et du gaz hydrogène et du gaz oxigène de l'air, qui, en se combinant ensemble, forment un liquide qui est l'eau.

Mais, si au lieu de présenter l'un à l'autre ces deux gaz en état de liberté, on les présente déjà combinés avec quelqu'autre corps, et s'ils peuvent rompre leur combinaison respective pour s'unir ensemble, il sera possible qu'il n'y ait plus de dégagement de lumière, et que même il ne se dégage presque plus de calorique. C'est ce qui aura lieu, si, en se combinant avec ces corps, ils ont éprouvé un grand degré de condensation. Nous aurons très-souvent occasion d'observer par la suite des phénomènes de ce genre, surtout en mettant en contact l'hydrogène sulfuré avec les oxides métalliques, libres ou unis aux acides. ( 494 et 715. )

83. Prenons pour troisième et dernier exemple la combustion du mercure.

Lorsqu'on porte du mercure à un degré voisin de l'ébullition, dans un matras ouvert, il s'oxide peu à peu, et l'on peut obtenir facilement en quelques jours plusieurs grammes d'un oxide qui est rouge. Il n'y a point dégagement de lumière, d'une part, parce que la combustion est très-lente, et d'une autre part, parce que l'affinité de l'oxigène pour le mercure n'est pas très-forte; en sorte que dans l'oxide de mercure, l'oxigène retient encore beaucoup de calorique : aussi cet oxide est-il susceptible de faire brûler avec lumière quelques corps combustibles. On voit donc que dans cet oxide, la cohésion est assez forte pour que le composé soit solide ; mais que les molécules d'oxigène et de mercure ne s'attirent point assez pour qu'il en résulte un grand rapprochement entre elles, et par conséquent pour qu'il y ait un grand dégagement de calorique. Plusieurs autres corps sont dans ce cas : tels sont les oxides d'argent, d'or, de tellure, etc.

Plusieurs corps, et particulièrement l'acide carbonique, sont dans un cas contraire. L'affinité des molécules de cet acide est très-grande, car il est très-difficile de le décomposer. La cohésion est nulle, car il est gazeux (66).

84. Tels sont les divers phénomènes qui accompagnent la combustion : leur ensemble constitue la théorie chimique la plus générale et la plus importante. Cette théorie, dont presque toutes les autres ne sont qu'une dépendance, et qu'on appelle théorie moderne, est due à Lavoisier; c'est lui qui, par une multitude d'expériences exactes et ingénieuses, l'établit sur des

bases solides. Fondée de 1775 à 1780, elle s'est for-
tifiée de toutes les découvertes faites depuis, et a opéré
une véritable révolution dans la science.

En effet, avant cette époque, on s'imaginait que les
corps ne brûlaient qu'en laissant dégager un principe
insaisissable, auquel on donnait le nom de phlogistique;
d'où il suit qu'on devait alors regarder ces corps comme
des combinaisons de phlogistique et de ceux que nous
appelons aujourd'hui oxides ou acides. Toutes les fois
que le phlogistique se dégageait d'un corps, il y avait
combustion, et le corps cessait d'être combustible.
Toutes les fois, au contraire, que le phlogistique
était absorbé par un corps incombustible, celui-ci devenait combustible. Mais, s'il en avait été ainsi, les
corps n'auraient point augmenté de poids dans la
combustion, et auraient dû brûler aussi bien sans air
qu'avec le contact de l'air. Or, c'est ce qui n'a pas lieu:
donc, cette théorie est erronée. Cependant elle fait
beaucoup d'honneur à Stahl qui en est l'auteur; et l'on
serait tenté de dire que cette grande erreur mérite d'être
mise au rang des grandes découvertes, parce que, d'une
part, elle a servi de lien aux faits épars dont se composait
alors la chimie, et qu'elle lui a donné le caractère d'une
véritable science; et parce que, de l'autre, si Stahl, au lieu
de faire dégager le phlogistique des corps combustibles,
l'avait fait absorber par ces corps, le phlogistique n'aurait été autre chose que l'oxigène.

# CHAPITRE CINQUIÈME.

## *Des Corps combustibles simples.*

85. On appelle corps combustibles simples des
corps qui, jusqu'à présent, n'ont point pu être décomposés, et qui ont la propriété de se combiner avec
l'oxigène, et de donner naissance à des oxides ou
des acides. On en compte 44, non compris les radicaux présumés des acides muriatique et fluorique.
Nous partageons ces corps en deux ordres : dans le
premier, nous plaçons les corps combustibles simples
non métalliques ; et dans le second, les métaux.

### DES CORPS COMBUSTIBLES SIMPLES NON MÉTAL-LIQUES.

85 *bis.* Les corps combustibles simples non métalliques
sont au nombre de 6 ; savoir, l'hydrogène, le bore,
le carbone, le phosphore, le soufre et l'azote. Tous
ces corps sont insipides ; tous sont inodores, excepté
l'hydrogène et le phosphore, qui ont une légère odeur
d'ail ou d'arsenic ; et encore le phosphore n'en a-t-il
que par l'intermède de l'air. Deux d'entre eux, l'hydrogène et l'azote, sont toujours à l'état de gaz à
toutes les températures connues. Les quatre autres, à
la température ordinaire, sont toujours à l'état solide :
parmi ceux-ci, le phosphore et le soufre sont fusibles
et volatils, tandis que le bore et le carbone sont infusibles et fixes. Aucun n'a d'action sur le gaz oxigène
à la température ordinaire : tous, au contraire, si ce

n'est l'azote, l'absorbent à une température élevée, et brûlent avec chaleur et lumière. Tous sont très-abondans dans la nature, excepté le bore. On les obtient par des moyens divers. Les plus employés et les plus anciennement connus sont le carbone et le soufre : le bore est sans usage, et n'est connu que depuis quelques années. Outre ces six corps, il est probable qu'il en existe deux autres, qui sont les radicaux des acides muriatique et fluorique, c'est-à-dire, qui, combinés avec l'oxigène, constituent ces deux acides.

Lavoisier et M. de La Place ont déterminé les quantités de glace que pouvait fondre le calorique dégagé pendant la combustion de trois des six corps combustibles simples non métalliques; savoir, du gaz hydrogène, du carbone et du phosphore. On trouvera les résultats qu'ils ont obtenus dans le tableau suivant, où l'on rapporte en même temps la quantité de gaz oxigène absorbé, la nature et l'état du produit formé.

| CORPS COMBUSTIBLES. | QUANTITÉ DU CORPS Combustible. | QUANTITÉ D'OXIGÈNE Absorbé. | NATURE ET ÉTAT du Produit. | QUANTITÉ DE GLACE Fondue. |
|---|---|---|---|---|
| Gaz hydrog. | 1 kilog. | $7^{kilog}, 33.$ | Eau liquide. | $295^{kilog}, 575$ |
| Carbone. | 1 kilog. | $2^{kilog}, 6528.$ | Acide carb. gazeux. | $96^{kilog}, 5$ |
| Phosphore. | 1 kilog. | $1^{kilog}, 14.$ | Acide phos. solide. | $100^{kilog}.$ |

Après ce coup d'œil rapide jeté sur l'histoire des corps combustibles simples non métalliques, passons à l'étude particulière de chacun d'eux, et rangeons-les pour cela, autant que possible, dans l'ordre suivant lequel ils tendent en général à se combiner avec l'oxigène. Cet ordre paraît être le même que celui dans lequel nous les avons nommés précédemment, en plaçant toutefois l'hydrogène et le bore sur le même rang.

## *De l'Hydrogène.*

86. *Propriétés physiques.* — L'hydrogène pur est toujours à l'état de gaz : ce gaz est incolore, et a une légère odeur d'ail ou d'arsenic. Sa pesanteur est beaucoup moindre que celle de l'air ; elle n'est que de 0,0732I (113) : aussi peut-on le transvaser d'un vase dans un autre qui est plein d'air, de la même manière que si ce vase était plein d'eau. Soient deux éprouvettes dont l'ouverture soit tournée en bas, l'une plus grande pleine d'air, l'autre plus petite pleine de gaz hydrogène ; qu'on en joigne les orifices, en laissant la première dans sa position, et en inclinant la deuxième jusqu'à ce qu'enfin elle soit verticale, bientôt le gaz de celle-ci passera dans celle-là, et réciproquement. C'est ce qu'on reconnaîtra au moyen d'une bougie allumée ; plongée dans la cloche supérieure, elle en enflammera le gaz ; plongée dans la cloche inférieure, elle ne l'enflammera pas, et brûlera tranquillement. Quoique le gaz hydrogène soit inflammable, il éteint les corps en combustion ; ce gaz étant plus léger que l'air, on ne s'assure facilement de cette propriété, que lorsqu'on tient en bas l'ouverture de l'éprouvette qui le renferme, et qu'on y plonge une bougie allumée ; cette bougie, après avoir mis le feu aux premières couches de gaz, à cause

du contact de l'air, s'éteint et ne se rallume que lorsqu'on la retire.

*Propriétés chimiques.* — Le gaz hydrogène étant un
corps simple, ou plutôt un corps indécomposé, ne peut
être que dilaté par le calorique; c'est de tous les gaz
celui qui réfracte le plus la lumière (114). Il ne se combine point, avec le gaz oxigène, à la température ordinaire; il paraît même qu'à cette température, ces
deux gaz peuvent rester mêlés pendant un temps in-
défini, sans agir l'un sur l'autre : ce n'est qu'à une
chaleur rouge qu'ils s'unissent. Leur combinaison a
toujours lieu dans le rapport de 2 d'hydrogène et
de 1 d'oxigène en volume, ou, ce qui est la même
chose, d'après leur pesanteur spécifique, dans le rapport de 12,6 d'hydrogène à 87,4 d'oxigène en poids.
On met ce résultat en pleine évidence, en combinant
ces deux gaz dans un instrument qu'on appelle *eudiomètre*, et que l'on peut se représenter comme un tube
de verre, fermé par l'une de ses extrémités, et contenant des conducteurs pour la transmission du fluide
électrique. On remplit l'instrument de mercure ou d'eau;
on y fait passer successivement les gaz, après les avoir
mesurés, avec beaucoup de soin, dans un tube gradué;
on excite à travers leur mélange une étincelle électrique,
soit avec une bouteille de Leyde, soit avec un électro-
phore : l'étincelle électrique en élève la température jusqu'à la chaleur rouge, et en opère la combinaison. Si on
emploie deux parties de gaz hydrogène et une partie de
gaz oxigène bien purs, le mélange disparaît tout entier; si
la quantité de gaz hydrogène est triple de la quantité de
gaz oxigène, le résidu est d'une partie de gaz hydrogène :
si les quantités de gaz hydrogène et oxigène sont inver-

ses, le résidu est de deux parties et demie de gaz oxigène : on apprécie ces résidus, en les faisant passer dans
le tube gradué. (Voy. *l'eudiomètre, pl.* 5 *fig.* 1 ; le tube
gradué, *pl.* 13, *fig.* 6; leur description, et la manière
de s'en servir, lettres E et T de l'explcation des planches.)

Dans tous les cas, il ne se forme que de l'eau, et il
y a dégagement de calorique et de lumière. Il suit de
là, 1° que les gaz hydrogène et oxigène se combinent
toujours dans le rapport de 2 à 1 en volume; 2° que
l'eau doit être formée d'hydrogène et d'oxigène dans
ce rapport; 3° qu'elle doit contenir moins de calorique
et de lumière que ses principes à l'état gazeux.

Lorsqu'on met dans l'eudiomètre beaucoup plus ou
beaucoup moins de gaz hydrogène que de gaz oxigène,
la combustion n'est pas complète : elle cesse de l'être,
lorsque l'hydrogène est mêlé soit avec 9$^{fois}$,5 son volume
de gaz oxigène, soit avec un peu moins du dixième
de son volume de ce gaz : une partie du gaz hydrogène
dans le premier cas, et une partie du gaz oxigène dans le
second échappent à la combustion : cependant, l'étincelle électrique enflamme les parties qui sont sur son
passage; mais la combustion ne peut pas se propager,
parce que l'oxigène ou l'hydrogène sont trop rares.
( Voyez le Mémoire de MM. Humboldt et Gay-
Lussac, sur les moyens eudiométriques, Journal de
Physique, 1805.)

Outre ces phénomènes, il en est d'autres que l'on
peut produire à volonté, et dont il est essentiel de
parler. Que l'on ferme exactement l'eudiomètre, le
mélange d'hydrogène et d'oxigène s'enflammera sans
secousse par l'étincelle électrique, et il se formera un
vide qui sera rempli aussitôt que l'on donnera accès

au liquide sur lequel on opérera. Qu'on laisse au contraire l'eudiomètre ouvert, il y aura, au moment où les gaz se combineront, une forte secousse due à l'eau qui sera produite. En effet, cette eau, à cause du calorique dégagé, restera d'abord à l'état de vapeur. Or, comme à cet état, elle occupe, en raison de la température, plus de volume que ses élémens n'en occupent à l'état de gaz, la colonne de liquide qui remplit en partie l'instrument est repoussée, puis elle remonte subitement, parce que la vapeur étant en contact avec des corps froids, se liquéfie tout à coup; de là, un mouvement brusque, une sorte de détonnation. On conçoit, d'après cela, qu'il ne faut pas enflammer, dans un eudiomètre, une trop grande quantité de gaz à la fois. Ce ne serait qu'autant que cet eudiomètre serait épais, et qu'on le boucherait bien, qu'on pourrait se permettre de le remplir tout entier : autrement, on courrait risque de le briser, ou bien de perdre du gaz. Pour éviter tout danger dans l'inflammation d'un mélange assez considérable de gaz oxigène et de gaz hydrogène, il faut faire l'expérience dans un flacon bouché à l'émeri (à cause que ces sortes de flacons sont très-forts) et entouré de linge. On remplit ce flacon d'eau; on le remplit ensuite d'hydrogène et d'oxigène; on le bouche pour qu'il n'y entre pas d'air; on enveloppe d'une serviette toute sa surface, excepté l'extrémité du goulot; en sorte que s'il se brise, on ne peut pas se blesser : on le débouche, on en présente l'ouverture à la flamme d'une bougie, en le tenant d'une main, et à l'instant même, une forte détonnation se fait entendre : ainsi, quoique les molécules de l'air soient mises en vibration par deux causes, les effets semblent se confondre; on n'en-

tend qu'un seul coup, parce qu'aussitôt que l'action de
l'une cesse, celle de l'autre commence.

Si on voulait faire détonner plus d'un demi-litre de
gaz à la fois, on devrait en opérer la détonnation, non
pas dans un flacon de crainte de le briser, mais dans
une dissolution de savon. Pour cela, on fait passer d'a-
bord le mélange dans une vessie munie d'un robinet
auquel on adapte, par le moyen d'un bouchon, un tube
de verre effilé à la lampe; on met ensuite une dissolution de savon assez épaisse dans un mortier de fer ou
de cuivre; on plonge l'extrémité effilée du tube de
verre dans cette dissolution; on comprime légèrement
la vessie; on remplit par là le mortier de bulles; on en
approche une petite bougie allumée, et attachée à l'extrémité d'une longue baguette, et tout à coup, il se
produit une violente détonnation.

87. *État naturel.* — Jusqu'ici, on n'a encore trouvé
l'hydrogène que combiné avec d'autres corps, et particulièrement avec l'oxigène, le carbone et l'azote. Combiné avec l'oxigène et le carbone, il forme la plupart
des matières végétales; combiné avec l'oxigène, le carbone et l'azote, il forme la plupart des matières animales. Combiné avec l'oxigène, il forme l'eau; c'est de
l'eau qu'on l'extrait, parce qu'on l'en retire plus aisément
que des matières végétales ou animales.

88. *Préparation.* — On extrait l'hydrogène de l'eau,
en le mettant en contact avec de l'acide sulfurique et
du zinc en grenaille. (a). Cette opération se fait dans

(a) On trouve une grande quantité d'acide sulfurique dans le
commerce; c'est un liquide lourd et visqueux. On est obligé de préparer soi-même la grenaille de zinc: on l'obtient en faisant fondre
le zinc dans un creuset, et le projetant peu à peu dans l'eau.

un flacon de verre à deux tubulures : un flacon de demi-litre suffit pour se procurer une vingtaine de litres de gaz. On y met environ quatre décilitres d'eau et douze à quinze grammes de zinc ; on adapte à l'une de ses tubulures un tube de verre recourbé, qui plonge dans une cuve presque pleine d'eau sous l'un des entonnoirs de la tablette, ou dans un vase plein d'eau sous un têt troué dans son milieu ; on adapte à l'autre tubulure un tube droit de verre, dont le diamètre doit être de 3 millimètres au moins, et dont la hauteur au-dessus du flacon peut être d'un décimètre au plus ; ce second tube, dont il est bon d'effiler à la lampe l'extrémité inférieure, plonge presque jusqu'au fond du flacon, et est surmonté d'un petit entonnoir. (La *fig.* 1, *pl.* 20, représente cet appareil.) L'appareil étant ainsi disposé, on verse peu à peu de l'acide sulfurique du commerce dans le flacon par ce tube droit, à l'aide du petit entonnoir ; on facilite le mélange de l'acide avec l'eau par l'agitation ; il en résulte tout à coup une effervescence produite par un dégagement de gaz hydrogène ; quand on la juge assez forte, on cesse d'ajouter de l'acide ; on en ajoute de nouveau, quand elle se ralentit trop, et ainsi de suite, jusqu'à ce que tout le zinc soit presqu'entièrement dissous. D'abord, le gaz qui se dégage est un mélange d'air et de gaz hydrogène ; on doit le rejeter : on en rejette ainsi deux à trois litres. Alors, celui qui passe est pur, et doit être recueilli. A cet effet, on dispose un flacon, ou une cloche, ou tout autre vase plein d'eau, au-dessus de l'entonnoir de la cuve (comme on le voit *pl.* 20, *fig.* 1) : le gaz hydrogène étant insoluble dans l'eau, et plus léger qu'elle, la déplace, et ne tarde pas à remplir le vase ; on en met un

second, un troisième, etc. On conserve le gaz hydrogène dans des flacons ou dans des cloches de la même
manière que le gaz oxigène (78).

À défaut de flacons tubulés, on peut employer un
flacon à une seule tubulure, ou bien une fiole, pour se
procurer du gaz hydrogène. On fait même usage de cet appareil dans les laboratoires, toutes les fois qu'on n'a besoin
que de quelques portions de ce gaz. On met d'abord l'eau
et le zinc dans le flacon ; on y verse ensuite de l'acide,
de manière à exciter promptement, à l'aide de l'agitation, une effervescence assez vive ; puis on adapte le
tube recourbé qu'on engage, comme dans l'expérience
précédente, sous des vases pleins d'eau.

On peut aussi remplacer dans les deux expériences
précédentes, la grenaille de zinc par de la tournure de
fer, ou même par du fil, de la limaille, des clous de
fer : mais alors il faut employer une plus grande quantité d'acide, parce que le zinc est plus facile à attaquer
que le fer. Cependant, comme le fer coûte moins que
le zinc, on se sert ordinairement de fer pour remplir
les aérostats de gaz hydrogène. Le gaz, ainsi préparé,
contient toujours un peu de carbone.

On se procure encore quelquefois du gaz hydrogène,
en mettant en contact le fer et l'eau, à une chaleur
rouge. Il sera question de ce procédé à l'article *eau*.

89. *Théorie.* — Pour établir la théorie de ce qui
se passe dans l'opération qu'on vient de décrire, il
faut rechercher quelle est la nature des divers produits que l'on obtient, et la comparer à celle du
zinc, de l'eau et de l'acide sulfurique, d'où ils proviennent. Ces produits sont au nombre de trois : l'un
est le gaz hydrogène dont il a déjà été question ;

le second est un composé triple d'acide sulfurique, d'oxigène et de zinc dont on n'a point encore parlé. Ce composé, tenu en dissolution par l'eau, constitue la liqueur qu'on trouve dans le flacon ; on peut l'obtenir sous forme d'une poudre blanche, cristalline, en faisant chauffer cette liqueur dans une capsule de verre ou de porcelaine, jusqu'à siccité : le troisième produit est une quantité de calorique très-sensible. Quant à la nature du zinc, de l'eau, de l'acide sulfurique, nous l'avons déjà fait connaître : le zinc est un élément ; l'eau est formée d'hydrogène et d'oxigène ; et l'acide sulfurique est formé de soufre et d'oxigène. D'après cela, il est évident que le gaz hydrogène ne peut provenir ni du zinc, ni de l'acide sulfurique, puisqu'ils n'en contiennent pas, et qu'il ne peut provenir que de l'eau : l'eau doit donc être décomposée. Mais si l'hydrogène de l'eau décomposée se dégage, que devient son oxigène ? Il se combine avec le zinc et l'acide sulfurique, et forme le composé triple qu'on trouve en dissolution dans l'eau. A la vérité, on pourrait dire que l'oxigène de ce composé triple provient en partie de l'acide sulfurique ; mais cet oxigène est à l'hydrogène qui se dégage, dans le même rapport que dans l'eau ; et d'ailleurs on retrouve, dans la liqueur, tout l'acide qu'on emploie, ce qui sera prouvé par la suite : d'où il faut conclure que l'action simultanée du zinc et de l'acide sur l'oxigène de l'eau, est plus grande que celle de l'hydrogène. Si on n'employait que du zinc et de l'acide, on n'opérerait pas la décomposition de l'eau ; l'acide ne produirait avec l'eau que de la chaleur (662) ; le zinc n'aurait aucune action sur elle à la température ordinaire.

On vient de voir d'où proviennent les deux premiers produits de l'opération. Voyons maintenant d'où provient le troisième, c'est-à-dire, le calorique dégagé. Il ne peut pas provenir de l'hydrogène, car l'hydrogène, à l'état de gaz, doit contenir plus de calorique qu'à l'état liquide. Probablement il ne vient pas non plus du zinc, qui de solide passe à l'état liquide : il ne peut donc provenir que de l'acide sulfurique et de l'oxigène de l'eau. Il faut admettre que leurs molécules, en se combinant entre elles et avec le zinc, se rapprochent fortement ; et que de-là résulte assez de calorique libre pour faire passer l'hydrogène de l'eau à l'état de gaz, et pour produire une élévation de température très-remarquable. On peut produire par ce moyen plus de 100° de chaleur, non compris celle qui résulte du mélange de l'eau avec l'acide : on le prouve facilement en mêlant d'avance l'eau et l'acide, et en ne les versant sur le zinc qu'après leur retour à la température de l'air ambiant.

*Usages.* — On se sert du gaz hydrogène pour faire l'analyse de l'air, et remplir les ballons aërostatiques.

*Historique.* — Le gaz hydrogène a été découvert au commencement du dix-septième siècle : cependant, on connaissait à peine quelques-unes de ses propriétés, lorsque Cavendisch s'en est occupé. ( *Philos. trans.* LVI, 141.) Ce gaz est ensuite devenu l'objet des recherches d'un grand nombre de chimistes et de physiciens, et a été connu sous le nom d'air inflammable, jusqu'à la création de la nouvelle nomenclature.

## Du Bore.

**90. *Propriétés.*** — Le bore est solide, sans saveur, sans odeur et brun verdâtre. On ne l'a encore obtenu que sous la forme de poudre. Sa pesanteur spécifique n'est point connue ; on sait seulement qu'elle est plus grande que celle de l'eau.

Le bore est infusible ; soumis à un feu de forge, il reste solide et ne change point d'aspect. A la température ordinaire, il ne se combine point avec le gaz oxigène ; mais un peu au-dessous de la chaleur rouge, il s'y combine tout à coup. L'expérience se fait facilement dans une petite cloche de verre, dont l'extrémité supérieure est courbe. (*Pl.* 20, *fig.* 3.) On la remplit de mercure ; on y fait passer du gaz oxigène avec un petit entonnoir, jusqu'a ce qu'elle en soit aux deux tiers pleine ; on y introduit du bore, à travers le mercure, avec une petite pince recourbée et fermée par deux cuillers appliquées l'une contre l'autre ; qu'on éloigne et qu'on rapproche à volonté. (*Pl.* 12, *fig.* 6.) On porte le bore de cette manière, jusque dans la partie courbe de la cloche : on le chauffe avec une lampe à esprit de vin. Bientôt après, le bore absorbe rapidement le gaz oxigène, et le mercure remonte. Les produits de cette combustion sont du calorique, de la lumière, et une combinaison solide de bore et d'oxigène ou de l'acide borique (325). La combustion du bore n'est jamais complète, parce que l'acide borique qui se forme entre en fusion et s'oppose au contact de l'oxigène avec les couches intérieures de bore.

*État naturel.* — On trouve dans la nature le bore, combiné avec l'oxigène ; plus souvent, avec l'oxigène

et la soude, et formant alors le borax du commerce ;
quelquefois, avec l'oxigène et la magnésie.

*Préparation.* — C'est toujours de sa combinaison
avec l'oxigène, ou de l'acide borique, qu'on extrait
le bore, au moyen du potassium et du sodium. On
ne décrira le procédé qu'il faut suivre qu'en traitant
de cet acide (330 et 331).

*Usages et historique.* — Le bore est sans usage :
on ne l'obtient qu'en petite quantité ; on ne le connaît
que depuis 1809 : il a été découvert par MM Gay-
Lussac et Thenard. (Recherches physico-chimiques,
tome 1, page 276.)

## Du Carbone.

91. *Propriétés.* — Le carbone est toujours solide,
sans odeur, sans saveur ; mais la plupart de ses autres
propriétés physiques sont variables. Le plus souvent
il est noir, sans forme régulière, facile à réduire en
poudre ; tel est celui qui provient du bois : alors, il
est difficile d'en déterminer précisément la pesanteur spécifique, parce qu'il est rempli de petites cavités dont
l'air ne s'échappe qu'avec peine.

Quelquefois le carbone est compacte, friable, lui-
sant, et ressemble à la houille ; du reste, il est noir,
et sans forme régulière, comme le précédent. Dans cet
état, les minéralogistes l'appellent *Anthracite.* L'anthracite contient souvent de l'alumine, de la silice et
de l'oxide de fer : il en est, à la vérité, qui n'en contient que très-peu ; l'anthracite d'Allemont, département de l'Isère, est dans ce cas ; on y trouve 0,97 de
carbone ; sa pesanteur spécifique est de 1,8.

Plus rarement, le carbone est cristallisé et si dur,
qu'il raye tous les corps, et n'est rayé par aucun :

alors, il est connu sous le nom de *diamant.* Les diamans sont ordinairement limpides, tantôt sans couleur,
tantôt colorés en gris, en brun, en rose, en bleu clair :
il y en a aussi de jaunâtres et de vert-serin. On en
trouve qui ont huit faces, formant un octaèdre régulier ; d'autres qui en ont 12, d'autres 24, d'autres 48.
La pesanteur spécifique des diamans varie entre 3, 5 et
3, 55 : d'où l'on voit qu'elle est plus grande que celle de
l'anthracite. L'on sait d'ailleurs que celle-ci est plus grande
que celle du charbon de bois. Cette différence de densité
nous permettra d'expliquer pourquoi le gaz oxigène,
et les autres agens chimiques, attaquent moins facilement
le diamant que l'anthracite, et l'anthracite que le charbon
de bois.

*Propriétés chimiques.* — Le charbon soumis à la plus
forte chaleur de nos fourneaux, ne se ramollit point,
et ne diminue point de poids. Ce corps, quelque dense
qu'il soit, brûle dans le gaz oxigène à une température élevée et s'y gazéifie. S'il provient de matières
végétales ou animales, on peut le brûler sur le
mercure, comme le bore, dans une petite cloche
recourbée (90); et alors, soit en poussière, soit en
petits fragmens, il prend feu un peu au - dessous
de la chaleur rouge cerise ; on peut encore en
le faisant rougir à la flamme d'une bougie dans
quelques-uns de ses points, et le plongeant dans un
flacon plein de gaz oxigène. Un fil de fer, dont
l'une des extrémités s'enfonce dans un bouchon, et
dont l'autre est recourbée et terminée en un cercle
sur lequel on place un petit disque de tôle un peu
concave, est très-commode pour faire cette sorte d'expérience. On met le charbon sur le disque, et on en-

fonce le fil de fer et la capsule dans le flacon, jusqu'au bouchon : il faut que le flacon soit à large ouverture ; que le fil soit assez long pour que le bouchon ne s'enflamme pas, et qu'il y ait une petite ouverture par laquelle le gaz, en s'échauffant, puisse se dégager. Dans tous les cas, le charbon, pourvu qu'il soit pur, et que l'oxigène soit en grand excès, brûle avec beaucoup de chaleur et de lumière, s'enflamme sans résidu, et sans former d'autres produits que du gaz acide carbonique : il ne se forme de gaz oxide de carbone qu'autant que le charbon est en excès, et que la température est très-élevée (340). On ne saurait, par tous ces moyens, donner un assez fort coup de feu pour brûler le charbon de l'anthracite et du diamant. Il faut se servir, pour cela, d'un tube de porcelaine : on le fait passer à travers un fourneau à réverbère ; on y introduit le charbon ; on adapte à chacune de ses deux extrémités, au moyen de deux petits tubes de verre, deux vessies, dont l'une est vide et l'autre remplie de gaz oxigène ; ensuite on porte le feu jusqu'à faire rougir le tube ; on ouvre les robinets des deux vessies, et on presse peu à peu sur celle qui contient le gaz oxigène : celui-ci passe à travers le tube, se combine en grande partie avec le charbon, et se rend dans la vessie ; de cette seconde vessie, on le fait passer dans la première, à deux ou trois reprises différentes. Alors, en supposant que le gaz oxigène soit en excès, tout le charbon disparaît, et on obtient pour produit un mélange de gaz acide carbonique et de gaz oxigène. (Voy. *pl.* 23, *fig.* 3. )

Ce qu'il y a de remarquable, c'est que le gaz acide carbonique occupe précisément le même volume que le gaz oxigène qui entre dans sa composition; en sorte qu'un litre de gaz acide carbonique contient un litre de gaz oxigène, et qu'un litre de gaz oxigène peut produire un litre d'acide carbonique, en se combinant avec le carbone.

93. *Absorption des gaz par le charbon et par les corps poreux.* — Fontana est le premier qui ait reconnu que le charbon incandescent, refroidi sans le contact de l'air, avait la propriété d'absorber les différens gaz. MM. Morozzo, Rouppe et Norden ont répété les expériences de Fontana, les ont variées et les ont étendues (Journ. de Physique, T. 58, et Annal. de Chimie, T. 34.) Mais c'est à M. Théodore de Saussure qu'on doit le travail le plus complet et le plus exact qui ait été fait sur cette matière. Jusqu'à lui, on croyait que le charbon était le seul corps qui pût absorber les gaz; il a fait voir que cette propriété appartenait à tous les corps poreux ( Biblio-Britannique, n°s. des mois avril, mai, juin 1812 ). C'est de son Mémoire que nous extrairons presque tout ce que nous allons dire à cet égard.

Tous les corps poreux jouissent d'une propriété bien remarquable: c'est d'absorber une quantité plus ou moins grande d'un gaz quelconque. Cette propriété dépend:

1°. *De la température.* Il paroît que plus la température est basse, et plus l'absorption est grande; il ne se produit aucune absorption à une température voisine de la chaleur rouge: aussi, quand un corps est imprégné d'un gaz, suffit-il, pour dégager celui-ci, d'exposer le corps à l'action de la chaleur.

2°. *De la pression.* — Plus la pression est grande,

et plus les corps poreux absorbent de parties pondérables de gaz : lorsqu'elle est nulle, l'absorption est
nulle elle-même ; de sorte qu'au moyen de la machine
pneumatique, on peut dégager, comme par la chaleur,
tout le gaz qu'un corps poreux a absorbé.

3° *De la nature du gaz.* — On a mis un grand
nombre de gaz en contact avec les corps poreux, et
l'on a trouvé que les uns, tels que les gaz ammoniaque,
muriatique, sulfureux, s'absorbaient en grande quantité, et que les autres, tels que les gaz hydrogène et
azote, ne s'absorbaient qu'en petite quantité.

4° *De la nature du corps absorbant.* — La nature du
corps influe aussi sur l'absorption ; car les charbons et
l'écume de mer condensent plus de gaz azote que de
gaz hydrogène, et au contraire les bois condensent plus
de gaz hydrogène que de gaz azote.

5° *Du nombre des pores.* — Les corps pulvérisés absorbent beaucoup moins de gaz que ceux qui ne le sont
pas. Un fragment de 2$^{gram}$,94 de charbon de buis
a absorbé 7$^{fois}$,25 son volume d'air atmosphérique ;
tandis que la même quantité de charbon, réduite en
poudre, et mise d'ailleurs dans les mêmes circonstances, n'en a absorbé que 4$^{fois}$,25 du volume qu'il
occupait avant la pulvérisation. On ne peut évidemment attribuer cet effet, qu'à ce que le nombre des
pores est moins grand dans le second cas que dans le
premier.

6° *Du diamètre des pores.* — Le diamètre des pores
influe singulièrement sur l'absorption des gaz. En effet,
le charbon de liége, dont la pesanteur spécifique est 0,1,
n'absorbe pas sensiblement d'air ; le charbon de sapin,
dont la pesanteur spécifique est 0,4, en absorbe quatre

fois et demie son volume; celui de buis, dont la pesanteur spécifique est 0, 6, en absorbe sept fois et demie son volume; enfin la houille de *Rastiberg*, dont la pesanteur spécifique est de 1,326, en absorbe dix fois et demie son volume. On pourrait croire, d'après cela, que plus un charbon est dense, et plus il absorbe de gaz; mais c'est ce qui n'a lieu que jusqu'à un certain point. Lorsque les charbons sont trop denses, les gaz ne peuvent plus pénétrer dans leurs pores; tel est le charbon qu'on obtient en faisant passer les huiles essentielles à travers un tube rouge.

7° *Enfin, du vide des pores.* — Plus le vide est exact, et plus l'absorption est grande : en conséquence, il faut chasser l'air et l'eau qui sont contenus dans les pores, soit par la chaleur, soit au moyen de la machine pneumatique.

On peut procéder à l'absorption des gaz par les corps poreux de deux manières : lorsque le corps n'est pas susceptible d'être décomposé par le feu, on le fait rougir; on le plonge rouge dans le mercure, afin que, par le refroidissement, il ne puisse absorber ni l'air, ni l'eau de l'atmosphère; ensuite on le fait passer sous une cloche sèche et pleine elle-même de ce métal; puis l'on fait passer dans la cloche un excès du gaz que l'on veut absorber, et l'on abandonne l'expérience à elle-même pendant 24 à 30 heures : après quoi, mesurant le gaz restant, on en conclut l'absorption.

Mais, lorsque le corps poreux est susceptible d'être décomposé par la chaleur, il faut le purger d'air par la machine pneumatique. A cet effet, l'on se procure une petite platine amovible, munie d'un tuyau et d'un robinet en fer que l'on visse sur l'extrémité du tuyau de la ma-

chine pneumatique ordinaire ; on adapte sur cette platine une petite cloche contenant le corps poreux ; on
fait le vide le plus exactement possible ; ensuite on
ferme le robinet de la machine amovible ; on le plonge
dans le mecure, ainsi que la platine toute entière et
les parois extérieures de la cloche ; on ouvre le robinet, et la cloche se remplit de mercure. Alors, on enlève la platine, et l'on fait l'expérience comme on l'a
dit précédemment.

Les corps poreux que l'on a mis en contact jusqu'ici
avec un certain nombre de gaz, sont les suivans :

Charbon de buis.

Écume de mer d'Espagne.

Schiste happant de Menil-Montant.

Asbeste ligniforme du Tyrol.

Asbeste liége de montagne.

Hydrophane de Saxe.

Quartz de Vauvert.

Carbonate de chaux spongieux ou agaric minéral.

Plâtre solidifié par l'eau.

Bois de coudrier.

     de mûrier.

     de sapin.

Filasse de lin.

Laine.

Soie écrue.

De tous les corps éprouvés jusqu'ici, c'est le charbon
de buis qui jouit de la propriété absorbante au plus
haut degré. Nous ne rapporterons que les résultats
obtenus par M. Th. de Saussure, avec cette sorte de
charbon, à la température de 11 à 13° sous la pression de $0^{met}$,704. Nous renverrons, pour l'absorption

des gaz par les autres corps, au mémoire de M. Th.
de Saussure, imprimé dans les numéros de la Bibliothèque britannique, pour les mois d'avril, mai,
juin 1812.

Une mesure de charbon de buis absorbe
90 mesures de gaz ammoniaque.
85 ............................ acide muriatique.
65 ............................ acide sulfureux.
55 ............................ hydrogène sulfuré.
40 ............................ protoxide d'azote.
35 ............................ acide carbonique.
35 ............................ oléfiant ou hydrogène per-
             carburé.
9,42 ............................ oxide de carbone.
9,25 ............................ oxigène.
7,5 ............................ azote.
5 ............................ hydrogène oxi-carburé.
1,75 ............................ hydrogène.

Tous ces gaz s'absorbent avec un faible dégagement
de calorique; tous peuvent être dégagés par une chaleur
de 100 à 150° : deux seulement éprouvent alors des
altérations remarquables, le gaz oxigène et le protoxide d'azote.

Le gaz oxigène se combine avec le charbon, et
forme du gaz acide carbonique, quoique la température soit très-peu élevée. D'après M. de Saussure, cet
effet a même lieu à la température ordinaire; mais
seulement dans un espace de temps considérable, par
exemple, de plusieurs mois. L'on peut présumer qu'il
est dû à l'influence de la lumière, et qu'il n'aurait
pas lieu dans l'obscurité.

Le protoxide d'azote est en partie décomposé,

car 89 parties de gaz, retirées du charbon imprégné de protoxide d'azote, se sont trouvé formées de douze parties de gaz acide carbonique, et d'une certaine quantité de protoxide d'azote et de gaz azote (*a*).

'Mais de toutes les propriétés dont jouissent les charbons imprégnés de gaz, l'une des plus remarquables est celle qu'ils nous présentent quand ils sont imprégnés d'hydrogène sulfuré, et qu'on les met en contact soit avec l'air, soit avec le gaz oxigène. L'hydrogène sulfuré se détruit en très-peu de temps ; il en résulte de l'eau, du soufre, et un dégagement de calorique assez grand pour que le charbon devienne très-chaud. La combustion de l'hydrogène n'aurait pas lieu s'il était libre, ou s'il n'était pas combiné avec le soufre.

91. *État.* — On ne trouve le carbone pur que dans le diamant. Les diamans nous viennent de l'Inde et du Brésil, et se trouvent toujours dans un sable ferrugineux composé d'argile, de silex et même de cailloux, immédiatement au-dessous de la terre végétale, ou du moins à peu de profondeur. Ceux de l'Inde, connus depuis long-temps, se trouvent dans les royaumes de Golconde et de Visapour. Ceux du Brésil, découverts

(*a*) Pour extraire facilement les gaz du charbon par la chaleur, il faut en produire l'absorption par ce corps dans une petite cloche courbe (*pl.* 20, *fig* 3), et attacher le charbon à l'extrémité d'un fil de fer ; l'absorption étant faite, on remplit la cloche de mercure, en la renversant dans un bain de ce métal : ensuite on la remet dans sa première position ; on chauffe le charbon au moyen d'une petite lampe à esprit de vin, en le maintenant toujours dans la partie courbe de la cloche ; et on le retire promptement au moyen du fil de fer, lorsqu'on juge que tout le gaz est dégagé.

au commencement du dix-septième siècle, se trouvent dans le district de Serra-do-Frio.

L'anthracite pourrait être regardée, jusqu'à un certain point, comme du carbone pur, puisqu'il en est qui, comme celle d'Allemont, ne contient que 0,03 de matières étrangères. Cette substance se trouve dans la terre, sous la forme de couches plus ou moins considérables, et à des profondeurs qui varient. Le plus souvent, on trouve le carbone combiné avec d'autres corps. La plupart des matières végétales et animales ne sont autre chose, les premières, que des combinaisons d'oxigène, d'hydrogène et de carbone; et les secondes, que des combinaisons de ces trois corps et d'azote; c'est presque toujours le principe le plus abondant des unes et des autres : il en est même, telles que les huiles, les graisses, qui contiennent jusqu'à 0,80 de carbone.

Souvent aussi on rencontre le carbone combiné avec l'oxigène et la chaux, ou d'autres substances analogues : la craie, le marbre sont formés de ces trois principes.

On rencontre bien moins souvent le carbone uni à l'oxigène seulement; il existe, en cet état de combinaison, dans l'air et quelques eaux minérales.

Enfin on le trouve dans le sein de la terre, imprégné d'huile, et sous forme de couches considérables; il prend alors le nom de charbon de terre, de houille.

95. *Extraction.* — C'est par des fouilles qu'on extrait de la terre le carbone qu'on y trouve pur ou presque pur : c'est par des procédés chimiques qu'on extrait celui qui est combiné. En général, on n'extrait le carbone que de quelques-unes de ses combinaisons;

savoir, de la résine, du bois et de la houille. Les divers procédés qu'on emploie pour cela sont trop compliqués pour être décrits ici : nous ne les ferons connaître qu'en parlant des matières végétales. Nous nous contenterons de dire que le carbone qui provient de la résine retient de l'hydrogène, et n'est autre chose que du noir de fumée ; que celui qui provient du bois contient de l'hydrogène, et des matières terreuses et salines, et n'est autre chose que le charbon dont on fait usage dans l'économie domestique ; que celui qui provient de la houille ou charbon de terre, n'est autre chose que le *Coack* : enfin, qu'en chauffant très-fortement ces trois espèces de charbon dans un creuset couvert, il paraît qu'on parvient à en volatiliser tout l'hydrogène ; que par conséquent, avec du noir de fumée, on peut se procurer du carbone pur et très-divisé.

*Usages.* — Le carbone pur n'a d'usage qu'à l'état de diamant. La propriété qu'il a sous cet état d'être transparent, de réfracter fortement la lumière, de la décomposer, de briller des plus vives couleurs, sa rareté, sa dureté, son inaltérabilité, le font rechercher comme l'un des ornemens les plus précieux et les plus indestructibles. On ne l'emploie, d'ailleurs, que pour rayer les autres corps, et particulièrement pour couper le verre.

Les usages du carbone impur ou du charbon proprement dit sont, au contraire, très-multipliés : partout on l'emploie comme combustible. On s'en sert dans les usines, non-seulement pour se procurer la chaleur dont on a besoin, mais encore pour extraire les métaux de leurs mines, pour les désoxigéner, et les réduire. Mêlé au soufre et au salpêtre, il constitue la poudre à canon ; incorporé à l'état de noir de fumée avec des corps gras , il forme l'encre d'imprimerie ; il fournit des tons très-chauds à la peinture dans le noir d'ivoire ; en le combinant en petite proportion avec le fer , on obtient l'acier. La propriété dont il jouit d'absorber les gaz, etc., le rend très-propre à prévenir la putréfaction des eaux , des viandes , et même à désinfecter celles qui commencent à se putréfier ; avantage inappréciable pour les voyages maritimes de long cours. D'habiles médecins l'ont même administré comme un puissant anti-putride. Enfin , l'on emploie le charbon avec succès, pour clarifier et décolorer les liquides, pour purifier le miel , et préparer , avec cette substance sucrée , un sirop aussi bon que le sirop de sucre : découvertes dues à Lowitz : ainsi que celles qui sont relatives à la conservation et l'épuration des eaux , etc.

*Historique.* — Le charbon est connu de toute antiquité. Ce n'est que depuis 1781 qu'on sait qu'il contient toujours de l'hydrogène , à moins qu'il n'ait été très-fortement calciné ; de là , la nécessité de donner un nom particulier au charbon ordinaire privé d'hydrogène , et privé d'ailleurs des matières terreuses qu'il contient souvent : on a adopté celui de carbone. Les propriétés du charbon ont été étudiées par un grand nombre de chimistes. Celui qui en a le plus éclairé l'histoire est Lavoisier. C'est lui qui démontra la présence de l'hydrogène dans le charbon ordinaire à l'époque précitée ; c'est également lui qui fit l'importante découverte de la conversion du carbone en acide carbonique pendant la combustion ; enfin , c'est encore lui qui fit les recherches les plus intéressantes sur le diamant.

En effet, Newton, après avoir remarqué que les corps réfractaient d'autant plus la lumière, qu'ils étaient plus combustibles, et que le diamant jouissait d'une grande force réfringente, avait soupçonné sa combustibilité. Les académiciens de Florence, en 1694, avaient rendu cette conjecture très-vraisemblable, en exposant des diamans au foyer d'un miroir ardent, et en observant qu'ils s'y consumaient. Plusieurs chimistes frnçais l'avaient mise hors de doute, en prouvant que les diamans ne perdaient rien de leurs poids lorsqu'on les calcinait sans le contact de l'air, et se dissipaient, au contraire, lorsqu'on les calcinait avec le contact de ce fluide (*a*).

Mais il restait à découvrir quelle était la nature du corps combustible du diamant; et c'est ce que fit en grande partie Lavoisier. Il brûla des diamans en vases clos au moyen de fortes lentilles, et reconnut qu'il se formait de l'acide carbonique dans cette combustion; d'où il conclut que le diamant contenait du carbone, et avait la plus grande analogie avec ce corps combustible. Cependant il fallait faire de nouvelles expériences pour démontrer que le diamant n'était que du carbone, parce que Lavoisier n'avait pas prouvé que, dans la combustion du diamant, il ne se formait que de l'acide carbonique. Ces nouvelles expériences ont été faites successivement par M. Smithson-Tennant, M. Guyton-de-Morveau et MM. Allen et Pepis. M. Tennant brûla le diamant dans un tube d'or par le nitre (Transac. phyloso. 1797). M. Guyton le brûla au moyen d'une forte

---

(*a*). On trouvera dans le premier volume du Dictionnaire de Macquer, l'histoire très-détaillée des recherches qui ont été faites sur le diamant, jusqu'en 1778.

lentille sur le mercure, et dans des vases pleins de gaz oxigène. ( Annales de chimie, tom. 31.) MM. Allen et Pepis en opérèrent la combustion, à l'aide du gaz oxigène, dans des tubes de platine. (Biblioth. Brit., décembre 1807.) Il suit de ces dernières recherches, que cent parties de gaz acide carbonique sont formées de 28,60 de charbon fortement calciné, ou de diamant, et de 71,40 d'oxigène (347).

### Du Phosphore.

96. *Propriétés physiques.* — Le phosphore est solide, flexible et légèrement mou. On le coupe facilement avec un couteau, on le raie même sans peine avec l'ongle. Il a une odeur très sensible qui rappelle celle de l'hydrogène ou de l'arsenic ; il paraît qu'il n'a pas de saveur ; tantôt il est transparent et sans couleur, tantôt demi-transparent comme la corne, tantôt noir et opaque. ( Voy. pourquoi, à l'article des propriétés chimiques.) Sa pesanteur spécifique est de 1,770.

97. Le phosphore entre en fusion à 43°. Si on l'expose à une chaleur de 60° ou plus, et qu'on le fasse refroidir subitement, il devient noir ; si on le laisse refroidir très-lentement, il reste transparent et sans couleur : par un refroidissement modéré, on l'obtient demi-transparent. On vérifie facilement ces résultats de la manière suivante. S'agit-il d'obtenir du phosphore noir ; on le fond dans de l'eau à 60° ou 65° ; on aspire d'abord un peu d'eau, puis un peu de phosphore dans un tube de verre ; on ferme avec la langue l'extrémité supérieure du tube, jusqu'à ce qu'en le soulevant, on en ait fermé l'extrémité inférieure avec le doigt ; alors on l'enlève, et on le plonge dans de l'eau froide, ou bien alternativement dans l'eau froide et dans l'air. Veut-on

obtenir du phosphore transparent et incolore ; on le
fond dans de l'eau à 45 à 50° au plus ; si elle était à
plus de 45 à 50°, il faudrait attendre qu'elle y fût revenue ; alors on moulerait le phosphore comme il
vient d'être dit, et on le laisserait refroidir dans l'air.
Ces divers aspects ne peuvent être attribués qu'à ce
que les molécules du phosphore s'arrangent dans le
premier cas, autrement que dans le second ; d'où résulte de la part de ce corps une manière différente d'agir
sur le fluide lumineux : aussi, au moment où le phosphore de liquide et d'incolore devient solide et noir, il
y a un mouvement brusque, une secousse très-distincte
qui ne se fait nullement sentir quand le phosphore reste
transparent. A un certain nombre de degrés au-dessus de
l'eau bouillante, le phosphore bout et se volatilise. Cette
expérience peut être faite en petit dans une cloche recourbée (*pl.* 20, *fig.* 3). On remplit la cloche de mercure ; on la remplit ensuite à moitié de gaz hydrogène ;
on y introduit du phosphore desséché avec du papier
joseph ; on le porte, avec une tige de fer, jusque dans
la partie courbe de la cloche, et on le chauffe avec la
lampe à esprit de vin : il fond, entre en ébullition,
et se volatilise tout entier. On se sert de cette propriété pour le purifier. Alors on opère dans une
cornue (788).

98. Le phosphore à l'état solide ne se combine point
avec le gaz oxigène, si ce n'est à une chaleur voisine
de celle qui le fait entrer en fusion : mais à l'état liquide, il se combine rapidement avec ce gaz, *Expérience* : On remplit de mercure une petite cloche
de verre, longue et étroite ; on y introduit environ
deux grammes de phosphore desséché avec du papier
joseph ; ce corps étant beaucoup plus léger que le mer-

cure, arrive promptement au haut de la cloche; on le fond à la lampe à esprit-de-vin, ou bien avec des charbons rouges; alors on fait passer du gaz oxigène bulle à bulle dans la cloche, au moyen d'un flacon qui en est plein. Aussitôt que ce gaz touche le phosphore, il est solidifié tout entier : il se dégage beaucoup de calorique et tant de lumière, que l'œil ne la reçoit qu'avec peine; ces fluides ne proviennent sans doute que du gaz oxigène. Le composé qui se forme est de l'acide phophorique. On en examinera les différentes propriétés sous le numéro (348).

Comme le phosphore a une grande action sur l'air, on est obligé de le conserver dans des vases qui ne contiennent aucune portion de ce fluide élastique : pour cela, on se sert d'eau bouillie et refroidie sans le contact de l'air; à cet effet, on met de l'eau dans une bassine avec des flacons à l'émeri; on porte l'eau à l'ébullition; on la maintient à ce degré de chaleur pendant 7 à 8 minutes; on retire les flacons pleins d'eau; on les bouche : quand ils sont froids, on les remplit de phosphore; on les bouche de nouveau et on les place dans un lieu obscur.

99. *État naturel.* — On n'a point encore trouvé le phosphore pur. Il est toujours combiné soit avec l'oxigène et quelques oxides métalliques; soit avec l'oxigène, le carbone et l'azote. Combiné avec l'oxigène et la chaux ou l'oxide de calcium, il forme la base solide des os des animaux (787). Combiné avec l'oxigène, le carbone et l'azote, il forme la laitance de carpe, et une partie de la matière cérébrale et des nerfs.

*Extraction et usages.* — On s'en sert pour analyser l'air et pour faire des briquets phosphoriques. On l'emploie en médecine comme un puissant aphrodisiaque.

100. *Historique.* —Brandt, alchimiste de Hambourg, découvrit le phosphore en 1669, en cherchant dans l'urine humaine un liquide susceptible de changer l'argent en or. Il remit un échantillon de ce nouveau corps à Kunkel, chimiste allemand, qui s'empressa d'en instruire son ami Kraft, de Dresde. Kraft trouva ce corps si merveilleux, qu'il se rendit de suite à Hambourg, et acheta le secret de Brandt, moyennant 200 dolards, sous la condition qu'il ne le révélerait point à d'autres. Kunkel, désirant se procurer ce secret, et voyant que Kraft ne voulait point le lui communiquer, entreprit de le découvrir par la voie de l'expérience, et y parvint en 1674. Cependant la préparation du phosphore demeura cachée jusqu'en 1737, époque à laquelle un étranger, s'étant rendu à Paris, l'exécuta en présence de quatre commissaires nommés par l'académie, Hellot, Duffay, Geoffroi et Duhamel. Ce fut alors qu'elle fut rendue publique. Hellot la décrivit, avec détail, dans les mémoires de l'académie pour l'année 1737, et on la répéta dans les cours de chimie de la même année ; elle consistait à faire évaporer à siccité l'urine putréfiée, à laver avec de l'eau le résidu chauffé au rouge, à le faire sécher, et à le chauffer ensuite fortement dans une cornue de grès.

On se procura ainsi le phosphore pendant long-temps, si ne n'est que, par le conseil de Margraff, on ajoutait un sel de plomb à l'urine épaissie (*a*) ; mais Gahn, chimiste suédois, ayant découvert le phosphore dans

---

(*a*) On verra, lorsqu'on traitera de l'urine, quelle est l'action du sel de plomb.

les os, en 1769, il ne tarda point à trouver, avec
Schéele, un procédé très-avantageux pour en retirer le
phosphore. C'est ce procédé que l'on suit encore aujourd'hui : nous le décrirons par la suite (788).

Aussitôt qu'on put se procurer facilement du phosphore, on s'empressa d'en étudier les propriétés. Les
travaux les plus remarquables qu'on ait fait sur ce corps
sont dus à Pelletier, qui l'a combiné avec le soufre et
presque tous les métaux, etc. (Voy. *Mémoires de Pelletier*), et à Lavoisier qui nous a fait connaître ses
combinaisons avec l'oxigène. ( Voy. les *Mémoires de
Lavoisier.*)

## Du Soufre.

101. *Propriétés physiques.* — Le soufre est solide,
jaune-citron, très-friable ; un petit choc suffit pour le
briser. Lorsqu'on l'échauffe, en le serrant dans la main,
il craque et souvent se rompt. Sa cassure est luisante.
il est sans saveur ; il n'a pas d'odeur ; il n'en prend que
par le frottement ; sa pesanteur spécifique est de 1,99.

102. *Propriétés chimiques.* — Le soufre exposé à l'action d'une douce chaleur, craque et se brise quelquefois, comme quand on le serre dans la main. Il entre en
fusion à une chaleur de 170°. Si, lorsqu'il est fondu,
on le laisse refroidir, toutes les parties extérieures se
solidifient ; si, alors, on perce la croûte supérieure, et
si on décante les parties intérieures qui sont encore liquides, les parties extérieures qui sont solides présentent une foule de cristaux aiguillés et jaunes, dont la
forme est très-difficile à déterminer (q). Presque tous
les canons de soufre qu'on trouve dans le commerce
sont cristallisés dans le milieu.

Il arrive quelquefois que le soufre en fusion s'épaissit, devient rouge-hyacinte, et reste mou, même après son refroidissement. On croit que, dans ce cas, il se combine avec une portion de l'oxigène de l'air.

Lorsqu'on soumet le soufre à une chaleur convenable, il se gazéifie à la manière de l'eau. On peut très-bien faire cette expérience dans une cornue de verre : on la remplit aux trois quarts de soufre ; on y adapte une allonge, dont l'extrémité plonge dans une capsule ou dans une terrine ; on dispose cette cornue à feu nu, sur un fourneau muni de son laboratoire ; on la chauffe peu à peu ; le soufre fond, devient limpide, bout et se réduit en gaz bien au-dessous de la chaleur rouge : ce gaz se condense, dans le col de la cornue, en un liquide qui coule dans l'allonge, et de là dans la capsule où il se fige, et cristallise confusément.

103. Le gaz oxigène n'a aucune action sur le soufre à la température ordinaire ; mais il en a une très-grande sur ce corps à une température élevée. *Expérience :* On remplit de mercure une petite cloche de verre courbe (*pl.* 20, *fig.* 3) ; ensuite on remplit de gaz oxigène les deux tiers de sa capacité environ ; on y introduit un petit fragment de soufre, et on le porte jusque dans la partie courbe de la cloche, avec une tige de fer dont on a applati l'extrémité : cela étant fait, on chauffe le soufre avec la lampe à esprit-de-vin ; presqu'aussitôt qu'il est fondu, une vive combustion a lieu ; il y a un grand dégagement de calorique et de lumière, formation d'un composé gazeux d'oxigène et de soufre ou de gaz acide sulfureux, et une forte répulsion de la colonne de mercure. Peu à peu le gaz revient à sa température primitive ; on le mesure, et l'on trouve qu'il a légère-

ment diminué de volume ; d'où l'on conclut qu'en se combinant avec le soufre, le gaz oxigène éprouve une condensation très-remarquable, puisque le composé qui résulte de cette combinaison contient plus que son volume de gaz oxigène.

Il ne faut brûler que quelques centigrammes de soufre à la fois, car l'expansion subite du gaz pourrait être assez grande pour briser la cloche.

Lorsque le gaz oxigène est en grand excès, tout le soufre est gazéifié.

Il est évident que tout le calorique et toute la lumière qui se dégagent dans la combustion du soufre, proviennent du gaz oxigène.

On ne connaît point encore la quantité de glace que le soufre peut fondre, en se combinant avec le gaz oxigène.

104. *État naturel.* — On trouve le soufre tantôt natif, tantôt combiné.

1° *Soufre natif.* — Quelquefois il est cristallisé en octaèdre ; parmi les cristaux octaédriques de soufre, on en trouve qui sont parfaitement transparens : le plus souvent, il est en masses translucides ou opaques ; plusieurs de celles-ci sont rayonnées et blanchâtres : souvent il est disséminé en petits fragmens dans différentes espèces de pierres : souvent aussi il est en poussière fine ; il en existe beaucoup, sous cet état, aux environs des volcans.

Le soufre natif se rencontre particulièrement aux environs des volcans, ou dans des terrains qui ont été volcanisés. Cependant il en existe d'assez grandes quantités dans plusieurs terrains de sédimens, c'est-à-dire, dans des terrains qui proviennent de dépôts formés successivement par les eaux ; tel est celui de Val , de Noto et de Mazzara en Sicile. Ce soufre forme des bancs horizontaux, qui ont depuis 6 décimètres jusqu'à 10 mètres d'épaisseur : c'est là surtout qu'on rencontre de beaux cristaux de soufre, remarquables par leur volume et par leur netteté.

Les soufrières ou mines de soufre natif les plus célèbres sont, 1° celles de la solfatare près de Pouzzol, dans le territoire de Naples, d'où l'Europe tire, depuis Pline, tout le soufre dont elle a besoin ; 2° celles de Sicile ; 3° celles des États de Rome ; 4° celles de l'Islande ; 5° celles de la Guadeloupe ; 6° celles de Quito dans les Cordilières.

2° *Soufre combiné.* — On trouve le soufre combiné avec un grand nombre de métaux, et surtout avec le fer, avec le cuivre, avec le plomb, avec le mercure, avec le zinc, etc. ; on le trouve aussi combiné avec l'oxigène et la chaux, ou autres substances analogues. Le composé triple qu'il forme avec l'oxigène et la chaux n'est autre chose que le plâtre, dont il existe des carrières considérables aux environs de Paris.

Enfin, on le trouve uni à l'hydrogène dans beaucoup d'eaux minérales sulfureuses, etc.

105. *Extraction.* — On extrait le soufre ou des terres avec lesquelles il se trouve mêlé aux environs des volcans, ou des composés qu'il forme avec le fer et avec le cuivre.

On l'extrait à la solfatare, près de Pouzzol, des terres avec lesquelles il est mêlé, par le procédé que nous allons décrire.

On place dix pots de terre cuite, d'environ un mètre de hauteur, de vingt litres de capacité, et renflés

vers le milieu, dans un long fourneau appelé *galère* (a); savoir, 5 d'un côté et 5 de l'autre. On les dispose dans l'épaisseur même des parois de la galère, de
telle manière que leur ventre déborde en dedans et
en dehors, et que leur partie supérieure sorte à travers
la surface du dôme : on les remplit de morceaux
de mine de la grosseur du poing; on les recouvre
d'un couvercle en terre, et on adapte à une ouverture pratiquée à leur partie supérieure et latérale, un
tuyau d'environ quatre centimètres de diamètre, qui se
rend en s'inclinant dans un autre pot couvert, percé
par son fond et situé au-dessus d'une tinette en bois pleine
d'eau. On chauffe; bientôt le soufre fond, se boursouffle,
se sublime, et tombe, sous forme liquide, dans la tinette où il se fige. Cette opération étant terminée,
on retire le résidu, on remplit les creusets de nouvelle
mine, et on procède à une seconde opération.

Le soufre ainsi obtenu est connu sous le nom de
soufre brut : il n'est point pur, et contient environ $\frac{1}{12}$ de son poids de matière terreuse qu'il a en-
traînée en se boursoufflant. Autrefois on purifiait le
soufre brut, en le fondant dans une chaudière de fonte,
et le tenant en fusion jusqu'à ce que les matières

(a) On appelle galère, un fourneau long, ordinairement en
briques, qui a la forme d'un prisme rectangulaire d'environ 3 à 4
mètres de longueur, 9 à 12 décimètres de largeur, et 7 à 9 décimètres de hauteur, et qui est terminé supérieurement par un demi-
cylindre qu'on appelle dôme. A l'une de ses extrémités est une porte
par laquelle on introduit le combustible; à l'autre est une cheminée
plus ou moins élevée. La galère dont il s'agit ici a 22 décimètres de
long, sur 7 décimètres et demi de haut, et 5 décimètres intérieurement d'une paroi à l'autre.

qui l'altéraient fussent déposées : alors, on le puisait avec une cuiller à projection, et on le coulait en cylindres. Mais non-seulement ce procédé ne débarrassait point le soufre de toutes ses impuretés, mais encore il en résultait une perte assez considérable, due à ce que le dépôt qu'on jetait était très-riche en soufre. Aujourd'hui, on le purifie en le distillant dans une grande chaudière en fonte, surmontée d'un chapiteau en maçonnerie, qui communique par une ouverture avec une chambre latérale. La chaudière a 27 millim. d'épaisseur, et peut contenir 5 à 600 kilog. de soufre ; elle ne résiste à l'action du soufre que pendant quatre à cinq mois ; elle est placée sur un fourneau tirant bien. Indépendamment de l'ouverture qui communique avec la chambre, le chapiteau en présente une autre qu'on bouche et ferme à volonté, par laquelle on charge la chaudière et l'on retire le résidu à la fin de chaque distillation. Quant à la chambre, elle est en maçonnerie et varie en grandeur : on établit une soupape sur la voûte pour laisser dégager l'air raréfié, et un conduit à fleur du sol pour porter le soufre liquide au dehors, où on le reçoit dans des moules en bois.

On peut faire à volonté, au moyen de cet appareil, du soufre en masse ou de la fleur de soufre.

Si l'on distille 100 kilog. de soufre par heure dans une chambre de 64 mèt. cubes, on obtiendra du soufre en masse ; si la chambre est quintuple, et si on suspend l'opération pendant la nuit, on obtiendra de la fleur. C'est que, dans le premier cas, le soufre en vapeur se condensera dans la chambre au point seulement de devenir liquide; au lieu que, dans le second, il s'y solidifiera, et donnera lieu à une poudre extrêmement tenue. Dans celui-ci, on ne le retirera que par une porte que l'on tient fermée pendant toute l'opération ; dans l'autre, il coulera lui-même de la chambre, par le conduit à fleur du sol, dans des moules en bois de sapin, mouillés et égouttés, où il prendra la forme de cylindres : on le verse dans le commerce sous cette forme, et on l'y connaît sous le nom de soufre en canon.

Nous ne parlerons de l'extraction du soufre des pyrites, qu'en traitant de l'exploitation des mines, et particulièrement de l'exploitation des mines de cuivre.

*Usages et historique.* — Le bas prix du soufre, et la propriété qu'il a de s'enflammer facilement, font qu'on l'emploie pour soufrer les allumettes ; mêlé au nitre et au charbon, il constitue la poudre à canon. C'est en faisant brûler le soufre, et exposant la soie à l'action de l'acide sulfureux qui se forme, qu'on la blanchit ; on s'en sert pour faire presque tout l'acide sulfurique qu'on emploie dans les arts ; combiné et sublimé avec le mercure, il forme le cinnabre ; on l'unit à l'oxigène et au cuivre, pour faire le deuto-sulfate de cuivre ; en le fondant dans un creuset avec la potasse, on obtient ce qu'on appelle foie de soufre (deutoxide de potassium sulfuré) ; quelquefois on l'emploie pour sceller le fer dans la pierre ; enfin, on en fait usage en médecine, à l'extérieur contre les maladies de la peau, et à l'intérieur spécialement contre les maladies du poumon. On ne connaît point l'époque à laquelle le soufre a été découvert.

## De l'Azote.

106. *Propriétés.* — L'azote pur est toujours à l'état de gaz : il est sans couleur, sans odeur, sans saveur ; il éteint les corps en combustion : sa pesanteur spécifique est de 0,96913.

*Extraction.* — Le gaz azote n'est que dilaté par le calorique ; soit à froid, soit à chaud, il ne se combine point avec le gaz oxigène. Cependant on sait qu'il existe des combinaisons d'oxigène et d'azote ; mais c'est en employant des moyens dont il sera question par la suite (893), qu'on parvient à les faire : ainsi le gaz oxigène et le gaz azote mis en contact, n'éprouvent point de contraction ; ils ne peuvent tout au plus que se mêler. Leur mélange a lieu en toutes proportions : l'un de ces mélanges, fait avec 79 parties de gaz azote et 21 de gaz oxigène, plus un peu de vapeur d'eau, et de gaz acide carbonique, n'est autre chose que l'air atmosphérique.

*État naturel.* — L'azote est un des principes constituans de l'air atmosphérique ; il en forme les 0,79. On le trouve uni avec l'hydrogène, l'oxigène et le carbone, dans plusieurs matières végétales, et dans la plupart des matières animales. Combiné avec l'oxigène et la potasse, ou la chaux, ou la magnésie, il constitue les nitrates de potasse ou de chaux, ou de magnésie, qui existent dans les lieux humides et exposés aux exhalaisons animales.

*Extraction.* — On extrait le gaz azote de l'air atmosphérique (125).

*Usages et historique.* — Les usages de l'azote sont très-peu multipliés. On conserve dans le gaz azote certains corps qui sont altérés par l'air : tels sont le potassium et le sodium. On s'en sert encore pour remplir des vases dans lesquels on veut faire agir des corps les uns sur les autres sans le contact de l'air. Ce gaz a été découvert par Lavoisier en 1773, et étudié depuis par tous les chimistes.

### DE L'AIR ATMOSPHÉRIQUE.

107. Supposons qu'il n'y ait ni force attractive, ni force répulsive, que tous les élémens du globe soient mêlés, et dans cet état de chose, que l'attraction et le calorique soient créés; tout à coup, les divers élémens réagiront les uns sur les autres, et tendront à se combiner. Trois sortes de corps prendront naissance : les uns seront solides, les autres liquides et les autres gazeux. Les solides occuperont le centre du globe; les liquides en occuperont la surface et en rempliront les fissures ; ceux qui sont gazeux formeront autour des précédens une couche plus ou moins épaisse ; cette couche ne sera autre chose que ce que nous désignons sous le nom d'atmosphère, et le fluide qui la composera sera le fluide ou air atmosphérique. D'après cela, l'air atmosphérique doit donc contenir tous les corps qui ont la propriété d'être à l'état de gaz à la température ordinaire, excepté ceux qui peuvent être rendus solides en entrant dans quelques combinaisons.

108. *Propriétés physiques.*— L'air atmosphérique est transparent, invisible, sans odeur, sans saveur, pesant, compressible et parfaitement élastique. Il forme autour de la terre une couche dont la hauteur paraît être

d'environ 15 à 16 lieues. La transparence, l'invisibilité
de l'air, etc., sont connues de tout le monde.

109. *Pesanteur de l'air.* — La pesanteur de l'air,
soupçonnée par quelques philosophes anciens, mais
ensuite niée généralement, fut découverte par Galilée
en 1640, et mise hors de doute par Toricelli et Paschal.
Galilée fit cette importante découverte, en pesant successivement le même vase plein d'air non comprimé
et plein d'air comprimé. Le poids du vase étant
moindre dans le premier cas que dans le second,
il en conclut que l'air était pesant. Cette expérience
eût suffi, sans doute, pour convaincre les esprits justes
et éclairés ; mais elle n'eût point convaincu la multitude, du moins de long-temps. Le hasard mit bientôt
Toricelli à même d'en faire une qui, répétée et variée
par Paschal, ne laissa rien à désirer. Des fontainiers de
Florence, ayant voulu élever de l'eau dans des corps
de pompe à plus de $10^{\text{mèt}},4$, consultèrent Galilée sur
l'impossibilité où ils étaient d'y parvenir. On expliquait
alors l'ascension de l'eau dans les corps de pompe, en
disant que la nature avait horreur du vide. Cette explication devait paraître absurde, surtout à Galilée, qui
savait que l'air était pesant. Cependant diverses personnes prétendent que ce grand physicien répondit
dans l'instant, que c'était parce que la nature n'avait
horreur du vide que jusqu'à $10^{\text{mèt}},4$ ; que l'eau ne s'élevait pas à une plus grande hauteur. Quoi qu'il en soit,
Toricelli, son disciple, réfléchissant sur le phénomène, ne tarda point à en trouver la cause. Il pensa
qu'il était dû à la pression de l'air, et que cette pression
ne pouvait faire équilibre qu'à une colonne de
$10^{\text{mèt}},4$ d'eau. Pour le démontrer, Toricelli fit l'expé-

rience suivante, qui date de 1643. Il prit un tube de verre de 80 et quelques centimètres de long, le scella hermétiquement à l'une de ses extrémités, et le remplit de mercure ; ensuite l'ayant fermé avec le doigt à l'autre extrémité, et l'ayant renversé, il le plongea dans un bain de mercure et le déboucha. Tout à coup le mercure descendit jusqu'à un certain point, remonta, oscilla pendant quelque temps, et se fixa à 76 centimètres au-dessus de la surface du bain. Alors observant que le mercure s'elevait $13^{fois},568$ moins que l'eau, mais qu'il était $13^{fois},568$ plus pesant que l'eau, il ne douta plus que la cause qui produisait l'élévation de l'eau ne fût la même que celle qui produisait l'élévation du mercure, et ne fût autre chose que la pesanteur de l'air.

Il s'en suivait que le mercure et l'eau devaient moins s'élever au-dessus de leur niveau, sur la cime qu'au pied des montagnes, puisque, dans le premier cas, la couche d'air comprimante était moindre que dans le deuxième. Cette conséquence n'échappa point à Paschal : aussi, après avoir répété l'expérience de Toricelli dans les mêmes circonstances où lui-même l'avait faite, il pria son ami Perrier de la répéter sur le Puy-de-Dôme ; elle eut tout le succès qu'il était permis d'en attendre ; la colonne de mercure descendait d'autant plus qu'on s'élevait, et s'élevait d'autant plus qu'on descendait. Ce résultat détruisit jusqu'aux plus légères objections contre la pesanteur de l'air, et l'on fit bientôt du tube de Toricelli l'instrument connu sous le nom de *baromètre*, et dont on se sert pour mesurer cette pesanteur. (Voy. Baromètre, Desc. des Pl.)

La pression de l'air n'est pas toujours la même. A Paris, le baromètre descend quelquefois jusqu'à 70 centimètres; d'autres fois il s'élève jusqu'à 79 cent. : il suit de là que, dans toutes les opérations d'analyse qu'on fait sur les gaz, on doit tenir compte de la pression atmosphérique indiquée par le baromètre, parce que les molécules des gaz étant plus ou moins rapprochées, selon que cette pression est plus ou moins grande, ils pèseront plus ou moins sous un volume déterminé. On va voir dans l'article suivant comment on peut tenir compte de cette pression.

110. *Compressibilité de l'air.* — Les expériences les plus remarquables qu'on ait faites sur la compression de l'air, sont dues à Boyle et à Mariotte : elles prouvent que l'air se resserre en raison des poids dont il est chargé. Nous allons rapporter ces expériences, en même temps que la manière de les faire.

On prend un tube de verre recourbé ABC, ouvert en A et fermé à la lampe en C. On le fixe le long d'une planche P qui doit être adaptée à un pied P', et sur laquelle on trace, à partir du point B, des divisions égales, correspondantes aux branches AB et BC. BC doit être d'environ 32 centim. et d'un diamètre partout égal. AB peut avoir 25 décimètres; son diamètre est à peu près le même que celui de BC; il n'est pas nécessaire qu'il soit égal partout. On verse d'abord du mercure jusqu'au 0 de l'échelle, de manière que la communication de l'air entre les deux branches BC et AB ne soit pas tout à fait interceptée : ensuite on en verse successivement jusqu'à différentes hauteurs de la branche AB, par exemple, jusqu'à 76 centimètres ou 228 centim., ou bien seulement jusqu'à 38 centimètres, ou 19 centimètres. Voici ce qu'on observe, en supposant que la pression de l'atmosphère soit de 76 centimètres. Dans le premier cas, l'air de la branche AC est réduit à la moitié de son volume ; dans le second, il est réduit au quart ou à 8$^{cent.}$ ; dans le troisième, il est réduit aux deux tiers ou à 21$^{cent.}$,32 ; et dans le quatrième, au $\frac{4}{5}$ ou 25$^{cent.}$,6 : d'où l'on conclut l'existence de la loi reconnue par Boyle et Mariotte ; savoir, que l'air se resserre, ou que le volume qu'il occupe est en raison des poids dont il est chargé ; ou bien, ce qui est la même chose, que le volume qu'il occupe est en raison inverse de la pression à laquelle il est soumis. En effet, lorsque l'air occupe la branche BC toute entière, il n'est comprimé que par le poids de l'atmosphère, égal, par hypothèse, à 76 centim. ; mais lorsqu'il n'occupe plus que la moitié de cette branche, il est comprimé par un poids double, c'est-à-dire, par une colonne de mercure de 76 centimètres qu'on a établie dans la branche AB ; plus par l'atmosphère toute entière qui s'appuie sur cette colonne, etc., etc.

Par conséquent, un volume d'air étant donné, il sera facile de savoir ce que deviendra ce volume, si la pression vient à changer ; on l'obtiendra en cherchant le quatrième terme d'une proportion inverse, dont les trois premiers seront formés des nombres qui représentent les deux pressions, et de celui qui représente le volume. Par exemple, supposons qu'on ait 100 décilitres d'air à une pression barométrique de 76 centimètres, et que le baromètre descende à 70 centim. ; pour savoir le volume qu'occuperont ces 100 décilitres d'air sous cette nouvelle pression, on dira
$70 : 76 :: 100 = \frac{7600}{70} = 108^{décil.},57.$

On s'y prendrait de la même manière pour tout autre gaz que l'air atmosphérique, car tous se compriment de la même manière (*a*).

111. L'atmosphère étant pesante, et les gaz étant compressibles comme nous venons de le dire, on voit clairement quel est le degré de pression auquel se trouve soumis un gaz, lorsqu'après l'avoir introduit dans un tube ou un autre vase plein d'un liquide quelconque, on rend le niveau du liquide intérieur, tantôt égal, tantôt inférieur, et tantôt supérieur à celui du liquide extérieur. Si les deux niveaux sont les mêmes, c'est-à-dire, si le liquide contenu dans le tube est à la même hauteur que le liquide dans lequel le tube plonge, le gaz sera comprimé par le poids de l'atmosphère. Si le niveau intérieur est plus élevé que le niveau extérieur, le gaz sera comprimé par le poids de l'atmosphère, moins la partie de ce poids nécessaire pour élever le liquide dans le tube. Si le niveau intérieur est au contraire plus bas que le niveau extérieur, le gaz sera comprimé par le poids de l'atmosphère, plus par la colonne de liquide qui fait la différence des deux niveaux.

De ces observations découle une conséquence importante : c'est qu'en mesurant les gaz, il faut avoir soin de rendre égaux les niveaux extérieur et intérieur, ou bien de tenir compte de la différence qui existe entre l'un et l'autre. On tiendra compte de cette différence, en ayant égard à la densité du liquide. Supposons que la pression atmosphérique fasse équilibre à une colonne de mercure de 76 centimètres; que le liquide soit du

---

(*a*) La température influe sur l'ascension du mercure dans le baromètre, puisqu'elle fait sans cesse varier la densité de ce métal. On doit donc en tenir compte dans la mesure de la pression de l'air par le baromètre. (Voy. la note *b*, page 182.)

mercure, et s'élève de 7 centimètres au-dessus de son niveau, le gaz ne sera comprimé que par 76 centimèt. de mercure—7=69 ; mais si le liquide était de l'eau, comme celle-ci est 13,568 moins pesante que le mercure, le gaz serait alors comprimé par 76 centimètres de mercure—$\frac{7}{13,568}$.

112 *Tubes de sûreté*. — D'après ce que nous venons de dire, on concevra facilement la théorie des tubes de sûreté ; soit une cornue C (*pl.* 21, *fig.* 1re) pleine d'un gaz quelconque, au col de laquelle on ait adapté un tube DD' plongeant dans l'eau; si on expose cette cornue à l'action de la chaleur, le gaz qu'elle contient pressant plus que l'air atmosphérique sur le liquide *ee'*, à l'extrémité D' du tube DD', se dilatera et se dégagera, par cette extrémité, à travers le liquide même, jusqu'à ce que la pression intérieure et extérieure soit en équilibre. Si ensuite on laisse refroidir la cornue, la pression exercée intérieurement par le gaz devenant moindre que celle de l'air, l'eau remontera par le tube D'D dans la cornue, jusqu'à ce que les pressions intérieure et extérieure se fassent de nouveau équilibre : on dit alors qu'il y a absorption.

Mais, supposons qu'au lieu d'un tube ordinaire DD', l'on adapte à la cornue un tube semblable à celui qu'on voit (*pl.* 21, *fig.* 2), dont la boule *b* soit à moitié remplie d'eau; il est évident que dans le cas où le gaz intérieur se condensera, l'eau ne pourra s'élever dans la branche CC' du tube AC, au-dessus de son niveau EE, que d'une quantité égale à sa hauteur dans la branche dd' : en effet, en raison de la forme du tube, l'air, par sa pression, fera descendre autant l'eau dans la branche dd' qu'il l'élèvera dans la branche CC'. Or, lorsque la co-

lonne d'eau dd' aura été repoussée jusqu'en d', l'air parvenu en d', en vertu de sa légèreté spécifique, passera sous
forme de bulles, à travers l'eau de la boule *b*, rentrera
dans la cornue par la branche bb', et s'opposera continuellement à l'ascension ultérieure de l'eau dans la
branche CC'; de sorte que l'eau, dans cette branche, ne
dépassera pas le point g qui est à la même distance du
niveau EE, que le point d' l'est du point *d*.

Cette sorte de tube empêchera donc l'absorption d'a-
voir lieu : c'est pourquoi on l'appelle tube de sûreté.

Les tubes de sûreté n'ont pas toujours la forme de
celui-ci : il en existe de droits. Soit l'appareil *pl.*21,*fig.*3,
composé d'une cornue A pleine d'air, d'un flacon B à
trois tubulures, contenant de l'eau jusqu'en CC, et communiquant d'une part à la cornue par le tube DD', et de
l'autre avec un vase E plein d'eau par le tube GG'; si,
après avoir chauffé la cornue, et en avoir chassé une
certaine quantité d'air par l'extrémité du tube GG', on la
laisse refroidir, il est évident qu'à mesure que l'air
qu'elle contient se condensera, l'eau du vase E montera
par le tube GG', et parviendra jusque dans le flacon B :
mais si l'on adapte à la troisième tubulure de ce flacon,
(*fig.*4), un tube droit II', qu'on fasse plonger de quelques
millim. dans l'eau qu'il contient, l'absorption ne pourra
plus avoir lieu, car l'air rentrera par le tube II', comme
si ce tube était à boule. Supposons que le tube II'
plonge de 6 mill. dans l'eau, celle-ci ne pourra s'élever
que de cette quantité au-dessus de son niveau dans le
tube GG'. Ainsi le tube droit II' est un véritable tube de
sûreté; mais il ne s'oppose qu'à l'absorption de l'eau du
flacon qui le suit dans le flacon auquel il est adapté. En
conséquence, il ne faudrait pas faire plonger le premier
tube DD' dans l'eau du flacon tubulé B.

En effet, si on l'y faisait plonger, cette eau monterait infailliblement dans la cornue ; un tube à boule peut seul s'y opposer (*a*).

On fait très-souvent usage des tubes de sûreté à boule ou de Welter, et des tubes de sûreté droits. On les emploie surtout dans l'appareil de Woulf : cet appareil, au moyen duquel on dissout facilement les gaz dans l'eau, consiste dans une cornue ou dans un ballon suivi de plusieurs flacons communiquant ensemble au moyen de tubes intermédiaires. (*Voy*. Description des Instrumens, article flacon de Woulf.)

113. *Pesanteur spécifique de l'air et des autres gaz.* — La pesanteur spécifique des gaz ne dépend pas seulement de leur nature, elle dépend encore de leur température et de la pression atmosphérique : il faut donc tenir compte de ces deux causes, dans la détermination de cette pesanteur. En général, on obtient la pesanteur spécifique d'un gaz, en pesant un ballon d'une capacité connue, d'abord vide et ensuite plein de ce gaz sec, et en retranchant le premier poids du second : la différence est évidemment le poids du volume du gaz renfermé dans le ballon, pour la pression et la température à laquelle on opère.

On exécute l'opération sur l'air de la manière suivante. On prend un ballon d'environ cinq litres, bien sec et muni d'un robinet (*pl.* 2, *fig.* 4); on le visse avec force sur le tuyau de la platine d'une excellente machine pneumatique ; on ouvre le robinet ; on met la

(*a*) Au lieu de gaz, il vaut mieux mettre de l'éther sulfurique dans la cornue et le faire bouillir, jusqu'à ce que tout l'air des vases soit chassé ; l'absorption est plus marquée ; l'eau s'élance même avec tant de force d'un vase dans un autre, qu'elle le remplit en quelques secondes.

machine en jeu, et l'on continue de la mouvoir jusqu'à
ce que l'éprouvette indique que le vide est fait à
$\frac{1}{2}$ millimètre : alors on ferme le robinet ; on dévisse le
ballon et on le pèse : ensuite, on adapte à la partie supérieure du robinet, par le moyen d'un bouchon troué,
un petit tube recourbé qui, au moyen d'un autre
bouchon, communique avec un tube de 10 à 12 millimètres de diamètre, et de 7 à 8 décimètres de long,
rempli de fragmens de muriate de chaux (*pl.*22, *fig.* 1).

L'appareil étant dans cet état, on tourne doucement
le robinet, de manière à ne l'ouvrir que d'une très-
petite quantité; l'air atmosphérique traverse peu à peu
le tube contenant le muriate de chaux, est desséché par
ce sel, et arrive sec dans le ballon, en produisant un
léger sifflement : on juge que le ballon est plein, lorsque
le sifflement cesse. Cela fait, on attend deux ou trois minutes pour être certain que la température intérieure
du ballon est la même que la température de l'atmosphère ; on la note avec soin sur un thermomètre placé
au-dessus du ballon ; on note également la pression atmosphérique ; on ferme le robinet, on enlève les tubes
qu'on y a adaptés ; on l'essuie ; on pèse le ballon ;
enfin, on retranche, comme nous l'avons dit précédemment, le premier poids du second, et l'on divise la différence par le nombre de litres que contient le ballon :
le quotient donne le poids d'un litre d'air. On trouve
ainsi qu'un litre de ce fluide pèse $1^{gramme},3$oo à la température de 0° sous la pression de $0^{mètre},76$.

Lorsqu'il s'agit de déterminer la pesanteur spécifique de la plupart des autres gaz, on fait subir à ce
procédé les modifications que nous allons indiquer,
et que l'on comprendra facilement au moyen de l'ap-

pareil (*pl.* 22, *fig.* 2). A est une cornue ou tout autre vase d'où se dégage le gaz que l'on veut peser: ce gaz se rend, au moyen du petit tube B, dans le grand tube CC' qui contient du muriate de chaux; en traversant ce tube, il se dépouille de son humidité, et arrive sec par le petit tube recourbé D, sous une cloche E placée sur la planche F de la cuve à mercure G G'; enfin, de cette cloche, dont la capacité est d'environ un litre, et qui est surmontée d'un robinet de fer H, il passe peu à peu dans le ballon I, où l'on a fait le vide, que l'on a pesé avec un grand soin, et dont on ouvre le robinet. Le ballon étant plein de gaz, ce qu'on reconnaît comme dans l'expérience précédente, et le mercure étant au même niveau intérieurement qu'extérieurement, on observe le baromètre et le thermomètre : on ferme le robinet du ballon et de la cloche; on dévisse le ballon; on le pèse de nouveau, et on en conclut la pesanteur spécifique cherchée. Mais, pour donner toute la rigueur possible à l'expérience, 1° on ne doit recueillir le gaz dans la cloche que lorsqu'il est pur, c'est-à-dire, quand tout l'air des vases est chassé; 2° on doit rejeter les premières portions de gaz qu'on fait passer dans la cloche, afin d'entraîner les petites bulles d'air adhérentes à ses parois; 3° on doit visser avec force le ballon sur la cloche; 4° enfin, il est plus commode et plus sûr de faire passer le gaz de la cloche dans le ballon, de temps en temps seulement, que de l'y faire passer continuellement : à cet effet, on ouvre légèrement le robinet H lorsque la cloche est pleine de gaz, et on le ferme lorsque le mercure est presque parvenu à sa partie supérieure.

Enfin, dans le cas où les gaz agissent sur le mercure

et sur le mastic qui lie le robinet à la cloche, on est encore obligé de modifier l'appareil précédent. Au lieu du petit tube D, on adapte à l'extrémité du tube C C' un tube d'environ six millimètres de diamètre ; on le fait plonger au fond d'un flacon de deux à trois litres de capacité, et dont l'ouverture est telle, que ce tube la ferme presque entièrement. Lorsque le flacon est rempli par le gaz qui se dégage de la cornue, l'excédent de ce gaz s'échappe au-dehors, en passant entre les parois du tube et celle du goulot du flacon. On le laisse ainsi se perdre, jusqu'à ce que l'on présume qu'il soit parfaitement pur. Alors, on sépare le flacon du tube, en l'abaissant peu à peu, et on le ferme avec un bouchon à l'émeri. On pèse le flacon dans cet état, et l'on compare son poids avec le poids du même flacon plein d'air, qu'on a déterminé d'avance. On s'assure que le gaz est bien pur en débouchant le flacon dans l'eau : si l'absorption n'est point complète, on en conclut qu'il est mêlé avec un peu d'air dont on doit tenir compte.

Au lieu de déterminer la pesanteur spécifique des gaz qui sont insolubles ou peu solubles dans l'eau, comme nous venons de l'exposer, on peut aussi la déterminer de la manière suivante : on fait le vide dans le ballon à la manière ordinaire, on le pèse, on le visse sur le robinet d'une cloche pleine d'eau, et on fait passer le gaz du vase où on le produit dans cette cloche, et de là dans le ballon. Lorsque celui-ci est plein, on enfonce la cloche dans la cuve, jusqu'à ce que le niveau intérieur et extérieur de l'eau soit le même ; on ferme le robinet, et l'on note la pression et la température ; puis enfin, pesant le ballon, l'on conclut le poids du gaz qu'il renferme. Mais cette manière d'opérer, qui peut paraître plus courte que l'autre, exige des corrections. Il faut tenir compte de la quantité d'eau dont le gaz se trouve saturé, pour la température à laquelle on opère, et de l'augmentation de volume, ou de la diminution de tension qu'elle lui fait éprouver. On tient compte de la quantité d'eau par la méthode que nous exposerons en note (125 *bis*). Quant à la diminution de tension, on l'apprécie en observant que la tension d'un mélange de gaz et de vapeur est égale à la somme des tensions que le gaz et la vapeur auraient, si chacun d'eux occupait l'espace rempli par le mélange. (Dalton.) Par conséquent, si l'on retranche la tension de la vapeur qui varie en raison de la température, de la tension du gaz humide qui est indiquée par le baromètre, l'on aura pour différence la tension du gaz sec, sous le volume, qu'il occupe étant humide. (Voy. article *eau*, qu'elle est la tension de la vapeur depuis 0° jusqu'à 30°). On connaîtra donc la pesanteur spécifique du gaz sec, puisque l'on saura quel sera son volume, le poids de ce volume, sa tension et sa température : son volume sera le même que celui du gaz humide; le poids de ce volume sera celui du gaz humide, moins le poids de la vapeur; sa tension ou sa pression sera celle de l'atmosphère, moins celle de la vapeur; sa température sera la même que la température du gaz humide, c'est-à-dire, celle de l'atmosphère. Il est évident qu'on pourrait faire l'opération inverse, c'est-à-dire, déterminer par le calcul la pesanteur spécifique d'un gaz saturé de vapeur, d'après celle d'un gaz sec. Celle de l'air sec est toujours plus grande que celle de l'air humide, ce qui doit être, puisque la pesanteur spécifique de la vapeur est à celle de l'air comme 10 à 16; la différence entre l'une et l'autre est même d'autant plus grande, que la température est plus élevée, car la tension de la vapeur croît avec la température (40). Ce que nous venons de dire des gaz par rapport à la vapeur d'eau, on peut le dire d'un gaz quelconque par rapport à une vapeur quelconque sur laquelle il n'aura point d'action.

Il n'est pas moins important de connaître la pesanteur spécifique des vapeurs que de connaître celle des gaz ; c'est ce que les physiciens ont senti de tout temps. Néanmoins, on n'avait pu jusqu'ici déterminer que celle de la vapeur d'eau, et encore les résultats auxquels on était parvenu n'étaient-ils pas très-exacts. M. Gay-Lussac vient de faire connaître une méthode qui ne laisse rien à désirer pour la détermination de ces sortes de pesanteurs ; nous l'avons décrite (41) : elle consiste à vaporiser dans une cloche sur le mercure, à une certaine température et sous une certaine pression, une quantité de liquide dont on connaît le poids, par exemple, un gramme, et à mesurer le volume de la vapeur qui se forme. Déjà, M. Gay-Lussac a fait l'application de cette méthode à la détermination de la pesanteur spécifique de quatre vapeurs, de celle de l'eau, de l'alcool, de l'éther et du carbure de soufre. Ayant opéré à la température de l'eau bouillante, sous la pression de $0^{\text{mètre}}$,76, et ayant trouvé qu'un gramme d'eau produisait $1^{\text{litre}}$,698 de vapeur ; qu'un gramme d'alcool en produisait $0^{\text{litre}}$,708 ; un gramme d'éther $0^{\text{litre}}$,442 ; et un gramme de carbure de soufre $0^{\text{litre}}$,397, il en a conclu qu'en prenant la pesanteur spécifique de l'air pour unité (*a*), celle de la vapeur d'eau était

_____

(*a*) Le litre d'air à $0^\circ$ et à la pression de $0^{\text{m}}$,76, pèse $1^{\text{gr}}$,300 ; par conséquent à la même pression, mais à la température de l'eau bouil-

de 0,624, celle de l'alcool de 1,500, celle de l'éther 2,396, celle de carbure de soufre 2,670.

Comme il a employé de l'alcool qui pesait spécifiquement 0,8152 à 9°, et qui bouillait à 79°,7 ; de l'éther qui pesait 0,7365 à 9°, et qui bouillait à 37°,8 ; du carbure de soufre qui bouillait à 45° ; il en a conclu d'ailleurs que la densité des vapeurs n'était en rapport ni avec la volatilité des liquides qui les produisaient, ni avec leur densité. (Ann. de Chim., n° 239, p. 218.) (a).

On trouvera, dans le tableau suivant, la pesanteur spécifique des gaz et des vapeurs comparée à celle de l'air prise pour unité (b).

---

lante, il ne pèse que 0$^{\text{gramme}}$,9454, ce qui s'accorde avec la pesanteur spécifique qu'on vient de rapporter.

(a). De même qu'on compare la pesanteur spécifique des gaz à l'air, de même on compare celle des liquides et solides à l'eau ; ainsi lorsque l'on dit que la pesanteur spécifique de l'esprit de vin est 0°,8152, on suppose que celle de l'eau est égale à l'unité.

(b). Lorsqu'on veut apporter la plus grande précision dans la pesanteur spécifique des gaz, il faut non-seulement prendre toutes les précautions que nous avons indiquées précédemment, mais encore avoir égard à la dilatation du mercure et du verre. D'après Lavoisier et M. Laplace, le mercure se dilate de $\frac{1}{5412}$ de son volume par chaque degré du thermomètre ; si le baromètre était à 0$^{\text{m}}$,76, la température étant 20°, il faudrait donc diminuer $\frac{20}{5412}$ de 0$^{\text{m}}$,76 pour avoir sa hauteur à zéro. D'après les mêmes physiciens, la dilatation du verre est égale à 0,0000087572 pour chaque degré du thermomètre dans le sens d'une seule dimension, et parconséquent de trois fois ce nombre ou de 0,0000262716 dans le sens des trois dimensions ; d'où il suit que si la capacité d'un ballon était de 5$^{\text{litres}}$ à 10°, elle ne serait à 0° que de 5$^{\text{lit.}}$ moins 0$^{\text{lit.}}$,0000262716 multipliés par 10. C'est ordinairement à zéro et à la pression de 0$^{\text{m}}$,76 qu'on rapporte toutes ces observations.

TABLEAU *de la pesanteur spécifique des gaz et de quelques vapeurs, comparée à celle de l'air prise pour unité.*

| SUBSTANCES. | DENSITÉS Déterminées par l'expérience. | DENSITÉS Calculées d'après la proportion des élémens et la contraction de volume, par Gay-Lussac. |
|---|---|---|
| Air atmosphérique . . . . | 1,00000 ⎫ | Gay-Lussac ayant observé que les Gaz se combinaient en volume dans des rapports très-simples, est parti de là pour déterminer la proportion des gaz composés. |
| Gaz oxigène. . . . . . . | 1,10359 ⎪ | |
| Gaz azote . . . . . . . . | 0,96913 ⎬ Biot et Arago. | |
| Gaz hydrogène. . . . . . | 0,07321 ⎪ | |
| Gaz acide carbonique. . . | 1, 5196 ⎭ | |
| Gaz oxide de carbone . . . | 0, 9569 . . Cruikshanks . . . . . | 0,96782 ⎰ En supposant que 100 d'acide carbonique, moins 50 d'oxigène, produisent 100 de gaz oxide de carbone. |
| Protoxide d'azote . . . . | ⎰ 1,61414 . . Davy. ⎱ 1,36293 . . Berthollet . . . . . | 1,52092 ⎰ En supposant la contraction des élémens de tout le volume du gaz oxigène. |
| Deutoxide d'azote. . . . . | 1, 0388 . . Bérard. . . . . . . | 1,03636 ⎰ En supposant la contraction des élémens de la moitié du volume total. |
| Gaz acide nitreux. . . . . | 2,10999 . . Gay-Lussac. | |
| Gaz hydrogène sulfuré . . . | 1,1912 ⎫ | |
| Gaz acide sulfureux. . . . | 2,2553 ⎬ Gay-Lussac et Thenard. | |
| Gaz muriatique oxigéné. . | 2,470 ⎭ . . . . . . . . | 2,468 ⎰ En supposant que la condensation soit la moitié du volume total. |
| Gaz acide muriatique ou gaz hydro-muriatique. . . . | 1,278 . . . Biot et Gay-Lussac. | |
| Gaz ammoniaque. . . . . | 0,59669 . . Biot et Arago. . . . | 0,59438 ⎰ En supposant que la contraction des élémens soit de la moitié du volume total. |
| Gaz éther muriatique . . . | 2,219 . . . (A) Thenard. | |
| Gaz hydrogène per-carboné. | 1,00000 . . Théodore Saussure. | |
| Gaz hydrogène carboné des marais. . . . . . . | 0,5582 . . (B) Berthollet. | |
| Gaz acide carbo-muriatique. | 3,4269 . . (C) John Davy. | |
| Gaz acide muriatique suroxigéné . . . . . . (D) | 2,41744 . . Davy. | |

V A P E U R S.

| | | |
|---|---|---|
| Vapeur d'eau . . . . . . | 0,624 ⎫ | |
| Vapeur alcoolique . . . . | 1,500 ⎬ Gay-Lussac. | |
| Vapeur d'éther sulfurique . | 2,396 ⎪ | |
| Vapeur de carbure de soufre. | 2,670 ⎭ | |

(A) 1° Gaz éther muriatique, ou combinaison de l'acide muriatique avec l'alcool ou ses élémens qui sont l'hydrogène, le carbone et l'oxigène. 2° Gaz ammoniaque ou gaz azote hydrogéné. 3° Gaz hydro-muriatique, ou combinaison de l'acide muriatique avec le tiers de son poids d'eau. 4° Gaz acide nitreux ou gaz acide azoteux.
(B) Abstraction faite de 14 à 15 centièmes d'azote qu'il contient.
(C) Gaz acide carbo-muriatique ou composé, acide formé de parties égales en volume de gaz muriatique oxigéné, et de gaz oxide de carbone.
(D) Outre ces gaz, il en existe plusieurs autres dont la pesanteur spécifique n'a point encore été déterminée; savoir, le gaz azote phosphoré, le gaz fluo-borique, le gaz fluorique silicé, et les gaz hydrogène phosphoré, arseniqué, potassié et telluré.

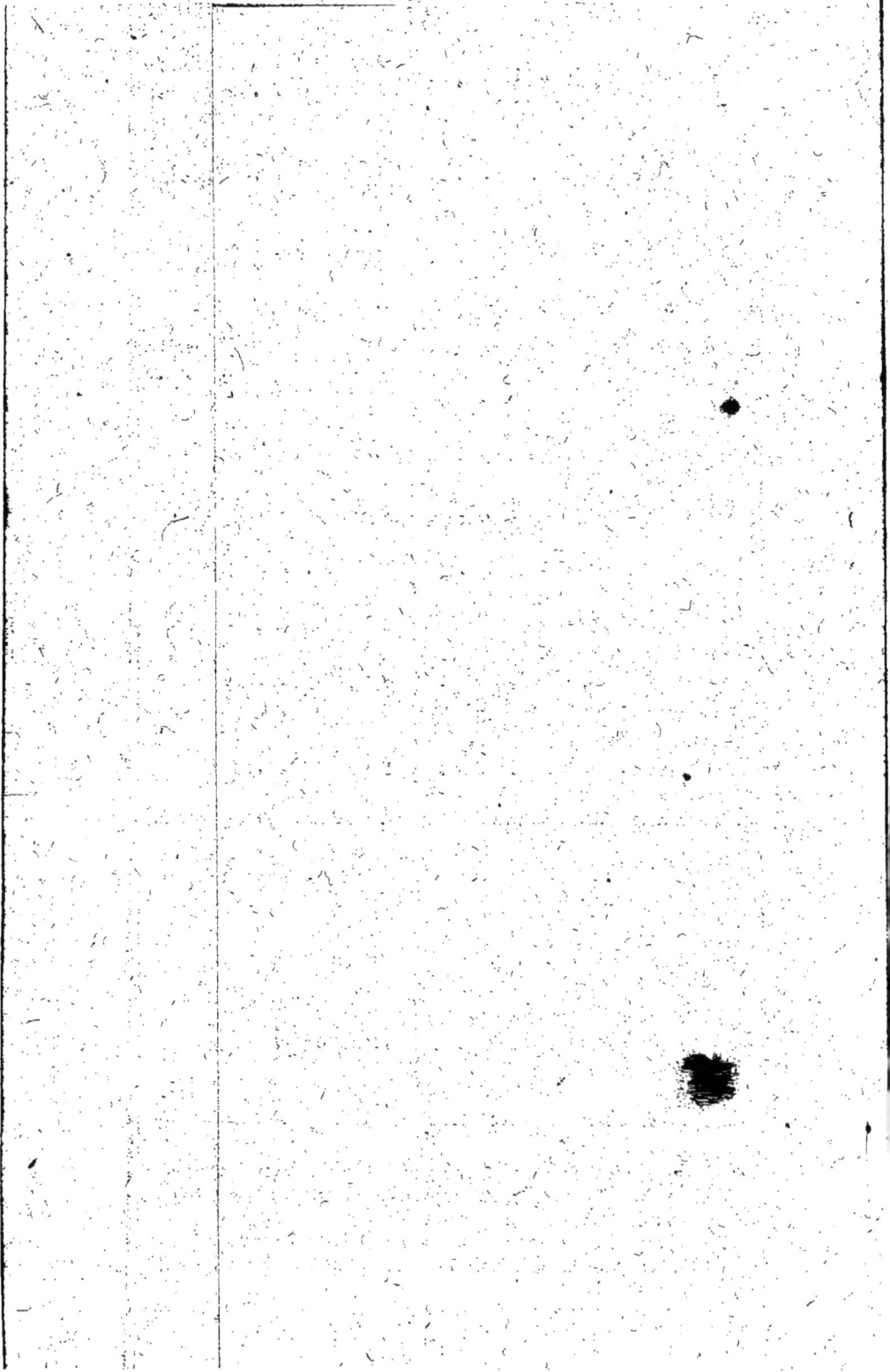

114. *Propriétés chimiques.*—L'air atmosphérique réfracte la lumière en raison de sa densité et de sa nature (*a*). Tous les autres corps sont dans le même cas, d'après les belles observations de Newton. Il paraît qu'à densité égale, l'oxigène est celui qui a le moins de pouvoir réfringent ; qu'un corps combustible en a toujours plus que le corps brûlé, dont il est le radical ; que plus ce corps est combustible, et plus, à quelques exceptions près peut-être, son pouvoir réfringent est considérable ; que celui d'un composé n'est pas proportionnel à celui de ses élémens ; qu'il n'y a que celui des mélanges qui soit dans ce cas ; qu'ainsi le pouvoir réfringent de l'acide carbonique est tout autre que celui de l'oxigène et du carbone qui constituent cet acide, tandis que celui de l'air ne diffère en rien de celui des gaz qui entrent dans sa composition. C'est ce qu'on verra dans le tableau suivant que nous avons extrait du Mémoire de MM. Biot et Arago, sur le pouvoir réfringent des gaz,

---

(*a*) Toutes les fois que l'on fait passer obliquement un rayon de lumière du vide à travers un corps transparent, ce rayon prend une nouvelle direction, et l'on dit alors qu'il se réfracte. Sa nouvelle direction fait avec sa direction primitive un angle d'où l'on déduit la mesure de ce qu'on appelle le pouvoir réfringent du corps. La réfraction est un effet de l'attraction, à distance, de la lumière pour les corps. Concevons un rayon arrivant plus ou moins obliquement sur l'une des surfaces d'un prisme de verre ; supposons que l'attraction du rayon pour la substance vitreuse puisse avoir lieu à trois millimètres, il est évident que le point vitreux sur lequel sa direction tendra à le porter, ne l'attirera pas lorsqu'il commencera à l'être par d'autres points dont il sera nécessairement plus rapproché en raison de son inclinaison. On voit aussi, d'après cela, que si le rayon était perpendiculaire à la surface, il ne se réfracterait point, parce que les forces impulsive et attractive agiraient dans le même sens. (*Voy.* les Ouvrages de Physique. )

Mémoire auquel nous renvoyons ceux qui voudront connaître les moyens très-exacts que ces physiciens ont employés pour le déterminer.

*Pouvoirs réfringens des gaz sous la même densité et comparés à celui de l'air pris pour unité, la température étant à 0° et la pression à 0$_m$,76.*

| | |
|---|---|
| Air atmosphérique.................. | 1.00000 |
| Oxigène......................... | 0.86161 |
| Azote........................... | 1.03408 |
| Hydrogène ...................... | 6.61436 |
| Ammoniaque..................... | 2.16851 |
| Acide carbonique................ | 1.00476 |
| Hydrogène carboné.............. | 2.09270 |
| Hydrogène plus carboné que le précédent. | 1.81860 |
| Gaz hydro-muriatique............ | 1.19625 |
| Gaz éther muriatique (*a*)........ | 1.71344 |

Nous joindrons à ce tableau le pouvoir réfringent de plusieurs liquides ou solides, d'après Newton, en le comparant toujours à celui de l'air.

| | |
|---|---|
| Eau............................ | 1.7225 |
| Alcool bien rectifié............. | 2.2223 |
| Huile d'Olive .................. | 2.7684 |
| Diamant........................ | 3.1961 |
| Gomme arabique ............... | 1.8826 (*b*) |

L'air atmosphérique soumis à l'action de la plus haute chaleur ou du plus grand froid, n'éprouve aucune altération ; il n'en éprouve non plus aucune par

---

(*a*) La réfraction de ce dernier gaz a été déterminée par M. Biot.

(*b*) Newton donne dans son traité d'optique, page 320, le pouvoir réfringent de 18 autres substances.

7

le gaz oxigène : il ne fait absolument que se mêler
avec ce gaz à une température quelconque. Mais il n'est
presque pas de corps combustible qui ne soit susceptible
de l'altérer à une température qui varie pour chacun
d'entre eux. Ce qu'il y a de remarquable, c'est que
tous ceux qui l'altèrent, même les métaux, n'en absorbent que le gaz oxigène et en laissent l'azote
libre. Le phosphore et le carbone sont les seuls qui
fassent exception ; en sorte qu'on obtient les mêmes
produits en traitant les autres corps combustibles par
l'air que par le gaz oxigène, et qu'il n'y a de différence
qu'en ce que la combustion est moins vive. Dans tous
les cas, elle l'est d'autant moins que l'air est plus rare ;
c'est ce qu'on observe en plaçant une bougie allumée
dont la mèche est très-petite, sous un grand récipient
adapté à la machine pneumatique ; à mesure qu'on y
fait le vide, sa flamme pâlit et enfin disparaît. La respiration ne pouvant avoir lieu sans absorption de gaz
oxigène, il s'en suit qu'un animal qu'on placerait dans
les mêmes circonstances, ne tarderait point à périr : on
observerait en même temps, qu'à mesure qu'on ferait le
vide, le sang suinterait à travers les pores de la peau,
par l'effet de la suppression du poids de l'atmosphère.

115. Le gaz hydrogène ne décompose pas l'air à la
température ordinaire : il n'en produit la décomposition
qu'à une chaleur rouge. Dans cette décomposition,
l'oxigène est absorbé ; l'azote reste au contraire à l'état
de gaz : il y a dégagement de calorique et de lumière,
provenant tout à la fois du gaz oxigène et du gaz hydrogène, qui, en se combinant ensemble, forment de l'eau.
On prouve clairement que telle est l'action du gaz hydrogène sur l'air, en faisant détonner dans l'eudio-

mètre à eau et à mercure des mélanges d'air et de gaz
hydrogène, de la même manière que des mélanges de
gaz hydrogène et de gaz oxigène (86). Si le mélange est
de 100 parties d'air et de 100 parties de gaz hydrogène,
on obtient, après la combustion, un résidu de 137 parties de gaz; il y a donc 63 parties de gaz absorbé.
Ces 63 parties proviennent de la combinaison de 21½
d'oxigène, contenues dans les 100 parties d'air, avec
42 parties de gaz hydrogène. En effet, on a vu (86)
que le gaz oxigène se combinait toujours avec le double
de son volume de gaz hydrogène, et qu'il en résultait
de l'eau; et d'ailleurs on peut se convaincre que les
137 parties de résidu sont formées de 79 parties de gaz
azote, et de 58 parties de gaz hydrogène; car en faisant
passer ce résidu dans l'eudiomètre avec assez d'oxigène seulement pour absorber le gaz hydrogène qui s'y
trouve, c'est-à-dire avec 29 parties de gaz oxigène, on
n'obtiendra plus après l'inflammation, qu'environ 79 parties d'un gaz qui jouira des propriétés du gaz azote.

On voit, d'après ce qui précède, 1° qu'on peut déterminer par le gaz hydrogène, la quantité de gaz oxigène et de gaz azote qui entre dans la composition de
l'air : on reviendra sur cette détermination (125 *bis*);
2° que si un flacon est plein d'air et de gaz hydrogène, et
qu'on en approche un corps en combustion, il y aura
détonnation, par la même raison que s'il était plein de
gaz oxigène et de gaz hydrogène (86), c'est-à-dire,
parce qu'il se fera de l'eau qui entrera dans une grande
expansion par le calorique dégagé au moment de la
combinaison, et qui tout à coup se liquéfiera par son
contact avec les corps environnans, d'où résultera une
forte vibration dans les molécules d'air; 3° que si on

remplit une éprouvette de gaz hydrogène, et que si après l'avoir renversée on y plonge une bougie allumée, il doit aussi y avoir détonnation; parce que l'air étant plus pesant que ce gaz, tombe et se mêle en partie avec lui; 4° que si on enflamme le gaz hydrogène sans renverser l'éprouvette qu'il contient, il n'y aura que les couches inférieures de gaz hydrogène qui produiront une légère détonnation, parce qu'elles seules seront mêlées avec l'air; que du reste, en renversant peu à peu la cloche, les autres couches brûleront tranquillement, phénomène qui permet, même dans l'extraction de ce gaz, de reconnaître l'époque à laquelle il passe pur, et ne contient plus, ou du moins presque plus d'air.

116. L'air n'a d'action sur le bore qu'à une chaleur rouge : son oxigène est absorbé, son azote ne l'est point. Il se forme une combinaison solide de bore et d'oxigène ou de l'acide borique (325), et il y a dégagement de calorique et de lumière, provenant de la solidification du gaz oxigène. On fait l'expérience comme celle de la combustion du bore dans le gaz oxigène (90). On peut aussi faire brûler le bore dans l'air, en le projetant dans un creuset rouge; mais alors on ne peut que recueillir la combinaison du bore avec l'oxigène. Dans aucun cas, on ne peut brûler tout le bore sur lequel on opère, à moins que la quantité n'en soit extrêmement petite. C'est pourquoi le produit est de la couleur du bore : il est brun noir.

117. Lorsque l'air est mis en contact à froid avec le carbone, une partie de son oxigène et de son azote est absorbée (93).

Si, au lieu de faire agir à froid le carbone sur l'air, on le fait agir à une température élevée, il brûle et se gazéifie, en se combinant avec l'oxigène de ce fluide. Dans cette combustion, il se dégage du calorique et de la lumière ; il se forme du gaz acide carbonique, s'il y a excès de gaz oxigène ; du gaz oxide de carbone seulement, s'il y a excès de carbone, pourvu toutefois que la température soit élevée, condition sans laquelle il ne se formerait encore que du gaz acide carbonique (91) : le gaz azote reste libre. On peut faire l'expérience dans une petite cloche recourbée, comme celle de la combustion du bore dans le gaz oxigène (90). Pour qu'elle réussisse, il faut employer du carbone très-divisé, par exemple du noir de fumée calciné ; mais en la faisant ainsi, la température ne pouvant être très-élevée à cause de la facile fusion du verre, il ne se produit que du gaz acide carbonique.

118. Quoique le gaz oxigène n'ait aucune action sur le phosphore au-dessous de + 20°, l'air atmosphérique en a une bien remarquable, même au-dessous de zéro, sur ce corps combustible. Lorsqu'on met de l'air en contact avec le phosphore à la température de l'atmosphère, tout le gaz oxigène qu'il contient est absorbé peu à peu ; et il en résulte, 1° de l'acide phosphoreux, qui par lui-même est solide, mais qui se dissout dans l'eau de l'air, paraît, et tombe sous forme de vapeurs ; 2° un dégagement de calorique et de lumière, mais si faible que le thermomètre le plus sensible ne s'élève que de quelques degrés, et qu'on n'aperçoit la lumière que dans l'obscurité ; 3° du gaz azote phosphoré qui occupe le même volume que le gaz azote, et qui ne contient qu'un atôme de phosphore. On s'assure que telle est l'action de l'air sur le phosphore de la manière suivante : On remplit une petite éprouvette de mercure, et

on y fait passer une certaine quantité d'air, par exemple, 200 parties mesurées avec soin, en notant la température et la pression auxquelles on opère ; ensuite on y introduit un cylindre de phosphore et un atôme d'eau, qui en raison de leur moindre pesanteur spécifique que celle du mercure s'élèvent à sa surface (*a*). Bientôt tous les phénomènes dont on vient de parler se présentent. Lorsque au bout de deux à trois heures on n'aperçoit plus de vapeurs dans l'appareil, et que le portant au moyen d'une capsule dans un lieu obscur, on voit que le phosphore n'est plus lumineux, l'opération est terminée. Cependant, pour être certain que tout l'oxigène soit absorbé, il vaut mieux attendre encore quelque temps. Si alors on mesure le résidu en tenant compte des changemens de température et de pression que peut avoir éprouvé l'atmosphère (33 et 110), on trouve qu'il est sensiblement égal à 158 ou 159 parties, et qu'il est formé tout entier de gaz azote phosphoré, pourvu que le phosphore dont on fasse usage soit pur : en l'agitant avec le mercure ou avec un peu de dissolution de potasse, on s'empare de tout le phosphore qu'il contient, et on obtient ainsi du gaz azote pur.

119. Pour expliquer ce qui vient d'être dit, il faut savoir que quand on met le gaz azote en contact avec le phosphore, il se forme du gaz azote phosphoré ; que

_____

(*a*) Il faut mettre un peu d'eau en contact avec le phosphore, parce que, sans cela, la combustion ne tarderait pas à s'arrêter (120).

L'on doit faire l'expérience sur le mercure et non sur l'eau, parce qu'en la faisant sur l'eau, il serait possible qu'il se dégageât de celle-ci une portion de l'azote qu'elle tient en dissolution.

ce gaz ne tient en dissolution qu'un atôme de phosphore, et qu'il ne peut pas être en contact avec du
gaz oxigène, sans qu'il n'en résulte immédiatement de
l'acide phosphoreux. Cela posé, on voit que le gaz
azote doit jouer un rôle intermédiaire dans l'action
de l'air sur le phosphore. Il dissout ce corps combustible, et le cède au gaz oxigène à mesure qu'il en a ainsi
détruit la cohésion; en sorte qu'il ne se forme de gaz
azote phosphoré qu'à la fin de la combustion. Or,
comme à chaque instant il n'y a que très-peu de phosphore dissous, à chaque instant il n'y a qu'un très-
faible dégagement de calorique et de lumière (80); et
comme l'acide phosphoreux a beaucoup d'affinité pour
l'eau, il s'empare de celle que l'air contient, et constitue avec elle un liquide très-acide.

120. Outre les observations qu'on vient de faire sur
la combustion du phosphore dans l'air, il en est encore
une digne de remarque, et qui ne doit pas être passée
sous silence; c'est que l'air n'est complètement décomposé par ce corps qu'autant qu'il est humide, et qu'autant même qu'il est en contact avec l'eau. *Expérience :*
Si l'on fait passer de l'air ordinaire dans une cloche bien
sèche et pleine de mercure, et si après avoir bien desséché un cylindre de phosphore avec du papier joseph,
on le fait passer lui-même dans la cloche, d'abord il y
répandra des vapeurs blanches et y brûlera avec une
lumière très-sensible dans l'obscurité ; mais, peu à peu,
ces effets diminueront à tel point, qu'au bout de
24 heures, l'air contiendra encore beaucoup de gaz
oxigène : alors qu'on fasse passer un peu d'eau dans
l'éprouvette, tout à coup les vapeurs reparaîtront,
le phosphore redeviendra lumineux dans l'obscurité,

enfin bientôt tout le gaz oxigène sera absorbé. Comment agit l'eau ? On est tenté de croire que c'est par elle que s'opère l'union du phosphore et de l'oxigène, et que l'acide phosphoreux n'est autre chose qu'une combinaison d'eau, de phosphore et d'oxigène : mais elle n'agit réellement qu'en dissolvant l'acide phosphoreux qui se forme sans cesse à la surface du phosphore, et qui y resterait appliqué, comme une espèce de vernis, si l'air n'était point humide : elle entraîne donc cet acide à mesure qu'il se forme, et entretient un contact continuel entre le phosphore non brûlé et l'air.
*Expérience :* On a fait sécher deux éprouvettes en les chauffant et en excitant dans leur intérieur un courant d'air avec un soufflet ; on les a remplies toutes deux de mercure bien sec ; dans l'une on a fait passer 3 à 400 parties de gaz azote desséché d'avance ; on y a introduit un cylindre de phosphore qu'on a d'abord essuyé et frotté avec du papier joseph, et qu'on a soutenu au-dessus du mercure avec un tube creux et élargi en forme d'entonnoir à son extrémité supérieure ; puis on y a mis 12 à 15 grammes de muriate de chaux récemment fondu par le feu : d'une autre part, on a rempli l'autre éprouvette à moitié de gaz oxigène, et on y a introduit aussi 12 à 15 grammes de muriate de chaux récemment fondu. Au bout de deux jours, on a fait passer en partie ce gaz oxigène dans la cloche qui contenait le gaz azote et le phosphore ; tout à coup le phosphore est devenu lumineux, et a continué de brûler, lentement à la vérité, pendant plus d'une heure. Or, on ne peut pas dire que les gaz n'étaient pas secs ; car quand bien même ils auraient été humides, le muriate de chaux les aurait

desséchés. On ne peut pas dire non plus que le phosphore était humide, car quand bien même il aurait retenu quelques traces d'humidité, il les aurait cédées à l'air qui les aurait transmises au sel calcaire. D'ailleurs, on a varié l'expérience sans obtenir de différence dans les résultats. Au lieu de muriate de chaux, on s'est servi de chaux dont la puissance siccative est très-grande ; au lieu de gaz azote, on s'est servi de gaz hydrogène pour enlever, à l'aide de la chaux ou du muriate de chaux, l'eau qui aurait pu rester adhérente au phosphore ; au lieu de gaz oxigène, on s'est servi d'air. Dans tous les cas, la combustion du phosphore a eu lieu : donc le phosphore sec peut brûler dans l'air sec : donc l'eau n'agit qu'en dissolvant l'acide phosphoreux à mesure qu'il se forme.

121. L'action de l'air sur le phosphore est bien plus grande à une température élevée qu'à la température ordinaire. Presque aussitôt même que le phosphore est fondu, il absorbe rapidement le gaz oxigène de l'air, dégage beaucoup de calorique et de lumière, et donne lieu à de l'acide phosphorique solide et à du gaz azote phosphoré. *Expérience :* On remplit une petite cloche recourbée de mercure ou d'eau ; on y fait passer une certaine quantité d'air, par exemple 100 parties. On introduit ensuite un tout petit fragment de phosphore, tout au plus 1 à 2 décigrammes, jusque dans la partie courbe de la cloche ; on le chauffe avec la lampe à esprit de vin, jusqu'à ce qu'on voie une auréole lumineuse descendre jusque sur la surface du mercure, ce qui a lieu au bout de quelques secondes : on laisse refroidir, on mesure le résidu, et on le trouve égal à 79 parties. Il suffit de l'agiter un instant dans le mer-

cure pour le priver de phosphore et le transformer en
gaz azote pur (*a*). On voit donc que cette combustion
qu'on peut faire aussi bien sur l'eau que sur le mercure,
offre un moyen très-simple pour séparer le gaz oxigène
du gaz azote, et pour se procurer du gaz azote pur.

122. Lorsqu'on n'a besoin que d'une petite quantité
de gaz azote, on se sert de cloches recourbées, et on
opère comme on vient de le dire. Mais, lorsqu'on veut
s'en procurer plusieurs litres, on met un excès de phosphore dans une capsule placée sur l'eau ; on y met le feu
avec une allumette ; on recouvre la capsule d'une grande
cloche de verre pleine d'air : une combustion vive a
lieu, des vapeurs très-épaisses sont produites, l'eau remonte, et le phosphore s'éteint. Comme le gaz qui reste
dans la cloche contient encore un peu d'oxigène, on
achève d'absorber cet oxigène par la combustion lente
du phosphore : on fait donc passer dans la cloche quelques cylindres de phosphore, adaptés à l'extrémité de
tubes creux de verre, et on les y laisse pendant plusieurs
heures, ou plutôt jusqu'à ce qu'ils ne répandent plus de
vapeurs, ou qu'ils ne soient plus lumineux dans l'obscurité : alors on fait passer tout le gaz de la cloche dans
des flacons pleins d'eau ; on les remplit presque entièrement ; on y introduit quelques grammes de potasse
solide ; on les bouche, et on les agite pendant 2 à 3 minutes : la potasse se dissout et s'empare du phosphore,
en sorte que le gaz qui reste doit être considéré comme
du gaz azote pur.

(*a*) On peut faire l'expérience sur l'eau, parce qu'elle est terminée
en quelques minutes, et que, pendant ce temps, l'eau ne laisse dégager aucune portion de l'azote qu'elle contient.

123. L'air n'a d'action sur le soufre qu'à une température un peu plus élevée que celle à laquelle ce corps combustible entre en fusion. Une lumière bleuâtre, du gaz acide sulfureux dont l'odeur est extrêmement piquante et même suffocante, tels sont les produits qui se forment. Ainsi, le soufre se combine avec l'oxigène et se gazéifie; le gaz azote reste libre. *Expérience* : On a rempli de mercure une petite cloche recourbée; on y a fait passer 100 parties d'air; on a porté un petit fragment de soufre jusque dans la partie courbe de la cloche; on l'a chauffé à la lampe à esprit de vin, jusqu'au point de le réduire en vapeurs. Peu après la fusion, il a brûlé avec flamme, et bientôt s'est éteint : on a laissé refroidir l'appareil; on a mesuré le gaz restant : il y en avait 99 parties; ce gaz était un mélange de 20 parties de gaz sulfureux, et de 79 parties de gaz azote; on a séparé le gaz sulfureux en introduisant, dans le tube gradué même, un peu d'eau et un petit fragment de potasse solide, et en agitant pendant 1 à 2 minutes; par ce moyen, tout ce qui était gaz sulfureux a été absorbé; tout ce qui était gaz azote est resté : aussi, le gaz soumis à l'action de l'eau et de la potasse était-il sans aucune odeur.

Au lieu de mercure, on peut se servir d'eau pour opérer la combustion du soufre dans l'air.

L'air n'agit en aucune manière sur le gaz azote. Ces fluides se mêlent en toute proportion.

124. *Extraction.* — Lorsqu'on veut se procurer de l'air d'un lieu quelconque, on vide dans ce lieu même un vase plein d'eau : le vase se remplit d'air, et on le bouche. Si on ne pouvait pas pénétrer dans le lieu; s'il s'agissait, par exemple, d'avoir de l'air d'un puits, on

remplirait un flacon d'eau, et le bouchant avec le doigt, on le renverserait, et on en ferait plonger le goulot dans un bocal également plein d'eau; on descendrait cet appareil dans le puits avec des cordes; on soulè-verait le flacon avec l'une d'elles, il se viderait d'eau et se remplirait d'air; en lâchant la corde, on en ferait plonger de nouveau le goulot dans l'eau du bocal; on retirerait l'appareil du puits et on boucherait le flacon.

125. *Composition.* — L'air n'est autre chose qu'un mélange de 21 parties de gaz oxigène, de 79 de gaz azote, d'un atôme de gaz acide carbonique et d'une très-petite quantité d'eau en vapeur, variable en raison de la température.

On prouve que l'air contient du gaz oxigène et du gaz azote, en le traitant à une température convena-blement élevée par les corps combustibles, et surtout par le mercure. On prend un matras d'environ trois quarts de litre de capacité; le col en doit être très-long et courbe, de manière qu'il puisse s'engager jusqu'au haut d'une cloche, dont la capacité soit au moins une fois plus petite que celle du matras; on verse dans ce ma-tras environ 100 grammes de mercure; on le place sur un fourneau auprès d'un bain de mercure; et on en introduit le col sous la cloche de verre alors pleine d'air; puis, au moyen d'un syphon, on élève le mercure dans cette cloche, jusqu'aux deux tiers de sa hauteur, en sorte qu'il n'entre point de mer-cure dans le col du matras; on colle du papier à la hauteur du mercure dans la cloche, et on note la pres-sion et la température de l'atmosphère; enfin, on fait assez de feu sous le matras pendant 5 à 6 jours, pour entretenir le mercure qu'il contient, à une chaleur

voisine de l'ébullition (*pl.* 23, *fig.* 1 ). D'abord, l'air
du matras se dilate, et passe en partie dans la cloche :
c'est pour cela même qu'on ne la remplit pas d'air, car
si elle en était pleine, elle ne pourrait pas contenir
celui que le feu fait sortir du matras (*a*) ; ensuite le mercure se vaporise, s'attache aux parois du matras, et re-
tombe de temps en temps sous forme de gouttelettes.
Au bout de deux jours, on voit des parcelles rouges à la
surface du mercure ; elles augmentent en nombre le
troisième et le quatrième jour ; le sixième, il ne s'en
forme plus sensiblement, si on a eu soin de maintenir
la température au degré prescrit. A cette époque, on
laisse éteindre le feu ; les vases se refroidissent peu à
peu, et à tel point qu'après l'opération, il y a près d'un
sixième de gaz de moins qu'auparavant. On peut croire
d'après cela qu'une partie de l'air est absorbée par le
mercure ; que de cette absorption résultent les parcelles rouges qui recouvrent la surface de ce métal ;
et que, puisque l'autre partie d'air ne peut point être
absorbée, l'air est au moins composé de deux fluides
distincts. En effet, si on réunit toutes les parcelles rouges
qui se forment, et dont le poids est d'environ 1$^{\text{gram}}$,5, et
si on les expose à une chaleur presque rouge dans une
toute petite cornue de verre dont le col communique
avec une cloche pleine d'eau par le moyen d'un tube
( *pl.* 23. *fig.* 2 ), elles disparaîtront peu à peu, et on
en retirera 1$^{\text{gramme}}$,365 de mercure qui se vaporisera, et

---

(*a*) Il y aurait encore un autre inconvénient à remplir la cloche
d'air ; c'est que celui qui s'y trouverait, ne rentrant qu'avec peine
dans le matras, ne se décomposerait que très-imparfaitement ; d'où
il suit qu'il en faut laisser le moins possible dans la cloche.

se condensera en grande partie dans le col de la cornue;
et o<sup>gramme</sup>,135 de gaz qui passera sous la cloche, c'est-à-
dire autant qu'il y en a eu d'absorbé. Qu'on plonge une
bougie allumée dans ce gaz, elle y brûlera avec force;
qu'on la plonge dans le gaz que le mercure n'a point absorbé, elle s'y éteindra sur-le-champ. Le premier
sera du gaz oxigène, plus un peu de l'air des vases :
le second sera du gaz azote, plus un peu de gaz
oxigène qui aura échappé à l'action du mercure. Si on
les mêle ensemble, il en résultera un fluide en tout
semblable à l'air atmosphérique, et on reformera ainsi
tout l'air sur lequel on avait opéré.

On a fait usage de mercure de préférence à tout autre
corps combustible, dans l'expérience précédente, parce
qu'il est pour ainsi dire le seul corps, comme on le
verra par la suite, qui absorbe et solidifie le gaz oxigène à une certaine température, et l'abandonne facilement à une température plus élevée; et parce qu'il n'en
est aucun autre qui, jouissant de ces propriétés, forme
avec le gaz oxigène une combinaison qu'il soit possible
d'isoler.

Il suit de là que, quand il s'agit d'extraire tout à la
fois le gaz oxigène et le gaz azote de l'air, il faut employer le procédé qu'on vient de décrire; mais que quand
on veut seulement extraire le gaz oxigène ou le gaz
azote, on peut opérer autrement. Ne s'agit-il que d'extraire le gaz oxigène, il ne faut pas faire l'opération en
vases clos : on se contente de mettre le mercure dans le
matras et de le chauffer pendant plusieurs jours, jusqu'à ce qu'enfin on ait assez d'oxide pour en retirer
une quantité d'oxigène très-sensible par la distillation.
Ne s'agit-il, au contraire, que de l'extraction du gaz

azote, au lieu de mercure, il vaut mieux employer du phosphore, comme on l'a dit (122).

Il est très-facile de démontrer la présence de l'acide carbonique dans l'air : on fait dissoudre de la chaux dans l'eau (593) ; on en expose huit à dix litres à l'air dans une terrine. Au bout de quelques heures, la dissolution se couvre d'une pellicule ; on la brise, et elle tombe au fond du vase. Au bout de quelques heures encore, il s'en forme une seconde que l'on brise comme la première, etc. Enfin, on rassemble toutes ces pellicules dont on retire du gaz acide carbonique, en les décomposant par un acide (347).

Il est plus facile encore de démontrer la présence de l'eau dans l'air, que d'y démontrer celle de l'acide carbonique ; il suffit pour cela de le comprimer ou de le refroidir, puisqu'il doit contenir d'autant plus d'eau qu'il occupe plus d'espace et qu'il est plus chaud (40). A la rigueur, on pourrait se contenter de n'employer que de la glace pour opérer le refroidissement de l'air; mais il vaut mieux mêler la glace au sel, parce que le froid produit est plus grand. On emploie 2 parties,5 de glace pilée ou de neige, et 1 partie de sel bien réduit en poudre ; on les mêle ensemble dans un vase dont les parois extérieures soient bien sèches; la glace et le sel fondent, et il en résulte, au bout de 5 à 6 minutes, un froid de 19° : l'air ambiant s'abaisse à cette température; il devient nuageux, et couvre l'extérieur du vase d'une couche de petits cristaux d'eau solidifiée.

125 *bis.* Après avoir constaté la nature des principes constituans de l'air, cherchons à en déterminer la proportion. On peut déterminer celle du gaz oxigène et du gaz azote par tous les corps qui sont susceptibles d'ab-

sorber l'oxigène à l'état liquide ou solide ; mais ceux qu'on emploie avec le plus de succès sont le phosphore, le deutoxide d'azote, et surtout l'hydrogène. On fait usage du gaz hydrogène, ainsi que nous l'avons exposé, en traitant de l'action de ce gaz sur l'air (115) : on prend un eudiomètre à eau ou à mercure ; on y introduit une certaine quantité d'air et un excès de gaz hydrogène ; on fait passer une étincelle à travers le mélange ; on mesure le résidu, et le retranchant du volume du mélange, on en conclut l'absorption. Cette absorption, divisée par 3, donne pour quotient la quantité d'oxigène qui, retranchée du volume d'air sur lequel on opère, donne la quantité d'azote.

On fait également usage du phosphore, comme on l'a exposé en traitant de l'action du phosphore sur l'air : en conséquence, on met le phosphore en contact avec une certaine quantité d'air, tantôt à chaud (121), tantôt à froid (118). Dans le premier cas, on peut opérer sur l'eau ou sur le mercure ; mais, dans le second, il vaut mieux n'opérer que sur le mercure, parce que, comme l'expérience dure long-temps, il serait possible que l'eau laissât dégager une portion de l'azote qu'elle tient en dissolution.

Nous ne parlerons de la détermination de l'oxigène et de l'azote de l'air par le deutoxide d'azote qu'en faisant l'histoire de ce corps (313). Nous nous contenterons de dire ici qu'on peut se servir de l'eudiomètre à deutoxide d'azote avec presque autant de certitude que de l'eudiomètre à gaz hydrogène.

L'emploi de ces trois moyens prouve que partout à la surface de la terre, comme dans les régions élevées, le volume du gaz oxigène est au volume du gaz azote dans l'air, comme 21 : 79.

La quantité d'acide carbonique qui existe dans l'air étant très-petite, on ne peut la déterminer qu'en opérant sur un volume d'air considérable. Le meilleur moyen pour cela consiste à se procurer un grand ballon à robinet, dont la capacité soit bien connue ; on introduit dans ce ballon une solution aqueuse de barite ( ou de protoxide de barium ) ; on le ferme et on le secoue pendant 5 à 6 minutes. Au bout de ce temps, on y fait le vide le plus exactement possible, à l'aide d'un tuyau de cuir, terminé par un robinet d'une part, et de l'autre par une petite cloche. ( Voy. *Recomposition de l'eau.* ) Le vide étant fait, on le remplit d'air en le mettant en communication avec l'atmosphère ; on le ferme et on le secoue de nouveau, et ainsi de suite 25 à 30 fois.

A chaque fois, la barite s'empare de l'acide carbonique de l'air du ballon, et forme du sous-carbonate de barite insoluble ; de sorte que le sous-carbonate de barite formé qu'on sait être composé de 21 d'acide carbonique et de 79 de barite, représente l'acide carbonique de tout le volume d'air sur lequel on opère (*a*).

––––––––––––––––

(*a*) Une partie du sous-carbonate de barite reste en suspension dans la liqueur, et l'autre s'attache aux parois du ballon. Pour obtenir la première, on verse la liqueur dans un flacon avec l'eau dont on s'est servi pour laver le ballon ; et l'on bouche le flacon. Le sous-carbonate se dépose complètement dans l'espace de quelques jours : alors on décante la liqueur qui est très-claire ; ensuite on verse de l'eau sur le dépôt, on la décante comme la première lorsqu'elle est très-limpide ; enfin l'on fait sécher le carbonate dans une capsule, et on le pèse.

Pour obtenir la seconde, on verse une petite quantité d'acide

On a fait cette expérience dans un ballon de 9$^{lit.}$,592. On y a versé 313$^{gram.}$,08 de solution de barite ; on a renouvelé l'air 30 fois ; et toute réduction faite, on s'est trouvé avoir opéré sur 288$^{lit.}$,247 d'air, à la température de 12°,5, et sous la pression de 0$^{m.}$,76, ou sur 352$^{grammes}$,814. On a obtenu 0$^{gramme}$,966 de sous-carbonate ou 0$^{gramme}$,203 d'acide carbonique ; d'où il résulte que l'air contient $\frac{1}{1738}$ de son poids d'acide carbonique (*a*).

Tandis qu'on trouve toujours les mêmes quantités d'oxigène, d'azote et d'acide carbonique dans l'air, du-moins dans celui qui est en mouvement, on y trouve au contraire des quantités de vapeurs très-variables, en raison des lieux plus ou moins humides qu'il parcourt, et de la température plus ou moins élevée à laquelle il est exposé. Il suit de là, que l'air est rarement saturé d'eau. Ce n'est, pour ainsi dire, que dans les temps de pluie ou de brouillard qu'il est dans cet état. Aussi est-il presque toujours susceptible d'en recevoir une nouvelle quantité, surtout en été. L'hygromètre sur lequel Saussure et Deluc ont fait tant de recherches,

---

muriatique faible dans le ballon ; on le promène sur ses parois de manière à dissoudre tout le sous-carbonate. Cela étant fait, on verse la dissolution dans un vase, on lave le ballon, et l'on réunit les eaux de lavage à cette dissolution ; puis on y ajoute une dissolution de sous-carbonate de potasse pur. Par ce moyen on reforme tout le sous-carbonate de barite qu'on avait décomposé par l'acide muriatique ; il se précipite, on le lave par décantation, on le sèche et on le pèse comme le premier.

(*a*) Cette quantité d'acide carbonique me paraît si petite, que je crains qu'on n'ait point agité assez long-temps la solution de barite avec l'air, et qu'il soit resté dans celui-ci une portion d'acide carbonique. Cette expérience doit être répétée.

indique bien les points extrêmes de sécheresse et d'humidité de l'air : il fait aussi connaître si l'air d'un lieu est plus humide que celui d'un autre ; mais il n'indique point les quantités de vapeur contenue dans l'air, parce qu'on ne connaît point le rapport qu'il y a entre ces quantités, la marche de l'hygromètre et celle du thermomètre. On les détermine par l'expérience, en mettant l'air en contact avec le muriate de chaux. Nous nous contenterons d'indiquer le procédé qu'il faut suivre dans le cas où l'air est saturé d'humidité. On prend un tube de 7 à 8 décimètres de long, et de 10 à 12 millimètres de diamètre ; on le remplit de fragmens de muriate de chaux ; on en ferme l'une des extrémités avec un bouchon sur les parois duquel on a pratiqué une légère fissure longitudinale, et on le pèse dans cet état ; ensuite on fait communiquer son autre extrémité avec un tuyau de cuir muni d'un robinet qui est vissé d'avance sur celui d'une grande cloche d'une capacité connue. Cette cloche étant pleine d'air saturé d'humidité, et les robinets étant ouverts, on l'enfonce peu à peu dans l'eau ; l'air qu'elle contient passe à travers le muriate de chaux et se dessèche ; lorsqu'elle est pleine d'eau, on ferme les robinets et on la soulève d'un côté pour la remplir peu à peu d'un nouvel air qui se sature d'humidité comme le premier, et que l'on fait passer de même à travers le muriate de chaux, etc. On recommence cette opération un grand nombre de fois, en opérant toujours à la même température ; puis on pèse le tube, et l'on juge, par l'accroissement de son poids, de la quantité de vapeur que contenait l'air. Saussure a trouvé, mais par un moyen différent, qu'un pied cube ou 34$^{\text{décim.-cubes}}$,277, contenaient, à la température de 18°,75, 10 grains ou 5$^{\text{décig.}}$,01 (*a*).

1 6. *Usages.* — Il n'est point de corps dont les usages soient plus importans et plus multipliés que ceux de l'air. Nous ne rapporterons que les principaux. Nous extrayons de l'air par la combustion des bois, des charbons, des huiles, de la cire, des graisses, toute la chaleur et la lumière artificielles dont nous avons besoin. C'est au moyen de l'air que l'on calcine les métaux, que l'on grille les mines, et que l'on en dégage le soufre et l'arsenic, le soufre à l'état d'acide sulfureux, et l'arsenic à l'état de deutoxide. C'est de l'air que provient tout l'oxigène qui entre dans la composition de l'acide sulfurique. L'air est un agent nécessaire pour la fabrication de diverses couleurs, surtout de l'indigo et de l'écarlate ; il les avive et leur donne de l'éclat. Mis en contact avec la soie, les toiles, il les blanchit. Tous les animaux le respirent sans cesse; sans air, aucun d'eux ne pourrait vivre : il n'est pas moins nécessaire aux végétaux ; ceux-ci décomposent surtout l'acide carbonique qu'il contient ; ils s'approprient le carbone de cet acide, et en rejettent l'oxigène. Comme l'air n'est presque jamais saturé d'eau, on l'emploie souvent pour dessécher une foule de corps, et même pour concentrer des liquides : c'est ainsi qu'en exposant, dans les marais salans, l'eau de la mer au contact de l'air, on la concentre au point que le sel s'en sépare spontanément. Enfin l'on se sert aussi de l'air comme force motrice ; mais il n'est point de notre objet de le considérer sous ce rapport.

_____

(*a*) On peut facilement déterminer par le calcul le poids de la vapeur d'eau dont on connaît la tension et la température ; et par

*126 bis. Historique.*—Les Anciens, à la tête des quels on doit placer Aristote, regardaient l'air comme un élément. Ce furent les expériences de Jean Rey, médecin, né à Bugue, en Périgord, expériences publiées en 1630, qui mirent sur la voie de la décomposition de l'air.

---

conséquent l'on peut aussi par suite déterminer le poids de la vapeur contenue dans un air qui en est saturé.

Prenons pour exemple le poids d'un mètre cube à la température de 17° centigrades, et sous la pression de 0 mètre,0145.

On observera d'abord que la vapeur à 100°, et sous la pression de 0 m,76, est 1698 fois plus légère que l'eau (41); qu'un mètre cube d'eau à + 4°, pèse 1000000 grammes, et que, par conséquent, le poids d'un mètre cube de vapeur à 100°, et sous une pression de 0 mètre,76, est de $\dfrac{1000000}{1698}$ ou de 588 grammes,9.

De là on concluera facilement le poids d'un mètre cube de vapeur, dont la température sera de 100°, mais dont la pression ne sera que de 0 mètre,0145 ; car les volumes étant en raison inverse des pressions le volume de la vapeur à la température de 100°, et sous la pression de 0 mètre,0145, sera au volume de la vapeur à la température de 100°, et sous la pression de 0 mètre 76, comme 0 mètre,76 est à 0 mètre,0145 ou comme 52,41 : 1. Donc le mètre cube de vapeur à la température de 100°, et sous la pression de 0 mètre,0145, pèsera $\dfrac{1000000\,gram.}{1698 \times 52,41}$ ou 11 grammes,236.

Connaissant le poids d'un mètre cube de vapeur à la température de 100°, et sous la pression de 0 mètre,0145, il ne s'agira plus pour connaître le poids d'un mètre cube de vapeur à 17°, que de tenir compte de l'influence de la différence de température. Or, nous avons vu (33) que les gaz se dilataient de $\dfrac{1}{266.67}$ par chaque degré de leur volume à 0°. Donc, en représentant par l'unité le volume du gaz à 0°, nous aurons cette proportion : le volume d'un gaz à 17° est au volume d'un gaz à 100°, comme $1 + \dfrac{17}{266,67}$ est à $1 + \dfrac{100}{266,67}$ ou :: 1,06375 : 1,374.

Brun, apothicaire à Bergerac, ayant trouvé que l'étain augmentait de poids dans la calcination, en demanda la cause à Jean Rey : celui-ci, après avoir répété et varié les expériences de Brun, répondit que cette augmentation de poids était due à une absorption d'air; réponse d'autant plus hardie, qu'on s'imaginait alors que l'air n'était point pesant (*a*). Quoique Jean

---

Observant ensuite que les densités sont en raison inverse des volumes pour une même quantité de matière, on aura cette autre proportion : la densité de la vapeur à 17° est à la densité de la vapeur à 100° comme 1,374 : 1,06375. Enfin, considérant que les poids à volume égal sont proportionnels aux densités, on sera conduit à cette troisième proportion : le poids d'un mètre cube de vapeur à 17° sera au poids d'un mètre cube à 100°, ou à 11$^{\text{gram}}$,236 :: 1,374 : 1,06375 ; ce qui donnera 14$^{\text{gram}}$,553, pour le poids d'un mètre cube de vapeur à 17° sous la pression de 0$^{\text{m}}$,0145$^{\text{m}}$.

On s'y prendra de la même manière pour déterminer le poids d'un volume de vapeur à toute autre température et à toute autre pression ou tension. On trouvera (268) un tableau où l'on indique, d'après M. Dalton, la tension de l'eau pour les degrés compris entre la glace fondante et l'eau bouillante.

Maintenant, si on se rappelle qu'il se vaporise autant d'eau dans un espace plein que dans un espace vide à égalité de température, ou bien que la vapeur qui se forme dans le premier cas exerce la même pression que dans le second, on verra que la méthode que nous venons d'indiquer et que nous avons extraite du Bulletin de la Société Philomatique, pour le mois de ventose an 11, est applicable au cas où l'espace est plein d'air.

Ainsi, soit un litre d'air saturé d'eau à la température de 20°. On cherchera dans le tableau (268), la tension de l'air à cette température, et l'on trouvera le poids de la vapeur de ce litre d'air, au moyen de la méthode précédente.

(*a*) Je responds et soustiens glorieusement « que ce surcroît de poids vient de l'air, qui dans le vase a esté espessi, appesanti, et rendu aucunement adhésif, par la véhémente et longuement continuée chaleur

Rey s'exprime d'une manière aussi positive, il paraît
que, pendant près d'un siècle et demi, les idées neuves
et fécondes que renferme son ouvrage furent comme en-
sevelies dans l'oubli. Il était réservé à Bayen de les en
tirer. Bayen, par ses belles expériences sur la calcination du mercure, ayant été conduit à présumer, sans
connaître toutefois les écrits de Jean Rey, que les métaux augmentaient de poids pendant la calcination, et
que cette augmentation était due à l'absorption de l'air,
fut la cause qu'on se rappela que Jean Rey, un siècle
et demi auparavant, avait dit et prouvé la même chose.
Mais il restait à découvrir si l'air était absorbé tout
entier par les métaux qu'on calcinait. A cette découverte s'en rattachaient une foule d'autres : c'est ce que
prévit Lavoisier ; et c'est ici que commencent ses grands
travaux. Il prouva, par des expériences multipliées et
à l'abri de toute objection, qu'il n'y avait qu'une partie
de l'air absorbée par les métaux ; que l'air était composé
au moins de deux fluides, de gaz oxigène et de gaz azote ;
que l'oxigène était le seul que les corps combustibles

---

du fourneau ; lequel air se mêle avecque la chaux (à ce aydant l'agitation fréquente), et s'attache à ses plus menues parties : non autrement
que l'eau appésantit le sable que vous jettez et agitez dans icelle, par
l'amoitir et adhérer au moindre de ses grains. » J'estime qu'il y a
beaucoup de personnes qui se fussent effarouchées au seul récit de
cette responce, si je l'eusse donnée dès le commencement, qui la
recevront ores volontiers, estant comme apprivoisées et rendues
traitables par l'évidente vérité des essays précédens. Car ceux sans
doubte de qui les esprits estaient préoccupés de cette opinion que
l'air étoit léger, eussent bondi à l'encontre. Comment (eussent-ils
dit) ne tire-t-on du froid le chaud, le blanc du noir, la clarté des
ténèbres, puisque de l'air, chose légère, on tire tant de pesanteur.
(Voy. Essai de Jean Rey, avec des Notes de Gobet, page 66.)

absorbaient. Il examina successivement les produits de
toutes les combustions, analysa avec une rare sagacité
tous les phénomènes que chacune d'elles présentaient,
et parvint, dans l'espace de quelques années, à fonder
une théorie toute nouvelle, théorie que toutes les découvertes ultérieures n'ont fait que consolider. Un autre
chimiste non moins illustre s'occupait en même temps
que lui de l'analyse de l'air, et parvenait, de son côté,
aux mêmes résultats : c'était Schéele, qui eut partagé
avec Lavoisier la gloire d'avoir créé la théorie moderne,
si une mort prématurée ne l'eût enlevé aux sciences.
Lavoisier admit 27 à 28 parties d'oxigène dans l'air :
Schéele en admit plus encore. Ces deux quantités sont
trop fortes; l'air est partout formé de 21 d'oxigène, 79
d'azote, et de quelques atômes d'acide carbonique
et d'eau. C'est ce que prouvent les expériences de Cavendisch et de M. Davy en Angleterre, de M. Berthollet
en France et en Egypte, de M. de Marty en Espagne,
de Beddoez sur de l'air rapporté de la côte de Guinée,
et surtout celles de MM. Humboldt et Gay-Lussac à
Paris; et de M. Gay-Lussac sur de l'air pris à 6900 mètr.
au-dessus de la terre, dans une ascension aérostatique.
Depuis quinze ans qu'on a fait l'analyse exacte de
l'air, le rapport de l'oxigène à l'azote n'a point changé.
Restera-t-il le même ? Tant de causes sans cesse re-
naissantes peuvent le troubler, qu'on serait tenté de se
prononcer pour la négative. Ces causes prennent surtout
leur source dans la respiration et dans la combustion.
Ces deux phénomènes ne peuvent avoir lieu sans qu'une
portion de l'oxigène de l'air ne soit absorbée. A la vérité
les végétaux, pendant l'acte de la végétation et par l'influence de la lumière, versent sans cesse de l'oxigène

dans l'air ; de sorte que, si ce fluide en cède à certains
corps, il en reçoit de quelques autres. Mais y a-t-il
compensation ? Il est difficile de le croire. En supposant qu'elle n'ait pas lieu, la quantité d'oxigène ira-
t-elle en diminuant ou en augmentant ? C'est une grande
question dont on ne pourra avoir la solution qu'au
bout d'un grand nombre de siècles, en raison de l'é-
norme volume d'air dont notre planète est entourée.

## DES MÉTAUX.

127. Les métaux sont des corps simples, presque
complètement opaques, très-brillans en masse, brillans
même en poussière, pourvu qu'elle ne soit pas trop tenue ; susceptibles de recevoir un beau poli et de prendre
un éclat très-vif, bons conducteurs du calorique, plus
dilatables, le platine excepté, que les autres solides ;
transmettant le fluide électrique avec une rapidité extrême, capables de se combiner en diverses proportions
avec l'oxigène, et de donner naissance à des oxides qui
sont ternes, et qui, pour la plupart, ont la propriété de
former des sels plus ou moins neutres avec les acides.

128. On connaît aujourd'hui trente-huit métaux :
nous les avons nommés en parlant des corps simples (70). Six d'entre eux n'ont point encore pu être
obtenus, et ne sont admis au rang des métaux que par
analogie, ou parce que les matières d'où nous les extrayons ont les plus grands rapports avec les oxides métalliques. Ces six métaux présumés sont le silicium, le
zirconium, l'aluminium, l'yttrium, le glucinium et le
magnésium.

129. Nous diviserons les métaux en six sections, fondées sur l'affinité que ces corps ont pour l'oxigène.

Dans la première section, nous placerons ceux que nous venons de nommer, c'est-à-dire, ceux dont les oxides n'ont point encore pu être réduits.

Dans la deuxième section, nous placerons ceux qui ont la propriété d'absorber le gaz oxigène à la température la plus élevée, et de décomposer subitement l'eau à la température ordinaire, en s'emparant de son oxigène et en en dégageant l'hydrogène avec une vive effervescence. Cinq sont dans ce cas : le calcium, le strontium, le barium, le sodium et le potassium.

Nous composerons la troisième section des métaux qui ont la propriété d'absorber le gaz oxigène à la température la plus élevée, comme ceux des deux premières sections, mais de ne décomposer l'eau qu'à l'aide de la chaleur rouge. Cette section comprend quatre métaux : le manganèse, le zinc, le fer et l'étain.

Nous formerons la quatrième section des métaux qui, comme les précédens encore, peuvent absorber le gaz oxigène à la température la plus élevée, mais qui ne décomposent l'eau ni à froid, ni à chaud. Cette section est la plus nombreuse ; elle renferme treize métaux, savoir : l'arsenic, le molybdène, le chrôme, le tungstène, le columbium, l'antimoine, l'urane, le cerium, le cobalt, le titane, le bismuth, le cuivre et le tellure. Nous établirons dans cette section deux subdivisions : dans la première, nous placerons les cinq premiers métaux qui sont acidifiables ; et, dans la seconde, les huit autres qui ne sont qu'oxidables.

La cinquième section comprendra les métaux qui ne peuvent absorber le gaz oxigène qu'à un certain degré de chaleur, et qui ne peuvent point opérer la décomposition de l'eau. Leurs oxides se réduisent nécessairement à une température élevée : le nickel, le plomb, le mercure, l'osmium, composent cette section.

Enfin, la sixième section sera formée des métaux qui ne peuvent absorber le gaz oxigène et décomposer l'eau à aucune température, et dont les oxides se réduisent au-dessous de la chaleur rouge. Ces métaux sont au nombre de six, savoir : l'argent, le palladium, le rhodium, le platine, l'or et l'iridium.

Après avoir cherché à ranger, autant que possible, les métaux suivant l'ordre de leur plus grande affinité pour l'oxigène, non-seulement dans les sections, les unes par rapport aux autres, mais encore dans chaque section en particulier, classification dont nous tirerons un grand parti par la suite (a), nous allons nous occuper de leur histoire générale, en commençant par l'étude de leurs propriétés physiques.

130. *Propriétés physiques.* — *Etat.* Tous les métaux sont solides à la température ordinaire, excepté le mercure : celui-ci ne se solidifie qu'à — 40°.

*Couleur.* Les métaux sont différemment colorés : l'or est jaune, le cuivre et le titane sont rouges ; presque tous les autres sont plus ou moins blancs.

***

(a) Cependant cette classification sera sans doute modifiée par la suite relativement au rang qu'occupent entre eux les métaux de chaque section ; car nous ne connaissons pas bien le degré d'attraction de ces corps pour l'oxigène. Il est probable même que l'on fera passer quelques métaux d'une section dans une autre ; par exemple, le nickel et le plomb de la cinquième dans la quatrième. A la vérité l'oxide de nickel fortement chauffé se réduit ;

## *Tableau de la Couleur des Métaux.*

| | |
|---|---|
| Argent..... | blanc éclatant. |
| Etain..... <br> Platine.... <br> Palladium. <br> Nickel..... <br> Mercure... <br> Iridium.... <br> Tellure. .. | blanc tirant sur celui de l'ar- gent. |
| Antimoine. | blanc argentin tirant sur le bleuâtre. |
| Cobalt..... | gris blanc d'étain. |
| Potassium.. <br> Sodium.... <br> Manganèse. <br> Arsenic.... <br> Cerium.... <br> Rhodium.. | blanc grisâtre. |
| Plomb..... <br> Zinc...... | blanc gris tirant sur le bleu. |
| Bismuth... | blanc jaunâtre. |
| Fer...... | gris avec une nuance de bleu. |
| Molybdène <br> Urane..... | gris foncé. |
| Osmium... | poudre noire ou bleuâtre. |
| Or....... | jaune pur. |
| Cuivre..... | jaune rougeâtre. |
| Titane..... | rouge. |

mais, ne serait-ce point parce que peut être il s'introduirait du gaz oxide carbone à travers les parois du creuset? Le minium du com- merce, ou le deutoxide de plomb chauffé dans une cornue de grés, nous offre çà et là, après la calcination, des grains d'oxide de plomb réduit. Mais pourquoi la réduction n'est-elle que partielle ? Ne serait-ce point parce qu'il se serait mêlé au minium, après sa fabrication, quelques corpuscules combustibles ?

*Éclat.* On appelle éclat métallique un brillant très-vif particulier aux métaux, même réduits en poussière. Cet éclat dépend de la propriété que ces corps ont de réfléchir une très-grande quantité de lumière. Les plus éclatans sont l'or, l'argent, le platine, le fer à l'état d'acier, le cuivre, etc.

*Opacité.* Les métaux sont presque complètement opaques; pendant long-temps même on les a regardés comme doués d'une opacité absolue; mais il est certain qu'une feuille d'or très-mince laisse passer quelques rayons lumineux. C'est ce qu'il est facile de voir, en plaçant cette feuille entre son œil et la lumière du soleil ou d'une bougie. Or, comme l'or est le plus dense des métaux, après le platine, ou qu'il est presque aussi dense que ce métal, il est permis de croire qu'aucun métal n'est parfaitement opaque.

*Densité.* On croyait autrefois que les métaux étaient essentiellement plus denses que les autres corps; mais l'on a été forcé de renoncer à cette opinion depuis la découverte du potassium et du sodium. La densité des métaux est très-variable : le platine, qui est le plus dense, pèse, lorsqu'il est forgé, plus de 22 fois autant que l'eau distillée; tandis que le potassium, qui est le plus léger, a une pesanteur spécifique moindre qu'elle. On trouve, dans le tableau suivant, les métaux rangés par ordre de leur plus grande pesanteur spécifique, celle de l'eau étant prise pour unité.

Tableau *de la Pesanteur spécifique des Métaux,*
*par ordre de plus grande densité à la tempé-*
*rature ordinaire.*

| | | |
|---|---|---|
| Platine........................ | 20,98 } | ..... Brisson. |
| Or............................ | 19,257 } | |
| Tungstène..........,........ | 17,6 à 17°,5 | D'Elhuyart. |
| Mercure....................... | 13,568 | ....... Brisson. |
| Palladium. { Selon qu'il est écroui au marteau ou laminé. } | 11,3 à 11,8 | .... Wollaston. |
| Plomb........................ | 11,352 } | |
| Argent....................... | 10,4743 } | ..... Brisson. |
| Bismuth...................... | 9,822 } | |
| Cobalt........................ | 8,5384 | ....... Haüy. |
| Urane......................... | 9,......... | ....... Bucholz. |
| Cuivre........................ | 8,895 | ....... Hatchett. |
| Arsenic....................... | 8,308 | ..... Bergman. |
| Nickel........................ | 8,279 | ....... Richter. |
| Fer............................ | 7,788 | ....... Brisson. |
| Molybdène.................... | 7,400 | ........ Hielm. |
| Etain......................... | 7,291 | ....... Brisson. |
| Zinc.......................... | 6,861 à 7,1 | ... Brisson. |
| Manganèse.................... | 6,850 | ...,.... Bergman. |
| Antimoine.................... | 6,7021 | ....... Brisson. |
| Tellure....................... | 6,115 | ........ Klaproth. |
| Sodium....................... | 0,97223 } | à 15°... Gay-Lussac |
| Potassium.................... | 0,86507 } | et Thenard. |

*Ductilité.* La ductilité est la propriété qu'ont certains
métaux de se réduire en fils en passant à la filière (*a*),
et de se réduire en lames sous le choc du marteau ou

---

(*a*) La filière est une plaque rectangulaire percée de trous de différens diamètres, à travers lesquels on fait passer les métaux pour les
réduire en fils. L'on coule en lingot, ou l'on forge en cylindre le métal
que l'on veut tirer en fils ; on amincit l'une de ses extrémités, et on
l'engage dans l'un des trous de la filière disposée verticalement et
assujettie avec beaucoup de solidité. On saisit alors l'extrémité
amincie du métal avec une pince que l'on serre fortement ; on le force
au moyen de leviers à passer à travers la filière. On le fait ainsi

la pression du laminoir (*a*) : cependant cette dernière
propriété est plus particulièrement connue sous le nom
de malléabilité. Les métaux qui passent le mieux à la
filière sont, en général, ceux qui passent le mieux au
laminoir : quelques-uns cependant font exception ; nous
citerons pour exemple le fer, dont on fait des fils très-
fins, et dont on ne peut pas faire des lames très-minces.
Parmi les métaux que l'on peut réduire, il y en a 16
qui sont ductiles et 13 qui sont cassans. Le métal le plus
ductile ne peut s'aplatir ou être réduit en fil que jusqu'à
un certain point, sans être chauffé.

---

passer par des trous de plus en plus petits, ayant soin de le recuire
de temps en temps pour éviter qu'il ne se gerce ; on continue cette
manœuvre jusqu'à ce que le fil soit arrivé à la grosseur que l'on
désire.

(*a*) Un laminoir se compose de deux cylindres d'acier placés horizontalement l'un au-dessus de l'autre, qui tournent dans le même
sens, et que l'on peut rapprocher à volonté. On aplatit par l'un de
ses bouts le métal que l'on veut réduire en lames, et on le fait passer
entre les deux cylindres dans le sens de leur marche. La distance
entre les deux cylindres doit être moindre que l'épaisseur du corps
à laminer.

Il est évident qu'au lieu de placer les cylindres horizontalement,
on pourrait les placer verticalement ; mais la position verticale
n'est pas si commode que la position horizontale. Dans tous les
cas, il est nécessaire de recuire de temps en temps les pièces que
l'on lamine, c'est-à-dire de les faire rougir, et de les laisser refroidir peu à peu. Sans cette précaution, elles se géreraient et même
se déchireraient complètement, parce qu'alors leurs parties étant
rapprochées, ne pourraient plus glisser les unes sur les autres. Les
métaux les moins ductiles sont ceux qui exigent d'être recuits le
plus souvent.

**TABLEAU** *de la Ductilité et de la Malléabilité.*

| MÉTAUX DUCTILES ET MALLÉABLES, Rangés par ordre alphabét. | MÉTAUX CASSANS, Rangés ordre alphabétique. | MÉTAUX Rangés par ordre de leur plus grande facilité à passer à la filière. | MÉTAUX Rangés par ordre de leur plus grande facilité à passer au laminoir. |
|---|---|---|---|
| Argent. | Antimoine. | Or. | Or. |
| Cuivre. | Arsenic. | Argent. | Argent. |
| Étain. | Bismuth. | Platine. | Cuivre. |
| Fer. | Cerium. | Fer. | Étain. |
| Iridium. | Chrôme. | Cuivre. | Platine. |
| Mercure. | Cobalt. | Zinc. | Plomb. |
| Nickel. | Columbium | Étain. | Zinc. |
| Or. | Manganèse. | Plomb. | Fer. |
| Osmium. | Molybdène. | Nickel. | Nickel. |
| Palladium. | Tellure. | Palladium. | Palladium. |
| Platine. | Tungstène. | | |
| Plomb. | Titane. | | |
| Potassium. | Urane. *(b)* | | |
| Rhodium. | | | |
| Sodium. | | | |
| Zinc. *(a)* | | | |

*(a)* L'Iridium, l'Osmium et le Rhodium n'ayant point encore pu être fondus, on ignore s'ils sont réellement ductiles; on ne les regarde comme tels, que parce qu'ils forment des alliages ductiles.

*(b)* Le Columbium, le Cerium et le Titane n'ayant point encore pu être fondus, on ignore s'ils sont réellement cassans; on ne les regarde comme tels, que parce qu'ils forment des alliages cassans.

*Tenacité.* On entend par tenacité la propriété qu'ont les métaux ductiles réduits en fils d'un petit diamètre, de supporter un certain poids sans se rompre. Elle est d'autant plus grande, que ce poids est plus considérable.

Les métaux suivans, tirés en fils de 2 millimètres de diamètre, ont supporté, savoir :

|  | kilog. | | |
|---|---|---|---|
| Fer................ | 249 | ,639 | } Sickingen. |
| Cuivre............. | 137 | ,399 | |
| Platine............. | 124 | ,000 | Guyton-Mor- veau. |
| Argent............. | 85 | ,062 | } Sickingen. |
| Or................ | 68 | ,216 | |
| Étain............. | 24 | ,200 | } Muschenbroeck. |
| Zinc.............. | 12 | ,720 | |

*Dureté.* Il existe entre les métaux une très-grande différence sous le rapport de leur dureté : il en est qui raient presque tous les corps; tel est le fer, etc. : il en est d'autres, au contraire, que presque tous les corps raient; tel est le plomb, qu'on entame avec l'ongle; tels sont le potassium, le sodium, qui ont la consistance de la cire.

Parmi les métaux dont on a éprouvé la dureté, les plus durs sont, d'après une table insérée dans l'ouvrage de M. Thomson, le tungstène et le palladium ; viennent ensuite, par ordre de plus grande dureté, le manganèse et le fer; le nickel, le platine, le cuivre, l'argent et le bismuth; l'or, le zinc et l'antimoine ; le cobalt et l'étain; le plomb (*a*), l'arsenic.

---

(*a*) L'arsenic est sans contredit plus dur que le plomb.

Le sodium et le potassium ont beaucoup moins de dureté que les précédens; celle du mercure est nulle.

*Elasticité et sonorité.* Les métaux sont, en général, d'autant plus élastiques et sonores, qu'ils ont plus de dureté : aussi augmente-t-on l'élasticité et la sonorité de ces corps en les combinant avec d'autres corps qui les rendent plus durs, sans en détruire le caractère métallique. *Exemple :* Acier trempé, ou combinaison de fer et de charbon; métal de cloche, ou alliage de cuivre et d'étain. La plupart des métaux jouissent de ces deux propriétés à un plus haut degré que les corps non métalliques.

*Dilatabilité.* Tous les métaux, le platine excepté, sont plus dilatables que les autres solides, à quelques exceptions près. Chacun d'eux se dilate uniformément jusqu'au terme voisin de sa fusion, et d'autant plus, à quelques exceptions près, qu'il est plus fusible. On trouvera, dans le tableau suivant, la quantité dont plusieurs métaux se dilatent depuis 0° jusqu'à 100°, pour une longueur quelconque regardée comme unité.

| | | |
|---|---|---|
| Mercure.... | 0,00616 ... | Lavoisier et Laplace. |
| Zinc ....... | 0,00294 ... | |
| Plomb ...... | 0,00287 ... | Sméaton. |
| Étain ...... | 0,00228 ... | |
| Argent ..... | 0,00212 ... | Berthoud. |
| Laiton..... | 0,00193 ... | |
| Cuivre rouge battu .... | 0,00170 ... | Sméaton. |
| Or ......... | 0,00146 ... | Berthoud. |
| Bismuth.... | 0,00139 ... | Sméaton |
| Fer........ | 0,00126 ... | |
| Platine ..... | 0,00086 ... | Borda. |

*Odeur et saveur.* On observe que plusieurs métaux ont une odeur et une saveur désagréables qui se développent surtout par le frottement; tels sont le fer, le plomb, le cuivre et l'étain. L'or, l'argent et le platine ne jouissent point de ces propriétés; d'où l'on peut penser qu'il n'y a que les métaux susceptibles de s'oxider par l'air qui en jouissent, du moins à un degré remarquable.

*Structure* ou *tissu.* La structure ou le tissu d'un métal n'est autre chose que la forme qu'affectent les parties intérieures de ce métal. Tantôt ce tissu est lamelleux, comme dans l'antimoine, le bismuth, le zinc; tantôt il est fibreux, comme dans le fer; tantôt à petits grains, comme dans l'acier.

131. *Propriétés chimiques.*—*Action du feu.* La fusibilité des métaux est très-variable. Les uns fondent au-dessous de la chaleur rouge; plusieurs autres un peu au-dessus de ce degré; un certain nombre n'entre en fusion qu'à une température très-élevée; d'autres enfin sont infusibles. *Expérience :* On prend un creuset; on y met une certaine quantité de métal; on recouvre le creuset d'un couvercle, et on l'expose à une température plus ou moins élevée. On doit se servir de la forge pour les métaux qui n'entrent en fusion qu'à 27° du pyromètre de Wegwood; mais on fond les autres dans un fourneau ordinaire, que l'on surmonte, au besoin, d'un réverbère. Si les métaux étaient très-oxidables, et qu'on voulût en prévenir l'oxidation, il faudrait les recouvrir de charbon. Si d'ailleurs ils étaient très-fusibles, et si on ne pouvait s'en procurer qu'une très-petite quantité, tels que le potassium, le sodium, il faudrait en opérer la fusion dans une petite cloche remplie d'huile.

Lorsque les métaux sont fondus, qu'on les laisse refroidir, qu'on perce la couche qui est à la surface, et qu'on décante les parties intérieures qui sont encore liquides, on les obtient cristallisés (9). Les formes qu'ils affectent sont le cube et l'octaèdre. Celui qui cristallise le plus facilement est le bismuth bien pur, et surtout ne contenant point d'arsenic ; ses cristaux sont cubiques, et se disposent de manière à former des pyramides quadrangulaires creuses.

Lorsqu'au lieu d'exposer les métaux à une température capable de les fondre, on les expose à une température bien plus élevée, plusieurs se volatilisent. Cinq au moins sont dans ce cas : le mercure, l'arsenic, le potassium, le tellure et le zinc. On s'assure de leur volatilité en les chauffant; savoir : le mercure et le tellure dans une cornue de verre, à laquelle on adapte un récipient où vient se rendre le métal; le potassium dans une petite cloche de verre pleine de gaz azote et de mercure, et les deux autres dans une cornue de grès (a).

_____

(a) L'antimoine, exposé à l'action d'une très-haute température dans une cornue de grès, ne se volatise pas; cependant en calcinant de l'oxide d'antimoine avec du charbon, ce métal se sublime en grande partie à mesure qu'il se réduit. Comment expliquer ces résultats en apparence contradictoires? comme l'a fait M. Gay-Lussac. Tous les liquides ont une tendance à se réduire en vapeurs. En vertu de cette tendance, un liquide placé dans un espace vide ou plein de gaz, se vaporise en quantité d'autant plus grande, que l'espace est plus grand, etc. (40). Or, dans le premier cas, l'antimoine se trouve placé dans un espace très-petit qui est égal au volume de la cornue ; au lieu que dans le second, ce métal est dans le même cas que s'il était placé dans un espace considérable, puisqu'il se forme alors beaucoup de gaz acide carbonique, et que ce gaz doit se charger de vapeurs antimoniales, en raison du volume qu'il occupe. D'ailleurs on conçoit facilement pourquoi l'antimoine se condense presqu'entièrement dans le col de la cornue; c'est un effet immédiat de refroidissement qu'il éprouve.

TABLEAU *des Métaux rangés suivant l'ordre de leur plus grande Fusibilité.*

Thermom. contig.

| | | |
|---|---|---|
| | Mercure............. − 39° | Divers Chimistes. |
| | Potassium.......... + 58 | Gay-Lussac et The- |
| | Sodium............. + 90 | nard. |
| Fusibles | Étain.............. +210 | |
| au-dessous | Bismuth........... +256 | Newton. |
| de la | Plomb............. +260 | M. Biot. |
| chaleur | Tellure...Un peu moins | |
| rouge. | fusible que le plomb. | M. Klaproth. |
| | Arsenic... Indéterminé. | |
| | Zinc............... +370 | Min. de M. Brongniart. |
| | Antimoine, un peu au- | |
| | dessous de la chaleur | |
| | rouge. | |

Pyrom. de Wegdwood.

| | | |
|---|---|---|
| | Argent....  ......... 20° | Kennedy, suiv. Thoms. |
| | Cuivre.............. 27 | Wedgwood. |
| | Or................. 32 | |
| | Cobalt.... Un peu moins | |
| | difficile à fondre que le | |
| | fer. | |
| | Fer................ 130 | Wedgwood. |
| | 158 | Le Chevalier Makenzie. |
| | Manganèse.......... 160 | Guyton. |
| Infusibles | Nickel..... Comme le | |
| au-dessous | Manganèse.......... | Richter |
| de la | Palladium. | |
| chaleur | Molybdène. } Presque in- | |
| rouge. | Urane..... } fusibles, et ne pouvant | |
| | Tungstène. } point êtreob- | |
| | Chrôme. } tenus en bou- ton. | |
| | Titane. | |
| | Cerium. | |
| | Osmium. | |
| | Iridium. } Infusibles. | |
| | Rhodium. | |
| | Platine. | |
| | Columbium | |

Il en est des autres métaux, et de tous les corps en général, comme de l'antimoine. Tous se vaporisent plus ou moins lorsqu'on les fond et qu'on les expose à des courans de gaz. Les uns, tels que l'antimoine, le sodium, etc., jouissent de cette propriété d'une manière remarquable. Les autres, tels que l'or, en jouissent à peine, ce qui dépend des causes que nous avons exposées (40).

131 *bis. Action du fluide électrique.*—Les métaux sous
forme de fils, et surtout de lames minces, peuvent être
fondus et même volatilisés par la décharge d'une forte
batterie composée de piles ou de bouteilles de Leyde. Si
l'expérience se fait dans l'air, ils en absorbent l'oxigène
en donnant lieu à une flamme diversement colorée. Le
fer brûle avec une lumière blanche très-vive ; le zinc,
avec une flamme blanche mêlée de bleu et de rouge ;
l'étain en produit une d'un blanc bleuâtre ; l'or et le
cuivre sont dans le même cas, et donnent naissance à
des oxides bruns ; la flamme produite par le plomb est
bleuâtre et surtout purpurine ; enfin, celle de l'argent
est verte. (Voyez, pour l'action de la lumière et du
fluide magnétique, (54 et 68.)

132. *Action du gaz oxigène.* — Le gaz oxigène sec, à
la température ordinaire, est absorbé par le potassium ;
d'où l'on peut croire qu'il le serait aussi par le barium, le strontium, le calcium, et par les métaux de la
première section ; mais il ne l'est à cette température ni
par le sodium, ni par aucun des métaux appartenant
aux quatre dernières sections. Un certain degré de chaleur favorise singulièrement son action sur les métaux :
aussi, par ce moyen, agit-il sur tous, excepté sur ceux
de la dernière section. Un grand nombre l'absorbent à
une température suffisamment élevée, en donnant lieu
à un dégagement de lumière, savoir : les métaux de la
seconde section ; le zinc, le fer et l'étain de la troisième ; l'arsenic, l'antimoine, le tellure, le bismuth de
la quatrième : les trois derniers sont ceux dont la combustion est la moins vive ; celle des autres est très-vive,
soit parce que ces métaux sont volatils, soit parce que
leurs oxides sont fusibles, et qu'il peut toujours y avoir

un grand nombre de parties métalliques en contact avec l'oxigène. *Expérience :* On peut presque toujours com-biner les métaux avec le gaz oxigène, dans une petite cloche courbe de verre, sur le mercure. On remplit d'abord cette cloche de mercure ; ensuite on la remplit de gaz oxigène ; puis, après avoir porté une certaine quantité de métal dans la partie courbe de la cloche avec une tige, on le chauffe avec la lampe à esprit de vin, et on l'agite avec la même tige. (*Pl.* 20, *fig.* 3.) Lorsqu'on a besoin d'une température plus élevée, on se sert d'un tube de porcelaine ; on le fait passer à travers un fourneau à réverbère ; on y introduit le métal ; on adapte à chacune de ses extrémités, au moyen de deux petits tubes de verre, deux vessies dont l'une est vide et l'autre remplie de gaz oxigène ; alors peu à peu on fait rougir le tube ; on presse sur la vessie qui contient le gaz oxigène ; celui-ci passe à travers le tube ; une petite partie de gaz est absorbée par le métal, tandis que la plus grande partie vient remplir la vessie qui est à l'autre extrémité : de celle-ci on le fait passer dans l'autre, et ainsi de suite, jusqu'à ce que le métal soit entièrement oxidé. (Voy. *pl.* 23, *fig.* 3.)

*Action du Gaz oxigène humide.* — Le gaz oxigène humide n'attaque pas seulement les métaux des deux premières sections ; il attaque encore plusieurs de ceux qui appartiennent à la troisième, à la quatrième et même à la cinquième section. Dans le premier cas, le métal s'oxide tout à la fois par l'oxigène libre et par l'oxigène de l'eau ; celle-ci est décomposée, et l'hydrogène qu'elle contient se dégage. Dans le second cas, le métal ne s'oxide que par l'oxigène libre : alors on suppose que la vapeur d'eau agit doublement ; que d'une part, en se liquéfiant en partie par les changemens de température qui surviennent, elle dissout une certaine quantité de gaz oxigène, et le rend susceptible, en lui faisant perdre son état élastique, de se combiner avec le métal; et que, de l'autre, elle favorise encore cette union par sa tendance à s'unir elle-même avec l'oxide métallique, et à former un composé que nous connaîtrons par la suite sous le nom d'hydrate. Quoiqu'il en soit, cette sorte d'oxidation produite ainsi n'est presque jamais que superficielle, et est toujours très-lente: les couches inférieures sont toujours garanties par la couche supérieure, ou du moins ce n'est que dans un espace de temps très-long qu'elles sont altérées. Les métaux les plus oxidables de cette manière sont, l'arsenic, le fer, le manganèse, le zinc, le plomb, le cuivre, etc. Ceux de la sixième section sont inaltérables.

Lorsque l'oxigène sec et humide contient de l'azote, son action sur les métaux est encore la même que quand il n'en contient point, si ce n'est qu'elle est moins intense; car l'azote n'agit que mécaniquement, ou ne fait que diminuer les points de contact entre l'oxigène et les métaux. Or, comme l'air est composé de 21 d'oxigène, 79 d'azote, d'un peu de vapeur d'eau, et d'un atôme d'acide carbonique, il doit agir sur les métaux de la même manière que l'oxigène, à l'intensité près; c'est, en effet, ce qui a lieu. Sec, il n'attaque à la température ordinaire que ceux des deux premières sections; humide, il attaque non-seulement ceux-ci à cette température, mais encore plusieurs de ceux de la troisième, quatrième et cinquième section. Sec ou humide, il les attaque tous à l'aide d'une chaleur convenable, excepté ceux de la dernière section. Le résultat de cette action est un oxide ou un hydrate. Ce n'est qu'autant qu'on opérerait à l'air libre qu'il pourrait se former un carbonate, surtout à la température ordinaire (*a*), parce qu'alors l'air se renouvelant continuellement, céderait à chaque instant de petites quantités d'acide carbonique à l'oxide pour lequel il a plus ou moins d'affinité. Toutefois, sans la présence de l'eau, cette affinité ne serait point assez forte pour déterminer la combinaison du gaz oxigène avec un métal quelconque appartenant aux quatre dernières sections.

132 *bis. État naturel.* — Les métaux ne se rencontrent que rarement à l'état de pureté dans la nature. Presque toujours ils sont combinés avec d'autres corps; tantôt avec l'oxigène, tantôt avec les corps combustibles, tantôt avec l'oxigène et un acide, ou à l'état de sel. Ils existent donc naturellement sous quatre états principaux.

*Premier état. Métaux purs.* — On ne rencontre, en général, sous cet état, que les métaux qui ont très-peu d'affinité pour l'oxigène; tels sont l'or, l'argent et quelques autres métaux. On appelle *natifs* ou *vierges*, les métaux que l'on rencontre ainsi à l'état de pureté.

*Deuxième état. Métaux oxidés.* — On trouve généralement sous cet état tous ceux qui ont beaucoup d'affinité pour l'oxigène; tels sont le fer, le manganèse, etc.

*Troisième état. Métaux combinés avec les corps combustibles.* — Le soufre et l'arsenic sont les deux corps combustibles qu'on rencontre le plus souvent com-

_____

(*a*) Il ne peut point se former de carbonate à une température élevée, excepté avec le barium, le potassium et le sodium, parce que tous les carbonates se décomposent à cette température, excepté les carbonates de barite, de potasse, de soude.

binés avec les métaux. Ils entrent même l'un ou l'autre dans la composition d'un très-grand nombre de mines : aussi les mineurs les appellent-ils minéralisateurs. Après l'arsenic, c'est le fer et le manganèse qui font le plus souvent partie des mines métalliques. On ne trouve jamais ni d'hydrures, ni de borures, ni de phosphures, ni d'azotures métalliques naturels. On trouve quelquefois des carbures ; encore n'en existe-t-il que de fer.

*Quatrième État. Sels Métalliques.* — Les sels métalliques les plus communs proviennent de la combinaison des acides sulfurique, phosphorique, fluorique et carbonique, avec les oxides métalliques qui retiennent fortement l'oxigène.

Le même métal existe quelquefois sous ces quatre états, souvent sous les trois derniers, souvent aussi sous deux d'entre eux, rarement sous un seul. Dans tous les cas, le minerai, c'est-à-dire la mine métallique, est presque toujours enveloppée d'une couche de pierre qu'on appelle gangue, et qui est le plus ordinairement de quartz, de carbonate de chaux, de fluate de chaux, de sulfate de barite.

*Gissement des Métaux.* — On trouve les métaux plus souvent dans les terrains de transition et dans les montagnes de moyenne hauteur, que dans les plaines de dernière formation et dans les hautes montagnes primitives. Leur présence ne peut-être reconnue sûrement que par des affleuremens, c'est-à-dire, par le minerai lui-même mis en partie à découvert. (*a*).

---

(*a*) On distingue quatre espèces de terrains : terrains primitifs, terrains secondaires, terrains tertiaires ou de transport, terrains volcaniques. Les terrains primitifs sont principalement formés de granit, de porphyre, etc. ; ils semblent avoir précédé la formation

,133. *Extraction.* — Comme il est nécessaire de
connaître l'histoire de tous les corps appartenant au
règne minéral pour concevoir l'extraction des métaux,
et que d'ailleurs cette extraction est très-importante
en raison des usages multipliés d'un grand nombre
d'entre eux, nous n'en traiterons qu'à la fin de la chimie
minérale, dans un chapitre particulier.

134. — *Usages.* Les métaux sont d'un usage presque
universel dans la société. Les plus employés sont le fer,
le cuivre, le plomb, l'étain, l'argent, l'or, le mercure,
le zinc, le platine. Ils doivent à leur ductilité la préférence qu'on leur accorde dans les arts et les usages do-
mestiques. Le fer se trouvant, pour ainsi dire, partout
sous la main de l'homme, et se prêtant d'ailleurs aisément
à toutes les formes que son industrie lui imprime, est
celui de tous les métaux dont nous retirons le plus de
secours pour nos besoins journaliers. Il est quelques autres métaux qui, quoique très-ductiles, ne sont point
employés dans les arts, à cause de la difficulté de se les
procurer en assez grande quantité : tel est le nickel, etc.

Les métaux cassans sont d'un usage bien plus borné
que les précédens. On en trouve la raison dans la difficulté de les travailler sans les rompre. Il n'y a même, dans

---

des corps organiques; du moins on n'y trouve aucune trace de
matière organisée. Les terrains secondaires sont plus homogènes
que les terrains primitifs, et se trouvent ordinairement placés au-
dessus d'eux ; on y rencontre des débris de matières organisées ; ils
renferment des schistes, des marbres blancs, etc. Les terrains tertiaires ou de transport se présentent le plus souvent au-dessus des
deux précédens et paraissent formés de leurs débris ; ils se composent de sable, de cailloux roulés et quelquefois réunis par un
ciment particulier. Les terrains volcaniques sont ceux qui se forment
par les éruptions des volcans.

cette classe, que l'antimoine, le bismuth et l'arsenic dont on fasse quelque usage en médecine, ou que l'on fasse entrer dans la composition de quelques alliages.

*Historique.*—L'or, l'argent, le fer, le cuivre, le plomb, l'étain et le mercure ont été connus de toute antiquité. Tous les autres métaux ont été découverts depuis le 15ᵉ siècle, et la plupart seulement depuis 15 à 20 ans.

Un grand nombre de chimistes se sont occupés des métaux. A leur tête, on doit placer les alchimistes, secte particulière de chimistes qui recherchaient la pierre phi-losophale, ou la transformation des métaux les uns dans les autres. Ils s'imaginaient qu'il existait des métaux par-faits, tels que l'or et l'argent, et des métaux imparfaits, tels que le mercure, le plomb; et qu'on pouvait, par des moyens cachés, transformer ces derniers en argent ou en or, qu'ils appelaient le roi et le plus parfait des métaux. Plusieurs d'entre eux ont fait aussi de nombreux travaux pour découvrir un remède universel. Paracelse, qu'on peut regarder comme leur chef, prétendit même avoir trouvé ce merveilleux secret, et mourut à 48 ans, accablé d'infirmités, fruits de sa débauche, en assurant que sa pa-nacée, qu'il portait ordinairement au pommeau de son épée, était un remède contre tous les maux, et un gage sûr d'immortalité. Au reste, les travaux des alchimistes, quoique dirigés vers un but tout à fait étranger à la science, les ont conduits souvent à des résultats heu-reux; et l'on peut dire que la branche de la chimie qui traite des métaux leur doit beaucoup de découvertes précieuses. Ces découvertes sont cependant loin d'égaler celles qui ont été faites depuis environ 30 ans.

135. Tableau *de la découverte des Métaux*

| NOMS des Métaux. | AUTEURS de leur découverte. | EPOQUES de leur découverte. |
|---|---|---|
| Or............ Argent........ Fer............ Cuivre........ Mercure....... Plomb........ Étain......... | Connus de toute antiquité. | |
| Zinc.......... | Indiqué par Paracelse, qui mourut en.............. | 1541. |
| Bismuth..... . | Décrit dans le traité d'Agricola, qui parut en....... | 1520. |
| Antimoine. ... | Bazile Valentin décrivit le procédé d'extraction..... | 15e siècle. |
| Arsenic ....... | Brandt............. | 1733. |
| Cobalt ....... | Brandt............. | 1733. |
| Platine........ | Wood, essayeur à la Jamaïque | 1741. |
| Nickel.. ..... | Cronstedt .... ..... | 1751. |
| Manganèse..... | Gahn et Schéele à peu près vers | 1774. |
| Tungstène..... | MM. Delhuyart à peu près vers | 1781. |
| Tellure ....... | M. Muller de Reichenstein.. | 1782. |
| Molybdène.... | Soupçonné par Schéele et Bergman, constaté par Hielm en ................ | 1782 |
| Urane ........ | M. Klaproth.............. | 1789. |
| Titane........ | Grégor. ............... | 1781. |
| Chrôme........ | M. Vauquelin............ | 1797. |
| Columbium... | M. Hatchett............. | 1802. |
| Palladium..... | M. Wollaston ........... | 1803. |
| Rhodium...... | M. Wollaston ........... | 1803. |
| Iridium....... | Par M. Descotils et constaté par Fourcroy, M. Vauquelin et Smitson-Tennant en ................ | 1803. |
| Osmium....... | M. Tennant..... ...... | 1803. |
| Cerium ....... | M. Hisinger et Berzélius ..... | 1804. |
| Potassium..... Sodium....... Barium..... Strontium... Calcium..... | Découvert par M. Davy en / Découvert par M. Davy en Indiqués par M. Davy en... | 1807. |

## Des Métaux de la première Section.

136. La première section comprend les métaux qu'on n'a point encore pu réduire, tant ils ont d'affinité pour l'oxigène, et dont on n'admet l'existence que par analogie. Ces métaux sont au nombre de six : le silicium, le zirconium, l'aluminium, l'yttrium, le glucinium, le magnesium. On ne les rencontre jamais qu'à l'état d'oxides purs ou unis, soit à d'autres oxides, soit à des acides. ( Voy. *les Oxides de la première Section*, 468 et 469. )

On ne peut en faire l'histoire particulière, puisque jusqu'ici on n'a pas pu se les procurer ( *a* ).

## Des Métaux de la deuxième Section.

136 *bis*. Les métaux de la seconde section sont ceux qui décomposent subitement l'eau à la température ordinaire, qui absorbent le gaz oxigène à cette même température ou à l'aide d'une légère chaleur, et dont les oxides sont réductibles par l'électricité ou certains corps très-combustibles, et irréductibles par la chaleur seule. Ces métaux sont au nombre de cinq : le calcium, le strontium, le barium, le sodium et le potassium.

---

( *a* ) A la vérité, MM. Davy et Berzelius ont annoncé ; le premier, qu'on pouvait extraire le magnésium du sulfate de magnésie de la même manière que le barium du sulfate de barite ; et le second, que la fonte contenait du silicium uni au fer. M. Stromeyer a aussi annoncé qu'en calcinant de la silice ou oxide de silicium avec du fer et du charbon à un grand feu, on obtenait un alliage de silicium et de fer ; mais ces divers résultats sont regardés comme douteux par un grand nombre de chimistes. ( *Voyez* le Mémoire de M. Davy, Annales de Chimie, n° 209 ; le Mémoire de M. Berzelius, Annales de Chimie ; enfin celui de M. Stromeyer, Annales de Chimie. )

### Du Calcium et du Strontium.

137. *Propriétés.*—On ne sait rien de leurs propriétés, si ce n'est qu'ils sont brillans et qu'ils ont tant d'affinité pour l'oxigène, qu'ils se détruisent par le contact de l'air.

*État naturel.* — Le calcium n'a encore été trouvé qu'à l'état d'oxide uni presque toujours à l'un des acides suivans : sulfurique, carbonique, phosphorique, fluorique, nitrique, muriatique ; quant au strontium, on le trouve aussi toujours à l'état d'oxide, mais uni seulement à l'acide sulfurique et à l'acide carbonique.

*Extraction.* — On se procure ces métaux de la même manière que le barium. On extrait le calcium du sulfate ou carbonate de chaux, et le strontium du sulfate, muriate ou carbonate de strontiane, ou bien encore de tout autres sels de chaux et de strontiane (*a*).

*Historique.* — Le même que celui du barium.

### Du Barium.

138. *Propriétés.* —Presque inconnues ; on sait seulement que le barium est plus pesant que l'eau ; qu'il est solide à la température ordinaire ; qu'il a une grande affinité pour l'oxigène, et qu'il s'en empare avec une si grande avidité, qu'il se détruit sur-le-champ par le contact de l'air.

*État Naturel.* — On ne trouve point le barium pur. On ne le trouve presque jamais que combiné avec l'oxigène et l'acide sulfurique ou carbonique ; c'est-à-dire à l'état de sulfate et de carbonate de barite.

---

(*a*) L'oxide de strontium, celui de calcium, le protoxide de barium, etc., sont aussi connus sous les noms de strontiane, de chaux, de barite, etc. ; d'où il suit que sulfate de barite ou protosulfate de barium sont synonymes (468 et 469).

*Extraction.* — On n'a point encore de bons procédés pour extraire le barium. Le seul que l'on connaisse consiste à faire une pâte de sulfate de barite, ou d'un autre sel de barite et d'eau; à la disposer en forme de capsule sur une plaque métallique; à mettre du mercure dans cette espèce de capsule, et à mettre en contact, d'une part, le fil négatif d'une pile en activité avec le mercure, et, d'autre part, le fil positif de la même pile avec la plaque métallique. L'acide sulfurique et l'oxigène du sulfate se rendent au pôle positif; le barium se rend au pôle négatif, et y trouve du mercure qui le dissout. Pour avoir un alliage un peu riche en barium, il faut continuer l'expérience pendant long-temps : ensuite on met cet alliage dans une toute petite cornue avec de l'huile de naphte ; on adapte au col de cette cornue un petit récipient; on bouche la tubulure de ce récipient avec un bouchon à peine troué, et on procède à la distillation. L'huile se vaporise, chasse l'air ; bientôt après le mercure se vaporise lui-même en grande partie, de sorte que le barium qui reste au fond de la cornue en retient à peine. On ne peut se procurer ainsi que de très-petites quantités de barium : on se sert d'huile pour prévenir l'oxidation du métal.

*Historique.* — C'est au docteur Seébeck qu'on doit le procédé au moyen duquel on obtient l'alliage de barium et de mercure ; mais c'est M. Davy qui, le premier, a retiré le barium de cet alliage et qui a indiqué l'existence de ce métal. (Ann. de Chimie.)

### Du Sodium.

139. *Propriétés physiques.* — Le sodium est solide à la température ordinaire; il a un grand éclat métal-

lique; sa couleur a beaucoup de rapport avec celle du plomb; sa section est unie et des plus brillantes; il a presque la mollésse et la ductilité de la cire : sa pesanteur spécifique est de 0,972, à la température de 15°; on l'a prise comme celle du potassium. Jusqu'à présent, on n'a point encore obtenu de sodium assez bien cristallisé pour qu'on puisse distinguer la forme des cristaux.

*Propriétés chimiques.* — Le sodium entre en fusion à 90° : s'il est volatil, ce n'est qu'à une très-haute température.

Le sodium n'exerce sensiblement d'action à froid ni sur le gaz oxigène, ni sur l'air atmosphérique bien secs; mais, à chaud, il en exerce une très-grande, surtout sur le gaz oxigène : au moment où le métal est fondu, une combustion des plus vives a lieu; il en résulte un dégagement de calorique et de lumière, une absorption considérable de gaz, et un oxide jaune de sodium. Le calorique dégagé provient, en grande partie, du gaz oxigène; une portion provient probablement du sodium, car l'oxide de sodium est bien plus pesant que le sodium.

La combustion dans l'air est bien moins forte que dans le gaz oxigène; elle n'est même bien active qu'autant que l'air peut se renouveler : ainsi, elle se fait bien dans un têt, et mal dans une cloche recourbée. On s'y prend, pour faire toutes ces expériences, comme on l'indiquera en parlant du potassium (140).

*État naturel.* On n'a encore trouvé, dans la nature, le sodium que combiné avec d'autres corps, et particulièrement avec l'oxigène et les acides sulfurique, muriatique et carbonique, c'est-à-dire, à l'état de muriate, carbonate et sulfate. (Voyez, pour plus de détails, ces sels (977, 761 et 822.)

On le trouve aussi, mais rarement, à l'état d'oxide et en combinaison avec d'autres oxides: ce n'est guère que dans quelques pierres gemmes qu'on le trouve sous cet état.

*Extraction.* On obtient le sodium en traitant la soude ou l'hydrate de deutoxide de sodium (combinaison d'eau et de deutoxide de sodium), par le fer ou par la pile voltaïque. On exécute le premier procédé comme on le dira (519), et le second de la manière suivante:

On prend un fragment de soude; on y creuse une cavité qui doit être aussi profonde que possible, et qu'on remplit de mercure; on place ce fragment sur une plaque métallique, et l'on fait communiquer les deux pôles d'une pile de 200 paires (62), savoir: le pôle positif avec la plaque métallique, et le pôle négatif avec le mercure. La pile étant en activité, le mercure contient bientôt assez de sodium pour se solidifier; alors on le verse dans de l'huile de naphte ou de pétrole rectifiée, et l'on remplit la cavité d'une nouvelle quantité de mercure, etc. Du reste, on sépare le mercure du sodium comme du barium. Dans cette expérience, l'eau et le deutoxide de sodium de la soude sont décomposés; l'oxigène de l'un et de l'autre, se rend au pôle positif, tandis que le sodium, radical du deutoxide, et l'hydrogène, radical de l'eau, se rendent au pôle négatif: le premier s'unit au mercure, et le second se dégage à l'état de gaz. Il est nécessaire que le deutoxide contienne de l'eau pour être réduit, car sans cela il ne serait point perméable au fluide électrique: mais il ne faudrait pas qu'il en contînt une trop grande quantité, par exemple, qu'il y fût dissous; alors, l'eau seule serait décomposée. On n'obtient jamais qu'une très-petite quantité de sodium par ce procédé.

*Usages et historique.*—Comme le sodium a une grande affinité pour l'oxigène, on l'emploie pour désoxigéner les corps brûlés, et particulièrement pour décomposer l'acide borique. Il a été découvert par M. Davy en 1807, et étudié par lui et MM. Gay-Lussac et Thenard. (Ann. de Chimie ; Recherches Physico-Chimiques.)

## Du Potassium.

140. *Propriétés physiques.*—Le potassium est solide à la température ordinaire ; il a l'éclat métallique au plus haut degré, récemment fondu dans l'huile de naphte; et vu dans cette huile à travers le verre, il ressemble à l'argent mat : lorsqu'on l'en retire, il se ternit bientôt, et prend l'aspect qu'a le plomb exposé depuis long-temps à l'air ; sa section est lisse, unie et des plus brillantes. Il est aussi ductile et plus mou que la cire : comme elle, on le pétrit entre les doigts (*a*). Si, après l'avoir rompu, on en examine l'intérieur, on voit qu'il est formé d'une multitude de petites particules cristallines, qui ne sont jamais assez prononcées pour qu'on en distingue la forme. Sa pesanteur spécifique est de 0,865, à la température de 15° : conséquemment, elle est moins grande que celle de l'eau, et un peu plus grande que celle de l'huile de naphte pure. On l'a prise en pesant successivement un petit tube de verre d'abord

_____

(*a*) Cette expérience ne se fait sans danger qu'autant que la surface du potassium est couverte d'huile ; autrement il s'enflammerait et l'on serait profondément brûlé.

vide, ensuite plein d'eau; et enfin plein de potassium,
qu'on y a fait entrer par compression.

*Propriétés chimiques.*—Le potassium entre en fusion
à 58°. On s'en convainc en le mettant avec de l'huile de
naphte dans une petite éprouvette de verre, le faisant
fondre, et plongeant un thermomètre dans l'éprouvette;
le thermomètre, dont la boule se trouve ainsi entourée
de potassium, marque précisément 58° au moment où
ce métal se fige. Soumis à une chaleur beaucoup plus
forte, le potassium se volatilise; on peut en acquérir la
preuve comme il suit: on remplit de mercure une petite cloche de verre recourbée et bien sèche, (*pl.* 20,
*fig.* 3); on y fait passer du gaz azote à peu près jusqu'au
tiers de sa hauteur; ensuite on retire le potassium du
vase ou on le conserve à l'abri du contact de l'air; on en
coupe gros comme une petite noisette avec un couteau,
et on l'introduit, à travers le mercure, à l'extrémité
d'une tige de fer, jusque dans la partie courbe de la
cloche; alors on chauffe le potassium avec la lampe
à esprit de vin; il fond; et, lorsqu'il est près de la chaleur rouge, on le voit se volatiliser rapidement sous la
forme de vapeurs vertes : on ne connaît point précisément le degré auquel il se volatilise.

Le potassium absorbe le gaz oxigène à la température ordinaire. Il n'y a que les couches extérieures qui
s'oxident rapidement, parce qu'elles seules sont immédiatement en contact avec le gaz oxigène : aussi, lorsqu'au lieu de donner une forme sphérique au potassium, on l'aplatit, l'absorption est bien plus prompte.
Dans tous les cas, il se forme un oxide blanc, et il
n'y a point de dégagement de lumière : la chaleur
n'est sensible qu'au commencement de l'expérience;
elle cesse bientôt de l'être, parce que la combustion se

ralentit singulièrement. On fait l'expérience comme la précédente, si ce n'est qu'avant de la commencer, et lorsqu'elle est terminée, on mesure le gaz dans un tube gradué, et qu'on ne fait point usage de la lampe à esprit de vin (*a*).

L'action du potassium sur le gaz oxigène est très-grande à l'aide de la chaleur. Aussitôt que le métal est fondu, il s'enflamme sur-le-champ ; le gaz oxigène est rapidement absorbé ; un grand dégagement de calorique et de lumière a lieu ; un oxide brun-jaune est formé. Sans doute la majeure partie du calorique dégagé provient du gaz oxigène ; mais une portion provient probablement du potassium, car l'oxide de potassium a une pesanteur spécifique plus grande que celle du potassium. On peut faire l'expérience comme on l'a indiqué (132). Cependant il est bon d'introduire dans la cloche une petite capsule ovale d'argent ou de platine, et d'y placer le potassium : sans cela, la cloche casse presque toujours par la chaleur subite qui se produit dans l'opération. ( Voy. *pl.* 2, *fig.* 11, la petite capsule. )

L'action qu'exerce le potassium à froid et à chaud sur

---

(*a*) Cependant, lorsqu'on fait l'expérience dans l'été, et que le potassium n'est pas bien comprimé, il arrive quelquefois qu'il s'enflamme. On évitera l'inflammation de ce métal en le refroidissant, ainsi que la cloche dans laquelle l'expérience devra être faite. Il paraît que le métal passe toujours à l'état de peroxide, pourvu qu'il soit en couche mince, et que son contact avec l'oxigène soit de longue durée. Nous devons aussi faire observer, qu'il serait difficile de comprimer le potassium sans l'enflammer, si on n'en couvrait d'huile la surface extérieure. En général, la meilleure manière de faire l'expérience consiste à le plonger dans l'huile de naphte, à le mettre entre deux lames de laiton bien polies, à le comprimer et à le porter à l'extrémité d'une tige de fer, à travers le mercure, dans la petite cloche qui contient le gaz oxigène.

l'air est absolument la même que celle qu'il exerce sur le gaz oxigène, si ce n'est qu'elle est moins vive; on constate l'une et l'autre de la même manière : il est donc nécessaire de conserver le potassium à l'abri du contact de l'air. On le conserve quelquefois dans l'huile de naphte; mais il agit sur cette huile même, et finit par s'altérer. Il vaut mieux le conserver dans un flacon bouché à l'émeri et à gros goulot; car une fois que l'oxigène de l'air contenu dans le flacon est absorbé, le métal reste parfaitement intact.

*Etat Naturel.* — Le potassium n'est point pur dans la nature; il est toujours à l'état d'oxide. Cet oxide est même combiné presque toujours avec les acides, et surtout avec les acides sulfurique, carbonique, muriatique et nitrique; c'est-à-dire, à l'état de sulfate, carbonate, muriate, nitrate. (Voyez, pour plus de détails, ces séls.) Les produits volcaniques nous l'offrent en très-petite quantité uni avec d'autres oxides seulement.

*Extraction.* — On obtient le potassium en traitant l'hydrate de deutoxide de potassium par la pile voltaïque ou par le fer. (Voy. Sodium.)

*Usages et Historique.* — Les mêmes que le sodium.

## Des Métaux de la troisième Section.

Les métaux de la troisième section sont ceux qui ne décomposent l'eau qu'au degré de la chaleur rouge, qui absorbent le gaz oxigène a une température plus ou moins élevée, et dout les oxides sont réductibles par l'électricité et divers corps combustibles, et irréductibles par la chaleur la plus forte que l'on ait pu produire. Ces métaux sont au nombre de quatre : le manganèse, le zinc, le fer et l'étain.

## *Du Manganèse.*

141. *Propriétés.* — Le manganèse est solide à la température ordinaire, très-cassant, très-dur, grenu, d'un gris blanc. Sa pesanteur spécifique est de 6,85. On ne l'a point encore obtenu bien cristallisé.

Le manganèse ne fond qu'au plus haut degré de feu que nous puissions produire dans nos meilleures forges, à environ 160° du pyromètre de Wegvood. A l'aide d'une chaleur voisine du rouge cerise, et surtout à l'état pulvérulent, il absorbe le gaz oxigène assez rapidement; il en résulte un oxide brun; il se dégage du calorique, mais probablement point de lumière. L'expérience peut être faite dans une cloche recourbée comme celle qui est décrite (132), à l'exception que pour porter la poussière métallique dans la partie courbe de la cloche, on emploie une pince dont les deux branches sont terminées en forme de cuiller. ( *Pl.* 12 , *fig.* 6. )

L'action du manganèse sur l'air est la même à l'aide de la chaleur que celle qu'il exerce sur le gaz oxigène, sinon qu'elle est moins forte.

A froid il est sans action sur le gaz oxigène et l'air secs; mais il en a une légère sur ces gaz humides (132).

*Etat.* — Le manganèse existe dans la nature sous trois états : très-souvent à l'état d'oxide ; rarement à l'état de sulfate et de phosphate. Il est si oxidable, qu'on ne le trouve jamais à l'état natif.

*Extraction, Usages, Historique.* — C'est de l'oxide de manganèse qu'on extrait le manganèse, en calcinant cet oxide avec le charbon. Le manganèse est sans usage ; il a été découvert par Schéele et Gahn, en 1774.

## Du Zinc.

142. *Propriétés physiques.* — Le zinc est solide, blanc bleuâtre, sa structure est lamelleuse, il est très-ductile ; mais il passe beaucoup mieux au laminoir qu'à la filière : aussi existe-t-il des lames de zinc assez minces, et n'existe-t-il point de fil d'un diamètre très-fin. Il n'est point dur ; il graisse la lime, et de là vient que pour le mettre en poudre, on est obligé de le fondre et de le triturer au moment où il se fige. Mis en contact avec un autre métal, il en résulte un élément de la pile dont il est toujours le côté positif. On ne l'a point encore obtenu bien cristallisé, car il est difficile de l'avoir autrement qu'en lames dont la forme est irrégulière. Sa pesanteur spécifique est de 7,1.

*Propriétés chimiques.* — Le zinc entre en fusion au-dessous de la chaleur rouge, et se volatilise au-dessus de cette température à un certain degré qui n'est point connu. On en opère la fusion dans un creuset qu'on recouvre d'un couvercle, pour empêcher autant que possible l'air de se renouveler. On en opère la volatilisation dans une cornue de grès ; à cet effet, après avoir mis le zinc dans la cornue, on la place dans un fourneau à réverbère ; on met un vase plein d'eau au-dessous du col qui doit être fortement incliné ; on chauffe peu à peu, et lorsque la cornue est bien rouge, le zinc se volatilise, se condense dans le col, et tombe en partie dans l'eau. On se sert de ce procédé pour purifier le zinc du commerce, qui contient souvent du plomb et du fer.

Le zinc, à une température élevée, exerce une action remarquable sur le gaz oxigène. Lorsqu'il com-

mence à entrer en fusion, il l'absorbe d'une manière
très-sensible. Lorsqu'il est voisin de la chaleur rouge,
il l'absorbe très-rapidement. Dans le premier cas, il se
forme une pâte grise qui n'est autre chose qu'un mélange
de zinc et d'oxide de zinc; il y a sans doute dégagement de calorique, mais il n'y a pas de dégagement de
lumière. Dans le deuxième cas, il se forme de l'oxide de
zinc blanc et solide, et il y a tout à la fois grand dégagement de calorique et de lumière. Dans l'un et l'autre
cas, le calorique dégagé provient du gaz oxigène.
L'expérience peut être faite sur le mercure dans une
petite cloche de verre courbe (132). On doit la
remplir de gaz oxigène, introduire un fragment de
zinc jusque dans la partie courbe, et l'échauffer fortement avec la lampe à esprit de vin. Pour rendre les
phénomènes de combustion plus sensibles, il est nécessaire d'agiter le zinc avec une tige de fer; on y parvient en courbant cette tige à son extrémité, et en employant une cloche qui ne soit pas très-courbe.

Le zinc exerce à chaud sur l'air atmosphérique la
même action que sur le gaz oxigène, si ce n'est qu'elle
est moins vive: il suit de là qu'on peut décomposer l'air
par le zinc, comme il vient d'être dit. En effet, tout
l'oxigène est sensiblement absorbé, et tout l'azote reste
à l'état de gaz, pourvu qu'on chauffe assez long-temps,
qu'il y ait grand excès de zinc, qu'on l'agite bien et que
le volume de l'air ne soit pas trop considérable.

Il serait difficile, pour ne pas dire impossible, de
faire brûler le zinc avec lumière dans une cloche courbe,
pleine d'air, à moins qu'elle ne fût très-grande; parce
qu'avant que le zinc ne fût assez chaud pour s'enflammer,
l'air serait en partie décomposé. Mais lorsque l'air peut

se renouveler et que la température est assez élevée, le zinc brûle dans ce gaz avec une grande intensité de chaleur et de lumière. Pour opérer cette vive combustion, on met deux ou trois cents grammes de zinc dans un creuset que l'on bouche exactement avec un couvercle, par le moyen d'un peu d'argile détrempée; on fait rougir fortement le creuset; on le découvre et on l'agite, après avoir enlevé, avec une tige de fer, l'oxide qui est à la surface du bain métallique; et tout à coup brille une lumière si intense, que l'œil n'en supporte l'éclat qu'avec peine. Si on incline le creuset, le métal tombe et coule en flots de feu, et de toutes parts on aperçoit de l'oxide très-blanc et très-léger dans l'air atmosphérique.

*Etat naturel.* — Le zinc se trouve sous trois états dans la nature : à l'état d'oxide, à l'état de sulfure, et à l'état de sel ( sulfate, carbonate ). L'oxide est connu en minéralogie sous le nom de calamine, et le sulfure sous le nom de Blende (236).

*Extraction.* — C'est de l'oxide de zinc qu'on extrait le zinc, en calcinant cet oxide avec du charbon.

*Usages.* — On se sert du zinc pour construire la pile voltaïque; pour faire l'oxide blanc de zinc ou fleurs de zinc; pour extraire le gaz hydrogène de l'eau par l'acide sulfurique; pour faire avec l'étain et le mercure un alliage dont on frotte quelquefois les coussins des machines électriques; pour faire le laiton, ou l'alliage de zinc et de cuivre. Enfin, on commence à s'en servir pour faire des conduits, des gouttières, des bassins, des baignoires, des couvertures de toit.

*Historique.* — Le zinc est connu depuis long-temps. On croyait, il y a quelques années, qu'il n'était que demi-ductile, parce qu'on ne l'avait obtenu jusqu'alors qu'allié au plomb et au fer. On sait aujourd'hui qu'il est très-ductile. M. Sage fixa le premier l'attention sur la grande ductilité du zinc.

## Du Fer.

143. *Propriétés physiques.* — Le fer est solide à la température ordinaire, dur, gris, avec une nuance de bleu : sa texture est à gros grains et un peu lamelleuse ; il est très-ductile, mais il passe mieux à la filière qu'au laminoir. Il existe des fils de fer d'un très-petit diamètre ; tandis qu'il n'existe pas de lames de fer très-minces. C'est le plus tenace des métaux, ou celui dont les fils supportent le plus fort poids sans se rompre. Un fil de fer de deux millimètres de diamètre ne se rompt que par un poids de $242^{kilog}$,6̃9 : il acquiert, par le frottement, une odeur très-sensible. Sa pesanteur spécifique est de 7,788.

Le fer possède à un très-haut degré la propriété d'être attiré par l'aimant (68). Le nickel et le cobalt sont les seuls métaux qui la possèdent avec lui, mais à un moins haut degré. On appelle aimant un corps dont l'une des extrémités se dirige aujourd'hui plus ou moins vers le nord (68), et dont l'autre se dirige plus ou moins vers le midi. Les aimans naturels sont une espèce de protoxide de fer ; les aimans artificiels sont de fer ; ils pourraient être de nickel ou de cobalt. On peut aimanter le fer de plusieurs manières : on l'aimante par la percussion, ou bien par une décharge électrique : des barres de fer qu'on conserve dans une position verticale, et mieux encore sous un angle de 70°, s'aimantent également dans l'espace de quelque temps :

mais de tous les procédés pour aimanter le fer, le meilleur consiste à frotter le fer, toujours dans le même sens, contre un aimant naturel ou artificiel.

*Propriétés chimiques.* — Le fer n'entre en fusion qu'à environ 130° du pyromètre de Wegvood : aussi faut-il une bonne forge pour le fondre. A la température ordinaire, il n'a d'action, comme le zinc, sur le gaz oxigène et sur l'air atmosphérique, qu'autant qu'ils sont humides. Le gaz oxigène donne toujours lieu à un oxide, et l'air atmosphérique à un oxide ou un carbonate (132). Le fer agit avec beaucoup d'énergie sur le gaz oxigène, à une température voisine du rouge cerise : il en résulte de l'oxide noir de fer, et un grand dégagement de calorique et de lumière. On peut faire l'expérience avec du fil de fer très-fin, dans une cloche courbe, sur le mercure (132), et mieux encore, comme il a été dit (81).

Le fer agit avec moins de force sur l'air atmosphérique que sur le gaz oxigène : cependant il en opère très-bien la décomposition, pourvu que la température soit au moins au rouge cerise. Il serait long et difficile de l'opérer complètement dans une petite cloche de verre courbe ; mais elle se fait très-bien, et de manière à recueillir le gaz azote, dans un tube de porcelaine, au moyen de deux vessies, l'une pleine d'air, et l'autre vide (*pl.* 23 ,*fig.* 3).

Lorsqu'on ne veut point recueillir le gaz azote, il est inutile d'employer l'appareil qui précède ; il suffit de faire calciner du fer dans un creuset de terre ou de platine. Le fer devient successivement noir et rouge, et augmente de la moitié de son poids, si la calcination est soutenue assez long-temps.

On est sans cesse témoin de la combustion du fer dans les ateliers. Toutes les fois, en effet, qu'on fait rougir le fer pour le travailler, il s'en détache, par la percussion, des lames qu'on appelle batitures, et qui ne sont autre chose qu'un véritable oxide. Si l'ouvrier, manquant d'habileté, est obligé de faire rougir le fer un grand nombre de fois, pour lui donner une forme déterminée, il en perd par l'oxidation une grande quantité. Dans ces divers cas, le fer brûle seulement avec dégagement de calorique; mais si on le fond, et qu'on le mette en contact avec l'atmosphère, il brûle avec une grande intensité de lumière. Il est, pour ainsi dire, inutile d'observer que le calorique provient toujours du gaz oxigène.

*Etat naturel.* — Le fer existe sous quatre états différens: à l'état natif, d'oxide, combiné avec les corps combustibles, et à l'état de sels. Nous ne devons maintenant considérer que le fer à l'état natif.

1° *Fer natif.* Tantôt on le trouve dans des filons, enveloppé d'oxide de fer et de divers sels, et tantôt en masses considérables, isolées et situées à la surface de la terre, le plus souvent loin de toute espèce de mine de fer.

Le fer natif en filon existe, d'après M. Schreiber, dans la montagne d'Oulle, près Grenoble. Il affecte la forme de stalactites rameuses (*a*), et il est enveloppé d'oxide de fer, d'argile et de quartz. Il en existe aussi à cet état, d'après M. Karsten, à Kamsdorf, en Saxe. Il est situé au milieu d'oxide de fer, de carbonate de fer et de sulfate de barite: il paraît qu'il n'est pas pur. M. Klaproth,

---

(*a*) Les stalactites sont des concrétions qui se forment ordinairement à la voûte des grottes ou cavités souterraines. Elles proviennent de l'infiltration des eaux qui s'évaporent, et déposent par couches successives les matières qu'elles tiennent en dissolution.

qui en a fait l'analyse, l'a trouvé combiné avec 0,06 de plomb et 0,015 de cuivre : aussi est-il cassant.

Bergman, dans sa Géographie physique, parle d'un fragment de fer natif en filets malléables trouvé dans une gangue de grenat brun de Steinbach, en Saxe.

Enfin, M. Proust dit aussi avoir trouvé des parcelles de fer natif dans des échantillons de sulfure de fer d'Amérique.

On voit donc que cette sorte de fer natif est très-rare : voilà pourquoi son existence est encore douteuse pour quelques minéralogistes. Ce qui tend à fortifier les doutes qu'on peut avoir à cet égard, c'est que celui dont parle M. Karsten est un véritable alliage, et qu'il est possible que les autres soient dans ce cas.

S'il est permis d'élever des doutes sur la première sorte de fer natif, on ne saurait en élever sur la seconde, c'est-à-dire sur le fer natif en masses isolées.

Le fer natif en masse n'est pas seulement remarquable par son gissement, il l'est encore, parce qu'il est caverneux, que les trous dont il est criblé contiennent une matière vitreuse, et qu'on n'aperçoit aucune trace de scories à sa surface, ni sur le terrain où il est situé. Il est beaucoup moins rare que le fer natif en filons. Une masse de fer natif du poids de 1500 myriagrammes a été trouvée dans une immense plaine de l'Amérique méridionale, près de *Saint-Yago*, dans le Tucuman, et dans un lieu nommé *Olumpa*. Elle est en partie enfoncée dans une terre argileuse. Le fer qui la compose contient une très-petite quantité de nickel; il est très-malléable.

D'après M. Humboldt, il existe aussi au Pérou et au Mexique, près de *Toluca*, des masses de fer natif, semblables à la précédente. On voit maintenant dans la collection de l'académie des sciences, à Saint-Péters-bourg, une autre masse de fer natif, du poids de 60 myriagrammes, qui a été trouvée en Sibérie, près des Monts-Kemir. Les Tartares la croyaient tombée du ciel, et la regardaient comme sacrée. Le fer qui la compose est blanc et très-malléable, et contient, d'après Klaproth, 0,015 de nickel.

Sous le pavé de la ville d'Aken, près de Magdebourg, on a découvert une masse de fer natif de 800 myria-grammes, dont le fer, selon M. Chladni, avait les qua-lités de l'acier.

Enfin on en a trouvé une en Bohême, qui est sem-blable à celle de Sibérie; et Valérius rapporte qu'il en existe une en Afrique, qui est immense, et que les Maures exploitent : il suffit d'en forger le fer pour pou-voir l'employer.

Pendant long-temps, on n'a su quelles conjectures former sur l'origine de ces masses; mais aujourd'hui on est porté à croire qu'elles sont tombées de l'atmos-phère. Cette opinion est fondée sur leur gissement, et sur la certitude acquise dans ces derniers temps, qu'il tombe véritablement des pierres de l'atmosphère, qui toutes contiennent du fer métallique et du nickel (a).

---

(a) *Pierres dont la chute a été observée depuis* 1785.

Pierres tombées dans la Principauté d'Eichstaedt......... 1785
Pierres tombées en France............................. 1788
Pluie de pierres 1° à Barbouton près Roquefort ; 2° aux en-
virons d'Agen.................................... 1790
Pierres tombées 1° à Castel-Berardenga ; 2° à Mercabilly.. 1791
Douze pierres tombées à Sienne....................... 1794
Pierre de 28 kilog., tombée à Wold-Cottage, comté d'Yorck. 1795
Pierre de 5 kilog., tombée en Portugal................. 1796

*Extraction et Usages.* — C'est de l'oxide de fer qu'on extrait le fer, en calcinant cet oxide avec le charbon. Les usages du fer sont trop connus pour être décrits en détail. Nous remarquerons seulement que c'est, de tous les métaux, le plus employé et le plus utile ; qu'on s'en sert pour obtenir tous les autres, et en général tous les produits des arts.

| | |
|---|---|
| Pierre de 10 kilog., tombée à Salé. ....................... | ⎱ 1798 |
| Pierre tombée à Bialoczerkew........................... | ⎰ |
| Pluie de pierres à Benarès............................ | |
| Pluie de pierres à Laigle ........................... | ⎱ 1803 |
| Pierres tombées 1º à Saurette ; 2º à Egenfield. ............ | ⎰ |
| Pierres tombées près Glascow............ ............ | 1804 |
| Pierres tombées 1º près Doroninsk ; 2º dans Constantinople. | 1805 |
| Pierres tombées près Alais........................... | 1806 |
| Pierres tombées 1º à Juchnow ; 2º à Weston en Amérique. | 1807 |
| Pierres tombées 1º à Borgo - Santo - Denino ; 2º près Saunern ; 3º près Lissa.................. ................ | ⎱ 1808 ⎰ |
| Pierres tombées dans les parages des Etats-Unis. ......... | 1809 |
| Pierres tombées à Charsonville...................... ..... | 1810 |
| Pierres tombées 1º près Pultawa ; 2º à Berlanguillas ; 3º à la Chardière..................................... .. | ⎱ 1811 ⎰ |
| Pierres tombées 1º près Toulouse ; 2º à Magdebourg....... | 1812 |

Toutes ces pierres, ainsi que celles qui sont tombées avant 1783, ont le même aspect. Leur couche extérieure est noire et fritée, tandis que leurs couches intérieures sont d'un blanc grisâtre et parsemées de points brillans et métalliques. D'après les analyses de MM. Howard, Vanquelin, Klaproth, Laugier, etc., elles sont composées d'environ 50 de silice, 25 de fer presqu'entièrement oxidé, 5 à 6 de magnésie, 4 à 5 de soufre, 2 à 3 de nickel métallique, 1 à 2 de manganèse probablement oxidé, 1 à 2 de chrôme probablement oxidé. Une seule contenait 2 à 3 de charbon, outre tous ces principes ; c'est celle qui a été trouvée à Alais. Cette pierre était noire dans toutes ses parties, et avait absolument l'aspect du charbon de terre. (Voyez Lithologie atmosphérique de M. Izarn, et les Annales de Chimie, le Catalogue chronologique des chutes de pierres, par M. Bigot de Morongnes, membre de la Société des Sciences Physiques, etc., d'Orléans.)

*Historique.* — On ne sait point à quelle époque les hommes ont appris à extraire le fer et à le travailler. On voit qu'il a été connu de tous les peuples tant soit peu civilisés, et qu'il n'est inconnu qu'aux peuplades absolument sauvages. Dans un pays quelconque, on en consomme d'autant plus que la civilisation est plus avancée, par la raison toute simple qu'on exerce journellement de nouveaux arts, pour l'exercice desquels le fer est de première nécessité. Presque tous les chimistes ont fait des remarques plus ou moins précieuses sur le fer.

## De l'Étain.

144. *Propriétés.* — L'étain est solide, presqu'aussi blanc que l'argent. Il s'étend bien en lames et se tire mal en fil. Il a beaucoup plus de dureté et d'éclat que le plomb. Lorsqu'on le plie en différens sens, il fait entendre un craquement particulier que l'on a nommé le cri de l'étain. Sa pesanteur spécifique est de 7,291. On ne l'a point encore obtenu en cristaux réguliers.

L'étain est un des métaux les plus fusibles; il entre en fusion à 210 degrés de chaleur; il n'est point volatil.

A une température élevée, l'étain a beaucoup d'action sur le gaz oxigène; il absorbe ce gaz avec rapidité, et il en résulte un oxide plus ou moins blanchâtre. L'expérience peut être faite facilement dans une petite cloche recourbée, comme il a été dit (132). Seulement, au lieu d'opérer sur le mercure, il faut opérer sur l'eau, parce qu'en faisant passer l'étain à travers le mercure, il s'allierait en partie avec ce métal, en entraînerait une portion qui ne se vaporiserait point, et avec laquelle il formerait, par la fusion, une combinaison homogène.

L'action de l'étain sur l'air est moins vive que sur le gaz

oxigène; cependant, à une température très-élevée, il brûle avec lumière (*a*). On peut, par ce moyen, décomposer une quantité déterminée d'air, et en séparer sensiblement tout le gaz azote. Lorsqu'on ne se propose point de recueillir le gaz azote, il est inutile de faire l'expérience dans une petite cloche courbe; il vaut mieux la faire dans un têt. On met celui-ci dans un fourneau sur un cylindre de terre; on le porte peu à peu au rouge; on enlève de temps en temps avec une spatule la couche d'oxide qui recouvre le bain, et on finit, dans l'espace de quelques heures, par convertir 30 à 40 gramm. d'étain en oxide. Dans cette opération, l'étain peut augmenter de plus du tiers de son poids. Dès qu'il est fondu, l'oxidation commence à avoir lieu.

L'étain à la température ordinaire n'a sensiblement d'action, ni sur le gaz oxigène, ni sur l'air sec; il n'agit même pas sur ces gaz humides, ou du moins il les attaque à peine : aussi conserve-t-il presque tout son brillant métallique dans son contact avec l'atmosphère. Pour peu qu'il contienne de plomb, il devient au contraire promptement terne.

*Etat naturel.* — L'étain se trouve sous deux états dans la nature, à l'état d'oxide et à l'état de sulfure. Quelques minéralogistes ont prétendu qu'on le trouvait à l'état natif, et ils ont cité, en faveur de leur opinion, des masses friables remplies de grains d'étain malléable, qui ont été découvertes en Cornouailles et à Epieux, près Cherbourg; mais on a regardé cet étain comme un produit de l'art, enfoui depuis long-temps dans la terre.

_____

(*a*) L'étain en feuilles dont on se sert pour mettre les glaces au tain, brûle même en s'entourant d'une faible auréole lumineuse, lorsqu'on l'approche de la lumière d'une chandelle.

*Extraction.* — Le sulfure d'étain étant très-rare, et contenant toujours une grande quantité de cuivre, on n'exploite des deux espèces de mines d'étain connues jusqu'ici, que celle qui est à l'état d'oxide, et qui, en Angleterre, dans l'Inde, etc., se trouve sous la forme de filons puissans et riches. On la traite par le charbon à une haute température. C'est une des mines qu'il est le plus facile d'exploiter. ( Voyez le procédé qu'on suit (1155.)

*Usages.* — On se sert de l'étain, 1°. pour mettre les glaces au tain; 2°. pour étamer le cuivre; pour faire l'alliage des cloches et des canons; 3°. pour faire le muriate d'étain; 4°. pour préparer l'or mussif ou oxide d'étain sulfuré; 5°. pour faire la potée d'étain ou oxide d'étain avec lequel on polit en partie les glaces; 6°. pour faire la soudure des plombiers; 7°. pour faire divers vases et instrumens.

*Historique.* — Il paraît que l'étain est un des premiers métaux connus. Le plus estimé dans le commerce est celui des Indes; c'est le seul qui soit pur. Les étains d'Allemagne et d'Angleterre contiennent toujours un peu de plomb et de cuivre; ils sont beaucoup moins ductiles que l'étain de Banca, de Malaca, et ne peuvent, par cette raison, être employés pour mettre les glaces au tain. Margraff, en 1746, avait cru que certains étains contenaient une grande quantité d'arsenic, et qu'en conséquence il était dangereux d'en faire des ustensiles de cuisine. ( Mémoires de l'Académie de Berlin, pour 1746 et 1747.) Cette opinion n'était point fondée, et c'est ce que prouvèrent les expériences de Bayen et de Charlard. Ayant été chargés, en 1781, par le lieutenant-général de police, de faire des recherches sur ce sujet, ils s'assurèrent que les étains de Banca et de Malaca ne contenaient pas un atôme d'arsenic, et que les autres espèces d'étain en contenaient tout au plus $\frac{1}{600}$ de leur poids, et souvent moins, quantité incapable de donner des qualités vénéneuses à l'étain.

## Des Métaux de la quatrième Section.

Les métaux de la quatrième section sont ceux qui ne décomposent l'eau ni à froid ni à chaud, qui absorbent le gaz oxigène à une température plus ou moins élevée, et dont les oxides sont réductibles par l'électricité et divers corps combustibles, et irréductibles par la chaleur seule. On les partage en deux parties. Dans la première, on place ceux qui sont susceptibles de s'acidifier; et dans la seconde, ceux qui ne peuvent former que des oxides. Les premiers sont au nombre de cinq : l'arsenic, le molybdène, le chrôme, le tungstène et le columbium. Les seconds sont au nombre de huit : l'antimoine, l'urane, le cerium, le cobalt, le titane, le bismuth, le cuivre, le tellure.

### De l'Arsenic.

145. *Propriétés.* — L'arsenic est solide, gris d'acier, fragile; brillant lorsque sa cassure est récente, terne lorsqu'elle est ancienne; sa texture est grenue, et quelquefois un peu lamelleuse ou plutôt écailleuse. Frotté entre les mains, il leur communique une odeur sensible; il n'a pas de saveur. Sa pesanteur spécifique est de 8,308, selon Bergman.

Soumis à une chaleur d'environ 180°, sous la pression

atmosphérique, l'arsenic se sublime lentement sans se fondre, et cristallise en tétraèdres. Au-dessous de 180°, sous la même pression, il se sublime sans se fondre encore, et d'autant plus rapidement, que le degré de chaleur est plus grand. C'est ce que l'on peut facilement prouver en remplissant de mercure une petite cloche de verre courbe, y faisant passer du gaz azote, introduisant des fragmens d'arsenic jusque dans la partie supérieure de cette cloche, et les chauffant avec la lampe à esprit de vin (*pl.* 20, *fig.* 3). En effet, bientôt on voit l'arsenic se volatiliser sans passer de l'état solide à l'état liquide, et donner lieu à une couche métallique extrêmement brillante, au milieu de laquelle on distingue une foule de petits cristaux. On n'obtient de gros cristaux qu'en opérant sur une centaine de grammes d'arsenic, faisant l'expérience dans une cornue de grès, et ménageant la sublimation (9).

Le seul moyen de fondre l'arsenic paraît être de le chauffer sous une pression beaucoup plus considérable que celle de l'atmosphère; une fois fondu, on peut le couler en lingots ou en lames; son degré de fusion est très-voisin de celui du tellure.

A la température ordinaire, l'arsenic n'agit sur le gaz oxigène et sur l'air qu'autant qu'ils sont humides (a); dans les deux cas, l'action est lente, et le produit qui se forme est un protoxide qui est noir. A une température élevée, l'arsenic agit fortement, au

---

(a) Cependant, ayant mis de l'arsenic bien brillant en contact avec du gaz oxigène et de l'air sec, il m'a semblé qu'au bout de 15 jours ce métal avait beaucoup perdu de son éclat, ce qui ne pourrait être dû qu'à une légère oxidation.

contraire, sur l'oxigène sec ou humide; il absorbe rapidement ce gaz, et il en résulte du deutoxide blanc qui se sublime, et un dégagement de calorique et de lumière bleuâtre. Son action sur l'air ne diffère de celle qu'il exerce sur le gaz oxigène, qu'en ce qu'elle est moins vive, et qu'il n'y a pas de lumière dégagée, ou très peu du moins. L'expérience se fait très-bien sur le mercure dans une petite cloche courbe. Lorsque le gaz et l'arsenic y sont introduits, il suffit de la chauffer légèrement avec la lampe à esprit de vin (*pl.* 20, *fig.* 3). On pourrait donc se servir de l'arsenic comme du zinc, et mieux encore, parce qu'il est très-volatil, pour décomposer complètement une certaine quantité d'air et en obtenir le gaz azote. Lorsqu'au lieu de faire l'expérience dans des cloches où l'oxide d'arsenic se condense, on la fait dans des vases ouverts, l'oxide se dégage dans l'air sous la forme de vapeurs blanches très-dangereuses à respirer, et y répand une odeur légèrement analogue à celle de l'ail ou du phosphore. On peut s'en convaincre sans danger en mettant quelques centigrammes d'arsenic en poudre sur un charbon rouge ou dans un creuset rouge.

*État naturel.* — L'arsenic se trouve sous quatre états dans la nature : à l'état natif, à l'état d'oxide, à l'état de combinaison binaire avec le soufre et plusieurs métaux, à l'état d'arseniate.

L'arsenic natif ressemble à l'arsenic retiré des mines arsenicales, si ce n'est qu'il est moins pesant ; car, suivant Brisson, il ne pèse que 5,72 à 5,76. Il est tantôt en masses formées de lames qui se recouvrent à la manière de celles qui forment les coquilles ; tantôt sous forme de couches minces, présentant le brillant métallique; tantôt sans forme prononcée. On n'en trouve jamais, ou très-rarement du moins, en filons. Il accompagne ordinairement les mines de sulfure d'argent, de carbonate de fer, d'arseniure de nickel, de cobalt. Il n'en existe que dans les montagnes primitives. Il en existe particulièrement en France, à Sainte-Marie-aux-Mines, en gros mamelons; en Saxe, à Freyberg; en Bohême, à Joachimstal; en Angleterre, dans les mines de Cornouailles; en Sibérie, dans la mine d'argent de Zmeof.

On le trouve encore en d'autres lieux : il n'est donc pas rare, mais il n'est presque jamais pur; il contient, la plupart du temps, un peu de fer, et quelquefois même de l'or et de l'argent.

*Extraction.* — On se procure de l'arsenic pur en calcinant l'arsenic qu'on trouve dans le commerce sous la forme de masse cristalline et noirâtre. A cet effet, on met deux à trois cents grammes d'arsenic du commerce dans une cornue de grès à long col; on la dispose dans un fourneau à réverbère, de manière que tout le col soit presque hors du fourneau; on la bouche avec un bouchon légèrement troué, et on la chauffe peu à peu jusqu'au rouge : l'arsenic se sublime, se condense et se moule dans le col; tandis que le fer, ou autres matières que l'arsenic contient, restent au fond de la cornue. Lorsque la cornue est refroidie, on en casse le col; on en retire l'arsenic, et on le conserve dans des flacons à larges ouvertures et bouchés à l'émeri : s'ils étaient bouchés avec du liége, l'arsenic se ternirait, parce que l'air serait toujours plus ou moins humide.

Quelquefois on extrait encore, dans les laboratoires, l'arsenic de l'oxide blanc d'arsenic, en en faisant une pâte avec du savon, et la calcinant dans l'appareil précédent ; mais ce procédé, dont il sera question (583), est beaucoup plus long, et moins commode à pratiquer que l'autre.

*Usages.* — On allie l'arsenic au platine et au cuivre pour faire les miroirs de télescope. On ne s'en sert d'ailleurs que pour faire périr les mouches : à cet effet, on met 15 à 20 grammes d'arsenic en poudre avec de l'eau ; celle-ci oxide l'arsenic par l'oxigène de l'air qu'elle contient, et en dissout assez pour tuer les mouches qui la boivent.

*Historique.* — Il paraît que Brandt, en 1733, est le premier qui ait considéré l'arsenic comme un métal particulier. Il a été étudié successivement surtout par Macquer, en 1746; Monnet, en 1773 ; Schéele, en 1775 ; Bergman, en 1777.

## Du Molybdène.

146. *Propriétés.* — Comme on n'a encore pu obtenir le molybdène qu'en petits grains agglutinés ensemble, parce qu'il est très-difficile à fondre, les propriétés physiques n'en sont pas bien connues. On ne sait point s'il possède le brillant métallique à un haut degré; on n'est point d'accord sur sa couleur ; on sait seulement qu'il est solide, fixe, cassant. Selon Hielm, sa pesanteur spécifique est de 7,400. (Thomson, tom. 1er, p. 461, trad. franç.)

Le molybdène résiste au feu de nos meilleures forges. Il est très-probable qu'à la température ordinaire, il n'a aucune action ni sur le gaz oxigène, ni sur l'air privés d'humidité : on ignore s'il en aurait une sur ces gaz humides. Lorsqu'on fait rougir le molybdène à l'air

libre, il se convertit en un acide blanc qui se sublime:
il suit de là, qu'à la température rouge, il peut absorber le gaz oxigène, et donner naissance à cet acide.
L'expérience peut être faite dans un tube de porcelaine,
au moyen de deux vessies, l'une pleine d'air ou de gaz
oxigène, et l'autre vide.

*État naturel.* — On n'a encore trouvé le molybdène
qu'à l'état de sulfure, et qu'à l'état de molybdate de
plomb. Ces deux mines sont très-rares.

*Extraction.* — C'est du sulfure de molybdène qu'on
extrait le molybdène, parce que ce sulfure est moins
rare que le molybdate de plomb, et qu'il est plus facile
à traiter. On ne prépare ce métal qu'en très-petite
quantité.

*Usages et historique.* — Le molybdène est sans
usages. Ce métal était inconnu avant 1778; par conséquent, on ne connaissait pas à une époque antérieure la
composition du sulfure de molybdène naturel. On appelait alors cette mine, mine de plomb, pour la distinguer du carbure de fer qu'on désignait aussi sous ce
nom. Cronstedt lui donna le nom de molybdène. Quist
fit le premier un travail assez remarquable sur la molybdène (premier volume des Mémoires de Schéele,
page 240, traduct. franç.); il y découvrit du soufre:
Schéele en fit un plus remarquable encore, d'où il
conclut que la molydène était composée d'un acide neu-
tralisé par le soufre. (Premier volume des Mémoires
de Schéele, page 236, traduct. franç) Bergman, per-
suadé que cet acide devait être de nature métallique,
engagea Hielm à faire des recherches à ce sujet Hielm,
en 1782, obtint le métal présumé par Bergman, et lui
conserva le nom de molybdène. Ensuite Pelletier

(Journ. de phy., décembre 1785 ); Heyer ( Journ. de phys. 1787); Hatchett (Transact. philos. 195 , 323 ), firent de nouvelles recherches sur le molybdène, et en examinèrent les propriétés.

## *Du Chrôme.*

147. *Propriétés.* — Le chrôme est solide, très fragile, d'un blanc grisâtre ; comme il est très-difficile à fondre, on ne l'a encore obtenu qu'en masse poreuse , formée en certains points de grains serrés, et en d'autres d'aiguilles cristallisées qui se croisent en tout sens. On ignore quelle est sa pesanteur spécifique.

Le chrôme est au moins aussi réfractaire que le molybdène. Il est probable qu'à la température ordinaire, il n'est altéré ni par le gaz oxigène, ni par l'air secs, et qu'à cause de sa forte cohésion, il n'a même pas d'action sur ces gaz humides. A une température rouge, il est susceptible d'absorber le gaz oxigène, et de décomposer l'air ; au-dessous de cette température, il ne l'absorbe que très-lentement, ce qui est encore un effet de la cohésion. Il résulte de l'absorption du gaz oxigène par le chrôme, un oxide vert, et sans doute un dégagement de calorique ; mais point de dégagement de lumière. Il est impossible de faire l'expérience dans une cloche de verre; cette cloche fondrait : on la fait dans un tube de porcelaine, au moyen de deux vessies, l'une vide, et l'autre pleine de gaz oxigène (*pl.* 23, *fig.* 3), ou bien dans un têt qu'on expose à l'air libre, à une température très-élevée.

*Etat naturel et extraction.* — On ne trouve le chrôme qu'à l'état de chrômate de plomb et qu'à l'état

d'oxide, tantôt pur, tantôt combiné avec l'oxide de fer.
Il n'est commun que sous ce dernier état. C'est de l'oxide
de chrôme qu'on extrait le chrôme, en calcinant cet
oxide avec le charbon, à une très-haute température.
Ce métal est sans usages et difficile à traiter ; on ne le
prépare qu'en très-petite quantité (534).

*Historique.* — Le chrôme a été découvert par
M. Vauquelin, en 1797, dans le chrômate de plomb.
(Annales de Chimie, tomes 25 et 26). Nous lui devons
presque tout ce que nous savons sur ce nouveau métal.
MM. Klaproth ; Mussin-Puschkin ( Ann. de Chimie,
tom. 32, 33, 34 ) ; M. Gmelin (Ann. de Chimie, t. 34),
et M. Godon ( Ann. de Chimie, t. 53 ), ont répété les
expériences de M. Vauquelin, et y ont fait quelques
additions.

### Du Tungstène.

148. *Propriétés.* — Le tungstène est solide, très-
dur, à peine attaquable par la lime ; cassant, brillant,
blanc grisâtre comme le fer ; il est presque aussi difficile
à fondre que le molybdène : aussi ne l'a-t-on point encore obtenu en culot bien formé. Selon MM. D'Elhuyart, sa pesanteur spécifique est 17,6.

Le tungstène est infusible, ou plutôt résiste au feu de
nos meilleures forges. A la température ordinaire, il
n'a aucune action sur le gaz oxigène et sur l'air secs ;
on ignore s'il en a sur ces gaz humides. Lorsqu'on fait
rougir le tungstène à l'air libre, il s'oxide et devient brun.
Il suit de là qu'à une température élevée, il absorbe le
gaz oxigène. L'expérience peut être faite comme celle
qui a été décrite (132).

*Etat naturel, Extraction, Usages.* — On trouve
le tungstène à l'état de tungstate de chaux et de

tungstate de fer. Le tungstate de chaux est très - rare ; le tungstate de fer l'est beaucoup moins. C'est de celui - ci qu'on extrait le tungstène. Cette extraction ne se fait que dans les laboratoires, et seulement pour étudier les propriétés de ce métal, qui est sans usages.

*Historique.* — En 1781, Schéele analysa un minéral connu sous le nom de tungstène, ou pierre pesante. Ce minéral est le tungstate de chaux naturel. Il conclut de son analyse qu'il était formé de chaux et d'un acide. (Deuxième Partie des Mémoires de Schéele, p. 81, traduction française.) Bergman regarda cet acide comme devant être de nature métallique (*ibid*, page 94) ; ce qui fut bientôt démontré par les frères D'Elhuyart. (Recueil de l'Académie Royale des Sciences de Toulouse, tome 2, page 141 ; et Journal de Physique, tome 25, pages 316 et 469.)

### Du Colombium.

149. *Propriétés.* — On ne connaît aucune des propriétés physiques du colombium, parce qu'on n'a point encore pu le fondre. On ne l'a obtenu jusqu'ici qu'à l'état pulvérulent, noir et sans brillant métallique. Il est probable que, sous cet état, le colombium est complètement réduit.

Le colombium est infusible, ou plutôt résiste au feu de nos meilleures forges. A la température de l'atmosphère, il n'a sans doute aucune action, ni sur le gaz oxigène, ni sur l'air secs ; on ignore s'il en a sur ces gaz humides. Il est probable qu'en faisant rougir le colombium à l'air libre, il s'oxiderait et deviendrait blanc. S'il en était ainsi, on en conclurait qu'à une température élevée, il serait capable d'absorber le gaz oxigène.

*Etat naturel.* — On ne trouve le colombium qu'à l'état d'acide, tantôt combiné avec un peu d'oxide de fer et de manganèse, tantôt avec de l'oxide d'yttrium ou de l'yttria. Ces minéraux sont rares. (Voyez (588) acide colombique.).

*Extraction.* — On commence par retirer de l'une des mines précédentes l'acide colombique qui est blanc et insoluble; ensuite on le calcine fortement avec du charbon : c'est alors qu'on obtient le colombium en poudre noire (1155).

*Historique.* — Le colombium, qui rappelle le nom de Christophe Colomb, a été découvert, en 1801, par M. Hatchett, dans un minéral venant d'Amérique. (Annales de Chimie, tomes 41, 42, 44). Peu de temps après, M. Ekeberg ayant analysé des minéraux de Suède, y trouva un métal qui lui sembla différent de ceux qui étaient connus jusqu'alors, et l'appela tantale. (Annales de Chimie, tomes 43 et 48). Pendant plusieurs années, on regarda le colombium et le tantale comme deux métaux différens. M. Wollaston prouva, en 1809, qu'ils étaient identiques. (Annales de Chimie, tome 76).

### De l'Antimoine.

150. *Propriétés.* — L'antimoine est solide, blanc bleuâtre, très-brillant, très-cassant, facile à réduire en poudre; frotté entre les doigts, il leur communique une odeur sensible; sa texture est lamelleuse. On peut l'obtenir cristallisé en cubes. Sa pesanteur spécifique est de 6,7021.

L'antimoine entre en fusion au-dessous de la chaleur

rouge ; d'où il suit qu'on peut le fondre dans toute sorte de creuset de terre. Lorsqu'il est fondu et qu'on le laisse refroidir peu à peu, il se prend en un culot qui présente à sa surface une cristallisation que les anciens chimistes ont comparée pour la forme aux feuilles de fougère. Il n'est point volatil ; du moins chauffé dans une cornue de grès dont le col est muni d'un tube pour prévenir l'accès de l'air, et dans un fourneau à réverbère dont le feu est activé par un tuyau d'un mètre de hauteur, il ne se volatilise point. On trouve tout au plus, après deux heures de feu, quelques grains d'antimoine attachés à la voûte de la cornue, et dont la sublimation est facile à concevoir d'après ce qui a été dit en note (131).

Son action sur le gaz oxigène et l'air atmosphérique privés d'humidité, est nulle à la température ordinaire ; elle est à peine sensible sur ces gaz, même lorsqu'ils sont humides : cependant il est probable qu'elle donne lieu à une légère oxidation ; car il est constant que l'antimoine perd un peu de son brillant à l'air libre. A une température élevée, l'antimoine absorbe facilement le gaz oxigène. Il en résulte un oxide blanc volatil, et un dégagement de calorique et de lumière. L'expérience peut être faite sur le mercure dans une cloche courbe ( *pl.* 20, *fig.* 3 ) ; mais il est nécessaire de porter la cloche jusqu'au rouge brun. On peut aussi par ce moyen décomposer l'air par l'antimoine, pourvu qu'on renouvelle la surface du métal avec une tige. Toutefois la combustion a lieu alors sans dégagement de lumière ; elle ne peut être vive qu'autant que l'antimoine est rouge et qu'on renouvelle l'air. On produit cette vive combustion en faisant rougir fortement quelques grammes d'antimoine dans un petit creuset, et le versant de 12 à 15 décimètres de haut sur le carreau ou sur une table ; l'antimoine se di-

vise en une foule de petits globules rouges qui partent
d'un centre commun, se projettent dans tous les sens,
brûlent rapidement en traversant l'air, y répandent
beaucoup d'oxide d'antimoine en vapeur et se solidifient.
Lorsqu'on répète cette expérience, il ne faut agir tout
au plus que sur 8 ou 10 grammes de métal, et s'élever
un peu au-dessus du sol, pour n'être point atteint par
les petits globules enflammés. Si, après avoir fait rougir
l'antimoine, on se contente de le mettre en contact avec
l'air dans le creuset dont nous avons parlé, il y a formation de beaucoup d'oxide qui se volatilise et apparaît
sous la forme de vapeurs blanches; mais la combustion
est bien moins rapide que la précédente.

*État naturel.* — On trouve l'antimoine sous quatre
états : 1° à l'état natif; 2° à l'état d'oxide; 3° très-souvent
à l'état de sulfure; 4° rarement à l'état d'oxide sulfuré.

On trouve l'antimoine natif principalement à Andréasberg, au Hartz : il contient, d'après M. Klaproth,
0,01 d'argent et un atôme de fer; il a pour gangue
du quartz et du carbonate de chaux. On le trouve aussi
à Allemont, près de Grenoble, département de l'Isère
(Schreiber), et à Sahlberg en Suède (Shwab).

*Extraction.* — C'est du sulfure d'antimoine qu'on
extrait l'antimoine. Cette extraction se fait en grand,
et l'antimoine qui en provient se verse dans le commerce sous la forme de pains qui présentent à leur
surface, d'une manière bien remarquable, les formes
dont il a été question précédemment.

*Usages.* — On se sert de l'antimoine dans les phar-
macies et les drogueries pour faire, 1° le beurre ou
muriate d'antimoine; 2° le protoxide d'antimoine ou
fleurs d'antimoine; 3° un composé d'oxides d'antimoine
et de potassium, qu'on appelle antimoine diaphoré-

tique : on s'en sert aussi dans les arts, pour faire, en le combinant avec environ quatre fois son poids de plomb, l'alliage des caractères d'imprimerie.

*Historique.* — On ne sait pas à quelle époque l'antimoine a été découvert. Le premier chimiste qui ait décrit le procédé au moyen duquel on peut l'obtenir, paraît être Bazile Valentin, dans un ouvrage publié à la fin du quinzième siècle, et dont le titre est *Currus Triumphalis Antimonii.* Il est peu de chimistes qui n'aient fait des recherches sur ce métal. Les alchimistes surtout, qui le regardaient comme l'une des bases du grand œuvre, s'en sont beaucoup occupés.

## De l'Urane.

151. *Propriétés.* — L'urane est solide, gris foncé, très-brillant, cassant, facilement attaqué par la lime, et susceptible d'être entamé par le couteau. Sa pesanteur spécifique est de 8,7, selon M. Klaproth, et de 9,000, selon M. Bucholz. Cette différence de résultats tient à ce que jusqu'à présent, on n'a point encore pu obtenir l'urane bien fondu, et qu'on ne l'a jamais eu qu'en masse poreuse : aussi n'a-t-il point été possible de le faire cristalliser.

L'urane, exposé à nos plus violens feux de forge, éprouve à peine un commencement de fusion. Il est probable qu'à la température ordinaire, l'urane n'a aucune action ni sur le gaz oxigène ni sur l'air secs ; on ne sait pas s'il en a sur ces gaz humides. Lorsqu'on le fait rougir à l'air libre dans un têt, il s'embrase et passe à l'état d'un oxide qui est noirâtre.

*État, extraction et usages.* — On n'a encore

trouvé l'urane qu'en petite quantité ; il est toujours à l'état de protoxide et [de peroxide. C'est en calcinant fortement ces oxides avec le charbon , après les avoir séparés des matières qui les altèrent , qu'on obtient l'urane. Ce métal est sans usage.

*Historique.* — L'urane a été découvert par M. Klaproth, en 1789, dans un minéral qu'on appelait *pechblende*. Ce minéral, qui est noirâtre et qu'on trouve dans la mine de Georges Wagsfort, à Johann-Georgen-Stadt, en Saxe, avait été regardé successivement comme une mine de zinc, de fer et de tungstène. C'est à MM. Klaproth et Bucholz que nous devons ce que nous savons sur les propriétés de l'urane. ( Voyez Mémoires de M. Klaproth, tome 2, et Annales de Chimie, tome 56 ).

### Du Cerium.

152. *Propriétés.* Le cerium est solide, très-cassant, lamelleux, blanc grisâtre. On n'a point encore pu prendre sa pesanteur spécifique, parce qu'on n'a pas encore pu l'obtenir en culot.

Il est presque infusible ; cependant on parvient à en sublimer de petites portions. Il est probable qu'à la température ordinaire, il n'a d'action ni sur le gaz oxigène ni sur l'air secs ; on ignore s'il en a sur ces gaz humides. Lorsqu'on le fait rougir à l'air libre, il s'oxide et devient blanc : il suit de là qu'à une température élevée, il absorbe le gaz oxigène.

*Etat naturel.* — On ne l'a encore trouvé qu'à l'état d'oxide combiné avec la silice et l'oxide de fer, dans la mine de cuivre de Bastnaès, à Riddarhyta en Suède ;

et avec ces deux substances , la chaux et l'alumine , au Groenland.

*Extraction.* — On n'extrait le cerium que pour en étudier les propriétés. A cet effet, après avoir purifié son oxide, on le traite par le charbon à une haute température. Ce métal est sans usage.

*Historique.* — Le cerium a été découvert par MM. Hisinger et Berzelius , dans la Cérite, en 1804 ; ils en ont étudié les propriétés avec beaucoup de soins ( Ann. de Chimie, tom. 4, page 145). MM. Klaproth et Vauquelin en ont aussi fait une étude particulière ( Ann. d'Histoire natur., tom. 5, page 405 , et Ann. de Chimie, tom. 50, page 140 ).

## Du Cobalt.

153. *Propriétés.* — Le cobalt est solide, dur et cassant ; on prétend qu'il est légèrement ductile à chaud ; son grain est fin et serré ; sa couleur est un peu moins blanche que celle de l'étain ; sa pesanteur spécifique est de 8,5384. On ne l'a point encore obtenu cristallisé, sans doute parce qu'il est très-difficile à fondre : il est magnétique, mais moins que le fer.

Le cobalt fond à peu près au même degré de feu que le fer, à environ 130° pyromètre de Wedgewood ; il n'est point volatil ; il n'a point d'action à la température ordinaire ni sur le gaz oxigène, ni sur l'air secs ; son action sur ces gaz humides est indéterminée. A une température élévée, il se combine avec le gaz oxigène, en donnant lieu à la formation d'un oxide noir et à un dégagement de calorique ; il agit sur l'air, à cette dernière température, de la même manière que sur le gaz oxigène. L'expérience doit être faite comme il est dit (132).

*Etat naturel.* — On trouve le cobalt sous trois états dans la nature : à l'état d'oxide ; combiné avec plusieurs corps combustibles, et particulièrement avec l'arsenic, le fer, le nickel, le soufre ; à l'état de sulfate et d'arseniate.

*Extraction.* — C'est principalement de la mine de cobalt de Tunaberg qu'on extrait le cobalt, parce qu'elle est plus riche en cobalt, plus pure et plus aisée à traiter que les autres : elle est composée de cobalt, d'arsenic, de fer et de soufre ; on en retire le cobalt à l'état d'oxide ; puis on calcine cet oxide avec le charbon.

*Usages et historique.* — Le cobalt est sans usages. Quoiqu'on employât, dès le quinzième siècle, la mine de cobalt grillée pour colorer le verre en bleu, il paraît que ce n'est qu'en 1733 qu'on a su qu'elle contenait un métal particulier. Brandt paraît être l'auteur de cette découverte. Ensuite Lehman en 1761, Bergman en 1780, M. Tassaert en 1798 (Ann. de Chimie, t. 28), M. Vauquelin en 1800 (Journal des Mines), et quelques autres chimistes, firent successivement des recherches sur ce métal.

## Du Titane.

154. *Propriétés.* Les propriétés physiques du titane ne sont pas mieux connues que celles du molybdène, parce que jusqu'à présent on n'est point parvenu à le fondre. On ne l'a encore obtenu que sous la forme de pellicule friable, d'un rouge plus foncé que le cuivre. Ces pellicules, qui sont assez brillantes, paraissent être le titane à l'état métallique. On pourrait donc dire que le titane est solide, brun rouge et cassant.

Le titane est infusible, ou plutôt il résiste au feu de

nos meilleures forges. Il est probable qu'à la température ordinaire, il n'a aucune action ni sur le gaz oxigène, ni sur l'air secs ; on ne sait pas s'il en a sur ces
gaz humides. Lorsqu'on le fait rougir à l'air libre, il
s'oxide et devient bleu. Il suit de là qu'il peut absorber
le gaz oxigène à une température élevée.

*Etat naturel.* — On n'a encore trouvé le titane qu'à
l'état d'oxide. Cet oxide est rarement pur ; il est presque toujours combiné soit avec l'oxide de fer, soit avec
la silice et la chaux. On trouve des mines de titane en
un assez grand nombre de lieux, mais jamais en grande
quantité..

*Extraction et usages.* — C'est en séparant l'oxide de
titane des matières avec lesquelles il est naturellement
mêlé, et en le calcinant fortement avec le charbon,
qu'on obtient le titane. Ce métal est sans usage.

*Historique.* — M. Grégor, religieux de Menachan
en Cornouailles, analysa, en 1781, un fossile sa-
bloneux à grains gris. Il conclut de ses recherches que
ce fossile qu'il avait trouvé dans le vallon de la pa-
roisse de Ménachan, était composé de fer et d'oxide
d'un nouveau métal, auquel Kirwan donna le nom de
ménachine (Mém. de Chimie de Klaproth, tome 2,
page 70, trad. franç.; Journ. de physique, tome 39,
p. 72 et 52). Quoique les expériences de M. Grégor fussent
exactes, il paraît que peu de personnes y firent attention jusqu'en 1797. Mais à cette époque, M. Klaproth
ayant répété l'analyse de M. Grégor, en confirma les
résultats, et vit de plus que le nouveau métal découvert par M. Grégor, était le même que celui qu'il avait
trouvé, en 1795, dans le schorl rouge de Hongrie, et

qu'il avait désigné sous le nom de titane ( Mém. de
M. Klaproth, tom. 2, trad. franç. ). C'est à MM. Grégor, Klaproth, Vauquelin et Hecht ( Journ. des Mines,
n° 15 ), que nous devons presque tout ce que nous savons sur le titane.

### Du Bismuth.

155. *Propriétés.* — Le bismuth est solide, blanc
jaunâtre, très-cassant, facile à réduire en poudre; sa
structure est lamelleuse. C'est le métal qui cristallise le
plus facilement et le plus régulièrement. Ses cristaux sont
des cubes qui se disposent ordinairement, les uns par
rapport aux autres, de manière à former une pyramide
quadrangulaire renversée, dont chaque face présente un
*escalier.* Il faut que le bismuth soit bien pur, et surtout
ne contienne point d'arsenic, pour produire cette belle
cristallisation (a). On l'obtient cristallisé par le procédé
qui a été exposé (9). Sa pesanteur spécifique est de 9,822.

Le bismuth est un des métaux qui entrent le plus facilement en fusion; il paraît qu'il fond à environ 256°.
Ce métal est regardé comme volatil par quelques
chimistes; mais il ne l'est réellement point: du moins
lorsqu'on le chauffe très-fortement dans une cornue de
grès, on n'en trouve point dans le col après l'opération.

A la température ordinaire, le bismuth n'a point

(a) Le bismuth du commerce contient quelquefois de l'arsenic.
On peut le reconnaître à ce qu'il est en petites lames, et surtout à
ce qu'il ne se dissout point complètement dans un excès d'acide
nitrique, ou bien à ce qu'il donne lieu, en le traitant à chaud par
cet acide, à un précipité blanc insoluble, qui n'est autre chose que
de l'arseniate de bismuth.

d'action sur le gaz oxigène e sur l'air privés d'humidité; mais il en a une légère sur ces gaz humides, car il se ternit comme l'antimoine par leur contact.

A une température élevée, ce métal absorbe facilement le gaz oxigène ; l'absorption commence même à avoir lieu aussitôt qu'il entre en fusion. Il en résulte un oxide gris jaunâtre très-fusible, un dégagement de calorique, et de plus un dégagement de lumière, si la température est voisine du rouge brun. Il est probable qu'on pourrait faire l'expérience dans une cloche courbé (*pl.* 20, *fig.* 3 ); mais alors, au lieu d'opérer sur le mercure qui s'allierait au bismuth et ne se volatiliserait pas, il faudrait opérer sur l'eau, qui se dégage à la première impression du feu.

L'action du bismuth sur l'air à une température élevée, est la même que sur le gaz oxigène, sinon qu'elle est moins vive. Cependant, lorsqu'on fait l'expérience dans un creuset, et qu'on le fait fortement rougir, l'oxidation a lieu avec un faible dégagement de lumière bleuâtre. Il se forme dans ce cas un oxide jaune qui se vaporise et donne naissance à des vapeurs assez épaisses.

*Etat naturel.* — On trouve le bismuth sous trois états : 1º à l'etat natif ; 2º à l'état d'oxide ; 3º combiné tout à la fois avec le soufre et l'arsenic. Il est plus souvent sous ce dernier état que sous les deux autres.

Le bismuth natif est très-rare, car le minerai qu'on regarde souvent comme tel, n'est presque jamais qu'un composé de bismuth et d'arsenic. On trouve le bismuth natif ou allié à l'arsenic, en France, dans les mines de Bretagne, dans la vallée d'Ossan, dans les Pyrénées ; en Saxe, à Freyberg, à Schnéeberg; en Bohême, à

Joachimsthal; en Souabe, à Wittichen; en Suède, près
de Loos et de Lofasen, etc. Le bismuth natif est souvent
en filons, ou disséminé dans des filons de sulfure de
zinc, dargent natif, etc.

*Usages et Historique.* — On se sert du bismuth
pour faire le blanc de fard ou le sous-nitrate de bismuth. On ne sait pas précisément à quelle époque le
bismuth a été découvert. Aucun chimiste, excepté
Geoffroy le jeune (Mém. de l'Académie, 1753), n'a
entrepris de faire un travail complet sur ce métal.

## Du Cuivre.

156. *Propriétés.* — Le cuivre est solide, rouge jaunâtre, très-brillant; il acquiert de l'odeur par le frottement; c'est le plus sonore des métaux; c'est aussi l'un
des plus ductiles; on en fait des feuilles d'une grande
minceur, et des fils d'un très-petit diamètre; sa ténacité
est inférieure à celle du fer, mais plus grande que celle
du platine, de l'argent et de l'or, etc. La pesanteur spécifique du cuivre fondu est de 8,895. On ne l'a point
encore obtenu bien cristallisé.

Le cuivre n'est fusible qu'à un certain degré de chaleur au-dessus du rouge cerise, à 27° du pyromètre de
Wedgvood environ. On peut en opérer la fusion dans
un fourneau à réverbère ordinaire, surtout au moyen
d'un tuyau de poêle de douze à quinze décimètres de
hauteur. Il n'est pas volatil.

A la température ordinaire, l'action du cuivre sur
le gaz oxigène et sur l'air secs est nulle: il en a une très-
lente sur le gaz oxigène et sur l'air humides; il devient
terne dans ces deux cas; sa surface se recouvre dans le

premier d'une légère couche d'oxide, et dans le second d'une légère couche de carbonate, si toutefois l'air peut se renouveler (132).

A une température rouge, le cuivre absorbe d'une manière très-sensible le gaz oxigène. Il en résulte un oxide brun, et sans doute un dégagement de calorique; mais il n'en résulte aucun dégagement de lumière. Son action sur l'air est la même que sur le gaz oxigène, si ce n'est qu'elle est moins marquée.

Les expériences peuvent être faites dans un tube de porcelaine au moyen de deux vessies; mais celle qui est relative à l'oxidation du cuivre par l'air, doit être faite de préférence dans un têt, lorsqu'on ne se propose pas de recueillir le gaz azote de ce fluide.

*État naturel.* — On trouve le cuivre sous quatre états : 1° à l'état natif; 2° à l'état d'oxide; 3° combiné avec les corps combustibles, et surtout avec le soufre; 4° à l'état de sel.

Le cuivre natif est tantôt cristallisé, tantôt en masses, tantôt en lames, tantôt en grains. On trouve dans quelques lieux du cuivre à l'état métallique, qui provient évidemment des dissolutions de sulfate de cuivre décomposé par le fer; alors on l'appelle cuivre concrétionné ou de cémentation, pour le distinguer du cuivre natif proprement dit.

On trouve du cuivre natif en France, mais en petite quantité, dans les mines de Baygorry et de Saint-Bel, près Lyon. On en trouve au contraire abondamment dans les mines de Tournisky, en Sibérie (partie orientale des monts Ourals). Il en existe aussi d'assez grandes quantités dans la mine de Fahlun, en Suède; dans celles de

Cornouailles en Angleterre; dans les mines de Saxe; dans celles de Hongrie.

*Extraction.* — On extrait le cuivre principalement du sulfure de cuivre; car il s'en faut de beaucoup qu'on trouve assez de cuivre natif pour les besoins du commerce. On grille le sulfure : par ce moyen on en dégage le soufre à l'état de gaz acide sulfureux, et on oxide le cuivre; ensuite on calcine l'oxide de cuivre avec le charbon, etc., etc.

*Usages.* — On se sert du cuivre pour faire divers ustensiles: des chaudières, des casseroles, des baignoires, des tuyaux de poële. Réduit en lames, il est employé pour doubler les vaisseaux. Combiné avec le zinc dans le rapport de 75 à 25 environ, il forme le laiton ou cuivre jaune. En le calcinant avec le soufre, on obtient une partie du deuto-sulfate de cuivre, que l'on trouve dans le commerce. C'est l'un des signes représentatifs de tous les produits de notre industrie. La monnaie de cuivre est formée de cuivre pur; les autres sont formées d'argent, d'or et de cuivre. Le cuivre entre aussi dans la composition de tous les ustensiles, vases et ornemens d'or et d'argent. A l'état de pureté, ces deux derniers métaux sont trop mous pour conserver long-temps les formes qu'on leur donne; au lieu qu'en les combinant avec une petite quantité de cuivre, ils acquièrent de la dureté, et sont à l'abri de ce grave inconvénient.

## Du Tellure.

157. *Propriétés.* — Le tellure est solide, brillant, très-cassant, facile à réduire en poudre. Sa couleur tient le milieu entre celle de l'étain et l'antimoine. Sa struc-

ture est lamelleuse. Sa pesanteur spécifique est de 6,115.

Le tellure est un peu moins fusible que le plomb, et se recouvre de petites aiguilles en passant de l'état liquide à l'état solide. Lorsqu'on le soumet à une chaleur plus grande que celle qui est nécessaire pour le fondre, il bout, se volatilise, et se condense en gouttelettes. Ces diverses expériences peuvent facilement être faites dans une petite cloche courbe; on la remplit de mercure, on y fait passer du gaz azote ou hydrogène, on y introduit le tellure à travers le mercure, on chauffe avec la lampe à esprit de vin, et bientôt tous les phénomènes qu'on vient d'annoncer apparaissent ( *pl.* 20, *fig.* 3 ). Si la chaleur de la lampe n'est pas suffisante, on l'augmente au moyen de quelques charbons rouges que l'on dispose sur une grille, au-dessous de la partie courbe de la cloche.

Le tellure ne doit avoir aucune action à froid sur le gaz oxigène et sur l'air privés d'humidité. Il est probable que mis en contact avec ces gaz humides, il perdrait une partie de son brillant, deviendrait terne, et que sa surface s'oxiderait légèrement dans l'espace d'un certain nombre de jours (132).

A une température élevée, le tellure absorbe rapidement le gaz oxigène; il en résulte un oxide blanc volatil, et un grand dégagement de calorique et de lumière légèrement bleu verdâtre. On peut faire l'expérience sur le mercure dans une cloche courbe (132); mais on ne doit opérer que sur une très-petite quantité de tellure; sans cela, la cloche pourrait être brisée. L'action du tellure sur l'air à une température élevée est la même que sur l'oxigène, si ce n'est qu'elle est moins vive, et que la lumière qui se dégage est d'un bleu verdâtre plus foncé qu'avec l'oxigène. Lorsqu'on fait l'expérience dans une petite cloche courbe, le dégagement de lumière est très-faible ; cependant tout le gaz oxigène est sensiblement absorbé. Mais, lorsqu'on la fait dans un creuset à l'air libre, ou bien encore lorsqu'on creuse une petite cavité dans un charbon, qu'on y place le tellure, et qu'on y dirige la flamme d'une bougie avec un chalumeau, le dégagement de lumière est très-grand ; la combustion est même si rapide alors, parce que l'air se renouvelle et que la température est très-élevée, qu'il se forme comme une sorte de détonnation ; en même temps, l'oxide produit paraît dans l'air à l'état de vapeurs blanches, dont l'odeur est analogue à celle du radis noir.

*État naturel.* — On n'a encore trouvé le tellure que combiné ou mêlé avec différens métaux ; 1° avec le fer et l'or. Cette mine est composée de 925,50 de tellure, 72 de fer et 2,50 d'or. Elle existe en filons à Fatzebay en Transylvanie, dans les mines de Maria Loretto, où on l'exploite comme mine d'or. La quantité d'or y varie beaucoup, ainsi que dans toutes les autres mines de la Transylvanie. 2° Avec l'or et l'argent. Cette mine est composée de tellure 0,60, d'or 0,30, d'argent 0,10. On la trouve dans la mine François à Offenbanya en Transylvanie. On la connaît sous le nom d'or graphique. 3° Avec le plomb, l'or, l'argent et le soufre. Cette mine est d'une couleur blanche tirant sur celle du laiton, et composée de tellure 44,75, de plomb 19,50, d'or 26,75, d'argent 8,50, de soufre 0,50. 4° Avec le plomb, l'or, le soufre, le cuivre. Cette mine est feuilletée, d'un gris de plomb foncé, et composée de tellure 32,2, plomb 54, or 9, argent 0,5, cuivre 1,3, soufre 3. ( Mémoires de M. Klaproth. )

*Extraction et Usages.* — On extrait le tellure de
ses mines, en le faisant passer à l'état d'oxide, séparant
cet oxide des matières étrangères avec lesquelles il se
trouve mêlé, et le calcinant légèrement dans un creuset
ou dans une cornue avec du charbon. Le tellure étant
sans usages et ses mines étant rares, on ne s'en procure
jamais que de petites quantités.

*Historique.* — M. Muller de Reichenstein est celui
qui le premier a cru reconnaître l'existence d'un nouveau
métal dans les mines d'or de Transylvanie. Ses recherches,
qui datent de 1782, sont imprimées dans les Mémoires
de physique des Amis réunis à Vienne, publiés par
M. de Born. Craignant d'avoir commis quelque erreur,
M. Muller pria Bergman de répéter son analyse; mais
la quantité de mine sur laquelle le célèbre chimiste
d'Upsal opéra, ne lui permit pas de prononcer. Enfin,
M. Muller en réunit une nouvelle quantité et l'envoya à
M. Klaproth, qui s'en étant procuré d'ailleurs, et ayant
trouvé les principaux résultats de M. Muller exacts,
donna au nouveau métal le nom de tellure. C'est à
M. Muller et à M. Klaproth que nous devons tout ce
que nous savons sur le tellure. ( *Voyez* Mémoires de
M. Klaproth, tome 2, page 175, trad. franç.) Les expériences de MM. Muller et Klaproth ont été répétées
par différens chimistes avec succès, et surtout par
M. Vauquelin.

## Des Métaux de la cinquième Section.

Les métaux de la cinquième section sont ceux qui ne
décomposent l'eau ni à froid ni à chaud; qui absorbent
le gaz oxigène à une certaine température, et dont les

oxides sont réductibles par la chaleur seule. Ces métaux sont au nombre de quatre : le nickel, le plomb, le mercure et l'osmium (*a*).

## Du Nickel.

158. *Propriétés.* — Le nickel est solide, un peu moins blanc que l'argent; il est très-ductile ; on peut le réduire en lames et en fils. ( Ricther, Ann. de Chim. ) Sa pesanteur spécifique est de 8,666 lorsqu'il est forgé, et de 8,279 lorsqu'il n'a été que fondu. Il possède la vertu magnétique à un grand degré, mais moins que le fer. On en a fait des aiguilles aimantées. On ne l'a point encore obtenu cristallisé.

Le nickel est au moins aussi difficile à fondre que le manganèse, et cependant lorsqu'on en opère la réduction, il s'en volatilise une quantité très-sensible, à tel point qu'on en trouve des grains très-distincts attachés au couvercle du creuset. A la température ordinaire, son action sur le gaz oxigène et sur l'air privés d'humidité est nulle ; il est probable qu'il en exerce une légère sur ces gaz humides (132).

A une température rouge, le nickel absorbe avec assez de rapidité le gaz oxigène ; il en résulte un oxide vert et un dégagement de calorique. A cette même température, l'action qu'il exerce sur l'air est la même que celle qu'il exerce sur le gaz oxigène, si ce n'est qu'elle est moins forte. On constate facilement ces propriétés

---

(*a*) Nous observerons de nouveau qu'il n'est pas certain que le nickel et le plomb appartiennent à cette section, parce qu'il est douteux que leurs oxides soient réductibles par la chaleur seule.

du nickel dans un tube de porcelaine, à l'aide de vessies, etc. (132).

*Etat naturel.* — On n'a encore trouvé le nickel qu'à l'état d'oxide, et que combiné avec l'arsenic, le fer, le cobalt, le bismuth, le soufre. Sous le premier état, il est rare; il l'est beaucoup moins sous le second.

*Extraction et Usages.* — C'est de sa combinaison avec l'arsenic, etc., qu'on l'extrait. On l'obtient d'abord à l'état d'oxide; ensuite on l'obtient pur en calcinant fortement cet oxide avec le charbon. Quoiqu'on se procure facilement de la mine de nickel, on ne prépare que très-peu de nickel pur ou à l'état métallique, parce que la purification et la fusion sont longues et difficiles. Ce métal est sans usages; on a proposé de s'en servir pour faire des aiguilles aimantées, comme étant moins altérable que le fer; mais la difficulté de l'obtenir et la propriété qu'il a d'être moins magnétique, font qu'on préférera toujours l'acier.

*Historique.* — Cronstedt annonça le premier, en 1751 à 1754, l'existence du nickel dans le minéral que les mineurs appellent kupfernickel, ou faux cuivre, et qui porte encore aujourd'hui ce nom dans le commerce; minéral qui n'est autre chose qu'une combinaison de nickel, d'arsenic, de fer, de cobalt, de soufre. Quelques chimistes en ayant nié l'existence, et soutenant que le nickel était un alliage de cuivre et de fer, Bergman entreprit, en 1775, sur le kupfernickel, une suite d'expériences qui leva tous les doutes à cet égard (Bergman, tome 2, page 231). Depuis le travail de Bergman, il en a été fait plusieurs sur ce métal, qui nous ont fait connaître diverses propriétés échappées à ce savant chimiste; ces travaux sont de MM. Vau-

quelin, Proust, Bucholz, Richter, Tupputi, et de
quelques autres chimistes. (Voyez Annales de Chimie,
tomes 54, 55, 60, 78.) Les plus étendus sont ceux de
Richter et de M. Tupputi.

## Du Plomb.

159. *Propriétés.* Le plomb est solide, blanc bleuâtre, brillant ; frotté entre les mains, il leur communique une odeur sensible. C'est l'un des métaux les
plus mous : aussi est-il sans sonorité, et est-il rayé par
presque tous les autres corps, même par l'ongle : on
peut même s'en servir pour tracer des caractères sur le
papier. Le plomb est très-malléable ; mais il s'étend
plus facilement en lames qu'il ne se tire en fils. Sa ténacité est peu considérable. Sa pesanteur spécifique est
de 11,352. On ne l'a point encore obtenu en cristaux bien réguliers.

Le plomb est, après le mercure, le potassium, le sodium, l'étain et le bismuth, le métal le plus fusible.
Il entre en fusion à environ 260° de chaleur. Il n'est
pas sensiblement volatil.

L'action du plomb, à la température ordinaire, est
nulle sur le gaz oxigène et sur l'air privés d'humidité ;
elle est très-lente sur le gaz oxigène et sur l'air humides. Dans le premier cas, le plomb devient terne, et
sa surface se recouvre d'une très-légère couche d'oxide ;
et dans le second, l'oxide qui se forme passe à l'état de
carbonate, si toutefois l'air peut se renouveler (132).

A une température élevée, le plomb absorbe le gaz
oxigène avec assez de rapidité, et il en résulte un oxide
jaune et rouge, et un dégagement de calorique ; il agit

sur l'air de la même manière que sur le gaz oxigène, seulement avec moins de promptitude. Ces expériences peuvent être faites dans une petite cloche courbe (132); mais au lieu d'opérer sur le mercure qui s'allie au plomb, et qui ne se dégage pas par la chaleur, il faut opérer sur l'eau qui se volatilise à la première impression du feu : l'oxidation du plomb commence aussitôt qu'il entre en fusion.

Lorsqu'on veut oxider le plomb par l'air, et qu'on ne se propose pas de recueillir le gaz azote, ou d'apprécier l'absorption de l'oxigène par la diminution du volume de l'air même, on fait l'expérience dans un têt (501). On met le plomb dans ce têt ; on le place sur un cylindre de terre dans un fourneau ; on le fait rougir légèrement, et, de temps en temps, on met de côté, avec une spatule, l'oxide qui se trouve à la surface du bain. Dans l'espace de quelques heures, on oxide facilement une trentaine de grammes de plomb. L'oxide est jaune ; on pourrait l'obtenir rouge (554).

*État naturel.* — On trouve le plomb sous trois états; 1° à l'état d'oxide, mais rarement ; 2° souvent combiné avec les corps combustibles, et particulièrement avec le soufre ; 3°. à l'état de sel, de sulfate, de phosphate, de carbonate, de muriate, de chrômate, de molybdate, d'arseniate.

*Extraction.* — On extrait le plomb du sulfure. Cette extraction se fait en grand par divers procédés que nous exposerons par la suite (1155).

*Usages.* — Le plomb, en raison de sa grande abondance dans la nature, et de la facilité avec laquelle il se prête aux différentes formes qu'on veut lui donner, est un des métaux les plus employés. On s'en sert pour couvrir les maisons, pour construire des bassins, des conduits, de gouttières, des réservoirs, des chaudières, des chambres dans lesquelles on fabrique l'acide sulfurique. On l'emploie pour faire des balles, de la grenaille. Allié avec la moitié de son poids d'étain, il forme la soudure des plombiers. Combiné avec environ le quart de son poids d'antimoine, il constitue les caractères d'imprimerie. C'est en exposant le plomb à la vapeur du vinaigre et au contact du gaz acide carbonique, qu'on obtient la majeure partie du blanc de plomb qu'on verse dans le commerce. ( Voyez Chimie végétale, article fermentation acide.) C'est en le calcinant avec le contact de l'air qu'on forme le minium, la litharge, le massicot ou les deutoxide et protoxide de plomb. Enfin l'on se sert du plomb pour déterminer le titre des matières d'or et d'argent, et pour extraire ces deux métaux de quelques-unes de leurs mines.

*Historique.* — Le plomb est un des métaux connus de tout temps. Presque tous les chimistes ont eu occasion de faire des observations sur ce métal : aucun n'a fait de travail sur l'ensemble de ses propriétés.

### Du Mercure.

160. *Propriétés.* — Le mercure est liquide, très-brillant, d'un blanc légèrement bleu. Sa pesanteur spécifique est de 13,568.

Le mercure entre en ébullition à 350 degrés ; c'est sur cette propriété qu'est fondé l'art de le purifier, ou de le séparer des matières avec lesquelles il pourrait être uni.

La distillation en doit être faite dans une cornue de grès ou de fonte ; on pourrait à la rigueur la faire dans une cornue de verre. Dans tous les cas, il y a quelques pré- cautions à prendre : il faut modérer le feu ; sans cela on perdrait du mercure, et on courrait risque de s'as- phixier, si le laboratoire était très-petit ; il est même bon d'adapter au col de la cornue un nouet de linge qui plonge dans l'eau : peu importe la nature du récipient qu'on emploie. Soumis à un froid de 40°, le mercure se solidifie et cristallise en octaèdres. Ce n'est que dans l'hiver, lorsque le thermomètre est à quelques degrés au-dessous de zéro, qu'on peut facilement congeler le mercure. *Expérience :* On fait refroidir une certaine quantité de muriate de chaux en poudre cristalline dans un flacon fermé qu'on expose au contact de l'air pendant la nuit ; le refroidissement étant opéré, on mêle environ 2 kilogrammes de ce sel avec 1 kilogramme de neige dans une terrine ; on agite, et on plonge dans le mélange un creuset de platine, ou un petit matras contenant 20 à 30 grammes de mercure ; au bout de quelques minutes, le mercure s'épaissit et se congèle : si, lorsqu'il est à moitié congelé, on décante la partie extérieure qui est encore liquide, la partie solidifiée se trouve tapissée de cristaux octaédriques. Le mercure à l'état solide présente plusieurs propriétés qu'il est nécessaire de faire con- naître. Il s'aplatit sensiblement sous le marteau. Mis en contact avec nos organes, il nous fait éprouver une sensation analogue à la brûlure : le point touché blanchit et se trouve gelé ; il se désorganiserait entièrement, si le contact était de trop longue durée.

A la température ordinaire, le mercure n'a aucune

action sur le gaz oxigène et sur l'air secs ou humides; à une température voisine de celle à laquelle il entre en ébullition, il agit peu à peu sur ces gaz. Dans tous les cas, il se forme un oxide rouge de mercure. Il y a sans doute dégagement de calorique, mais il n'y a point de dégagement de lumière. L'expérience doit être faite dans un matras à long col (557).

*État naturel.* — On trouve le mercure sous trois états: 1° à l'état natif; 2° combiné avec le soufre, l'argent; 3° à l'état de muriate. De ces mines, la plus commune est le sulfure.

Le mercure natif se trouve en petits globules dans presque toutes les mines de mercure, et surtout dans le sulfure. Quelquefois il coule à travers les fissures des rochers, et se rassemble en quantités assez considérables dans leurs cavités.

*Extraction.* — C'est du sulfure de mercure qu'on extrait le mercure. Pour cela, on le calcine avec de la craie ou carbonate de chaux; l'acide carbonique de ce sel passe à l'état de gaz; la chaux se combine avec le soufre, et le mercure mis à nu se volatilise et se condense dans des récipients (1155). On extrait en même temps le mercure natif que cette sorte de mine peut contenir.

*Usages.* — Les usages du mercure sont très-nombreux. Les chimistes s'en servent pour recueillir les gaz solubles dans l'eau, et les transvaser, ou les faire passer d'une cloche dans une autre. La propriété qu'il a de se dilater uniformément, d'être liquide depuis —40° jusqu'à + 350, et d'être très-sensible aux impressions de la chaleur, l'a fait rechercher pour la construction des thermomètres. C'est avec le mercure qu'on construit les

baromètres ou instrumens propres à nous indiquer la
pression atmosphérique. On s'en sert pour faire les proto
et deuto muriates de mercure ou sublimé doux et corrosif, le sous-deuto sulfate de mercure ou thurbith. minéral ; divers onguents ; le précipité rouge, ou deutoxide de mercure. Allié à l'étain, on l'applique sur les
glaces pour les mettre au tain, ou leur donner la propriété de réfléchir les objets. Combiné avec le soufre, il
constitue le cinnabre qu'on verse dans le commerce, et
qui, pulvérisé, n'est autre chose que le *vermillon*.
Enfin, c'est au moyen du mercure qu'on exploite toutes
les mines d'or et d'argent d'Amérique, et même quelques - unes des mines d'Europe.

*Historique.* — On ignore à quelle époque le mercure
a été découvert. Les alchimistes le regardaient comme de
l'argent liquide. Persuadés d'ailleurs qu'il ne fallait que le
chauffer long-temps pour l'épaissir, le fixer et le transformer en argent pur, ils en ont soumis à l'ébullition pendant des années entières. Plusieurs se sont même exposés
à de grands dangers, en en renfermant dans des boules de
fer très-épaisses qu'ils faisaient rougir ; car la vapeur
mercurielle ne tardait point à briser son enveloppe, et à
produire une grande explosion. Quoique trompés dans
leur attente, ils n'étaient jamais convaincus que leurs
recherches étaient chimériques ; l'espérance ne les aban-
donnait point ; ils trouvaient toujours des raisons pour
s'expliquer comment il se faisait que leur expérience
n'avait point réussi. Ils la recommençaient cent fois, ou
plutôt toute leur vie, en y apportant de légères modifications : d'où l'on voit que leur patience était aussi grande
que leur crédulité était aveugle. Les alchimistes ne sont
pas les seuls qui aient fait des travaux sur le mercure ; les
chimistes, proprement dits, se sont aussi beaucoup oc-

cupés de ce métal. On peut consulter à cet égard les recherches de M. Berthollet (Mém. de l'Institut, t. 3), de
M. Chenevix (Transac. philos., 1803), de Fourcroy
et M. Thenard (Journal de l'Ecole polytechnique).

## De l'Osmium.

161. *Propriétés.* — L'osmium est solide, noir ou
bleuâtre. Comme on n'est point encore parvenu à le
fondre, et qu'on ne l'a encore obtenu qu'en poudre, on
ne connaît pas ses autres propriétés physiques. On ne
sait point s'il est ductile ou cassant, quelle est sa pesanteur spécifique, s'il est brillant, dur, etc. L'osmium,
chauffé avec le contact de l'air, et par conséquent du
gaz oxigène, s'oxide et se volatilise sous forme de fumée blanchâtre et très-piquante. Il est probable qu'à la
température ordinaire il n'a aucune action sur ces gaz.

*Etat naturel*, etc. — On n'a encore trouvé l'osmium
que dans le platine brut, combiné avec l'iridium, sous
forme de petits grains très-durs, brillans et cassans, dont la pesanteur spécifique est de 19,5. L'osmium est très-rare, sans usages. Il a été découvert par
M. Tennant en 1803 (Annales de Chimie, tome 52, et
Transactions philosophiques, 1804), et ensuite examiné par Fourcroy et M. Vauquelin (Ann. de Chimie,
tomes 48, 49, 50), et enfin par M. Wollaston (Annales
de Chimie, t. 61, et Transact. philosoph., 1805).

## Des métaux de la sixième section.

Les métaux de la sixième section sont ceux qui ne
peuvent décomposer l'eau ni à froid, ni à chaud, qui
n'absorbent le gaz oxigène à aucune température, et

dont les oxides sont facilement réductibles par la chaleur seule. Ces métaux sont au nombre de six : l'argent, le palladium, le rhodium, le platine, l'or et
l'iridium.

## De l'Argent.

162. *Propriétés.* — L'argent est solide, blanc, très-
brillant, très-malléable, très-ductile. On en fait des fils
très-déliés et des feuilles si minces, que le moindre
souffle les enlève. Sa tenacité est très-grande ; il n'a pas
beaucoup de dureté : par le frottement, il n'acquiert
point d'odeur. Sa pesanteur spécifique est de 10,4743.
Tillet et Mongez l'ont obtenu cristallisé en pyramides
quadrangulaires.

L'argent entre en fusion un peu au-dessus de la chaleur rouge cerise ; d'où il suit qu'on le fond facilement
dans un petit fourneau à réverbère. Il n'a d'action à aucune température sur le gaz oxigène et sur l'air atmosphérique. Nous ne connaissons encore qu'une forte
décharge électrique qui puisse rendre l'argent capable
d'absorber l'oxigène à l'état de gaz : de cette combustion
résulte un oxide terne et olivâtre (62).

*Etat naturel.* — On trouve l'argent sous quatre états :
1° à l'état natif ; 2° combiné avec le soufre, avec l'antimoine, avec l'arsenic, avec le mercure ; 3° à l'état de
muriate ; 4° à l'état d'oxide d'argent et d'antimoine
sulfuré.

L'argent natif contient toujours un peu de fer, ou de
cuivre, ou d'arsenic, ou d'or. Il est cristallisé tantôt régulièrement, tantôt disposé en dendrites, en réseau,
en filamens cylindriques et contournés, rarement en

grains, quelquefois en masse informe (*a*). On le trouve,
1° à Kongsberg, en Norwège; à Schnéeberg, en Misnie; à Andréasberg, au Hartz; à Schlangenberg, en Sibérie; à Guadalcanal, en Espagne; en France, à Allemont, près Grenoble; et à Sainte-Marie-aux-Mines,
dans les Vosges; mais surtout au Pérou et au Mexique;
au Pérou, dans la montagne du Potosi et dans les mines
de Pasco, Carangas, Oruzo, au nord de Potosi; et au
Mexique, dans les mines de Valenciana, intendance de
Guanaxuoto; 2° dans la mine dite *purissima de Catorce*,
intendance de Saint-Louis de Potosi; 3° dans le filon
nommé *Veta-Bizcaina du Real de el monte*, près de
Pachuca, intendance de Mexico.

*Extraction.* — On extrait l'argent de presque toutes
ses mines, en le traitant principalement par le mercure.
Les mines d'argent d'Amérique fournissent seules une
bien plus grande quantité de ce métal que toutes les
autres mines du monde. ( Voyez le tableau qui est à la
suite de l'exploitation des mines d'or et d'argent. )

*Usages et Historique.* — L'argent connu de toute
antiquité est devenu, en raison de sa rareté, de son inaltérabilité, et de la facilité avec laquelle on le travaille,
l'un des signes représentatifs des produits de notre industrie. Ce signe a beaucoup perdu de sa valeur depuis
la découverte du Nouveau-Monde, parce que la masse
d'argent répandue dans le commerce s'est considérablement accrue. Avant cette époque, les ustensiles, vases

(*a*) On fait mention de deux blocs d'argent trouvés dans la mine de
Konsberg, et de Schnéeberg en Misnie. L'un pesait 10 myriagrammes,
et l'autre, dit-on, pesait plus de 1000 myriagrammes. A Sainte-Marie-
aux-Mines, on en a trouvé un de 24 à 30 kilogrammes, et un de 38 kilogrammes. Celui-ci était au milieu des sables et ne tenait à rien.

et ornemens d'argent n'étaient pas communs ; aujour-
d'hui, au contraire, il en existe un grand nombre. Ils
sont tous, ainsi que les monnaies, alliés à une certaine
quantité de cuivre que la loi a fixée : sans cela, ils
seraient trop mous, et ne conserveraient pas long-temps
les formes que l'art leur donnerait.

## Du Palladium.

163. *Propriétés.* — Le palladium est solide, blanc
comme le platine, dur, malléable. Sa cassure est fi-
breuse. Sa pesanteur spécifique est de 11,3 à 11,8.

Le palladium ne peut être fondu que dans un excellent fourneau de forge : il n'a d'action sur le gaz oxigène
et sur l'air à aucune température. Cependant il paraît
qu'à l'aide d'une légère chaleur il se ternit et prend une
couleur bleue ; phénomène qui semblerait indiquer un
commencement d'oxidation.

On ne trouve le palladium que dans la mine de platine. Il n'y entre que pour une très-petite quantité ;
d'où il suit qu'il doit être très-rare (*a*). Ce n'est que par
des moyens très-compliqués qu'on le sépare des matières auxquelles il est uni. Il est sans usage. M. Wollaston l'a découvert en 1803. C'est à lui que nous devons tout ce que nous savons sur ce métal ( Transact.
philos., 1804 ; Annales de Chimie, t. 52,54 ).

---

(*a*) On trouve aussi le palladium seulement mêlé avec la mine de
platine : du moins M. Wollaston en a trouvé sous cet état dans la
mine de platine du Brésil, qui accompagne l'or natif en grains. Cela
explique comment il se fait que M. Cloud, des Etats-Unis, ait
trouvé parmi des lingots d'or venant du Brésil, deux lingots d'une
couleur particulière composés d'or et de palladium.

## Du Rhodium.

164. *Propriétés.* — Le rhodium est solide, blanc gris ;
sa pesanteur spécifique paraît être de 11,000. On ne
sait point s'il est malléable, etc., parce que, jusqu'à
présent, on ne l'a pas encore obtenu en culot. Il est infusible ; il n'a d'action ni sur le gaz oxigène, ni sur l'air,
soit à froid, soit à chaud. Du reste, son histoire est absolument la même que celle du palladium, si ce n'est
qu'on le trouve toujours combiné avec le platine.

## Du Platine.

165. *Propriétés.* — Le platine est solide, presque
aussi blanc que l'argent, très-brillant, très-ductile et
très-malléable. Il a beaucoup de tenacité et de dureté.
Sa pesanteur spécifique est de 20,98, quand il n'a point
été forgé.

Le platine résiste à l'action de nos plus violens feux
de forge. On ne parvient à le fondre qu'au moyen d'un
feu alimenté par le gaz oxigène. A cet effet, on creuse
une cavité dans un charbon, on place de la poussière ou
des petits grains de platine dans cette cavité ; on l'enflamme, et on dirige dessus un jet de gaz oxigène, en
comprimant une vessie pleine de ce gaz, et dont le robinet est adapté à un tube effilé. Le platine n'a d'action
sur le gaz oxigène et sur l'air à aucune température ; il
ne s'oxide dans l'air que par une forte décharge électrique. L'oxide qui se forme est brun (62).

*Etat naturel.* — Le platine n'existe que combiné tout
à la fois avec le fer, le rhodium, le palladium, le plomb,
le cuivre, le soufre, presque toujours en petits grains

aplatis. Le plus gros fragment de mine de platine que l'on connaisse a été rapporté par M. Humboldt, et pèse 57$^{grain}$,831. La mine de platine du commerce n'est point pure ; elle est mêlée avec l'oxide de fer uni à l'oxide de titane et à l'oxide de chrôme, et avec une petite quantité de grains d'iridium allié à l'osmium, de petites paillettes d'or allié à l'argent, de sable et peut-être de palladium. Le platine se rencontre surtout au Choco et à Barbacoas ; il en existe aussi à Saint-Domingue, dans le lit de la rivière d'Yaki, et au Brésil, à Matto-Grosso : c'est dans celui-ci que M. Wollaston a trouvé le palladium natif. Enfin, M. Vauquelin l'a découvert dans les mines d'argent de Guadalcanal, en Espagne : il y entre pour un dixième. La purification du platine est difficile et fort longue.

*Usages.* — On fait avec le platine des creusets, des capsules, des cornues, des tubes, pour les opérations de chimie. Ces sortes de vases sont précieux, parce qu'ils sont infusibles, et qu'ils sont inattaquables par la plupart des acides et des autres corps. On se sert aussi avec un grand succès du platine pour faire la lumière des canons de fusil, et revêtir le fond des bassinets.

*Historique.* — Quoique M. Wood eût découvert le platine dans les Indes occidentales dès l'année 1741, don Antonio de Ulloa paraît être le premier qui en ait parlé, en 1748, dans la relation du voyage qu'il fit au Pérou en 1735. M. Wood ne publia ses observations qu'en 1749 à 1750, dans le 44e volume des Transactions philosophiques. M. Lewis fit de ce métal l'objet spécial de ses recherches pendant plusieurs années, et fit connaître les nombreux résultats qu'il obtint en 1754 (Transactions philosophiques). Puis Margraff, Mac-

quer, Bergman, Lavoisier, s'en occupèrent successivement. Enfin, dans ces derniers temps, MM. Necker-
Saussure, Wollaston, Tennant, Descotils, le soumirent à de nouvelles expériences (Ann. de Chimie).

## De l'Or.

166. *Propriétés.* — L'or est solide, jaune, très-brillant, inodore, insipide : c'est le plus ductile et le plus
malléable de tous les corps ; on en fait des fils très-fins, et
on le réduit par le battage en feuilles de 0,00009 d'épaisseur : sa tenacité est très-grande ; il a peu de dureté ; sa
pesanteur spécifique est de 19,257. Tillet et Mongez
l'ont obtenu cristallisé en pyramides quadrangulaires.

L'or ne fond qu'au-dessus de la chaleur rouge, à
environ 32° du pyromètre de Wegdwood : il est moins
fusible que l'argent. Cependant on peut en opérer la
fusion dans un fourneau à réverbère. Il n'est pas volatil, et n'a aucune espèce d'action, soit à froid, soit à
chaud, sur le gaz oxigène et sur l'air. On ne peut tout
au plus combiner le gaz oxigène avec l'or, que par une
forte décharge électrique (62) : nous disons tout au
plus, car quoique l'or, dans cette expérience, perde
son brillant et se transforme en une poudre purpurine
qui paraît être un oxide, plusieurs chimistes ne la regardent que comme de l'or très-divisé.

*Etat naturel.* — L'or n'existe qu'à l'état natif, ou
combiné avec une petite quantité d'argent, de cuivre,
de fer. Il est tantôt cristallisé diversement, tantôt sous
forme de rameaux, de filamens, de paillettes et de
grains disséminés dans des gangues de nature diverse. Il
se rencontre quelquefois en grains isolés qu'on nomme
*pépites*, et en très-petite quantité dans les sulfures de

fer, de zinc, de plomb, de mercure, de cuivre. Le minerai de tellure en contient une quantité notable.

On ne trouve, en général, de mines d'or que dans les
terrains primitifs, les terrains d'alluvion et le lit des
rivières. Les premiers le contiennent en filons, et les
autres en paillettes. Les principales mines d'or sont, en
Europe, celles de Transylvanie; en Asie, celles de Sibérie; en Afrique, 1° celles du Kordofan, entre le Dar-
four et l'Abyssinie; 2° celles qui sont situées au sud du
grand désert de Zaahra, ou au pied des montagnes
d'où sortent le Sénégal, la Gambie et le Niger; 3° celles
qui se trouvent situées sur la côte sud-est, vis-à-vis
Madagascar, dans le pays de Sofala; enfin, en Amérique, celles du Brésil, du Choco, du Chili, du Pérou
et du Mexique. L'Amérique seule fournit bien plus
d'or que les autres parties du monde. On y trouve
ce métal surtout dans les terrains d'alluvion et le lit des
rivières.

L'extraction, les usages et l'historique de l'or sont
les mêmes que ceux de l'argent.

### De l'Iridium.

167. *Propriétés.* — L'iridium est solide, presque
aussi blanc que le platine, sans odeur, sans saveur.
Comme on n'est point encore parvenu à l'obtenir en
culot, on ne sait point s'il est cassant ou ductile. On ne
sait pas non plus quelle est sa pesanteur spécifique. L'iridium résiste à l'action de nos plus violens feux de forge.
Il n'est altéré à aucune température, ni par le gaz oxigène, ni par l'air.

*État naturel.* — On ne l'a encore trouvé que combiné avec l'osmium, et mêlé, dans cet état, avec la mine de platine sous forme de petits grains qui ressemblent beaucoup à cette mine. Ce métal est très-rare, sans usages, et ne s'obtient que par des moyens compliqués.

*Historique.* — Ce métal a été découvert par M. Descotils en 1803 (*Annales de Chimie*, tom. 48). Ensuite MM. Fourcroy et Vauquelin (*Id.* t. 48, 49 et 50), et M. Tennant (*Id.* t. 52), en ont examiné les propriétés. C'est aux travaux réunis de ces chimistes que nous devons tout ce que nous savons sur ce métal.

# CHAPITRE SIXIÈME.

## *De la Combinaison des Corps Combustibles les uns avec les autres.*

168. Nous diviserons ce chapitre en trois sections. Dans la première, nous traiterons des composés résultant de l'union des corps combustibles non métalliques entre eux; dans la seconde, nous traiterons de la combinaison des corps combustibles non métalliques avec les métaux; et, dans la troisième, de la combinaison des métaux entre eux ou des alliages.

### DE LA COMBINAISON DES CORPS COMBUSTIBLES NON MÉTALLIQUES.

169. On n'a formé jusqu'ici avec les six corps combustibles non métalliques, savoir, l'hydrogène, le bore, le carbone, le phosphore, le soufre et l'azote, que huit genres de composés binaires et un composé

ternaire. Ces composés résultent de l'union, 1° de l'hydrogène avec le carbone, le phosphore, le soufre,
l'azote; 2° de celle du phosphore avec le carbone, le
soufre, l'azote; 3° de celle du carbone avec le soufre;
4° enfin de celle de l'hydrogène sulfuré avec l'hydrogène azoté ou ammoniaque.

## De la Combinaison de l'Hydrogène avec le Carbone.

170. D'après MM. Henry et Dalton, il n'existe que
trois variétés de gaz hydrogène carboné; d'après M. Berthollet, il en existe un bien plus grand nombre. C'est
cette dernière opinion que nous adopterons, comme
étant celle qui se concilie le mieux avec tous les faits observés jusqu'à ce jour. Nous n'exposerons en détail que
les propriétés du gaz hydrogène percarboné. Lorsqu'on
les connoîtra, il sera facile de prévoir, du moins jusqu'à
un certain point, celles de toutes les autres combinaisons gazeuses que peut former l'hydrogène avec le carbone; mais, avant de les exposer, nous rappellerons
que le charbon ordinaire contient toujours de l'hydrogène en véritable combinaison et à l'état solide, et que
c'est même à cet hydrogène qu'il doit la propriété de
brûler avec flamme : aussi le charbon que l'on a privé
d'hydrogène par une forte calcination, brûle-t-il sans
flamme bien sensible.

### De l'Hydrogène percarboné.

171. *Propriétés.* — L'hydrogène percarboné est gazeux, sans couleur, insipide ; son odeur est empyreu-
matique, désagréable ; sa pesanteur spécifique est la

même que celle de l'air, d'après M. Théodore de Saussure ; il éteint les corps en combustion.

L'hydrogène percarboné est susceptible d'être décomposé par la chaleur, en donnant lieu à divers phénomènes que nous allons rapporter. Si on expose ce gaz
à la chaleur rouge cerise, il laisse déposer une partie du
carbone qu'il contient, et double à peu près de volume.
Si on l'expose à une chaleur progressivement plus élevée
que le rouge cerise, il laisse déposer des quantités de
carbone de plus en plus grandes, et prend un volume de
plus en plus considérable ; enfin, si on l'expose à la plus
forte chaleur que l'on puisse produire, il laisse déposer
presque tout son carbone, prend un volume environ trois
fois et demi plus considérable que celui qu'il avait d'a-
bord, et par conséquent beaucoup plus grand que ne
l'est celui de l'hydrogène qui entre dans sa composition (172) ; résultats remarquables que M. Berthollet a
observés avec un grand soin, et d'où il a conclu, avec raison, que l'hydrogène et le carbone pouvaient se combiner
en un grand nombre de proportions. *Expérience :* On
fait passer un tube de porcelaine à travers un fourneau à
réverbère, et on adapte à ses extrémités, par le moyen
de bouchons et de longs tubes de verre entourés de glace
pour refroidir le gaz, deux vessies munies de robinets,
l'une pleine de gaz hydrogène percarboné, et l'autre
vide. (Là *pl.* 23, *fig.* 3, représenterait parfaitement cet
appareil, si les tubes A et B étaient plus longs et entourés de glace.) Ensuite on porte peu à peu le tube de porcelaine au rouge cerise ; puis on ouvre les robinets des
vessies, et l'on comprime légèrement celle qui est pleine.
Par ce moyen, on fait passer le gaz qu'elle contient, à travers le tube, dans celle qui est vide, et de celle-ci on le

fait passer par le même moyen dans la première, etc. Tout le carbone qui se dépose reste au milieu du tube.

On peut encore décomposer l'hydrogène percarboné au moyen de l'appareil (*pl.* 26, *fig.* 1). Cet appareil, dont M. Berthollet a fait usage, est même préférable au précédent, parce qu'on peut essayer les gaz à toutes les époques de l'opération, qu'on est certain qu'ils sont toujours secs, et qu'ils ne peuvent pas passer à travers les vases dont on se sert.

A,A', B,B', vases en bois ou en métal, munis de robinets V,V', K,K'.

S,S', petits tubes adaptés aux robinets V,V', et se rendant au fond des vases B,B'.

C,C', cloches portant des robinets T,T', et plongeant dans les vases B,B'.

D,D', supports en bois, soutenant les cloches C,C'.

E,E', petits tubes en verre unissant les cloches C,C' avec les tubes F,F' qui contiennent du muriate de chaux bien desséché.

G,G', autres tubes en verre, établissant une communication entre les tubes F,F', et le tube de porcelaine HH qui traverse un fourneau.

J, petit tube recourbé, soudé au tube E', et plongeant dans une petite capsule Z.

L'appareil étant ainsi disposé, on ouvre les robinets T,T', et on enlève la capsule Z, dans laquelle plonge le tube J. On remplit les vases B,B' d'eau jusqu'au sommet des cloches : par ce moyen, l'air qu'elles contiennent sortant par le tube J, elles se trouvent bientôt elles-mêmes remplies d'eau. On ferme alors les robinets T,T', et l'on fait plonger le tube J dans la capsule Z ; puis on fait ar-

river le gaz hydrogène percarboné sous la cloche C.
L'on fait en même temps écouler une partie de l'eau du
vase B par le robinet K, de manière que l'eau de ce vase
et celle de l'intérieur de la cloche C soient toujours à
peu près au même niveau. Quand la cloche C est pleine
de gaz, à 7 à 8 centimètres près, on ouvre les robinets T, T' et le robinet V. L'eau fournie par ce dernier
chasse le gaz contenu dans la cloche C; et ce gaz, en
traversant tout l'appareil, se rend dans la cloche C'. A
mesure qu'il y arrive, on ouvre le robinet K' pour
faire écouler une partie convenable de l'eau contenue
dans le vase B'. Lorsque tout le gaz sur lequel on opère
est passé dans la cloche C', et que la cloche C se
trouve de nouveau pleine d'eau, on ramène le gaz
dans cette cloche C, en ouvrant les robinets V' et K et
fermant les robinets V et K', pour remplir à son tour le
vase B', et vider convenablement le vase B. On peut
ainsi faire passer le gaz hydrogène percarboné à travers
le tube incandescent autant de fois qu'on le voudra, et
se procurer du gaz aux diverses époques de l'opération,
en fermant le robinet de la cloche où il se rend ; car,
en continuant de le chasser de la cloche opposée par la
pression de l'eau, il sortira nécessairement par le tube
J, et pourra être recueilli à l'ordinaire dans une éprouvette.

Le fluide électrique agit sur l'hydrogène percarboné
de la même manière qu'une très-haute température. En
effet, en faisant passer une grande quantité d'étincelles
à travers une petite quantité de ce gaz, il augmente autant de volume, et dépose autant de charbon qu'en le
faisant passer à travers un tube de porcelaine exposé
à l'action d'un feu de forge.

Le gaz hydrogène percarboné n'est décomposé à la température de l'atmosphère ni par le gaz oxigène, ni par l'air; il l'est, au contraire, par l'un et l'autre à une température élevée : mais la combustion n'est complète qu'autant que l'oxigène est très-prédominant. Dans tous les cas, il se forme de l'eau et du gaz acide carbonique, et il y a dégagement de calorique et de lumière. La combustion du gaz hydrogène percarboné par le gaz oxigène s'exécute dans l'eudiomètre à mercure comme celle du gaz hydrogène (86), pourvu toutefois que le gaz oxigène fasse environ les $\frac{5}{6}$ du mélange. Au moment où l'on fait passer l'étincelle électrique, on éprouve une forte secousse due à la formation du gaz acide carbonique, à l'expansion et à la condensation subite de l'eau produite. Après la combustion, on ne retrouve d'autres gaz dans l'eudiomètre que du gaz acide carbonique et l'excès de gaz oxigène. Le gaz hydrogène percarboné absorbe en brûlant trois fois son volume de gaz oxigène, et donne naissance au double de son volume de gaz acide carbonique (*a*).

On ne peut opérer qu'imparfaitement par l'air la combustion du gaz hydrogène percarboné dans l'eudiomètre ; l'on est obligé, pour brûler complètement ce gaz au moyen de l'air, d'en remplir une éprouvette, de la renverser, d'enlever l'obturateur qui la couvre, et d'y plonger une bougie allumée. Si l'éprouvette était étroite, il faudrait même y plonger la bougie à plusieurs re-

---

(*a*) Si l'on mêlait seulement l'hydrogène percarboné avec la quantité d'oxigène qu'il est susceptible d'absorber, c'est-à-dire, avec trois fois son volume de ce gaz, l'eudiomètre serait brisé ; tant l'expansion serait subite et forte.

prises, parce qu'alors le gaz acide carbonique qui se formerait, joint au gaz azote mis à nu, empêcherait l'air de se renouveler.

Jusqu'ici on n'a point traité l'hydrogène percarboné par les corps combustibles; de sorte qu'on ignore quels sont ceux de ces corps qui sont susceptibles d'agir sur ce gaz.

*État naturel.* — On ne rencontre jamais dans la nature que de l'hydrogène carboné qui n'est point saturé de charbon : on trouve surtout un gaz de cette sorte dans la vase des marais et de toutes les eaux stagnantes ou dont le cours est lent; on le voit même se dégager, de temps à autre, sous la forme de bulle. On en facilite le dégagement en agitant la vase, et alors l'on peut facilement le recueillir, à l'aide d'entonnoirs, dans des flacons pleins d'eau. Ce gaz provient évidemment de la décomposition qu'éprouvent, avec le temps, les matières végétales. M. Berthollet l'a trouvé constamment mêlé avec 14 à 15 centièmes de son volume de gaz azote.

*Préparation.* — On obtient le gaz hydrogène percarboné en soumettant à l'action d'une douce chaleur un mélange d'une partie en poids d'alcool, et de quatre parties d'acide sulfurique concentré; on met le mélange dans une cornue de verre; on adapte au col de cette cornue un tube qui s'engage sous des flacons pleins d'eau; on chauffe peu à peu la cornue; l'alcool se décompose, et l'hydrogène percarboné, l'un des produits de cette décomposition, se dégage (a). Il est impossible de le

_____

(a) On verra ce qui se passe dans cette réaction, troisième volume, art. Alcool.

former en mettant le gaz hydrogène en contact avec le charbon à une température quelconque. Ce gaz est sans usages.

172. *Composition.* — Le gaz hydrogène percarboné absorbe, en brûlant complètement, trois fois son volume de gaz oxigène, et produit le double de son volume de gaz acide carbonique : le gaz hydrogène carboné des marais, abstraction faite du gaz azote qu'il contient, absorbe en brûlant $2^{fois},o5$ son volume de gaz oxigène, et produit un volume égal au sien de gaz acide carbonique ; enfin, le gaz hydrogène proto-carboné qu'on obtient en exposant l'hydrogène percarboné à une température très-élevée, absorbe $o,^{fois}45$ de son volume de gaz oxigène, et produit 0,07 de son volume de gaz acide carbonique. Au moyen de ces résultats, de la pesanteur spécifique de ces divers hydrogène–carbonés, de celles de l'oxigène, de l'hydrogène et de l'acide carbonique, de la proportion des principes constituans de l'acide carbonique et de l'eau ou oxide d'hydrogène (a), on trouve facilement que 100 parties d'hydrogène percarboné sont formées de 86 de carbone et de 14 d'hydrogène (Théodore de Saussure) ; que 100 parties d'hydrogène carboné des marais sont formées de : hydrogène 27, carbone 73 ; et que 100 parties de gaz hydrogène proto–carboné sont formées de : hydrogène 67, carbone 33 (M. Berthollet). Il est également facile de voir, en comparant la pesanteur spécifique du gaz hydrogène à celle de ces divers gaz hydro-

(a) Le mémoire de M. Berthollet sera incessamment publié dans les mémoires de l'Institut ou dans les Annales de Chimie. On en trouve un extrait dans le compte que M. Cuvier a rendu des travaux de la première classe de l'Institut, à la séance de 1813.

gène-carbonés, et à la quantité d'hydrogène qui entre dans leur composition, que le premier contient deux fois son volume de gaz hydrogène; que le second est dans le même cas; et que le troisième en contient seulement 0,8 de son volume. (Voyez, pour plus de détails, 4ᵉ volume, Analyse des Gaz.)

D'après M. Berthollet, la pesanteur spécifique du gaz hydrogène carboné des marais, abstraction faite de l'azote qu'il contient, est de 0,5382; celle du gaz hydrogène proto-carboné est de 0,082. On trouve celle des autres gaz (113) et les proportions des principes constituans de l'acide carbonique et de l'eau (347 et 287).

*Historique.*—Le gaz hydrogène percarboné a été découvert par les chimistes hollandais, qui ont cru devoir le désigner sous le nom de gaz oléfiant, parce qu'il forme de l'huile, en réagissant, sur le gaz muriatique oxigéné : ils en ont fait une étude particulière ; ensuite M. Henry ( Bibliothèque britannique , tome 41 ), M. Théodore de Saussure ( Annales de Chimie, t. 78), et M. Berthollet, s'en sont successivement occupés.

## De la combinaison du Gaz hydrogène avec le Phosphore.

173. L'hydrogène est peut-être susceptible de se combiner en un aussi grand nombre de proportions avec le phosphore qu'avec le charbon ; mais, jusqu'à présent, on ne connaît encore que deux espèces d'hydrogène phosphoré. Nous les désignerons sous les noms d'hydrogène perphosphoré et d'hydrogène proto - phosphoré.

## *De l'Hydrogène perphosphoré.*

174. *Propriétés.* — L'hydrogène perphosphoré est gazeux et sans couleur. Son odeur est très-forte, et analogue à celle de l'ail ou de l'arsenic. On ignore quelle est sa saveur et quelle est sa pesanteur spécifique.

A la température ordinaire, il laisse déposer en quelques jours une certaine quantité de phosphore, et passe à l'état d'hydrogène proto-phosphoré. A une température élevée, il en laisse déposer instantanément. On constate facilement ces résultats : le premier, en remplissant une éprouvette de mercure, et en y introduisant une certaine quantité de gaz ; le second, en adaptant à l'une des extrémités d'un tube de porcelaine rouge de feu (171), le vase où l'on forme le gaz hydrogène perphosphoré, et en adaptant à l'autre extrémité de ce tube un petit tube de verre recourbé propre à recueillir les gaz.

Aussitôt qu'on met en contact le gaz hydrogène perphosphoré avec le gaz oxigène ou l'air atmosphérique, à une température quelconque, il y a combustion avec dégagement de calorique et de lumière, production d'eau et d'acide phosphorique : il y a en même temps une absorption considérable. Il est même évident que cette absorption serait totale avec l'oxigène, si on l'employait en proportion convenable. *Expérience :* On remplit une éprouvette de mercure ou d'eau ; on y fait passer de l'air ou du gaz oxigène, et ensuite le gaz hydrogène perphosphoré bulle à bulle, et non point tout à la fois ; car alors il pourrait se produire une détonnation due à la formation et à la condensation subite de la vapeur d'eau (86). On peut encore faire l'expérience de manière à la rendre plus piquante en plongeant dans de l'eau ou du mercure le goulot d'un flacon plein de gaz hydrogène perphosphoré, le débouchant, l'inclinant, et faisant passer peu à peu le gaz hydrogène perphosphoré dans l'atmosphère même; alors chaque bulle, en brûlant, donne naissance à une vapeur d'eau et d'acide qui s'élève sous forme de guirlandes, pourvu que l'atmosphère soit tranquille.

Mis en contact avec le potassium ou le sodium dans une petite cloche de verre courbe sur le mercure, et exposé à la chaleur de la lampe à esprit de vin, l'hydrogène perphosphoré se décompose; l'hydrogène est mis en liberté, et le phosphore, en se combinant avec le métal, forme un phosphure de couleur chocolat. Il est probable que la plupart des autres métaux agiraient de la même manière sur l'hydrogène perphosphoré à une température suffisamment élevée.

*Etat naturel.* — On prétend que le gaz hydrogène perphosphoré se forme quelquefois dans des lieux où l'on a enfoui des matières animales, et que conduit par les fissures du terrain dans l'atmosphère, il s'y enflamme. On explique ainsi les feux follets qu'on observe particulièrement dans les cimetières humides. Cette opinion ne doit pas paraître extraordinaire, surtout quand on considère que le phosphore et l'hydrogène, étant deux des principes constituans de la matière cérébrale (Chim. anim., t. 3), peuvent s'unir au moment où cette matière subit la décomposition putride.

175. *Préparation.* — Le gaz hydrogène perphosphoré s'obtient en soumettant à l'action de la chaleur un mélange de chaux, d'eau et de phosphore. On commence

par réduire la chaux en poudre en l'humectant tant soit
peu; ensuite on y ajoute assez d'eau seulement pour en
former une bouillie; on mêle cette bouillie avec la dou-
zième ou quinzième partie de son poids de phosphore
coupé sous l'eau en tout petits morceaux ; on introduit
le mélange dans une fiole ordinaire, à laquelle on adapte,
par le moyen d'un bouchon, un tube propre à recueillir
les gaz : on chauffe peu à peu la fiole, en l'entourant seulement de quelques charbons, et bientôt le gaz hydrogène
perphosphoré se produit. Ce gaz décompose d'abord
l'air de la fiole en donnant lieu à des jets de lumière;
puis il en chasse le gaz azote, arrive à l'extrémité du
tube, et s'enflamme. Alors on engage ce tube sous un
flacon plein d'eau ou plein de mercure, parce que l'eau,
à moins qu'on ne l'ait fait bouillir, contient toujours de
l'air qui opère la décomposition d'une certaine quantité
de gaz (*pl.* 20, *fig.* 2). A une certaine époque, surtout
si on a le soin de soutenir le feu, il passe un gaz qui ne
s'enflamme plus : ce gaz est du gaz hydrogène proto-
phosphoré; on le reçoit dans des vases séparés. Il est
facile de concevoir ce qui se passe dans cette expérience :
on obtient d'une part du gaz hydrogène perphosphoré
qui se dégage, et de l'autre du phosphate de chaux avec
excès de chaux qui reste dans la fiole; or, l'hydrogène du
gaz hydrogène perphosphoré ne peut provenir que de
l'eau; puisqu'elle seule en contient. L'eau est donc décomposée, et l'on voit évidemment que tandis que son hydrogène se combine avec une portion de phosphore
pour former l'hydrogène perphosphoré, son oxigène se
combine avec une autre portion de phosphore et de la
chaux pour former le phosphate calcaire.

Il est probable que le gaz hydrogène perphosphoré

contient une fois et demie son volume de gaz hydrogène. En effet, quand on en traite 100 parties dans une petite cloche courbe, comme nous l'avons dit précédemment, avec un petit excès de potassium et de sodium, et qu'on élève la température jusqu'à un degré de chaleur voisin du rouge cerise, on obtient 150 parties d'un gaz qui n'est autre chose que de l'hydrogène; en sorte que si l'on connaissait la pesanteur spécifique de l'hydrogène perphosphoré, on pourrait en conclure la proportion de ses principes constituans.

L'hydrogène perphosphoré est sans usages; il a été découvert par M. Gengembre, en 1783, et étudié par M. Raimond, en 1791 et 1800. ( Annales de Chimie, Tomes 10 et 35. )

## Du Gaz hydrogène proto-phosphoré.

176. *Propriétés.*—Le gaz hydrogène proto-phosphoré est sans couleur et a une odeur très-forte, très-désagréable, et analogue à celle de l'oxide d'arsenic en vapeurs. On ignore quelle est sa saveur et quelle est sa pesanteur spécifique.

Ce gaz ne se décompose pas à la température ordinaire, du moins dans l'espace de plusieurs jours; peut-être se décomposerait-il à une très-haute température, et abandonnerait-il une portion du phosphore qu'il contient. Il ne prend point feu spontanément dans l'air et le gaz oxigène, comme l'hydrogène perphosphoré; il ne s'y enflamme qu'à l'aide de la chaleur. Les produits de sa combustion sont de l'eau et de l'acide phosphorique. On le brûle facilement en le faisant passer dans une éprouvette, la renversant, et y plongeant une bougie allumée. Chauffé avec le potassium et le sodium, dans une petite cloche courbe sur le mercure, il se décompose promptement : l'hydrogène se dégage à l'état de gaz, et le phosphore forme une combinaison solide avec le métal. La plupart des métaux, à une température convenablement élevée, produiraient sans doute le même effet.

*Préparation.* — Il est probable que l'hydrogène proto-phosphoré se forme naturellement dans les mêmes circonstances que le gaz hydrogène perphosphoré, et que sa formation naturelle est même moins rare que ne l'est la formation de celui-ci, parce qu'il est plus stable. C'est en chauffant légèrement un mélange de chaux, d'eau et de phosphore, qu'on se procure l'hydrogène proto-phosphoré (176). On ne saurait le faire en soumettant à la chaleur le gaz hydrogène et le phosphore, ces deux corps ne s'unissant point de cette manière. L'hydrogène proto-phosphoré n'a point encore été analysé. Il est sans usages, et a été étudié par MM. Gay-Lussac et Thénard ( Recherches Physico-Chimiques).

## De la Combinaison du Soufre avec l'Hydrogène.

177. On ne connaît encore que deux composés de soufre et d'hydrogène; l'un est gazeux et l'autre liquide. Le premier est connu sous le nom de gaz hydrogène sulfuré, et le second sous celui de soufre hydrogéné. Mais, pour nous conformer aux principes de nomenclature que nous avons exposés, nous désignerons celui-ci sous le nom d'hydrure de soufre. L'hydrure de soufre con-

T. I. 20.

tient beaucoup moins d'hydrogène que le gaz hydrogène sulfuré (*a*).

### De l'Hydrogène sulfuré.

178. *Propriétés.* — L'hydrogène sulfuré est gazeux et sans couleur ; son odeur et sa saveur sont insupportables, et analogues à celles des œufs pourris. C'est de tous les gaz le plus délétère. Un verdier qu'on plonge dans un air qui en contient $\frac{1}{1500}$, de son volume, périt sur-le-champ. Un chien de moyenne taille succombe dans un air qui en contient $\frac{1}{800}$ : et un cheval finirait par périr dans un air qui n'en contiendrait que $\frac{1}{250}$. (Voyez quatrième volume, article Respiration.) Quoique le gaz hydrogène sulfuré ne renferme point de gaz oxigène, il rougit la teinture de tournesol, et jouit en général des propriétés des acides (324). Sa pesanteur spécifique est de 1,1912. Il éteint les corps en combustion.

Soumis dans un tube de porcelaine comme l'hydrogène perphosphoré à l'action d'un feu de réverbère, l'hydrogène sulfuré se décompose en partie ; une petite portion de soufre et d'hydrogène s'en sépare, le premier à l'état solide, et le second à l'état de gaz ; il est probable que si la chaleur était excessivement forte, on en opérerait complètement la décomposition. On ignore ce qu'il éprouve par l'action du fluide électrique.

---

(*a*) Cependant nous devons ajouter que d'après les expériences de Berthollet fils ( Mémoires d'Arcueil, tome I), et d'après celles de M. Davy, il paraît certain que le soufre ordinaire contient une petite quantité d'hydrogène.

Le gaz hydrogène sulfuré ne semble avoir aucune action sur le gaz oxigène à la température ordinaire; il en exerce au contraire une très-grande sur ce gaz à une température élevée, et il en résulte un dégagement de calorique et de lumière, de l'eau et du gaz acide sulfureux. *Expérience* : On brûle le gaz hydrogène sulfuré par le gaz oxigène, dans l'eudiomètre à mercure, en employant ces gaz dans le rapport de 1 à 3 en volume (*a*).

L'action du gaz hydrogène sulfuré, sur l'air atmosphérique, est la même que sur le gaz oxigène, si ce n'est qu'elle est moins vive. Par conséquent, dans cette action, il se forme de l'eau, de l'acide sulfureux, et il y a dégagement de calorique et de lumière; mais il se dépose toujours un peu de soufre. Il s'en dépose une grande quantité, lorsqu'au lieu de mêler intimement le gaz hydrogène sulfuré avec l'air, on fait brûler ce gaz couche par couche, en en remplissant une éprouvette et y plon-

---

(*a*) On se sert de l'eudiomètre à mercure, et non de l'eudiomètre à eau, parce que celle-ci dissout le gaz hydrogène sulfuré. La secousse produite au moment où on enflamme le mélange par l'étincelle électrique, est très-forte; c'est pourquoi, pour ne pas briser l'instrument, on ne doit opérer que sur une petite quantité de gaz à la fois. On fait du reste l'expérience comme celle qui est relative à la combustion du gaz hydrogène. Si on ne mêlait le gaz hydrogène sulfuré qu'avec la moitié de son volume de gaz oxigène, l'hydrogène seul serait brûlé, et le soufre se déposerait sur les parois du vase; ce qu'il est facile de concevoir en observant, 1° que le gaz hydrogène a plus d'affinité pour l'oxigène que le soufre; 2° que le gaz hydrogène sulfuré contient son volume de gaz hydrogène; 3° que le gaz hydrogène absorbe la moitié de son volume de gaz oxigène.

geant une bougie allumée, parce qu'alors l'oxigène de l'air est absorbé de préférence par l'hydrogène.

L'hydrogène sulfuré nous présente dans son contact avec le potassium et le sodium des phénomènes que nous devons considérer avec soin : à froid, l'action est foible, mais à chaud, elle est très-forte ; à peine ce métal est-il fondu qu'il devient lumineux ; il se dégage du gaz hydrogène, et il se forme une combinaison de soufre, d'hydrogène sulfuré et de potassium ou de sodium. La quantité de gaz hydrogène qui se dégage est constante ; elle est telle qu'en se combinant avec l'oxigène nécessaire pour faire passer le métal à l'état de deutoxide, il en résulterait de l'eau. La quantité de soufre qui se combine avec le métal doit aussi être toujours constante, puisque ce soufre provient de celui qui était uni à l'hydrogène mis en liberté. Quant à la quantité d'hydrogène sulfuré absorbée, elle est variable en raison de la quantité de gaz hydrogène sulfuré qu'on emploie, et de la température à laquelle on opère. C'est ce que l'on va voir dans le tableau suivant (*a*).

---

(*a*) 123 parties du tube gradué dont on s'est servi pour mesurer les gaz étaient égales à un centilitre. On s'est procuré les petites quantités de potassium et de sodium dont il est question dans le tableau, en creusant une petite cavité dans un disque de laiton, y mettant plus de métal qu'elle n'en pouvait contenir, et enlevant l'excès au moyen d'un autre disque aussi de laiton, coupé de biais dans son épaisseur et vers l'un de ses bords, de manière à présenter une arrête très-vive et faisant couteau. ( Voyez (275) action de l'eau sur le potassium. )

| EXPÉR. | POTASSIUM employé. | HYDROGÈNE Sulfuré employé. | HYDROGÈNE Sulfuré absorbé. | HYDROGÈNE obtenu. |
|---|---|---|---|---|
| 1re. | 0gr.,0212. | 204 parties. | 65 parties. | 79 parties |
| 2e. | *Idem.* | 84 | 5 | 79 |
| 3e. | *Idem.* | 120 | 24 | 79 |

| EXPÉR. | SODIUM employé. | GAZ HYDROG. Sulfuré employé. | GAZ HYDROG. Sulfuré absorbé. | GAZ HYDROG. obtenu. |
|---|---|---|---|---|
| 1re. | 0gr.,0238. | 234 | 52 | 146 |
| 2e. | *Idem.* | 214 | 35 | 146 |

Toutes les expériences rapportées dans ce tableau ont été faites sur le mercure dans une cloche courbe : on a rempli cette cloche de mercure ; ensuite on y a fait passer le gaz hydrogène sulfuré au moyen d'un petit entonnoir ; puis, après avoir porté le métal à l'extrémité d'une tige de fer dans la partie courbe de la cloche, on l'a chauffé avec la lampe à esprit de vin pendant trois à quatre minutes ; on a mesuré le gaz restant, et on l'a mis en contact avec une petite quantité d'une dissolution de potasse ( hydrate de deutoxide de potassium ) ; par ce moyen, on a absorbé tout le gaz hydrogène sulfuré qui ne s'était point combiné avec le potassium et le sodium, et on a obtenu le gaz hydrogène pur. Or, comme celui-ci représente un volume égal au sien de gaz hy-

drogène sulfuré, il a été facile d'en conclure la quantité
de gaz hydrogène sulfuré absorbé sans être décomposé.

La plupart des autres métaux agissent aussi sur le gaz
hydrogène sulfuré, à l'aide de la chaleur; mais ils le décomposent seulement et n'en absorbent aucune portion;
ils s'emparent du soufre et dégagent l'hydrogène. C'est
même en traitant le gaz hydrogène sulfuré par l'étain,
qu'on parvient facilement à démontrer que le gaz hydrogène sulfuré contient un volume d'hydrogène, égal au
sien; on fait l'expérience comme la précédente, si ce
n'est qu'on emploie 10 à 12 grammes d'étain, et qu'on
tient la cloche à un degré de chaleur voisin du rouge
cerise pendant demi-heure.

*Etat naturel.* — L'hydrogène sulfuré se trouve en
petite quantité combiné avec la potasse ou la soude,
dans les eaux minérales sulfureuses, telles que celles
de Barrège, d'Aix-la-Chapelle, de Plombières. Comme
toutes les matières animales contiennent de l'hydrogène,
et que presque toutes renferment du soufre, il se forme
plus ou moins d'hydrogène sulfuré au moment où ces
sortes de matières éprouvent la fermentation putride :
on peut citer comme exemple les œufs pourris, les dé-
jections animales ; c'est même la présence de ce gaz
dans les fosses d'aisance qui en rend la vidange si souvent dangereuse.

*Préparation.* — On se procure le gaz hydrogène
sulfuré en traitant, à l'aide de la chaleur, le sulfure
d'antimoine par une solution de gaz acide muriatique
dans l'eau. Après avoir réduit le sulfure d'antimoine
en poudre, on le verse dans un petit matras avec 5 à 6

fois son poids d'acide muriatique concentré ; on adapte
au col du matras, par le moyen d'un bouchon, deux
tubes dont l'un à boule propre à verser l'acide (*pl.* 13,
*fig.* 6), et l'autre propre à recueillir le gaz. On place le
matras sur un fourneau, et on le chauffe légèrement :
bientôt le gaz hydrogène sulfuré se dégage ; on le recueille en engageant l'extrémité du dernier tube sous des
flacons pleins d'eau ou de mercure, et on reconnaît
qu'il est pur par la propriété qu'il a de se dissoudre
complètement dans l'eau (*a*). Lorsque l'action se ralentit, on ajoute de nouvel acide par le tube à boule qu'on
surmonte d'un petit entonnoir. D'ailleurs, la théorie de
ce qui se passe dans cette opération est très-simple. Il se
forme, outre le gaz hydrogène sulfuré, du proto-muriate d'antimoine : par conséquent, l'eau est décomposée ; son hydrogène se combine avec le soufre du sulfure, tandis que son oxigène se combine avec l'antimoine
de ce sulfure et l'acide muriatique.

*Composition.* — Cent parties de gaz hydrogène sulfuré sont formées de 93,855 de soufre et de 6,145 d'hydrogène. C'est ce qu'il est facile de concevoir, en observant que le gaz hydrogène sulfuré contient un volume
égal au sien de gaz hydrogène ; que sa pesanteur spécifique est de 1,1912, et que celle de l'hydrogène est de
0,07321.

*Usages.* — On se sert de l'hydrogène sulfuré comme
réactif dans les laboratoires ; on l'emploie particulièrement pour reconnaître la présence des oxides métal-

(*a*) Ce gaz étant très-dangereux à respirer, il faut avoir soin de
tenir auprès de l'appareil, des flacons d'où se dégage sans cesse une
petite quantité d'acide muriatique oxigéné. Cet acide le détruit (450).

liques, et les séparer les uns des autres. A cet effet, on le dissout quelquefois dans l'eau : celle-ci en dissout près de trois fois son volume à 11° sous la pression de $0^{m}.,76$.

*Historique.* — L'hydrogène sulfuré a été découvert par Schéele. Un grand nombre de chimistes s'en sont occupés ; mais c'est à M. Berthollet qu'on doit la connaissance de presque toutes les propriétés de ce gaz (Annales de Chimie, tome 25). Ses effets délétères sur les animaux qui le respirent ont été examinés par M. Chaussier ; ensuite par MM. Dupuytren et Thenard (Journal de Médecine de M. Leroux, etc.). Enfin, dans ces derniers temps, MM. Davy, Gay-Lussac et Thenard ont examiné son action sur le potassium et le sodium (Recherches physico-chimiques).

## De l'Hydrure de Soufre.

178 *bis.* L'hydrure de soufre est un liquide de consistance oléagineuse ; son odeur et probablement son action sur l'économie animale sont analogues à celles du gaz hydrogène sulfuré, mais beaucoup moins fortes ; il a aussi la même saveur que ce gaz. On ne connaît point sa pesanteur spécifique : on sait seulement qu'elle est plus grande que celle de l'eau.

L'hydrure de soufre se décompose spontanément à la température ordinaire, à moins qu'on ne l'expose à une pression très-forte ; il se décompose à plus forte raison à une température élevée : dans les deux cas, il se transforme en hydrogène sulfuré qui se dégage à l'état de gaz, et en soufre qui reste sous la forme de grumeaux gris. Il paraît qu'il se comporte avec le gaz oxigène, l'air et les corps combustibles , de la même manière que le soufre et l'hydrogène sulfuré.

L'hydrure de soufre n'existe point dans la nature ; on ne peut l'obtenir qu'en mettant le soufre très-divisé en contact avec l'hydrogène sulfuré à l'état de gaz naissant. A cet effet, on se procure une dissolution aqueuse de sulfure hydrogéné de potasse, c'est-à-dire, d'un composé de soufre, d'hydrogène sulfuré, et de deutoxide de potassium (1143) ; on verse cette dissolution peu à peu dans de l'acide muriatique liquide ; celui-ci s'empare du deutoxide de potassium et forme un sel soluble , tandis que le soufre et l'hydrogène sulfuré s'unissent, se précipitent, et se rassemblent peu à peu au fond du vase , comme le ferait une huile plus pesante que l'eau. Pour conserver l'hydrure de soufre , il faut en remplir un flacon à l'émeri , le boucher, assujétir le bouchon, et le tenir renversé dans un lieu frais.

On peut considérer l'hydrure de soufre comme une combinaison de soufre et d'hydrogène, ou bien de soufre et d'hydrogène sulfuré ; mais les propriétés dont il jouit , et le procédé par lequel on l'obtient, rendent cette dernière opinion plus probable que l'autre. Quoi qu'il en soit, jusqu'à présent on n'a point déterminé la proportion des principes qui le constituent. L'hydrure de soufre est sans usages ; il a été découvert par Schéele , et examiné ensuite par M. Berthollet ( Ann. de Chim., tome 25).

## De l'Hydrogène azoté ou de l'Ammoniaque.

179. L'hydrogène azoté est un gaz que l'on a appelé ammoniaque, parce qu'on l'extrait du muriate d'am-

moniaque, ou sel ammoniac. L'ammoniaque jouant le rôle d'un oxide métallique dans la plupart des combinaisons qu'elle forme, nous n'en parlerons qu'après avoir exposé les propriétés des oxides (570).

Par la même raison, nous ne parlerons de la combinaison de l'hydrogène sulfuré avec l'ammoniaque, qu'en traitant des oxides hydro-sulfurés (1150).

### Du Phosphure de Carbone.

180. *Propriétés.* — Le phosphure de carbone est solide, rouge, pulvérulent : on ignore quelle est sa pesanteur spécifique.

Soumis à la chaleur de la lampe dans une petite cloche recourbée, on n'en sépare pas le phosphore : il s'enflamme dans le gaz oxigène à la température ordinaire, et à plus forte raison à une température élevée, et donne lieu à de l'acide phosphorique solide et à du gaz acide carbonique ; mais les couches extérieures sont les seules qui brûlent, parce que l'acide phosphorique qui se forme se vitrifie et s'oppose à la combustion des couches intérieures. L'action du phosphure de carbone sur l'air est la même que sur le gaz oxigène, si ce n'est qu'elle est moins forte.

On n'a point encore essayé l'action du phosphure de carbone sur les corps combustibles ; il est probable que plusieurs métaux le décomposeraient à l'aide de la chaleur et s'empareraient du phosphore.

*Etat naturel, préparation, etc.*—Le phosphure de carbone n'existe point dans la nature. C'est en extrayant le phosphore du phosphate acide de chaux par le charbon, qu'on peut se procurer facilement ce phosphure ; on en trouve beaucoup de sublimé au col de la cornue, à la fin de l'opération. On peut encore se procurer du phosphure de carbone en brûlant du phosphore dans l'air : on obtient ainsi une matière rouge formée de phosphore et d'acide ; de sorte qu'il suffit de laver cette matière pour dissoudre l'acide et avoir le phosphure pur. Enfin, lorsqu'on s'est servi à plusieurs reprises du phosphore pour faire des analyses d'air, que ce phosphore paraît impur, il suffit de le distiller dans une cornue de verre (788), pour obtenir un résidu rouge, qui n'est autre chose que ce phosphure. Ce composé est sans usages. Il a été découvert par M. Proust.

## De la Combinaison du Carbone avec le Soufre.

181. Il paraît que le soufre peut se combiner en plusieurs proportions avec le carbone. Lorsque le composé ne contient qu'un atôme de carbone, il est solide, brun rougeâtre ou verdâtre, lamelleux, flexible sous forme de couches minces, et jouit de la plupart des propriétés du soufre. Mais lorsqu'il contient environ la dixième partie de son poids de charbon, il est liquide, transparent, jaunâtre, se décompose par la distillation, laisse déposer du soufre et se convertit en un autre liquide que nous appellerons percarbure de soufre. Il éprouverait le même effet à l'air libre, à la température ordinaire. Nous n'exposerons en détail que les propriétés du percarbure de soufre.

## Du Percarbure de Soufre.

182. Le percarbure de soufre est liquide à la température ordinaire, transparent et sans couleur. Il a une odeur

pénétrante, fétide, et une saveur brûlante et âcre. Sa pesanteur spécifique est de 1,263, et sa tension de $0^{mét},3184$ à $22°,5$.

Sous la pression de $0,^m76$, le percarbure de soufre entre en ébullition à 45°. La plus haute température n'en opère point la décomposition.

Exposé au contact de l'air dans une capsule, à la température ordinaire, il se vaporise sans éprouver d'altération et sans laisser de résidu ; mais si on en approche un corps en combustion, il prend feu sur-le-champ, et donne naissance à du gaz acide carbonique et à de l'acide sulfureux dont l'odeur est très-piquante; une très-petite quantité de soufre échappe à la combustion et reste dans la capsule : par conséquent le percarbure de soufre est très-combustible. Aussi, lorsqu'on fait passer une étincelle à travers l'oxigène chargé de vapeur de carbure, le mélange s'enflamme-t-il vivement. Mais cette expérience doit être faite dans un eudiomètre fort épais, et sur de petites quantités de gaz, parce que la détonnation produite est très-forte. D'ailleurs on doit opérer sur le mercure et non sur l'eau, parce que celle-ci dissoudrait la vapeur. Enfin, on doit mêler le gaz oxigène saturé de vapeur à la pression et à la température ordinaires, avec environ son volume de gaz oxigène pur ; sans cela, il se déposerait du soufre, et toute la vapeur ne serait point décomposée. En prenant toutes ces précautions, on ne court aucun danger, et l'on ne retrouve dans l'eudiomètre, après la combustion, que du gaz acide sulfureux, du gaz acide carbonique, et le gaz oxigène qui était en excès.

Plusieurs métaux, et particulièrement le cuivre et le fer, sont susceptibles de décomposer le percarbure de soufre à une température élevée ; on peut même, par ce moyen, déterminer les proportions de ses principes constituans. ( *Voy.* Composition. )

*Etat, Préparation.*—Le percarbure de soufre n'existe point dans la nature. On l'obtient soit en mettant le soufre en contact, à une haute température, avec le charbon fortement calciné, soit en distillant du persulfure de fer avec cette sorte de charbon, dans une cornue de grès et recevant dans les deux cas les produits dans des récipiens. Dans le premier cas, on prend un tube de porcelaine ; on le fait passer en l'inclinant légèrement à travers un fourneau à réverbère ; on adapte à son extrémité inférieure une allonge qui se rend dans un récipient tubulé ; de la tubulure de celui-ci part un tube recourbé qui va plonger au fond d'un petit flacon à deux tubulures à moitié rempli d'eau, et de l'une de ces deux tubulures part un autre tube que l'on peut engager sous des flacons pleins d'eau ou de mercure ; ensuite, après avoir introduit dans le tube de porcelaine, par son extrémité supérieure, des fragmens de charbon fortement calciné, on adapte à cette extrémité une cornue de verre contenant du soufre, et placée sur un fourneau. L'appareil étant ainsi disposé, on porte peu à peu le tube de porcelaine au rouge ; alors on chauffe la cornue ; le soufre qu'elle contient ne tarde point à fondre et à se réduire en vapeur ; il passe nécessairement à travers le charbon, se combine en partie avec ce corps, et forme du carbure de soufre qui va se condenser en grande partie dans le ballon et le flacon qu'il est bon d'entourer de glace. Il se forme en outre des gaz qui sont un mélange d'hydrogène oxicarburé, d'hydrogène sulfuré et de carbure de soufre en vapeur (*a*), et une matière solide, brune rougeâtre, très-combustible, qui paraît être du soufre légèrement carburé : celle-ci reste presque toute entière dans l'allonge.

Le second procédé s'exécute dans une cornue de grès. D'abord, on y fait calciner très-fortement 300 à 400 grammes de charbon en poudre; ensuite on la laisse refroidir en la tenant bouchée; puis on y introduit un ou deux kilogrammes de persulfure de fer naturel, ou pyrite bien pulvérisée; on mêle le tout ensemble par l'agitation; on place la cornue dans un fourneau à réverbère; on adapte à son col une allonge qui, comme celle de l'appareil précédent, se rend dans un récipient tubulé, etc.; et on chauffe peu à peu la cornue, de manière à la faire rougir fortement. Une partie du soufre de la pyrite se dégage, se combine avec le charbon, et forme, comme nous l'avons dit, du soufre carburé qui se rend dans le ballon et le flacon à deux tubulures, beaucoup de matière solide brune rougeâtre qui se condense en grande partie dans l'allonge, et une petite quantité de gaz. Ceux-ci contiennent tout à la fois du gaz hydrogène sulfuré, du gaz acide sulfureux, de l'hydrogène oxicarburé, et du carbure de soufre en vapeurs (*b*); les deux premiers se décomposent promptement par le con-

---

(*a*) L'oxigène provient sans doute d'un peu d'eau fournie par les bouchons des vases. Quant à l'hydrogène, il doit provenir tout à la fois et de cette eau et du soufre (177), et peut-être du charbon.

(*b*) Le gaz acide sulfureux provient de la pyrite; car en la calcinant seule, on en obtient une certaine quantité. L'hydrogène provient du soufre et du charbon.

tact de l'eau. La distillation étant faite, on peut obtenir une nouvelle quantité de carbure de soufre, en introduisant d'autre pyrite dans la cornue, et procédant de nouveau à la distillation. On se procure ainsi, d'après M. Cluzel, 30 à 40 grammes de carbure de soufre dans chaque distillation. Il est à remarquer qu'il ne se formerait pas de carbure de soufre liquide dans la première de ces distillations, si le charbon n'était pas calciné. (Annales de Chimie, tome 84.)

Soit qu'on emploie l'un ou l'autre de ces deux procédés, le carbure de soufre qui se forme occupe le fond du ballon et du flacon. On le sépare de l'eau qui le surnage, en versant le tout dans un entonnoir à long bec, que l'on bouche avec le doigt : bientôt le carbure gagne la partie inférieure ; lorsqu'il est bien transparent, on débouche le bec de l'entonnoir, et l'on reçoit le carbure dans un flacon, au moyen d'un autre entonnoir ; bien entendu qu'on bouche de nouveau le bec de l'entonnoir, avant même que tout le carbure ne soit écoulé.

Dans cet état, le carbure est quelquefois jaunâtre, et contient toujours un peu plus de soufre que celui qui a été rectifié par la distillation. Aussi, quand on l'expose à l'air, il ne se volatilise pas tout entier, et il s'en dépose du soufre sous forme de cristaux ; quand on le distille, le même dépôt de soufre est produit. Cette distillation se fait dans une petite cornue de verre, dont on fait rendre le col dans un récipient tubulé en partie plein d'eau, et à la tubulure duquel on adapte un tube ; elle a lieu bien au-dessous de la chaleur de l'eau bouillante. Il est probable que le carbure de soufre ainsi rectifié, est formé de proportions constantes de soufre et de charbon.

*Composition.* — 100 parties de carbure de soufre
sont composées, d'après M. Vauquelin, de 14 à 15 de
carbone et de 86 à 85 de soufre. Pour en faire l'analyse,
on fait passer un tube de verre luté ou de porcelaine à
travers un fourneau; on met dans ce tube 5 à 6 fois
autant de cuivre en copeaux qu'on emploie de liqueur; on met celle-ci dans une petite cornue de verre;
on adapte cette cornue à l'une des extrémités du tube,
et on adapte à l'autre un petit tube de verre que l'on
fait plonger au fond d'une éprouvette entourée de glace;
enfin, du bouchon de celle-ci part un autre tube qui
va s'engager sous des flacons pleins d'eau. Alors on fait
rougir le tube; on chauffe très-doucement la cornue;
la liqueur qu'elle contient passe ainsi peu à peu à travers le cuivre, et est décomposée de telle manière que
le soufre se combine avec le métal, et que le charbon
reste mêlé avec le sulfure. Ensuite on retire la matière
du tube, et on en sépare le soufre et le charbon par des
moyens que nous exposerons lorsque nous traiterons de
l'analyse ( quatrième volume ). Dans le cas où l'on ferait
passer la liqueur trop promptement à travers le tube,
une portion échapperait à l'action du cuivre; la plus
grande partie se condenserait dans l'éprouvette; l'autre
se rendrait en vapeurs, avec l'air des vases, dans les
flacons qui terminent l'appareil. Le carbure de soufre
est sans usage.

*Historique.* — Le carbure de soufre découvert et
examiné par M. Lampadius, en 1796, a été soumis successivement à de nouvelles recherches par MM. Clément
et Desormes, ( Annales de Chimie, tome 42 ); par
Berthollet fils, ( Mémoires d'Arcueil, tome 1 ); par
M. Cluzel, ( Annales de Chimie, tome 84 ), et par

M. Vauquelin, ( Annales de Chimie, tom. 83, p. 268 ).
MM. Lampadius et Berthollet fils l'ont regardé comme
du soufre hydrogéné ; MM. Clément et Desormes et
M. Vauquelin, comme du carbure de soufre ; M. Cluzel,
comme une combinaison d'hydrogène, de carbone,
d'azote, et de soufre dans un état particulier. Pour nous,
nous partageons l'opinion de MM. Clément et Desormes
et de M. Vauquelin.

## Du Phosphure de Soufre.

182 *bis.* Le phosphure de soufre résulte tantôt de parties égales de phosphore et de soufre ; tantôt de deux parties de phosphore et d'une de soufre ; tantôt au contraire
de deux parties de soufre et d'une de phosphore, etc. On
conçoit, d'après cela, que ses propriétés doivent varier.
Sa couleur est toujours jaunâtre, mais l'état qu'il affecte
n'est pas toujours le même, non plus que sa pesanteur
spécifique ; quelquefois il est liquide, et toujours il est
plus pesant que l'eau.

183. Le phosphure de soufre entre plus facilement en
fusion que le phosphore. Pelletier, qui a beaucoup fait
d'expériences sur le phosphore, a trouvé que le phosphore combiné successivement avec $\frac{1}{2}$, 1, 2, 3 parties
de son poids de soufre, donnait naissance à des composés qui fondaient, le premier, à 25°; le 2ème, à 15°; le
3ème, à 10°; le 4ème, à 5°; le 5ème, à 12° $\frac{1}{2}$; le 6ème, à 37 $\frac{1}{2}$.
( Annales de Chimie, tome 4, page 10, ou bien Mémoires
de Pelletier. ) Pour moi, j'ai trouvé que le phosphure
fait avec deux parties de phosphore et une de soufre,
était plus fusible que celui qui était fait avec parties
égales de ces corps combustibles. Rien de plus facile à

faire que ces différentes expériences : on fera le phosphure par le procédé qui est indiqué plus bas (184) ;
ensuite on versera de l'eau dans le vase qui le contiendra, et après y avoir plongé un thermomètre, on
refroidira ou on échauffera le liquide.

Exposé à une chaleur suffisante, le phosphure de
soufre se volatilise. On en opère facilement la volatilisation dans une petite cloche de verre courbe, de même
que celle du phosphore (97) ; mais il paraît que celui
qui se volatilise le premier, contient plus de phosphore que celui qui se volatilise en second lieu, surtout
lorsque le phosphure contient à peu près autant de phosphore que de soufre.

Le phosphure de soufre a une grande action sur le
gaz oxigène, surtout à l'aide d'une légère chaleur ; il en
résulte de l'acide phosphorique solide, du gaz acide sulfureux, et un grand dégagement de calorique et de lumière. *Expérience :* On prépare le phosphure de soufre
dans une petite cloche courbe (185 *bis*) ; on solidifie
le phosphure par le froid ; on plonge la cloche dans
le mercure, en l'inclinant de manière à en faire sortir
le gaz azoté ; ensuite on la rétablit dans sa première
position ; on en chauffe la partie supérieure où se trouve
le phosphure, avec la lampe à esprit de vin, et on y introduit le gaz oxigène bulle à bulle : il faut bien se garder
d'y en introduire beaucoup à la fois, car il pourrait en
résulter une détonnation due à la grande quantité de
gaz acide sulfureux qui se produirait alors.

L'action du phosphure de soufre sur l'air atmosphérique est la même que sur le gaz oxigène, si ce n'est
qu'elle est moins vive : on la constate de la même manière.

On n'a point encore mis le phosphure de soufre en contact avec les corps combustibles; sans doute que la plupart des métaux le décomposeraient et en absorberaient les deux principes constituans.

184. *Etat, Préparation.* — Le phosphure de soufre n'existe point dans la nature : ce composé est donc un produit de l'art; mais avant d'exposer le procédé par lequel on l'obtient, il est nécessaire de faire connaître divers phénomènes qui peuvent accompagner sa formation.

185. Lorsqu'on fait fondre à l'aide de la chaleur du phosphore et du soufre sous l'eau, ils se combinent peu à peu, fondent, et il se forme du gaz hydrogène sulfuré qui se dégage et qu'on peut recueillir, et de l'acide phosphorique ou phosphoreux qui reste dans la liqueur. On ne peut expliquer ces résultats qu'en admettant que l'eau ou l'oxide d'hydrogène est décomposée, que son hydrogène se combine avec le soufre, tandis que son oxigène se combine avec le phosphore. *Expérience :* On peut la faire dans une petite éprouvette. On met dans cette éprouvette 2 à 3 grammes de soufre, et 1 $\frac{1}{2}$ à 2 grammes de phosphore; on remplit cette éprouvette d'eau aux deux tiers; on y adapte un tube recourbé qui plonge sous une petite cloche pleine d'eau, et on chauffe. Il est important de ne pas porter la liqueur à l'ébullition; car il serait possible que la décomposition de l'eau fût assez rapide pour produire une violente détonnation : c'est ce qui m'est arrivé deux fois.

185 *bis.* Lorsqu'au lieu de combiner le soufre et le phosphore sous l'eau, on les combine autant que possible sans eau, on éprouve une violente détonnation, si l'opération se fait sur quelques grammes de phosphore

et de soufre : un grand dégagement de chaleur et la production d'une certaine quantité de gaz hydrogène sulfuré en sont la cause immédiate. L'expérience suivante le prouve : On a rempli de mercure une petite cloche courbe ; on y a fait passer un peu de gaz azote ; ensuite on a introduit deux grammes de phosphore jusque dans la partie courbe, et on l'a fondu à la lampe : alors on l'a combiné avec deux grammes de soufre réduit en petits fragmens ; on portait successivement chaque fragment dans le bain de phosphore avec une tige de fer, et on remarquait que chacun d'eux, au moment de la combinaison, produisait un petit bruit semblable à celui d'un fer rouge qu'on plongerait dans l'eau. La combinaison étant faite, on a mesuré le gaz : il s'en est trouvé 60 parties de plus qu'avant l'expérience ; ces 60 parties étaient du gaz hydrogène sulfuré. On a vu aussi que le phosphure formé rougissait la teinture de tournesol : il s'était donc formé un acide. Comment expliquer la formation du gaz hydrogène sulfuré et de l'acide ? L'explication la plus simple consiste à supposer que le phosphore qu'on emploie, ayant été recueilli dans l'eau et conservé sous ce liquide, en retient, quelque soin qu'on prenne, et que c'est cette eau qui se décompose comme dans l'expérience précédente.

Quoi qu'il en soit, il suit de ces expériences que les divers procédés qu'on emploie pour préparer le phosphure de soufre ne sont pas tous sans danger : le suivant mérite d'être préféré.

186. On fait le phosphure de soufre en combinant directement le phosphore avec le soufre. On prend un tube dont la longueur est de 8 à 10 centim., et le diamètre de 1 à 2 centimètres ; ce tube est fermé à l'une de

ses extrémités et ouvert à l'autre ; on y introduit 2 à 3 grammes de phosphore, on le fait fondre ; et, quand il est fondu, on y ajoute par petits fragmens le soufre avec lequel on veut le combiner. Pour ajouter un nouveau fragment de soufre, on attend que la combinaison du précédent soit faite ; ce qu'un petit bruit dont elle est accompagnée permet de reconnaître.

187. *Usages.* — On se sert du phosphure de soufre pour se procurer de la lumière. En effet, en plongeant une allumette soufrée dans un flacon contenant du phosphore, l'allumette prend feu ; et il est permis de présumer que le soufre se combine d'abord avec le phosphore, et qu'ensuite le phosphure qui se forme s'enflamme à l'aide de la chaleur développée au moment de la combinaison : ce qui vient à l'appui de cette opinion, c'est qu'en mettant dans une petite éprouvette deux grammes de phosphore et un gramme de soufre en petits fragmens, le composé se forme et se liquéfie, peu à peu, sans frottement et sans chaleur extérieure. Or si, dans cette circonstance, le phosphure de soufre peut se former, à plus forte raison doit-il se former dans celle que nous venons de citer.

*Historique.* — Découvert par Margraff, étudié par Pelletier (Annales de Chimie, tome 4, ou Mémoires de Pelletier), par Mussin-Puschkin ( Annales de Chimie, tome 30 ).

### De l'Azote phosphoré.

188. *Propriétés.* — L'azote phosphoré est gazeux, sans couleur ; son odeur est analogue à celle du phosphore : il pèse un peu plus que l'azote.

L'azote phosphoré ne se décompose ni à la température ordinaire, ni à la chaleur de la lampe. A toute espèce de température, au contraire, il est décomposé par
le gaz oxigène et par l'air atmosphérique : il en résulte,
d'une part, de l'acide phosphoreux qui, se combinant
avec l'eau hygrométrique du gaz, apparaît sous forme
de vapeurs blanches; et, d'autre part, un dégagement
de lumière et de calorique, mais si faible, que la lumière
n'est sensible que dans l'obscurité, et que le thermomètre à air monte à peine de quelques degrés. Peut-être
sera-t-on surpris qu'il ne se dégage pas plus de lumière
et de calorique dans une combustion instantanée, dont
le produit est liquide et même serait solide s'il était
dépouillé d'eau ; mais, pour le concevoir, il suffira d'observer que l'azote phosphoré ne contient qu'un atôme de
phosphore. Qu'on se figure un instant qu'il en contienne
une grande quantité, et dès-lors on verra qu'il devrait
en résulter, avec l'air, une combustion des plus vives.
*Expérience :* On remplit une éprouvette de mercure ou
d'eau ; on y fait passer du gaz azote ; puis un petit cylindre de phosphore qu'on soutient à l'extrémité d'un
tube de verre; au bout d'une demi-heure on retire le
phosphore, on porte l'appareil dans l'obscurité, on introduit quelques bulles de gaz oxigène ou d'air, et
tout à coup il se produit une auréole lumineuse, et le
gaz s'obscurcit : en supposant qu'on eût du gaz azote
phosphoré préparé d'avance, et qu'on voulût s'en servir, il ne faudrait pas l'agiter soit dans l'eau, soit dans
le mercure, car on en absorberait le phosphore.

*Etat, Préparation.* — Le gaz azote phosphoré
n'existe pas dans la nature.

On le prépare, comme on vient de le dire, en mettant

en contact à froid du phosphore avec du gaz azote. On
a trouvé que six litres de gaz azote, à la température de 12 degrés et à la pression de $0^{mètre},76$, ne
pouvaient dissoudre que 5 centigrammes de phosphore.
C'est là ce qui explique pourquoi il se dégage si peu de
lumière et de calorique dans la combustion du gaz
azote phosphoré. Ce gaz contient un volume de gaz azote
égal au sien : car, 1° le gaz azote ne change point de
volume en se saturant de phosphore ; 2° il ne change pas
non plus lorsqu'on absorbe le phosphore qu'il contient,
en l'agitant avec le mercure.

C'est le gaz azote phosphoré qui, dans l'analyse de
l'air par le phosphore, fait que celui-ci peut se combiner
avec le gaz oxigène.

## DE LA COMBINAISON DES CORPS COMBUSTIBLES NON MÉTALLIQUES AVEC LES MÉTAUX.

Parmi les six corps combustibles non métalliques, il
n'y a que le soufre et le phosphore qui semblent pouvoir
se combiner avec tous les métaux. L'hydrogène ne se
combine qu'avec le potassium, l'arsenic et le tellure ; le
carbone qu'avec le fer ; l'azote qu'avec le potassium et le
sodium ; et jusqu'à présent le fer et le platine sont les
seuls métaux avec lesquels on ait formé des borures.

## De la Combinaison de l'Hydrogène avec le Potassium.

189. Le potassium forme avec l'hydrogène deux composés bien distincts ; l'un est solide et mérite le nom d'hydrure ; l'autre est gazeux et doit être appelé gaz hy-

528    *De la Combinaison*

drogène potassié. Le premier contient beaucoup moins d'hydrogène que le second.

### De l'Hydrure de Potassium.

190. *Propriétés.* — L'hydrure de potassium est solide, gris et sans apparence métallique. Sa pesanteur spécifique n'est pas connue.

Au-dessous de la chaleur rouge, l'hydrure de potassium se décompose ; l'hydrogène reprend l'état de gaz, et le potassium son état métallique. Exposé au contact du gaz oxigène, l'hydrure de potassium s'enflamme même à froid, et à plus forte raison à l'aide de la chaleur ; il en résulte une absorption subite de gaz oxigène, du deutoxide de potassium, de l'eau qui reste en combinaison intime avec cet oxide (595), et un dégagement de calorique et de lumière.

L'air agit sur l'hydrure de potassium de même que le gaz oxigène : c'est ce dont on peut se convaincre en exposant au contact de l'atmosphère une certaine quantité de cet hydrure.

*Etat, Préparation, etc.* — L'hydrure de potassium n'existe point dans la nature. Pour l'obtenir, on remplit de mercure une petite cloche de verre courbe ; ensuite on y fait passer du gaz hydrogène, et on porte avec une tige de fer un petit fragment de potassium jusque dans la partie courbe de la cloche : alors on la chauffe peu à peu avec la lampe à esprit de vin, et on agite le métal avec la tige recourbée : il ne faut pas trop élever la température, car la combinaison n'aurait pas lieu ; d'une autre part, il faut l'élever assez pour qu'elle puisse se faire. On saisira facilement le degré de chaleur convenable par le moyen de quelques essais : on continue l'expérience jusqu'à ce que le potassium refuse d'absorber du gaz.

L'hydrure de potassium est sans usages ; il a été découvert par MM. Gay-Lussac et Thenard (Recherches physico-chimiques, tome 1, page 176).

## Du Gaz hydrogène potassié.

191. D'après M. Sementini, professeur de chimie à Naples, le gaz hydrogène potassié se forme toutes les fois qu'on traite l'hydrate de deutoxide de potassium par le fer à une très-haute température (519). On peut recueillir ce gaz sur le mercure. Il faut donc admettre que, dans cette opération, l'oxigène de l'eau et du deutoxide se combine avec le fer ; tandis que l'hydrogène se combine en partie avec le potassium. L'hydrogène potassié est sans couleur ; récemment fait, il s'enflamme par le contact du gaz oxigène ou de l'air à la température ordinaire. Mais au bout d'un certain temps, par exemple de quelques heures, il ne jouit plus de cette propriété, parce qu'il laisse déposer une certaine quantité de potassium, de même que l'hydrogène perphosphoré laisse déposer une certaine quantité de phosphore. Dans tous les cas, il prend feu à l'aide de la chaleur, et forme de l'eau et du deutoxide de potassium.

## Des Combinaisons de l'Hydrogène avec l'Arsenic.

191 *bis.* De même qu'il existe au moins deux composés d'hydrogène et de potassium, de même il existe

deux composés d'hydrogène et d'arsenic. L'un de ces
composés est solide, et l'autre est gazeux. D'après cela,
nous appellerons le premier gaz hydrogène arséniqué,
et le second hydrure d'arsenic.

### De l'Hydrure d'Arsenic.

192. *Propriétés.* — L'hydrure d'arsenic est solide,
brun rougeâtre, terne, sans odeur, sans saveur. On
ignore quelle est sa pesanteur spécifique.

L'hydrure d'arsenic ne se décompose pas à une chaleur voisine de la chaleur rouge cerise ; c'est ce que l'on
prouve en le calcinant avec la lampe à esprit de vin,
dans une petite cloche de verre courbe pleine de mercure et de gaz azote. L'expérience étant faite, on voit
que l'hydrure n'a point changé de couleur, et qu'il ne
s'est pas dégagé de gaz. Il est très-probable que par l'action d'une plus forte chaleur, cet hydrure éprouverait
une décomposition complète. L'hydrure d'arsenic n'a
aucune action sur le gaz oxigène à la température ordinaire. A une température élevée, il l'absorbe, et il en
résulte de l'eau, du deutoxide d'arsenic, et un dégagement de calorique et de lumière. *Expérience :* On remplit de mercure une petite cloche courbe, on y fait
passer du gaz oxigène, et l'on porte jusque dans la partie courbe de cette cloche une certaine quantité d'hydrure, avec des pinces dont les extrémités sont terminées en forme de cuiller (*pl.* 12, *fig.* 6) ; on chauffe
avec la lampe à esprit de vin, et bientôt l'inflammation
a lieu.

L'air agit sur l'hydrure d'arsenic par le gaz oxigène
qu'il contient ; ainsi, cette action doit être la même que

la précédente, si ce n'est qu'elle est moins forte : on la constate de la même manière. L'action de l'hydrure d'arsenic sur les corps combustibles n'a point encore été examinée.

*Etat , Préparation , etc.* — L'hydrure d'arsenic n'existe point dans la nature.

On peut obtenir de l'hydrure d'arsenic en faisant plonger dans l'eau les deux fils positif et négatif d'une pile en activité, et en adaptant un fragment d'arsenic à l'extrémité du fil négatif. Les deux principes constituans de l'eau seront décomposés ; l'oxigène sera porté à l'extrémité du fil positif, et l'hydrogène se rendant à l'extrémité du fil négatif, se combinera avec l'arsenic ; on verra peu à peu se former des flocons qui ne sont autre chose que de l'hydrure de ce métal.

On obtient encore de l'hydrure d'arsenic par d'autres moyens qui seront exposés par la suite (284).

Cet hydrure qui est sans usages, et dont on n'a point encore déterminé la proportion des principes constituans, a été découvert par MM. Davy, Gay-Lussac et Thenard. ( Recherches Physi. Chimiques, tome I, page 232.)

## De l'Hydrogène Arseniqué.

193. *Propriétés.* — Le gaz hydrogène arseniqué est sans couleur ; son odeur est nauséabonde ; sa pesanteur spécifique n'a point encore été prise. C'est un des plus violens poisons que l'on connaisse.

L'hydrogène arseniqué ne se décompose pas à la température ordinaire (*a*) ; mais il est probable que si on

---

(*a*) Cependant, on remarque qu'au bout d'un certain nombre de jours, il se fait un petit dépôt brun maron sur les parois des vases

l'exposait à une haute température, en le faisant passer, au moyen de deux vessies, à travers un tube rouge ( *pl.* 23 , *fig.* 3 ), on en opérerait la décomposition, de telle sorte qu'il en résulterait du gaz hydrogène retenant peut-être encore de l'arsenic et de l'hydrure d'arsenic ; car, par une série d'étincelles électriques, il paraît qu'on parvient à le transformer en ces deux sortes de produits.

Soumis à l'action d'un froid d'environ 30°, et sous la pression atmosphérique , il se liquéfie suivant les expériences de M. Stromeyer.

L'hydrogène arséniqué n'a d'action sur le gaz oxigène bien sec, qu'à l'aide de la chaleur ; il est alors décomposé par ce gaz, et il se forme de l'eau et de l'hydrure d'arsenic, ou bien de l'eau et de l'oxide d'arsenic, selon que la quantité de gaz oxigène est plus ou moins grande. Dans tous les cas, il y a dégagement de calorique et de lumière. L'expérience peut être faite dans l'eudiomètre, sur l'eau ou sur le mercure ; mais il faut employer environ deux fois autant de gaz oxigène que d'hydrogène arséniqué en volume, pour que la combustion soit complète. L'air atmosphérique exerce sur le gaz hydrogène arséniqué, la même action que le gaz oxigène, excepté qu'il ne brûle que très-difficilement l'arsenic, et que le plus souvent celui-ci , restant uni à de l'hydrogène, passe seulement à l'état d'hydrure. On peut s'en convaincre au moyen de l'eudiomètre de Volta. On peut encore en acquérir la preuve, en remplissant de gaz hydrogène arséniqué une cloche pleine d'eau ou

qui contiennent le gaz hydrogène arséniqué. Ce dépôt est probablement de l'hydrure d'arsenic ; d'où il suit qu'il existerait au moins deux espèces de gaz hydrogène arséniqué, comme deux espèces de gaz hydrogène phosphoré.

de mercure, la renversant, et y plongeant une bougie allumée ; le gaz brûlera couche par couche, et déposera sur les parois de la cloche un enduit brun qui n'est probablement que de l'hydrure d'arsenic.

Le soufre, le potassium, le sodium, l'étain, sont susceptibles de décomposer le gaz hydrogène arseniqué à l'aide de la chaleur. Dans tous les cas, ces divers corps se combinent avec l'arsenic.

Lorsqu'on introduit du soufre avec l'hydrogène arseniqué dans une petite cloche courbe sur le mercure, et qu'on la chauffe avec la lampe à esprit de vin, bientôt l'hydrogène arseniqué est décomposé ; il résulte de cette décomposition du sulfure d'arsenic solide et du gaz hydrogène sulfuré.

Le potassium, le sodium, l'étain, mis en contact, comme le soufre, avec l'hydrogène arseniqué dans une petite cloche courbe, opèrent aussi la décomposition de ce gaz; ils en absorbent l'arsenic et en dégagent l'hydrogène. Cependant les deux premiers retiendraient une portion de celui-ci, s'ils étaient en excès, et si la température n'était point suffisamment élevée.

*Etat, Préparation.* — Le gaz hydrogène arseniqué est toujours un produit de l'art : on l'obtient en fondant ensemble, dans un creuset couvert, un mélange de trois parties d'étain en grenaille et d'une partie d'arsenic en poudre, et en traitant l'alliage qui en résulte par de l'acide muriatique liquide et concentré.

Cette expérience se fait dans une fiole. On y introduit une certaine quantité d'alliage d'étain et d'arsenic pulvérisé ; on y verse ensuite 4 à 5 fois autant d'acide muriatique que d'alliage ; puis on adapte au col de la fiole un tube recourbé ; on place cette fiole sur un petit fourneau, et on la chauffe peu à peu (*pl.* 20, *fig.* 2). Bientôt le gaz hydrogène arséniqué se dégage; on le recueille sur l'eau ou sur le mercure : il se forme en même temps du proto-muriate d'étain qui reste dans la liqueur; d'où l'on voit que, dans cette opération, l'eau qui tient en dissolution l'acide muriatique est décomposée; que, d'une part, son hydrogène se combine avec l'arsenic, et que, de l'autre, son oxigène s'unit à l'étain et à l'acide muriatique. On ne peut point combiner directement l'hydrogène avec l'arsenic.

*Composition.* — Cent parties de gaz hydrogène arséniqué en volume contiennent 140 parties de gaz hydrogène : c'est ce que l'on prouve en chauffant le gaz hydrogène arséniqué avec l'étain. A cet effet, on remplit une petite cloche courbe de mercure; on y fait passer 100 parties de gaz hydrogène arséniqué; ensuite on porte un excès d'étain jusque dans la partie courbe de cette cloche, et on la chauffe presque jusqu'au rouge, avec la lampe à esprit de vin, pendant une demi-heure; puis on mesure le gaz restant. Il ne s'agit donc plus que de déterminer la pesanteur spécifique du gaz hydrogène arséniqué pour connaître en poids la proportion de ses principes constituans. D'après M. Davy, un décimètre cube de ce gaz pèse $0^{gram}$,9714 (Chimie de M. Henry).

Le gaz hydrogène arséniqué est sans usages; il a été examiné successivement par Schéele, MM. Proust, Strommsdorff, et surtout par M. Stromeyer (Annales de Chimie, tome 74).

## *Du Gaz hydrogène telluré et de l'Hydrure de Tellure.*

194. Le gaz hydrogène telluré a une odeur presque analogue à celle du gaz hydrogène sulfuré ; il est incolore ;
on ne connaît pas sa pesanteur spécifique. Mis en contact
avec le gaz oxigène ou l'air et un corps en combustion,
il s'enflamme. Il est soluble dans l'eau : exposé en solution dans ce liquide au contact de l'air, il cède une
portion de son hydrogène à l'oxigène de celui-ci, et
passe à l'état d'hydrure qui se dépose sous forme de
poudre brune. Il est probable qu'à une haute température, il se décomposerait sans la présence d'aucun corps,
et qu'il le serait par la plupart des métaux au degré de
la chaleur rouge.

*Etat, Préparation, etc.* — Le gaz hydrogène telluré n'existe point dans la nature. On l'obtient, en traitant
par l'eau et par l'acide muriatique, un alliage de potassium et de tellure ; il se forme d'abord par la décomposition de l'eau, une combinaison d'hydrogène telluré et
de deutoxide de potassium qui reste en dissolution dans
la liqueur ; ensuite l'acide muriatique s'empare du deutoxide, et met en liberté l'hydrogène telluré qui se dégage avec effervescence. Cette expérience peut être faite
dans une éprouvette pleine de mercure. On observe que
la liqueur, avant l'addition de l'acide muriatique, est d'un
pourpre très-foncé. Peut-être parviendrait-on à produire
le gaz hydrogène telluré de la même manière que le gaz
hydrogène arseniqué, c'est-à-dire, en traitant un alliage
de tellure et d'étain par l'acide muriatique (193) ; mais
jusqu'à présent l'on n'a point fait d'expériences à cet
égard.

Quant à l'hydrure de tellure, on l'obtient en adaptant à l'extrémité du fil négatif un fragment de tellure, et le plongeant dans l'eau, où se rend d'ailleurs l'extrémité d'un fil positif. A mesure que l'eau se décompose, l'hydrogène porté à l'extrémité du fil négatif se combine tout entier avec le tellure, et produit une poudre brune qui n'est autre chose que l'hydrure lui-même. On n'a point encore déterminé la proportion des principes constituans de l'hydrogène telluré. Il est sans usgaes.

La combinaison de l'hydrogène avec le tellure a été observée pour la première fois par Ritter ( Annales de Chimie, t. 76, page 95 ); puis examinée par M. Davy ( Annales de Chimie, tome 78, page 44 ).

### Des Borures de Fer et de Platine.

194 *bis.* On ne connaît encore presqu'aucune des propriétés des borures ; on sait seulement, d'après M. Descotils ( Recherches Physico–Chimiques, tom I, pag. 306 ), qu'ils sont solides, cassans, insipides, inodores ; qu'on les forme en calcinant fortement dans un creuset brasqué ( voyez Creuset brasqué, Description des Appareils ), un mélange de charbon et d'acide borique, de fer ou de platine très-divisés, épaissi par l'huile grasse ; que dans cette opération, l'oxigène de l'acide borique se combine avec le charbon, forme du gaz oxide de carbone qui se dégage, et que le bore, se combinant avec le fer ou le platine, forme un borure qui entre en fusion, et donne lieu à un culot d'apparence métallique. On peut conclure de là qu'ils sont indécomposables par la chaleur.

## De la combinaison du Carbone avec le Fer.

195. Le carbone se combine en des proportions très-différentes avec le fer : de là résultent l'acier, la plombagine ou la mine à crayon, peut-être la fonte ou fer de gueuse, et peut-être encore d'autres composés peu examinés jusqu'ici. L'acier contient depuis un millième jusqu'à vingt millièmes de son poids de charbon ; le meilleur en contient sept à huit millièmes. La plombagine ou la mine à crayon est formée de 8 à 10 parties de fer et de 92 à 90 parties de charbon. Les autres composés contiennent plus de charbon que l'acier, et moins que la plombagine. Nous n'exposerons maintenant que les propriétés de l'acier et de la plombagine, et nous ne traiterons de la fonte qu'à l'époque où nous parlerons de l'extraction du fer (a).

(a) On distingue trois espèces de fontes : la fonte grise, la fonte blanche et la fonte noire. Toutes s'obtiennent en traitant à une haute température les oxides de fer naturels par le charbon (1201). La moyenne de cinq analyses de fonte grise, faites par divers chimistes, est de : fer 93,79 ; manganèse 0,64 ; charbon 2,76 ; laitier ou oxide de fer combiné avec la silice, la chaux et autres matières étrangères au fer 2,21 ; phosphore 0,21 ; cuivre 0,08 ; soufre, des traces. La moyenne de trois analyses de fonte blanche est de : fer 96,27 ; manganèse 1,52 ; charbon 0,66 ; laitier 1,48 ; cuivre 0,05. Il paraît que la fonte noire contient plus de charbon que les deux autres. La fonte grise devient blanche, lorsqu'après l'avoir fondue, on la refroidit promptement ; mais elle redevient grise en la fondant de nouveau, et la faisant refroidir lentement. Il n'en est pas de même de la fonte essentiellement blanche. Le manganèse, le cuivre, le phosphore et le soufre, proviennent des minerais de fer

## De l'Acier ou du Proto-Carbure de Fer.

196. *Propriétés.* — L'acier est solide, très brillant, susceptible de prendre un beau poli, très-ductile et très-malléable, sans saveur et sans odeur. Son tissu est grenu et ses grains fins et serrés. Sa pesanteur spécifique est un peu moindre que celle du fer.

Lorsqu'on expose l'acier à l'action d'une chaleur rouge, et qu'on le fait refroidir peu à peu, ses propriétés physiques restent les mêmes. Mais lorsqu'on le fait refroidir subitement, il en acquiert de nouvelles : il devient très-élastique, plus dur, moins dense, moins ductile et moins malléable qu'il n'était ; souvent même il devient cassant ; son tissu est toujours plus fin et plus serré qu'auparavant ; on dit alors de l'acier qu'il est trempé, parce que c'est en le plongeant ou en le trempant dans un liquide, qu'on lui communique ces diverses propriétés. L'expérience prouve qu'on le trempe d'autant plus, qu'on lui fait subir un changement de température plus grand et plus prompt.

Il est tout aussi facile de détremper l'acier que de le tremper : il suffit pour cela de le faire rougir et de le laisser refroidir lentement ; il reprend ainsi ses propriétés primitives, en sorte qu'on peut ensuite le tremper

---

qu'on emploie, et qui contiennent presque toujours un peu d'oxide de manganèse, un peu de phosphate de fer, et de sulfure de fer et de cuivre. Comme on fait l'acier immédiatement ou médiatement avec la fonte, on conçoit comment il se fait que certains aciers, surtout ceux qu'on fait immédiatement, contiennent quelques traces de phosphore, de cuivre et de laitier.

de nouveau et le détremper encore, etc. L'acier est le seul corps qui soit susceptible de se tremper ou de se durcir par un refroidissement subit: ni le cuivre, ni l'argent, ni l'or, ni aucun des autres métaux sous un état quelconque, ne paraissent jouir de cette propriété. Le fer lui-même ne la possède pas, et ce qu'il y a de plus extraordinaire, c'est qu'il ne l'acquiert qu'autant qu'on le combine avec une petite quantité de carbone.

Que se passe-t-il dans la trempe? Pour s'en faire une idée, il faut d'abord observer que, dans un corps qui se refroidit lentement, les molécules se placent partout sensiblement à la même distance les unes des autres; mais que, dans un corps qui se refroidit subitement, le contraire peut avoir lieu. Prenons pour exemple les larmes bataviques qu'on obtient en laissant tomber dans l'eau froide des gouttes de verre fondu. La couche extérieure, devenant tout à coup solide au moment où les parties intérieures sont encore rouges, il en résulte qu'après le refroidissement, celles-ci sont forcées d'occuper un espace égal à celui qu'elles occupaient au degré de la chaleur rouge; elles sont maintenues à la distance qui les sépare alors par cette couche extérieure, à laquelle elles adhèrent. Cette couche les met dans un état de tension, ou, si l'on veut, dans le même état que les fibres d'une corde tendue. C'est pourquoi, si l'on entame la larme, les parties intérieures dont elle est composée se détendent, se précipitent les unes vers les autres, s'entrechoquent et se réduisent en poudre avec bruit. Or, l'on peut comparer l'état de l'acier trempé à celui de la larme batavique; il ne doit y avoir de différence que dans le degré de tension; car, dans la trempe, c'est aussi la couche extérieure qui, se trouvant saisie par le froid, s'oppose à tout le retrait qu'éprouve-raient les parties intérieures dans un refroidissement lent (*a*) : aussi est-il constant qu'un ressort perd de sa force quand, après l'avoir trempé, on en enlève la couche extérieure avec la lime. L'acier doit donc les propriétés dont il jouit, sa dureté, sa fragilité, son élas-ticité, à l'état de tension où se trouvent ses particules.

On pourrait demander actuellement pourquoi les autres métaux ne sont pas susceptibles de se tremper ; pourquoi le fer lui-même, privé de charbon, ne jouit pas de cette propriété ; mais nous avouerons que, jus-qu'à présent, il est difficile, pour ne pas dire impos-sible, de résoudre cette question.

Le tableau suivant offre les divers degrés de chaleur auxquels on peut élever l'acier pour le tremper, le nom des divers corps dans lesquels on peut le plonger, et les degrés de trempe qui en résultent.

---

(*a*) Le degré de tension des larmes bataviques est toujours plus grand que celui de l'acier ; cette différence de tension paraît prove-nir principalement de ce que le verre étant mauvais conducteur du calorique, il est froid extérieurement lorsqu'il n'a point encore éprouvé de refroidissement intérieur, au lieu qu'il n'en est point de même pour l'acier ; cependant on parvient à tremper l'acier assez fortement pour le rendre susceptible de se rompre avec bruit. C'est une observation qu'on a eu occasion de faire sur quelques coins dont on se sert pour frapper des monnaies ; c'est ce qui arriverait sans doute à tous si on les chauffait fortement, et si on les plon-geait dans un bain de mercure à —10 à 12°.

| | | |
|---|---|---|
| Rouge brun. | Eau........ | Trempe très-dure lorsque l'eau est froide et que l'acier est rouge blanc. |
| Rouge cerise. | | |
| Rouge vif. | Mercure.... | |
| Rouge rose. | Plomb...... | |
| Rouge blanc. | Etain....... | Trempe plus dure que par l'eau. |
| | Bismuth.... | |
| | Presque tous les acides.... | |
| | Huile de lin. d'olive. | Trempe moins dure que par l'eau. |
| | Suif, cire.. | |
| | Résine...... | |

C'est ordinairement l'eau qu'on emploie pour tremper l'acier ; à cet effet, après avoir fait rougir la pièce d'acier, on la plonge dans ce liquide et on l'y agite. Quelquefois, on lui donne directement la trempe que l'on désire, en lui faisant éprouver un refroidissement convenable ; mais le plus souvent, au contraire, on lui donne une trempe trop forte, et on la ramène à celle qu'elle doit avoir en la faisant *recuire*, c'est-à-dire, en la chauffant jusqu'à un certain degré, et la laissant refroidir dans l'air. Plus on la chauffe, et plus elle perd de sa dureté.

L'acier ayant été trempé très-dur, veut-on le ramener au degré de dureté des rasoirs, des canifs, etc.; on le chauffe sur des charbons rouges jusqu'à ce qu'il prenne une couleur paille. Veut-on lui donner la dureté des ciseaux, des couteaux ; on le chauffe jusqu'à la couleur brune. Veut-on lui donner celle des ressorts de montre ; on le chauffe jusqu'à ce qu'il prenne une couleur bleue. Enfin, veut-on lui donner celle des ressorts de voiture; on le chauffe jusqu'au rouge brun. On peut encore opérer les trois premiers recuits en couvrant l'acier d'une légère couche de suif, et le chauffant, pour le premier recuit, jusqu'à ce que le suif répande une légère fumée; pour le second, jusqu'à ce que cette fumée soit plus abondante et un peu colorée; enfin, pour le troisième, jusqu'à ce que le suif soit sur le point de s'enflammer.

Il est quelquefois nécessaire, dans l'opération de la trempe, de prévenir l'oxidation de certaines pièces en acier : alors, pour les tremper, on les fait chauffer dans du plomb élevé au degré de chaleur convenable, et on les plonge dans un corps qui ne soit pas susceptible de les oxider (*a*).

L'acier est presqu'aussi difficile à fondre que le fer : aussi ne peut-on le fondre que dans un excellent creuset et dans une bonne forge. Son action sur l'aimant est la même que celle du fer; toutes les aiguilles aimantées sont même en acier.

L'acier se comporte sensiblement comme le fer, avec le gaz oxigène et avec l'air, à toutes sortes de températures. Il n'y a d'autre différence à cet égard qu'en ce que dans la combustion rapide de l'acier, il peut se former un peu de gaz acide carbonique, outre une grande quantité d'oxide de fer.

---

(*a*) On ferait plus sûrement l'opération du recuit au moyen d'un alliage très-fusible, parce qu'il serait possible de connaître la température nécessaire pour cette opération. L'alliage qu'on obtient en combinant 8 parties de bismuth, 5 de plomb et 3 d'étain, et qui est plus fusible que l'eau bouillante, satisferait à toutes les conditions. On l'empêcherait de s'oxider, en jetant de temps en temps de la résine sur le bain.

L'acier agit aussi à peu près de la même manière que le fer sur les corps combustibles : ainsi, en le faisant chauffer avec le phosphore et le soufre, on obtient des phosphure et sulfure de fer ; il est probable cependant qu'il se forme en outre une petite quantité de percarbure de fer. Ce composé se forme surtout dans le traitement de l'acier par les acides qui sont suscepsibles de l'attaquer. C'est pourquoi, lorsqu'on met une goutte d'acide nitrique sur l'acier, elle y produit une tache noire. On se sert même de ce moyen pour distinguer l'acier du fer ; mais on y parvient bien plus sûrement par la trempe.

197. *Etat naturel, Préparation.* — L'acier n'existe point tout formé dans le sein de la terre : c'est toujours un produit de l'art.

On connaît trois principales espèces d'acier : 1° l'acier naturel, de forges ou de fonte, appelé aussi acier d'Allemagne ; 2° l'acier de cémentation ; 3° l'acier fondu.

*Acier naturel.* — Le procédé que l'on emploie pour obtenir l'acier naturel ressemble beaucoup à celui par lequel on obtient le fer. En effet, on se sert de creusets qui ont environ 45 à 50 centim. de profondeur et 60 à 70 centim. de côté. On remplit ces creusets d'un mélange de charbon pulvérisé et d'une petite quantité d'argile détrempée. On comprime fortement ce mélange, et l'on pratique dans la masse cohérente ou brasque qui en résulte, une cavité d'environ 30 à 35 centim. de profondeur et de 40 à 50 centim. de côté.

On remplit cette cavité de charbon, et on place au milieu de celui-ci les fragmens de fonte. On choisit ordinairement la fonte grise, parce qu'elle est de bonne qualité, et qu'elle contient à peu près la quantité de carbone né-

cessaire pour constituer l'acier. On pourrait cependant
employer des fontes blanches ou noires pour faire l'acier
naturel; mais il faudrait dans l'opération ajouter du carbone à la première, et en soustraire de la seconde. On allume le feu, et on donne le vent, en ayant soin que la tuyère
soit presque horizontale, et que la fonte soit constamment
recouverte d'une couche de scories de quelques centim.
d'épaisseur. On doit alors la laisser en bain tranquille
pendant 8 à 9 heures. Lorsqu'elle commence à devenir
pâteuse, un ouvrier en soulève une portion qu'il présente
au vent de la tuyère pour la priver d'un petit excès de
carbone qu'elle pourrait contenir, puis il la porte sous le
marteau pour la forger. L'ouvrier continue ainsi à enlever la fonte par morceaux, jusqu'à ce que la totalité
soit martelée. On prétend que dans cette opération, outre
l'acier, il se forme du gaz oxide de carbone qui se dégage,
et un composé de silice, de chaux et d'oxide de fer, d'où
résultent les scories qui se rassemblent à la surface. Tels
sont en effet les produits qui doivent se former en supposant que la fonte soit un composé de silice, de chaux,
d'oxide de fer, de charbon et de fer.

On peut encore obtenir l'acier naturel en traitant
directement l'oxide de fer par le charbon. On reviendra
sur cette méthode, en traitant de l'exploitation des
mines de fer.

*Acier de Cémentation.* — On fait l'acier de cémentation dans des caisses en tôle, en fonte de fer, en terre
à creusets, en grès ou en brique; les caisses en brique
sont les plus commodes et les plus économiques.

Lorsque l'on veut faire l'opération, on dispose les
caisses dont nous venons de parler dans un fourneau

particulier destiné à cet usage ; on y met d'abord une couche de cément (*a*) d'environ 23 millim. d'épaisseur, puis un lit de barres de fer (*b*), éloignées d'environ 5 millim. l'une de l'autre, et distantes de 16 à 18 millim. des parois de la caisse à leurs extrémités. On ajoute une couche de cément de 12 à 13 millimètres d'épaisseur, puis un lit de barres de fer, etc., jusqu'à ce que la caisse soit presque remplie ; on recouvre alors ces divers lits de sable légèrement humecté. On laisse passer au dehors de cette caisse les extrémités de quelques barres de fer destinées à servir d'éprouvettes, et de même épaisseur que les autres barres ; on les préserve de l'action du feu en les couvrant d'une couche d'argile. Lorsque les caisses sont remplies, on ferme l'ouverture du fourneau, par laquelle les ouvriers étaient entrés pour les charger, et on allume le feu. On porte la température de l'intérieur des caisses à 80 ou 90° du pyromètre, et on l'entretient dans cet état pendant 5 à 6 jours. Lorsque l'on juge que l'opération est proche de sa fin, on retire les éprouvettes : si la combinaison s'est opérée jusqu'au centre, on laisse refroidir le fourneau et on retire des caisses les barres

---

(*a*) Le cément que l'on emploie le plus ordinairement est formé d'un mélange de charbon pulvérisé, de suie, de cendre et de sel marin. Le charbon animal passe pour être meilleur que le charbon végétal.

(*b*) On ne doit employer que deux espèces de barres de fer pour fabriquer l'acier de cémentation : 1° le fer doux et mou qui est le fer pur ; 2° le fer doux et dur qui contient déjà du carbone, et qui, par cette raison, doit être moins long-temps que l'autre en contact avec le cément. L'épaisseur des barreaux de fer doit être de 10 à 15 millim.

qui sont ordinairement boursoufflées; sinon l'on continue le feu. Dans tous les cas, après l'opération, on les casse par leurs extrémités, et l'on met de côté celles qui ne sont pas suffisamment aciérées; on fait chauffer l'acier ainsi obtenu, appelé *acier poule*, et on le forge pour le verser dans le commerce.

Dans cette opération, le charbon se combine avec le fer en passant successivement des couches superficielles aux couches intérieures, en sorte que les premières contiennent toujours plus de charbon que les dernières (*a*).

*Acier fondu.* — Pour faire l'acier fondu, on prend des creusets de terre réfractaire d'environ 15 à 16 centimètres de diamètre, et de 30 à 35 centimètres de hauteur. On met dans chacun de ces creusets 12 à 13 kilogrammes de fragmens d'acier naturel ou de cémentation, et on le recouvre d'un flux (*b*) composé de verre de bouteille olive pulvérisé et mêlé avec environ $\frac{1}{4}$ de chaux, ou simplement de poussier de charbon, de houille ou de bois; on place ces creusets dans

---

(*a*) Il arrive quelquefois qu'il faut aciérer de grosses pièces de fer, telles que des cylindres. On les chauffe pour cela de la même manière que les petites barres de fer au milieu d'un cément contenant du charbon. La *chauffe* doit être long-temps prolongée; plus elle l'est, et plus il y a de couches aciérées. Ordinairement on acière ces sortes de pièces jusqu'à 14 à 15 millimètres de profondeur. D'ailleurs, on les trempe, comme nous l'avons dit précédemment, en les faisant rougir et les mettant en contact avec l'eau.

(*b*) Le flux a pour objet, en fondant, d'abriter l'acier du contact de l'air, et d'empêcher que l'oxigène de ce fluide ne s'empare du charbon qui entre dans sa composition.

un bon fourneau à vent, et on chauffe fortement pendant 6 à 7 heures. Ce temps suffit ordinairement pour fondre cette quantité d'acier ; on peut d'ailleurs s'assurer que l'acier est fondu en trempant une tige de fer dans le creuset. On retire alors le creuset du fourneau ; on enlève le verre qui est à la surface de l'acier ; on agite celui-ci avec une tige de fer, afin de le mêler, et on le coule avec précaution dans une lingotière. Cet acier est beaucoup plus homogène que les deux premiers.

On peut aussi faire de l'acier fondu en chauffant dans un bon creuset, à un feu de forge, un mélange de trois parties de fer, d'une partie de carbonate de chaux, et d'une partie d'argile cuite. Dans ce procédé, qui est dû à Clouet ( Journal des Mines, tome 9 ), l'acide carbonique du carbonate de chaux est décomposé, du moins en partie ; ses élémens se combinent avec le fer, et de là résultent de l'acier qui se rassemble au fond du creuset, de l'oxide de fer qui, se combinant avec la chaux et l'argile, se vitrifie et reste à la surface du bain.

Les trois espèces d'acier dont nous venons de parler n'ont pas les mêmes qualités. L'acier fondu est très-homogène, prend une grande dureté par la trempe, et est susceptible de recevoir le poli le plus brillant ; mais il ne se forge et ne se soude, soit avec lui-même, soit avec le fer, que difficilement (*a*).

L'acier naturel se forge et se soude, au contraire, avec une très-grande facilité ; mais il n'est point ho-

(*a*) On ne parvient à souder cette espèce d'acier qu'en le chauffant peu à peu jusqu'à une chaude suante, c'est-à-dire, jusqu'à ce que sa surface commence à se ramollir.

mogène dans toutes ses parties, car il contient souvent du fer à peine aciéré; il prend un poli beaucoup moins beau, et devient, par la trempe, beaucoup moins dur que l'acier fondu.

L'acier de cémentation jouit de propriétés intermédiaires, c'est-à-dire, qu'il se forge et se soude moins facilement que l'acier naturel, et plus facilement que l'acier fondu, etc.

*Uusages.* — C'est avec l'acier que l'on fabrique les rasoirs, les canifs, les burins, les limes, les couteaux, les ciseaux, les cisailles, les aiguilles, les faux, les scies, les armes blanches, telles que les épées, les sabres, les coins propres à frapper les monnaies, etc.; la plupart des instrumens de chirurgie, et un grand nombre d'outils employés dans divers arts, tels que ceux du charpentier, du menuisier, etc., etc., sont également fabriqués en acier. On fait encore avec l'acier ce qu'on appelle des *étoffes:* c'est une réunion de lames minces d'acier de trempes différentes ou bien de lames d'acier et de fer, disposées de manière qu'en leur faisant subir une torsion sur elles-mêmes, elles forment des lames qui portent des empreintes régulières: ces lames se nomment *damas*, parce que les premières ont été faites à Damas. On ignore à quelle époque l'acier a été découvert. (Voyez, pour plus de détails sur l'acier, la Siderotechnie de M. Hassenfratz, tome 4.)

*De la Plombagine ou du Percarbure de Fer.*

198. *Propriétés.* — La plombagine est solide, d'un gris noirâtre, tendre et même onctueuse au toucher;

elle laisse sur les corps contre lesquels on la frotte, des traces noires; lorsqu'elle est pure, on la coupe facilement en lames minces avec le couteau; sa cassure est grasse et brillante; par le frottement, elle acquiert l'éclat d'un métal; elle n'a ni odeur, ni saveur; sa pesanteur spécifique est de 2,08 à 2,26 : cette différence tient à ce que souvent elle contient de l'oxide de fer, du sulfure de fer, et de l'argile.

La plombagine est absolument infusible. Elle n'a aucune action sur le gaz oxigène à la température ordinaire; mais à une température élevée, elle l'absorbe assez promptement, et il en résulte du gaz acide carbonique, de l'oxide de fer, et un dégagement de calorique et de lumière. *Expérience :* On fait passer un tube de porcelaine à travers un fourneau à réverbère; on introduit de la plombagine dans ce tube, environ 4 à 5 grammes; on adapte une vessie pleine de gaz oxigène à l'une des extrémités de ce tube, et un tube recourbé propre à recueillir les gaz, à l'autre extrémité, etc. (Voy. *pl.* 23, *fig.* 3.) L'action de la plombagine sur l'air n'est sensible qu'à une très-haute température; elle est si lente même alors, qu'on ne peut brûler que quelques grammes de plombagine dans l'espace de quelques heures. On peut s'en convaincre, soit en employant l'appareil que l'on vient de décrire, soit en exposant la plombagine dans un creuset au contact de l'atmosphère, soit enfin en l'exposant à la flamme du chalumeau (*pl.* 2, *fig.* 5). D'ailleurs, on obtient de l'oxide de fer et du gaz acide carbonique comme avec le gaz oxigène; mais le dégagement de calorique et de lumière doit être bien faible.

*Etat.* — La plombagine est tantôt en masses formées

de lames, tantôt en masses informes dont la cassure est grenue : la première contient une grande quantité d'argile.

On trouve de la plombagine en France, 1º dans le département du Mont-Blanc ; 2º dans celui de l'Arriège, sous forme de grosses masses compactes ; 3º dans celui de la sture sous forme de petits filons ; 4º dans celui du Pô, en filons d'un mètre d'épaisseur. On en trouve aussi en Espagne, dans les montagnes de l'Arragon, et dans le royaume de Grenade ; en Bavière, en Norwège, et en Angleterre à Barrowdale, dans le Cumberland ; celle-ci est en couche ou filon qui a 3 mètres d'épaisseur. De toutes ces mines de plombagine, les plus estimées sont celles d'Angleterre et d'Espagne : il n'est pas rare d'y rencontrer des rognons de plombagine pure et d'un gros volume, au lieu que presque toutes les autres mines contiennent toujours de l'argile, et souvent de l'oxide et du sulfure de fer.

*Extraction.* — La plombagine s'extrait de la terre par des fouilles analogues à celles qu'on fait pour extraire les autres mines. Cette extraction se fait particulièrement en Angleterre ; on rejette les morceaux qui sont trop impurs pour être livrés au commerce.

Il paraît que quand le fer reste long-temps en contact avec le carbone, à une très-haute température, il passe à l'état de plombagine ; car on prétend qu'on trouve souvent une sorte de plombagine dans les cavités des hauts fourneaux, où le feu est des plus violens, et où on décompose l'oxide de fer par le charbon.

Quelques personnes sont portées à croire, d'après la remarque de M. Fabroni, que la plombagine se forme quelquefois au sein des eaux. Ce qu'il y a de certain, c'est que tous les mois on en retire de quelques puits creusés dans les états de Naples, et dont les eaux sont acidules. Comment se forme cette plombagine, si toutefois elle n'est point charriée par les eaux ?

*Usages.* — On se sert de la plombagine pour faire des crayons. A cet effet, tantôt on scie la masse de plombagine en parallélipipèdes, tantôt on fait avec ce carbure et de l'argile une pâte à laquelle on donne cette forme, et que l'on cuit ; ensuite on l'introduit dans des cylindres de bois tendre, formés de deux parties qui se superposent, et dans l'une desquelles on a creusé une rainure longitudinale.

On s'en sert encore, 1º pour faire, à Passaw en Allemagne, des creusets qui supportent facilement les passages brusques de température ; on la pétrit pour cela avec de l'argile. Enfin, on l'emploie pour garantir le fer et la fonte de la rouille, en la réduisant en poussière et l'appliquant à la surface de ces corps. Quelquefois aussi on la mêle avec de la graisse dont on fait usage pour diminuer les frottemens dans les machines à engrenage.

## Des Phosphures métalliques.

199. On n'a encore combiné le phosphore qu'avec vingt métaux, savoir : le sodium, le potassium, le manganèse, le zinc, le fer, l'étain, l'arsenic, le molybdène, le tungstène, l'antimoine, le cobalt, le titane, le bismuth, le cuivre, le nickel, le plomb, le mercure, l'argent, le platine et l'or.

On ne connaît donc que vingt phosphures métalliques : il est probable que, par la suite, on parviendra à combiner le phosphore avec tous les autres métaux; et si, jusqu'a présent, on ne l'a point encore fait, c'est parce que ces métaux sont difficiles à obtenir, tels que le rhodium, le palladium, etc.; ou sont irréductibles, tels que le silicium, etc.

200. *Propriétés.* Tous les phosphures métalliques sont solides et inodores; tous sont cassans, excepté ceux de plomb, d'étain et de zinc; tous sont insipides et ont le brillant métallique, excepté ceux de potassium et de sodium. On n'a pris jusqu'ici la pesanteur spécifique d'aucun d'entre eux avec exactitude.

201. Tous les phosphures sont plus ou moins fusibles : ils le sont beaucoup plus que le métal qu'ils contiennent, quand ce métal est difficile à fondre; et ils le sont moins, au contraire, quand il est très-fusible. La plupart sont susceptibles de cristalliser : il paraît aussi que quelques-uns se décomposent, en partie du moins, par l'action d'une très-forte chaleur. *Expérience :* S'agit-il de fondre un phosphure : on le met dans un creuset; on recouvre ce phosphure de charbon en poudre, pour le préserver de l'action de l'air; on recouvre aussi le creuset de son couvercle, que l'on assujettit avec un peu de terre, et on le chauffe plus ou moins. Mais s'agit-il d'extraire le phosphore d'un phosphure : on introduit ce phosphure dans une cornue de grès; on adapte un tube à boule à cette cornue; on la dispose à la manière ordinaire dans un fourneau à réverbère, et on la chauffe peu à peu jusqu'au rouge, et, s'il en est besoin, jusqu'au rouge presque blanc, en excitant un courant d'air dans le fourneau, par le moyen d'un soufflet dont la tuyère doit se rendre à cet effet dans le cendrier.

202. L'action des phosphures sur le gaz oxigène et

sur l'air n'a point encore été convenablement étudiée ;
mais il est permis de présumer qu'il est très-peu de
phosphures susceptibles de s'altérer sensiblement à
froid dans ces gaz bien secs, et que tous au contraire, à
une température élevée, doivent y subir une altération
remarquable. En effet, le phosphore doit absorber
constamment le gaz oxigène, et il doit en être de même
du métal, à moins qu'il ne soit que très-difficilement
oxidable, comme le platine et l'or : encore se pourrait-
il que la présence du phosphore lui communiquât cette
propriété ; car c'est ce qui paraît avoir lieu pour l'argent. Il en doit résulter un phosphate acide métallique,
lorsque le phosphore et le métal brûlent tout à la fois ;
et un mélange d'acide phosphorique et de métal, lorsque
le phosphore éprouve seul la combustion. Cependant, si
la température était très-élevée, l'excès d'acide dans le
premier cas, et tout l'acide formé dans le second, se
volatiliserait ; il arriverait même que quelques phosphates qui se seraient formés à une basse température
se décomposeraient ; c'est-à-dire, que l'acide phosphorique et l'oxigène s'en dégageraient, de manière que le
métal serait mis à nu : tels seraient surtout le phosphate
d'argent et plusieurs autres phosphates, dont les oxides
sont réductibles par la chaleur. Dans tous les cas, il y
aurait dégagement de calorique et de lumière, produit
surtout par une portion de phosphore qui brûlerait à la
surface du phosphure. D'ailleurs, il est facile de concevoir ce qui doit se passer dans cette opération : on voit
évidemment que le gaz oxigène ayant une grande affinité
pour le phosphore et le plus souvent pour le métal du
phosphure, tend à se combiner avec ces deux corps ;
qu'un certain degré de chaleur favorise cette combi-

naison, en ce qu'elle diminue la cohésion du phosphure, et qu'un degré de chaleur plus élevé tend à la détruire. *Expérience :* On remplit de mercure une petite cloche de verre courbe ; on y introduit d'abord du gaz oxigène ; on porte ensuite du phosphure en poudre jusque dans la partie courbe de cette cloche, avec une pince dont les extrémités sont terminées en forme de cuiller, et on chauffe avec la lampe à esprit de vin jusqu'à ce qu'il n'y ait plus d'absorption sensible. Si l'on ne pouvait produire de cette manière assez de chaleur pour brûler le phosphure, il faudrait faire l'expérience dans un tube de porcelaine : on établirait ce tube à travers un fourneau ; on y mettrait le phosphure ; on adapterait une vessie pleine de gaz oxigène à l'une de ses extrémités et un tube de verre à l'autre ; on chaufferait le tube suffisamment ; on tournerait le robinet de la vessie, et on la presserait légèrement (*pl.* 23, *fig.* 3).

Jusqu'ici, on n'a point encore traité les phosphures par les corps combustibles.

203. *Etat , Préparation.* — On ne trouve aucun phosphure dans la nature.

On les fait par l'un des quatre procédés suivans : tous peuvent être faits par le premier.

*Premier procédé.* On met dans un creuset de Hesse le métal que l'on veut combiner avec le phosphore : on l'emploie en poudre et on le fait rougir, s'il peut supporter cette température sans se fondre ; mais, s'il est fusible, on l'emploie indistinctement en poudre ou en fragment, et on le chauffe seulement un peu plus qu'il ne faut pour le faire entrer en fusion : d'une autre part, on doit avoir des fragmens de phosphore du poids de 2 à 3 décigrammes dans une capsule sous l'eau. Lorsque le métal est élevé au degré de chaleur convenable, on retire l'un de ces fragmens ; on l'essuie avec un papier gris, et on le porte à l'extrémité d'une pince dans le creuset : à l'instant, une portion du phosphore brûle, mais l'autre portion entre en combinaison avec le métal ; on projette ensuite un autre fragment de phosphore, et ainsi de suite, jusqu'à ce qu'on juge que le métal n'en puisse plus absorber.

Ce procédé a besoin d'être légèrement modifié, relativement à cinq métaux qui sont : le zinc, l'arsenic, le potassium, le sodium et le mercure 1° On doit jeter un peu de résine en même temps que de phosphore sur le zinc, pour s'opposer à son oxidation ; 2° il faut chauffer ensemble le phosphore et le métal, pour faire les phosphures d'arsenic, de potassium et de sodium : à cet effet, on remplit une petite cornue de mercure ; ensuite on la remplit presque de gaz azote ou hydrogène ; on introduit à travers le mercure une partie de l'un de ces métaux et une partie de phosphore ; on chauffe avec la lampe, et la combinaison ne tarde point à se faire : par la chaleur, l'excès de phosphore se dégage. Au lieu d'une cornue, il est plus commode de se servir d'une petite cloche courbe, lorsqu'on ne veut faire que très-peu de phosphure.

3° Il est très-difficile d'unir directement le phosphore avec le mercure ; mais l'union s'en fait très-bien, d'après Pelletier, en chauffant ensemble, sous l'eau, un mélange de phosphore et d'oxide rouge de mercure ; c'est qu'alors l'oxide étant revivifié par le phosphore, le mercure est très-divisé et se trouve dans les circonstances les plus favorables pour s'unir avec ce corps : il se forme de l'acide phosphorique ou phosphoreux,

qui reste en dissolution dans l'eau ; il serait possible
aussi qu'il se fît du phosphate de mercure. M. Thomson,
qui a répété cette expérience de Pelletier, prétend que
ce n'est point un phosphure qu'on obtient, mais que c'est
un composé d'oxide noir de mercure et de phosphore.

*Deuxième procédé.* — On prend parties égales d'a-
cide phosphorique vitreux et de métal en poudre ou limaille ; on le met dans un creuset de Hesse ; on le recouvre
de son couvercle, et l'on chauffe le mélange assez fortement : il en résulte un phosphure qui entre en fusion et
forme un culot brillant, et un phosphate métallique qui
reste à la surface du culot, plus ou moins vitrifié. On
conçoit qu'il n'y a que les substances très-oxidables,
tels que le fer, l'étain, le manganèse, etc., qui puissent
donner lieu à ces résultats.

*Troisième procédé.* — Au lieu d'employer seulement
un métal et de l'acide phosphorique vitreux, on emploie ces deux corps que l'on mêle avec environ la
16e partie de leur poids de charbon en poudre. On met
le mélange dans un creuset ; on le recouvre de charbon ;
on recouvre ensuite le creuset de son couvercle, et on
le chauffe fortement. Il paraît que par ce moyen, on
peut obtenir tous les phosphures, excepté ceux qui se
décomposent à une forte chaleur. Le charbon enlève
l'oxigène à l'acide phosphorique, forme du gaz acide
carbonique qui se dégage, et le phosphore, à mesure
qu'il devient libre, se combine avec le métal.

*Quatrième procédé.* — Ce procédé consiste à faire
passer du gaz hydrogène phosphoré à travers certains
sels, particulièrement le muriate d'or, etc. Alors les
sels sont décomposés de telle manière que leur acide
devient libre, et qu'il se forme de l'eau d'une part, et

de l'autre un phosphure qui se précipite sous forme de flocons.

204. *Composition.* — On n'a analysé jusqu'ici aucun phosphure exactement. Pelletier est le seul qui ait fait quelques tentatives à cet égard. Il semble avoir pensé qu'un phosphure quelconque contenait toujours la même quantité de phosphore ; mais il est probable que le même métal est susceptible de se combiner en plusieurs proportions avec ce corps de même qu'avec le soufre (231). Cependant, en parlant des phosphures en particulier, nous rapporterons d'après lui les proportions de leurs principes constituans. Les phosphures sont sans usages.

*Historique.* — Les phosphures ont été entrevus par Margraff, bien préparés et étudiés depuis par Pelletier, excepté ceux de titane, de potassium et de sodium. ( Voyez Mémoires et Observations de Chimie, par Pelletier, tome 1, page 262 ; tome 2, page 22. ) M. Chenevix a fait connaître celui de titane ; MM. Davy, Gay-Lussac et Thenard, ceux de potassium et de sodium. ( Voyez Recherches Phisico - Chimiques, tome 1, page 182. )

## Des Phosphures en particulier.

205. *Phosphure de Sodium formé de proportions indéterminées.* — Caustique, terne, brun-marron, facile à réduire en poudre ; susceptible de passer à l'état de deutophosphate de sodium, à une température élevée, par l'action du gaz oxigène et de l'air ; s'obtient aisément par le premier procédé.

206. *Phosphure de Potassium.* — Mêmes propriétés que celui de sodium.

207. *Phosphure de Manganèse formé de propor-tions indéterminées.* — Brillant, très - cassant, d'une texture grenue, d'une couleur blanche, difficilement cristallisable, beaucoup plus fusible que le manganèse inaltérable à l'air, à la température ordinaire ; donne lieu à de l'acide phosphorique et à du phosphate de manganèse , par l'action du gaz oxigène ou de l'air, à l'aide de la chaleur. On peut l'obtenir par les trois premiers procédés (203).

208. *Phosphure de Zinc formé de proportions indé-terminées.* — Brillant, d'un blanc de plomb, s'apla-tit sous le marteau en répandant une odeur de phos-phore ; à peu près aussi fusible que le zinc ; probable-ment décomposable par une haute chaleur ; donne nais-sance à du phosphate de zinc, à une température éle-vée, par l'action du gaz oxigène ou de l'air ; assez dif-ficile à produire en raison du peu d'affinité que paraît avoir le phosphore pour le zinc ; s'obtient néanmoins par les trois premiers procédés (203) ; peut-être l'obtien-drait-on mieux en décomposant le phosphate de zinc par du noir de fumée.

209. *Phosphure de fer formé d'environ 20 parties de phosphore et de 80 parties de fer.* — Brillant, cas-sant, très-dur, blanc, d'une structure striée et grenue ; attirable à l'aimant, bien plus fusible que le fer, cristal-lisable par le refroidissement en prismes rhomboïdaux ; indécomposable par la chaleur ; passant à l'état de phos-phate acide de fer à une température élevée, par l'action du gaz oxigène et de l'air ; facile à obtenir par les trois premiers procédés (203). Il se forme aussi lorsqu'on calcine le phosphate de fer avec le charbon ; c'est ce qui fait qu'on en trouve dans tous les fers provenant des

mines qui contiennent du phosphate de fer. Ce phosphure contribue à rendre le fer cassant.

210. *Phosphure d'étain formé d'environ* 82 *d'étain et
de* 18 *de phosphore.* — Cède à l'action du couteau ; s'a-
platit sous le marteau et se sépare en lames ; donne une
limaille terne comme celle du plomb ; ressemble à
l'argent; est moins fusible que l'étain, et se prend par
le refroidissement en un culot qui, comme l'antimoine,
présente à sa surface une cristallisation imitant les feuilles
de fougère ; forme, à une température élevée, par l'action du gaz oxigène et de l'air, de l'acide phosphorique
et du phosphate d'étain; dégage dans cette combustion
plus de calorique et de lumière que la plupart des autres
phosphures ; enfin s'obtient facilement par les trois premiers procédés.

211. *Phosphure d'arsenic formé de proportions indéterminées.* — Brillant, cassant ; paraissant s'altérer par
le gaz oxigène et l'air à la température ordinaire, ce
qui fait qu'on est obligé de le conserver dans des vases
fermés ; agit fortement sur ces gaz à une température
élevée, et donne lieu à de l'acide phosphorique, à de
l'oxide d'arsenic qui se volatilise sous forme de vapeurs
blanches, et à un dégagement de calorique et de lumière ; facile à obtenir en distillant à une douce chaleur,
dans une cornue remplie de gaz azote, parties égales
d'arsenic en poudre et de phosphore.

212. *Phosphures de molybdène, de tungstène, de titane.* — On sait seulement qu'ils existent. On les obtient par le troisième procédé (203), ou en calcinant
un mélange d'acide phosphorique, de métal oxidé et de
charbon dans un creuset de Hesse.

213. *Phosphure d'antimoine formé de proportions indéterminées.* — Brillant, blanc, fragile, à cassure lamelleuse, mais à petites facettes; décomposable par l'action d'une forte chaleur; donne lieu à de l'acide phosphorique et à de l'oxide d'antimoine par l'action du gaz oxigène et de l'air, à une température élevée; facile à obtenir par les trois premiers procédés (203).

214. *Phosphure de cobalt formé d'environ 94 parties de cobalt et de 6 parties de phosphore.* — Brillant, blanc, cassant, difficilement cristallisable, bien plus fusible que le cobalt; perd son éclat métallique à l'air, à la température ordinaire; donne lieu, à une température élevée, à de l'acide phosphorique et à de l'oxide de cobalt par l'action du gaz oxigène ou de l'air; facile à obtenir par les trois premiers procédés (203).

215. *Phosphure de bismuth.* — Ce phosphure est décomposé par une température qui n'est pas très-élevée: voilà pourquoi on ne peut pas le faire par l'un des trois premiers procédés; on ne l'obtient que par le quatrième. Comme il est alors très-divisé, il paraît noir; mais si on pouvait le fondre sans le décomposer, il serait sans doute très-brillant. Probablement qu'à l'aide d'une légère chaleur, il donne lieu à de l'acide phosphorique et à de l'oxide de bismuth par l'action du gaz oxigène ou de l'air.

216. *Phosphure de cuivre formé d'environ 85 parties de cuivre et de 15 de phosphore.* — Brillant, cassant, blanc, très-dur; produit, à l'aide du gaz oxigène ou de l'air et d'une température élevée, de l'acide phosphorique et du phosphate de cuivre; s'obtient par les deux premiers procédés (203).

217. *Phosphure de nickel formé d'environ* 84 *parties de nickel et de* 16 *de phosphore.* — Brillant, cassant, blanc, plus fusible que le nickel, et se prenant en un culot dont la cassure présente un assemblage de prismes déliés ; laisse dégager, en passant de l'état liquide à l'état solide, un peu de phosphore, de sorte qu'à chaud il contient plus de phosphore qu'à froid, phénomène singulier que le phosphate d'argent présente d'une manière bien plus marquée ; donne lieu, à une température élevée, à de l'acide phosphorique et à de l'oxide de nickel ; facile à obtenir par les deux premiers procédés (203).

218. *Phosphure de plomb formé d'environ* 88 *parties de plomb et de* 12 *de phosphore.* — Brillant, s'aplatit sous le marteau et se sépare en lames, cède à l'action du couteau, d'une couleur d'un blanc argentin un peu bleuâtre, moins fusible que le plomb, décomposable en partie à une haute chaleur ; se ternit promptement à l'air, à la température ordinaire ; donne lieu, à une température élevée par l'action du gaz oxigène ou de l'air, à de l'acide phosphorique et à du phosphate de plomb ; s'obtient par les trois premiers procédés(203).

219. *Phosphure de mercure formé de proportions indéterminées.* — A peu de consistance, se ramollit dans l'eau bouillante, se décompose un peu au-dessus de 100°, répand des vapeurs blanches à l'air, à la température ordinaire ; donne lieu à de l'acide phosphorique et à du mercure, à l'aide d'une légère chaleur, par l'action du gaz oxigène et de l'air ; s'obtient en chauffant sous l'eau parties égales de phosphure et de protoxide ou deutoxide de mercure ; peut-être l'obtiendrait-on plus facilement par le quatrième pro-

cédé. Qu'on se rappelle toutefois que, d'après l'observation de M. Thomson, son existence est douteuse (*a*).

220. *Phosphure d'argent formé d'environ* 87 *parties d'argent et de* 13 *de phosphore*. — Brillant, cassant, grenu, plus fusible que l'argent ; lance, en se refroidissant, des jets de phosphore qui brûlent avec vivacité, en sorte que le phosphure fondu contient plus de phosphore que celui qui est solide ; donne lieu, par l'action du gaz oxigène ou de l'air, à de l'acide phosphorique et à du phosphate d'argent, si la température n'est pas très-élevée, et à de l'acide phosphorique et de l'argent, si elle est très-élevée ; s'obtient par les deux premiers procédés, et surtout par le premier (205).

221. *Phosphure de platine formé d'environ* 82 *parties de platine et de* 18 *parties de phosphore*. — Très-aigre, très-dur, d'un blanc d'acier, d'un tissu grenu et serré, bien plus fusible que le platine, décomposable en partie par un grand feu ; donne lieu, par l'action du gaz oxigène ou de l'air, à l'aide de la chaleur, à de l'acide phosphorique et à du platine pur ; s'obtient par les deux premiers procédés : aussi doit-on se garder de calciner, dans un creuset de platine, de l'acide phosphorique et du charbon, et en général toute espèce de composé d'où le phosphure pourrait résulter.

222. *Phosphure d'or formé d'environ* 96 *parties d'or et* 4 *de phosphore*. — Brillant, jaune, cassant, grenu, donne lieu, à l'aide de la chaleur, à de l'acide phos-

_____

(*a*) Dans cette expérience, il se forme une petite quantité d'acide phosphorique qui se dissout dans l'eau.

phorique et à de l'or pur; s'obtient par les deux premiers procédés et par le quatrième : obtenu par le dernier procédé, il est très divisé, paraît noir, et contient sans doute plus de phosphore que par les deux autres. Probablement que, si on pouvait le fondre sans le décomposer, il serait brillant comme les autres phosphures.

## *Des Sulfures métalliques.*

223. Parmi tous les métaux, il n'y a que ceux qu'on n'est point encore parvenu à réduire, ou dont on n'a pu se procurer que des atômes, qui, jusqu'à présent, n'ont pu être combinés avec le soufre. Ces métaux ne sont qu'au nombre de neuf, savoir : le silicium, le glucinium, l'aluminium, le zirconium, l'yttrium, le magnesium, le calcium, le strontium, le barium. Il est donc probable que puisque les autres, dont le nombre est de 29, jouissent de la propriété de se combiner avec le soufre; le silicium, le glucinium, etc., en jouiraient eux-mêmes, si on pouvait les obtenir purs, ou en assez grande quantité pour les mettre en contact avec ce corps combustible. Nous conclurons de là que la propriété de se combiner avec le soufre appartient à tous les métaux.

224. *Propriétés physiques.* — Tous les sulfures sont solides, cassans et inodores; tous sont insipides, excepté ceux de potassium et de sodium. Les uns, tels que les sulfures de fer, d'antimoine, ont le brillant métallique; les autres, tel que le sulfure de mercure, ne l'ont pas. Presque tous sont susceptibles de cristalliser diversement. On connaît la pesanteur spécifique d'un grand nombre, surtout de ceux qu'on trouve dans la nature; elle est toujours moins grande que celle du

métal qui entre dans leur composition, à moins que ce métal ne soit, comme le potassium et le sodium, plus léger que le soufre.

225. *Propriétés chimiques.* — Les sulfures sont, en général, plus fusibles que les métaux qui les constituent, quand ces métaux sont difficiles à fondre; ils le le sont moins, au contraire, quand ces métaux entrent facilement en fusion. *Expérience* : On met le sulfure dans un creuset de Hesse; on recouvre ce creuset de son couvercle que l'on assujettit avec de la terre; ensuite on le met dans un fourneau, et l'on chauffe plus ou moins fortement. On peut encore faire l'expérience dans une cornue de grès; ou dans une cornue de verre, si le sulfure est très-fusible : c'est même dans ces sortes de vases qu'on doit opérer la fusion du sulfure toutes les fois que l'air est susceptible de l'altérer facilement.

226. Quelques sulfures sont volatils, même au-dessous de la chaleur rouge; tels sont particulièrement les sulfures de mercure et d'arsenic. Parmi ceux qui ne se volatilisent pas, il en est un grand nombre que la chaleur peut décomposer, du moins en partie. En effet, lorsqu'on expose le persulfure d'un métal à une température suffisamment élevée, on en dégage presque toujours une portion de soufre; quelquefois le sulfure se décompose complètement, et l'on remarque que ce sont surtout les sulfures, dont les métaux ont très-peu d'affinité pour l'oxigène, qui sont dans ce cas. Ces décompositions se font tantôt avant, tantôt après la fusion du sulfure; ce qui dépend de l'affinité plus ou moins grande du soufre pour le métal, et de la cohésion plus ou moins forte des particules du sulfure. *Expérience* : On met le sulfure dans une cornue de grès;

on adapte un tube à boule à cette cornue; on la dispose à la manière ordinaire dans un fourneau à réverbère, et on la chauffe peu à peu jusqu'au rouge, et, s'il en est besoin, jusqu'au rouge presque blanc, en excitant un courant d'air dans le fourneau par le moyen d'un soufflet dont la tuyère, à cet effet, doit se rendre dans le cendrier.

227. Les sulfures n'ont aucune espèce d'action à froid sur le gaz oxigène bien sec; mais ceux dont les métaux sont très-oxidables, en ont une sur ce gaz humide; ils l'absorbent très-lentement, et passent peu à peu à l'état de sulfites ou de sulfates. On peut se rendre compte de cette action de la même manière que de l'oxidation des métaux par le gaz oxigène humide (132). La température du gaz varie; lorsqu'elle s'abaisse, une portion de la vapeur qu'il contient se précipite; cette eau couvre le sulfure, cède l'oxigène qu'elle tient en dissolution au sulfure et au métal, et favorise la combinaison par la tendance qu'elle a à s'unir avec le sulfate qui doit se former.

228. Tous les sulfures ont la propriété d'absorber le gaz oxigène à l'aide de la chaleur : cependant tous ne donnent pas naissance à des produits identiques; ces produits varient en raison du degré de chaleur et de la nature du métal du sulfure.

1° Lorsque le métal n'est pas susceptible d'absorber l'oxigène, il est mis à nu; le soufre seul est brûlé, et le produit de cette combustion est du gaz acide sulfureux. Dans ce cas, le sulfure métallique n'agit sur le gaz oxigène que par le soufre qu'il contient : nous citerons pour exemple les sulfures d'or, de platine, d'argent.

Lorsqu'au contraire le métal est susceptible d'absorber le gaz oxigène, le soufre et le métal du sulfure sont brûlés; il en résulte constamment un sulfate et souvent du gaz acide sulfureux, si la chaleur est peu élevée; tandis qu'il se forme toujours du gaz acide sulfureux et un oxide métallique, si la chaleur est rouge. Les sulfures de potassium et de sodium font seuls exception. Il est plus que probable que les sulfures de barium, de strontium, de calcium, de magnesium, qu'on ne connaît point encore, mais qu'on obtiendra tôt ou tard, feraient aussi exception : dans tous les cas, ces sortes de sulfures passent à l'état de sulfates. Pour concevoir ces divers résultats, il faut savoir que l'acide sulfurique est un corps qui ne peut exister qu'autant qu'il est combiné avec un autre corps, et qu'aussitôt qu'il devient libre, il se transforme en gaz oxigène et en gaz acide sulfureux : or, il n'y a que les oxides de potassium, de sodium, de barium, etc., qui retiennent assez fortement l'acide sulfurique pour qu'une forte chaleur ne puisse pas les en séparer. Par conséquent, on voit que les sulfures de ces divers métaux pourront, à une chaleur rouge, absorber le gaz oxigène de manière à passer à l'état de sulfates, et que les autres sulfures n'en seront pas susceptibles, puisque les sulfates qu'ils peuvent produire au-dessous de la chaleur rouge se décomposent à ce degré de chaleur (a). *Expérience :* On peut très-bien faire, dans une petite cloche de verre courbe, toutes les expériences dans lesquelles on n'a pas

(a) Il est facile de concevoir pourquoi les sulfures de tous les métaux qui sont moyennement oxidables se transforment au rouge-brun, en gaz acide sulfureux et en sulfates : c'est que l'oxigène se combine d'abord avec une partie du soufre de ces sulfures, sans se combiner en même temps avec le métal : ce n'est que quand celui-ci est devenu très-prédominant qu'il s'oxide.

besoin d'une chaleur rouge : on remplit cette cloche de
mercure ; on y introduit une certaine quantité de gaz
oxigène ; on porte jusque dans sa partie courbe du sulfure en poudre, au moyen d'une petite pince dont les
deux branches sont terminées en cuiller, et on chauffe
avec la lampe. Lorsqu'on veut porter la chaleur jusqu'au rouge, on opère dans un tube de porcelaine ;
on fait passer le tube à travers un fourneau ; on met
le sulfure en poudre dans ce tube ; on adapte à l'une
de ses extrémités une vessie pleine de gaz oxigène, et on
adapte à l'autre un tube recourbé propre à recueillir
les gaz ; on chauffe le tube, on tourne le robinet de la
vessie, et l'on presse légèrement cette vessie pour mettre
peu à peu le gaz oxigène en contact avec le sulfure
(*pl.* 23, *fig.* 4).

229. L'action de l'air sur les sulfures est la même
que celle du gaz oxigène, si ce n'est qu'elle est moins
forte : on doit la constater de la même manière, lorsqu'on veut s'assurer que le gaz oxigène seul est absorbé, et que le gaz azote reste en liberté ; mais lorsqu'on ne se propose pas de recueillir celui-ci, il vaut
mieux mettre le sulfure en poudre dans un têt, mettre
ce têt dans un fourneau sur une tourte, et l'exposer à
un degré de chaleur convenable pour produire le résultat qu'on cherche. Cette disposition d'appareil permet
d'opérer sur une plus grande quantité de sulfure, de
pouvoir remuer ce sulfure avec une spatule, et d'en
opérer bien plus promptement la décomposition.

Jusqu'ici on n'a point examiné avec soin l'action des
sulfures sur les corps combustibles ; il paraît cependant
qu'en général, les métaux qui ont le plus d'affinité pour
l'oxigène enlèvent le soufre aux autres métaux : ce qu'il

y a de certain, c'est que le fer l'enlève à presque tous les métaux des quatre dernières sections ; c'est même en traitant le sulfure de plomb par la fonte, qu'on obtient la majeure partie du plomb qu'on verse dans le commerce. On retire aussi dans quelques mines le mercure de son sulfure par ce procédé ; on peut également l'employer pour exploiter les mines de sulfure d'antimoine.

230. *Etat naturel.* — Tous les sulfures n'existent point dans la nature ; on n'en trouve que 15, savoir : les sulfures d'arsenic, de molybdène, ( de manganèse), d'antimoine, de bismuth, de zinc, de fer, de plomb, de cuivre, de mercure, d'argent, d'étain, d'urane, de cobalt, de nickel. L'existence des trois derniers n'est pas certaine, parce que les mines dans lesquelles on rencontre le cobalt, le nickel, l'urane et le soufre, contiennent plusieurs autres métaux, et qu'on pourrait supposer avec quelque vraisemblance, ou bien que le soufre de ces métaux est combiné avec l'un de ces métaux, ou bien que tous les principes constituans de la mine sont combinés ensemble de manière à former un composé homogène. Parmi ces différens sulfures, les uns sont rares, tels que le sulfure d'étain, d'argent, de molybdène, etc. ; les autres sont très-communs, tels que le sulfure de fer, de plomb.

231. *Composition.* — Parmi les chimistes, les uns, à la tête desquels on doit placer M. Berthollet, pensent que le soufre peut se combiner en un grand nombre de proportions avec le même métal ; d'autres, au contraire, croient qu'il n'existe qu'un petit nombre de combinaisons possibles entre ce corps combustible et un métal quelconque. M. Berzelius a embrassé cette dernière opinion,

et l'a considérée sous un point de vue si nouveau, qu'il se l'est rendue propre.

Il est convaincu, 1° qu'un métal se combine tout au plus en un aussi grand nombre de proportions avec le soufre qu'avec l'oxigène; 2° que le proto-sulfure d'un métal quelconque contient toujours deux fois autant de soufre que le protoxide de ce métal contient d'oxigène; qu'il en est de même du soufre des deuto et trito-sulfures, par rapport aux deutoxide et tritoxide (*a*). Ce qu'il y a de certain, c'est que la plupart des sulfures naturels sont soumis à ces lois de composition. A la vérité, on peut obtenir avec l'arsenic, le fer, le mercure, etc., des composés qui s'en écartent, et qui sont en bien plus grand nombre que les oxides de ces métaux; mais, selon M. Berzelius, ces sortes de composés doivent être regardés comme une combinaison de véritables sulfures avec une certaine quantité de soufre ou de métal.

232. *Préparation.* — On obtient les sulfures métalliques, tantôt en combinant directement le soufre avec les métaux, tantôt en traitant les oxides par le soufre à l'aide de la chaleur, tantôt en faisant passer un courant de gaz hydrogène sulfuré à travers un sel formé d'un acide et de l'oxide du métal que l'on veut unir au

(*a*) Or, on observe que le deutoxide et le tritoxide d'un métal, etc., contiennent toujours la même quantité de métal, et 1 fois et demie, ou 2 fois, ou 4 fois autant d'oxigène que le protoxide de ce métal : par conséquent les proto, deuto, trito - sulfures, etc., doivent être dans le même cas relativement à la proportion des principes qui les constituent; c'est-à-dire, que les deuto, trito-sulfures, etc., doivent contenir la même quantité de métal, et 1,5; ou 2; ou 4 fois, etc., autant de soufre que le proto-sulfure (263).

soufre, tantôt en traitant ce sel par l'hydro-sulfure de deutoxide de potassium ou de sodium, etc.

*Premier procédé.* — Lorsque le métal est très-fusible et appartient à l'une des quatre dernières sections, on le mêle en quantité convenable avec le soufre; on verse le mélange dans un creuset; ou recouvre ce creuset d'un couvercle, on le place dans un fourneau sur une tourte, et on le chauffe plus ou moins fortement : bientôt le soufre et le métal fondent et se combinent.

Mais si le métal est difficile à fondre, il vaut mieux d'abord faire rougir le creuset; y projeter le mélange par partie, et ensuite l'exposer à une température suffisamment élevée, en couvrant le fourneau d'un réverbère : s'il arrivait que le métal ne fût point assez sulfuré, on projetterait une nouvelle quantité de soufre. Il serait impossible de combiner de cette manière le soufre avec les métaux appartenant aux deux premières sections, en raison de leur grande affinité pour l'oxigène; alors on opère en vases clos et remplis de gaz azote ou de gaz hydrogène. C'est ainsi qu'on prépare facilement les sulfures de sodium et de potassium, dans une petite cloche de verre courbe, sur le mercure.

*Deuxième procédé.* — On fait un mélange intime de soufre et de l'oxide du métal qu'on veut transformer en sulfure; la quantité de soufre doit être d'autant plus grande que l'oxide contient plus d'oxigène, et que l'on veut obtenir un sulfure plus chargé de soufre. On met le mélange dans un creuset, on recouvre ce creuset de son couvercle, et ensuite on le fait chauffer convenablement, etc. Dans tous les cas, les deux élémens de l'oxide se combinent avec le soufre et forment un sulfure solide et du gaz acide sulfureux qui se dégage avec l'excès de

soufre qu'on emploie. On peut faire par ce procédé
tous les sulfures, excepté ceux des deux premières sections, dont les oxides sont irréductibles ou indécomposables par le soufre, et quelques autres.

*Troisième procédé.* — Pour entendre ce procédé,
il faut d'abord faire connaître l'action qu'exerce l'hydrogène sulfuré sur les oxides dont l'affinité pour l'oxigène n'est pas très-grande. Lorsque l'hydrogène sulfuré
et ces sortes d'oxides sont en contact, il en résulte de
l'eau et un sulfure métallique; par conséquent l'oxide
est réduit, l'hydrogène sulfuré est décomposé, et l'on
voit que plus l'oxide contient d'oxigène, plus le sulfure
qui se forme contient de soufre: or, les oxides sont soumis dans leur composition à une loi très-remarquable,
c'est que le deutoxide et le tritoxide, etc., d'un métal
contiennent la même quantité de métal, et 1 fois $\frac{1}{2}$, ou 2
fois, ou 4 fois, etc., autant d'oxigène que le protoxide
(263). Il suit de là évidemment que les sulfures obtenus
par ce procédé seront aussi soumis à cette loi; c'est-à-dire
que le deuto-sulfure, etc., contiendra la même quan-
tité de métal, et 1 fois $\frac{1}{2}$, ou 2 fois, ou 4 fois autant de
soufre que le proto-sulfure. On pourrait sans doute faire
les sulfures métalliques de cette manière; mais il serait
possible qu'une portion de l'oxide métallique échappât à
l'action du gaz hydrogène sulfuré, et restât mêlée avec le
sulfure; c'est pourquoi il vaut mieux dissoudre l'oxide
dans un acide, et exécuter l'opération comme il va être
dit.

On prend un sel formé d'un acide et de l'oxide du
métal qu'on veut combiner avec le soufre. Ce sel doit
avoir la propriété de se dissoudre dans l'eau: on l'y dissout; on introduit la dissolution dans un flacon ordi-

naire, et on fait plonger dans cette dissolution un tube
adapté à un autre vase où se produit du gaz hydrogène
sulfuré. Ce gaz opère la décomposition de l'oxide comme
on l'a dit précédemment ; il se forme donc de l'eau, du
sulfure métallique qui se dépose sous la forme de flocons, tandis que l'acide du sel mis en liberté reste dans
la liqueur Lorsque le dépôt est bien formé, on décante
la liqueur supérieure avec un syphon ; on met de l'eau
distillée sur le dépôt, on décante de nouveau, et ainsi
de suite, jusqu'à ce que le sulfure soit bien lavé ; on le
rassemble sur un filtre pour le faire égoutter ; on le dessèche à l'étuve, et on le conserve dans un flacon bien
bouché.

*Quatrième procédé.* — Ce procédé ne diffère du
précédent, qu'en ce qu'au lieu de faire passer l'hydrogène sulfuré à travers la dissolution du sel métallique,
on l'y ajoute uni au deutoxide de sodium ou de potassium ou à l'ammoniaque, c'est-à-dire à l'état d'hydro-
sulfure (1176). On prend l'un de ces hydro-sulfures en
dissolution dans l'eau, et l'on en verse dans la dissolution métallique, jusqu'à ce qu'il y en ait un léger excès.
Tout à coup le sulfure se précipite sous forme de flocons ;
on le lave et on le recueille comme celui qui provient
de l'action de l'hydrogène sulfuré : outre le sulfure, il
se forme de l'eau et un sel provenant de la combinaison
de l'acide de la dissolution avec le deutoxide ou l'ammoniaque de l'hydro-sulfure. On peut obtenir par ce procédé tous les sulfures, excepté ceux des deux premières
sections et ceux de manganèse, de zinc, de fer, d'étain,
d'antimoine et un très-petit nombre d'autres.

*Usages et Historique.* — Les sulfures dont on se
sert aujourd'hui dans les arts, sont les sulfures d'arsenic,

de fer, de cuivre, de mercure. Les sulfures sont connus
depuis très-long-temps ; ils ont été étudiés par un grand
nombre de chimistes, et particulièrement par M. Gay-
Lussac ( Mémoires d'Arcueil, tome 1, et Annales de
Chimie ), et par M. Berzelius ( Annales de Chimie,
tome 78 et suivans ).

### Des Sulfures en particulier.

233. D'après les généralités que nous venons de donner sur les sulfures, il serait possible de tracer, jusqu'à
un certain point, l'histoire particulière de chacun d'entre
eux. C'est pourquoi nous n'examinerons d'une manière
spéciale que les plus importans. Nous appellerons proto-
sulfures ceux qui correspondent au premier degré d'oxidation ; deuto-sulfures, ceux qui correspondent au second degré, etc., et seulement sulfures ceux qui ne correspondent à aucun degré d'oxidation, ou ceux dont on
n'a point encore fait l'analyse.

### Sulfure de Sodium ou de Potassium.

234. Formé de proportions indéterminées, solide,
terne, tantôt jaune, tantôt rougeâtre, moins fusible que
ses principes constituans ; absorbe lentement le gaz
oxigène à la température ordinaire, l'absorbe rapidement à l'aide de la chaleur, et passe à l'état de deuto-
sulfite ou de deuto-sulfate ; se comporte avec l'air comme
avec le gaz oxigène ; n'existe point dans la nature ; s'obtient par le premier procédé (232), et donne lieu par
sa formation à un grand dégagement de calorique et de
lumière, dus tout à la fois au potassium et au soufre,
mais probablement plus au premier de ces corps qu'au
second. A cet effet, on remplit de mercure une petite

cloche courbe, et l'on y fait passer une certaine quantité de gaz azote ou de gaz hydrogène; ensuite, après
avoir porté, à l'aide d'une tige de fer, une petite capsule
ovale de platine dans la partie courbe de cette cloche,
l'on porte de la même manière dans cette capsule le sodium
ou le potassium, et le soufre que l'on veut combiner;
puis on les chauffe avec la lampe à esprit de vin. A peine
le sodium ou le potassium entre en fusion, que la combinaison s'opère : il se dégage tant de calorique, que
la cloche casserait infailliblement sans l'intermède de la
capsule, qui, étant bon conducteur, répartit la chaleur
dans un grand nombre de points. On ne doit opérer au
plus que sur cinq à six centigrammes de métal. On peut
employer un gramme et demi de soufre et même plus:
l'excès se volatilise. Si l'on voulait préparer une plus
grande quantité de sulfure, il faudrait se servir d'un
tube métallique ou de porcelaine, fermé par l'une de ses
extrémités; on s'en servirait comme d'un creuset.

### Sulfure de Manganèse.

235. Formé, d'après M. Vauquelin, de 100 de manganèse et de 34,23 de soufre; solide, terne, insipide,
verdâtre, plus fusible que le manganèse, indécomposable par l'action d'une chaleur rouge, n'a point d'action
sur le gaz oxigène sec à la température ordinaire ; absorbe ce gaz, soit sec, soit humide, à l'aide d'une légère
chaleur, et donne naissance à du gaz acide sulfureux et
à un sulfate; l'absorbe également à l'aide d'une haute
température, et donne lieu à du gaz acide sulfureux et
à un deutoxide de manganèse; se comporte avec l'air
comme avec le gaz oxigène; n'existe point dans la nature;

ne s'obtient que difficilement par le premier procédé, sans doute à cause de la cohésion du manganèse; s'obtient très-bien par le deuxième procédé (232); est sans usage.

### Sulfure de Zinc.

236. Solide, terne, insipide, moins fusible que le zinc, indécomposable par la chaleur; sans action sur le gaz oxigène sec à la température ordinaire; absorbe ce gaz au degré du rouge brun, et donne naissance à du gaz acide sulfureux et à un sulfate; l'absorbe à plus forte raison à une température beaucoup plus élevée, mais ne donne lieu alors qu'à du gaz acide sulfureux et à un oxide; se comporte avec l'air comme avec le gaz oxigène; s'obtient par les deux premiers procédés (232); existe en grande quantité dans la nature.

Le sulfure de zinc naturel est connu par les minéralogistes sous le nom de blende. Les blendes sont phosphorescentes par le frottement (*a*) : elles varient par leur couleur en raison de l'oxide de fer qu'elles contiennent; elles sont tantôt jaunes, tantôt roussâtres, tantôt brunes; elles sont souvent transparentes; quelquefois elles sont presque noires et opaques. Leur pesanteur spécifique est de 4,166. On trouve le sulfure de zinc naturel en France, à Vizille, département de l'Isère; près d'Arras, département du Pas-de-

(*a*) La phosphorescence est la propriété qu'ont certains corps de devenir lumineux sans qu'il y ait combustion, lorsqu'on les frotte ou qu'on les chauffe, ou qu'on les soumet à une décharge électrique, etc., et de conserver cette propriété plus ou moins longtemps. (Voy. le Mém. de M. Desaignes sur la Phosphorescence, Journ. de Physique.)

Calais; à Baygorry, département des Hautes-Pyrénées; près de Chatelaudren, département des Côtes-du-Nord, etc.

C'est en calcinant le sulfure de zinc naturel jusqu'au rouge, avec le contact de l'air, en lessivant le produit et le faisant évaporer, qu'on fait le sulfate de zinc du commerce (831).

### Sulfures de Fer.

237. *Persulfure de Fer.* — Formé de 117 de soufre et de 100 de fer, d'après M. Berzelius; solide, susceptible du brillant métallique, insipide, inodore, d'un gris jaunâtre, n'est point attirable à l'aimant; laisse dégager, par l'action d'une forte chaleur, 22 de soufre et se fond; n'a aucune action sur le gaz oxigène sec à la température ordinaire; en a une lente sur le gaz oxigène humide à cette température, l'absorbe et passe à l'état de sulfate; absorbe ce gaz, soit sec, soit humide, à l'aide d'une légère chaleur et à plus forte raison à l'aide d'une haute température, et donne naissance, dans le premier cas, à du gaz acide sulfureux et à un sulfate, et dans le second, à du gaz acide sulfureux, à de l'oxide rouge ou tritoxide de fer, et à un dégagement de lumière; se comporte avec l'air comme avec le gaz oxigène; existe en très-grande quantité dans la nature; et prend alors le nom de pyrite de fer.

On trouve du persulfure de fer presque partout; c'est l'un des minéraux les plus communs : presque toutes les autres mines en contiennent une plus ou moins grande quantité. Il affecte un grand nombre de formes différentes, le cube, l'octaèdre, etc. Souvent on le trouve

en masses ou en couches, sans être cristallisé; souvent
aussi il est disséminé en petits fragmens dans les schistes
argileux, l'ardoise, et un grand nombre d'autres substances. Ses couleurs varient et dépendent probablement
de matières étrangères; on en trouve de jaune de laiton,
de jaune de bronze et de gris d'acier. Sa pesanteur spécifique est de 4,10 à 4,74.

C'est en exposant à l'air le persulfure de fer que la
nature nous offre souvent dans un grand état de division, qu'on fait la plus grande partie du sulfate de fer du
commerce ( Voy. (835) sulfate de fer). C'est aussi du
persulfure de fer naturel qu'on extrait une partie du
soufre qu'on consomme dans les arts ( Voy. (1204) extraction du soufre du sulfure de cuivre et de fer).

238. *Sulfure formé de* 100 *de fer et de* 58,75 *de
soufre* (a). — Solide, jaune, brillant, insipide, magnétique, bien plus fusible que le fer; n'est point décomposé par la chaleur; n'a aucune action sur le gaz oxigène sec à la température ordinaire; en a une légère
sur ce gaz humide à cette température, et passe peu à
peu à l'état de sulfate; agit, à l'aide de la chaleur, sur
le gaz oxigène et sur l'air, comme le trito-sulfure, et
donne lieu aux mêmes produits: il n'y a de différence
qu'en ce que son action est moins forte.

Ce sulfure est bien moins commun que le persulfure:
on l'a trouvé à Geier, en Saxe; à Bodenmais, en Bavière; en Angleterre, dans le Carnarvons; en France,
à l'ouest de Nantes. Sa pesanteur spécique est de 4,518.

(a) Ce sulfure a été analysé par MM. Berzelius et Hatchett. Les résultats qu'ils ont obtenus sont sensiblement les mêmes. Nous avons
rapporté ceux de M. Berzelius.

239. Outre les deux sulfures de fer dont on vient de parler, on peut en admettre plusieurs autres; car, 1° lorsqu'on calcine le persulfure de fer dans une cornue de grès (226), on en dégage une quantité de soufre telle, que le sulfure restant est formé de 100 de fer et de 95 de soufre ( Berzelius ). Ce sulfure ne correspond à aucun oxide de fer connu jusqu'ici.

2° Lorsqu'on projette dans un creuset rouge un mélange de deux parties de limaille de fer et d'une partie de soufre, etc. (232), on obtient un sulfure de fer bien fondu, bien homogène, et qui contient moins de soufre que celui dont nous avons parlé en second lieu. C'est de ce sulfure qu'on se sert souvent pour obtenir le gaz hydrogène sulfuré; mais ce gaz ainsi préparé contient toujours une certaine quantité de gaz hydrogène. 3° Enfin, lorsqu'on emploie parties égales de fer et de soufre, on obtient encore un sulfure de fer différent de ceux qui précèdent (a).

### Sulfure d'Etain.

240. Formé, d'après Bergman, de 25 de soufre et de 100 d'étain (b); n'est point décomposé par la chaleur; solide, brillant; cristallise en lames; d'un gris bleuâtre; moins fusible que l'étain; n'a aucune action ni sur le gaz oxigène sec, ni sur le gaz oxigène humide à la tempéra-

---

(a) Selon M. Berzelius, il n'existe que deux espèces de sulfures de fer : ce sont les deux sulfures qu'on rencontre dans la nature.

(b) M. Berzelius admet trois sulfures, de même que trois oxides d'étain : selon lui, le proto-sulfure est formé de 100 d'étain et de 27,23 de soufre; le deuto-sulfure, de 100 d'étain et de 40,85 de

ture ordinaire ; absorbe ce gaz à l'aide d'une douce chaleur, et donne naissance à du gaz acide sulfureux et à un sulfate ; l'absorbe à l'aide d'une température élevée et donne lieu à du gaz sulfureux et à de l'oxide d'étain ; existe probablement dans la nature dans le comté de Cornouailles, mais mêlé ou combiné avec le sulfure de cuivre ; s'obtient, par le premier procédé, en chauffant fortement un mélange de 3 parties d'étain et 2 de soufre (=32).

## Sulfures d'arsenic.

241. Il paraît que l'arsenic peut se combiner en différentes proportions avec le soufre. En effet, soit que l'on chauffe ensemble dans une cornue 1, 2, 3, 4 parties d'arsenic avec une partie de soufre, ou bien 1, 2, 3, 4 parties de soufre avec une partie d'arsenic, on obtient un composé homogène et très-fusible, dont la couleur est d'un jaune plus ou moins rouge ou orangé. Nous ne parlerons que des deux espèces de sulfures d'arsenic qu'on rencontre dans la nature et qui sont connus, l'un sous le nom d'orpiment, à cause de sa belle couleur jaune, et l'autre sous le nom de réalgar.

---

soufre ; le trito-sulfure, de 100 d'étain et de 54,56 de soufre. On obtient le premier en chauffant fortement l'étain avec le soufre ; le second, en exposant un mélange de parties égales du premier et de soufre à la chaleur rouge cerise ; et le troisième, en traitant le second par l'acide muriatique liquide concentré. Il pense que le trito-sulfure, qui est jaune, n'est autre chose que ce qu'on appelle vulgairement or mussif, quoique Pelletier et M. Proust aient regardé ce composé comme de l'oxide d'étain sulfuré (Annales de Chimie, tome 83).

**242. *Orpiment.*** — Formé d'environ 57 parties
d'arsenic et 43 de soufre; solide, d'un jaune citron souvent éclatant; ordinairement en masses composées de
lames demi-transparentes, tendres et flexibles, qu'on
peut séparer facilement avec un couteau; insipide,
inodore, vénéneux; pesant spécifiquement 3,45; plus fusible que l'arsenic, et se prenant par le refroidissement,
après la fusion, en une masse friable et d'un jaune
orangé; volatil; n'a point d'action sur le gaz oxigène
humide, à la température ordinaire; absorbe rapidement ce gaz à l'aide de la chaleur, et passe toujours à
l'état de gaz acide sulfureux et de deutoxide d'arsenic;
se comporte avec l'air comme avec le gaz oxigène.

On trouve l'orpiment dans la nature, en Hongrie, à
Moldava; en Transylvanie, à Ohlalapos; en Géorgie,
en Valachie, en Natolie, et dans une grande partie de
l'Orient.

On peut s'en procurer d'artificiel, soit en faisant
passer du gaz hydrogène sulfuré à travers une dissolution de deuto-muriate acide d'arsenic (troisième procédé); soit en mélant ensemble deux dissolutions
aqueuses, l'une de deutoxides d'arsenic et de potassium (1119), et l'autre d'hydro-sulfure de potasse, ou
de soude ou d'ammoniaque (combinaisons de deutoxides de potassium, de sodium ou de l'ammoniaque
avec l'hydrogène sulfuré), et versant dans le mélange de
l'acide muriatique lui-même en dissolution dans l'eau:
alors cet acide s'empare sur-le-champ du deutoxide
de potassium, etc., des deux dissolutions, et forme un
muriate soluble; tandis que l'hydrogène et le soufre de
l'hydro-sulfure se combinent, le premier avec l'oxigène, et le second avec l'arsenic du deutoxide de ce

métal. Le sulfure ainsi obtenu se précipite sous forme de flocons d'un très-beau jaune.

On emploie l'orpiment, conjointement avec la potasse, pour dissoudre l'indigo dans les manufactures de toiles peintes. On s'en sert quelquefois en peinture; mais alors on ne doit jamais le mêler avec le blanc de plomb, parce que la couleur, qui d'abord serait d'un beau jaune, ne tarderait point à devenir noire, en raison du sulfure de plomb qui se formerait : il paraît aussi que les Turcs le font entrer dans la composition d'un dépilatoire.

243. *Réalgar.* — Solide, rouge-orangé, insipide, vénéneux, diversement cristallisé; plus fusible que l'arsenic et même que l'orpiment, volatil; se comporte d'ailleurs comme l'orpiment avec le gaz oxigène et l'air; se trouve au Saint-Gothard; en Transylvanie, dans les mines de Neggarg; en Saxe, à Marienberg; en Bohême; en filons de plus de trois décimètres d'épaisseur dans la Bukovine, entre la Galicie et la Transylvanie; et en général aux environs des volcans.

On emploie quelquefois le réalgar comme couleur : en Chine, on en fait des pagodes et des vases qui communiquent au vinaigre des propriétés purgatives.

### Sulfure de Molybdène.

244. **Gris,** beaucoup plus fusible que le molybdène, indécomposable par la chaleur; n'a aucune action sur le gaz oxigène sec ou humide à la température ordinaire; absorbe ce gaz à l'aide de la chaleur rouge, et se convertit en acide sulfureux et en acide molybdique qui se volatilise sous forme de fumées blanches; s'obtient par le

premier et le second procédés (232) ; existe en petite
quantité dans la nature.

On trouve le sulfure de molybdène en France, dans
les environs du Mont-Blanc, et à la mine du Tillot dans
les Vosges ; en Saxe, à Altemberg ; en Suède, à Nor-
berg, etc. Le sulfure de molybdène natif est toujours
sous la forme de lames flexibles, grises et douées du brillant métallique ; sa pesanteur spécifique est de 4,738 ; il
est formé, d'après M. Bucholz, de 60 de molybdène et
de 40 de soufre. Il ressemble, jusqu'à un certain point,
à la plombagine ou mine à crayon. Comme la plombagine, il laisse sur le papier des traces brunes ; mais en
comparant les traces de l'une avec les traces de l'autre, on
voit que celles de sulfure sont verdâtres et résultent de
petites lames, tandis que celles de plombagine sont grises
et résultent de petits grains. Le sulfure de molybdène
est sans usages ; on ne s'en sert que dans les laboratoires,
pour se procurer le molybdène et l'acide molybdique, etc.

### *Proto-Sulfure d'Antimoine.*

245. Formé de 100 d'antimoine et de 37,25 de soufre,
d'après M. Berzelius ; solide, brillant comme l'antimoine même, gris bleuâtre, beaucoup plus fusible que
l'antimoine, indécomposable par le feu, cristallise en aiguilles ; n'a point d'action sur le gaz oxigène sec, ni sur
le gaz oxigène humide à la température ordinaire ; l'absorbe à l'aide d'une légère chaleur, et donne lieu à du
gaz sulfureux et à du sulfate d'antimoine ; l'absorbe également à l'aide d'une forte chaleur, et forme du gaz sulfureux et de l'oxide d'antimoine sulfuré ; s'obtient facilement par le premier procédé (232), en chauffant un

mélange de parties égales d'antimoine et de soufre dans un creuset ouvert ou dans un matras. Existe dans la nature.

On trouve le proto-sulfure d'antimoine en France, près d'Uzès, département du Gard; à Massiac et à Lubillac, département du Puy-de-Dôme; dans le Vivarais, à Glandon et à Bias, près de Saint-Yrieix; en Toscane, à Pereta; en Saxe; en Hongrie; en Bohême; en Suède; en Angleterre, en Daourie; en Espagne.

C'est en traitant à une haute température le proto-sulfure d'antimoine par la fonte ou le fer, qu'on extrait l'antimoine (1202); c'est en le grillant et le fondant qu'on forme l'oxide d'antimoine sulfuré ou verre d'antimoine. Enfin, c'est en le mettant en contact avec une dissolution bouillante de potasse, qu'on prépare le kermès et le soufre doré, ou l'oxide d'antimoine hydro – sulfuré (1162 et 1163).

### Sulfure de Bismuth.

246. Gris de plomb, moins fusible que le bismuth; cristallisable en aiguilles; sans action sur le gaz oxigène sec ou humide à la température ordinaire; l'absorbe à l'aide d'une légère chaleur, et donne naissance à du gaz acide sulfureux et à un sulfate; l'absorbe également à l'aide d'une plus forte chaleur, et donne lieu à du gaz sulfureux et à de l'oxide de bismuth; s'obtient par les quatre procédés et très-facilement par le premier (232); existe, mais rarement, dans la nature; se trouve à Bastnaès, en Suède; à Schneeberg, en Saxe; à Joachimsthal, en Bohême. Sans usages.

## *Proto-Sulfure de Cuivre.*

247. Formé de 100 parties de cuivre et de 25,6 de soufre, d'après M. Berzelius, et de 27, d'après M. Vauquelin ; solide, gris de plomb ; plus fusible que le cuivre ; ne se décompose pas par la chaleur ; n'a d'action ni sur le gaz oxigène sec, ni sur le gaz oxigène humide, à la température ordinaire ; l'absorbe à l'aide d'une douce chaleur, et donne naissance à de l'acide sulfureux et à un sulfate ; l'absorbe également à l'aide d'une haute température, et donne lieu à du gaz acide sulfureux et à de l'oxide de cuivre ; s'obtient, en chauffant dans un creuset ou dans un matras, parties égales de soufre et de cuivre divisé : on observe qu'au moment où ces deux corps se combinent, il y a dégagement de calorique et de lumière ; existe dans la nature, et prend alors le nom de pyrite de cuivre.

On trouve le proto-sulfure de cuivre en Cornouailles; en Suède ; en Saxe, à Freyberg et à Marienberg; en Sibérie ; en Bohême ; au Hartz ; en Hongrie; dans le Derbyshire ; à Saint-Bel, près Lyon. Il n'est jamais pur ; il contient toujours une plus ou moins grande quantité de sulfure de fer : on en trouve, dans les cinq premiers lieux que nous venons de citer, qui ne contient que 0,03 à 0,04 de sulfure de fer, et qui jouit de presque toutes les propriétés du sulfure de cuivre pur ; mais le plus souvent il en contient 22 à 25, et quelquefois plus; alors il ressemble au sulfure de fer naturel ; il est jaune comme ce minéral, seulement d'un jaune un peu moins blanc. On le trouve cristallisé diversement dans ces deux états de combinaison; mais on le trouve bien plus

souvent, sous le second, en filons puissans. De ces deux
mines, la dernière étant la plus commune, est celle
que l'on exploite le plus communément : on en extrait
presque tout le cuivre du commerce ; on se sert aussi
du proto-sulfure de cuivre, soit naturel, soit artificiel,
pour faire le deuto-sulfate de cuivre.

### Proto-Sulfure de Plomb.

248. Formé de 100 parties de plomb et de 15,445 de
soufre ; solide, brillant, insipide, beaucoup moins fusible que le plomb, indécomposable par le feu ; n'a
d'action ni sur le gaz oxigène sec, ni sur le gaz oxigène
humide, à la température ordinaire ; absorbe ce gaz à
l'aide d'une douce chaleur, et se convertit en sulfate
blanc et en gaz acide sulfureux ; l'absorbe également à
l'aide d'une haute température, et donne tout à la fois
du gaz acide sulfureux, du sulfate de plomb qui se sublime en partie, et du plomb (1203) ; s'obtient par les
quatre procédés (232), mais surtout par le premier, en
chauffant trois parties de plomb et deux de soufre dans
un creuset ou dans un matras : on remarque qu'au moment où la combinaison a lieu, il y a dégagement de
calorique et de lumière.

Le proto-sulfure de plomb est la mine de plomb la
plus abondante et presque la seule exploitée : on en
trouve dans presque tous les pays ; en France, à Pezey,
département du Mont-Blanc ; à Vienne, département
de l'Isère ; à la Croix, dans les Vosges ; à Vedrin, département de Sambre-et-Meuse ; dans les mines de
Poullaouen et d'Huelgoet, département du Finistère ;
en Angleterre, en Allemagne, en Espagne. Les plus

renommées de ces mines sont celles qui sont situées en Angleterre, dans le Derbyshire. Tantôt le proto-sulfure de plomb est cristallisé en octaèdres, et tantôt en cubes : on le connaît ordinairement sous le nom de galène. On distingue trois espèces de galènes, en raison de la largeur des lames dont elles sont formées : galène à grandes facettes; galènes à petites et à moyennes facettes. La galène à grandes facettes paraît être du proto-sulfure de plomb pur ; les galènes à moyennes et à petites facettes contiennent plus ou moins de sulfures d'argent, d'antimoine, et quelquefois de cuivre et de zinc.

On se sert principalement du proto-sulfure de plomb naturel pour extraire le plomb : les potiers de terre l'emploient aussi sous le nom d'alquifoux pour vernir leur poterie ; ils en saupoudrent les diverses pièces, et les exposent ensuite au feu; par ce moyen, le soufre passe à l'état d'acide sulfureux qui se dégage, et le plomb à l'état d'oxide qui s'unit et se vitrifie avec la substance du vase.

## Sulfure de Mercure.

248 *bis.* Il paraît que le soufre est susceptible de se combiner avec le mercure en un assez grand nombre de proportions. Presque toutes les espèces de sulfures de mercure sont noires ou d'un violet noirâtre : une seule est réellement violette en masse, et d'un beau rouge en poudre ; c'est celle que l'on connaît sous le nom de cinnabre, et qui pulvérisée forme le vermillon. Nous ne parlerons en détail que de cette espèce : connaissant ses propriétés, il sera facile de se faire une idée de celles des autres.

Le cinnabre est formé d'environ 100 de mercure et de 10 de soufre. Exposé dans un matras à un degré de chaleur voisin du rouge brun, le cinnabre se sublime sans éprouver de fusion apparente, et s'attache à la partie supérieure du vase sous forme d'une couche composée d'une multitude de petites aiguilles. Lorsqu'on le fait passer à travers un tube de porcelaine très-rouge, il est décomposé et produit une forte détonnation due à l'expansion de la vapeur mercurielle. Il n'agit en aucune manière sur le gaz oxigène sec ou humide à la température ordinaire ; absorbe ce gaz à l'aide de la chaleur et se transforme en gaz acide sulfureux et en mercure ; se comporte avec l'air comme avec le gaz oxigène ; cède tout le soufre qu'il contient au fer, et à presque tous les autres métaux, à une température suffisamment élevée ; se combine avec diverses proportions de soufre et probablement de mercure, en le faisant chauffer convenablement avec ces corps ; perd alors sa couleur et en prend une noire ou d'un violet noirâtre ; existe dans la nature.

On en trouve en France dans le département du Mont-Tonnerre, entre Wolsstein et Kreutznach ; à Idria en Carniole : celui-ci est mêlé d'argile bitumineuse qui lui donne une couleur brune et quelquefois noire ; en Espagne, à Almaden, dans la province de la Manche ; en Hongrie, près de Schemnitz et de Dombrawas ; en Chine ; dans l'Amérique méridionale, et particulièrement au Pérou, dans le district de Guanca-Velica ; enfin dans la Nouvelle-Espagne. Le cinnabre est quelquefois cristallisé en prismes hexaèdres réguliers : le plus souvent il est en masses ou en filons plus ou moins réguliers, au milieu de grès et d'autres substances.

Ces filons sont en grande partie formés de grès.

On pourrait obtenir le sulfure de mercure très-pur et très-beau, en sublimant celui qu'on trouve naturellement; mais ordinairement on le fait de toutes pièces. Lorsqu'on ne veut en faire, comme dans les laboratoires, qu'une petite quantité, on fait fondre en partie le soufre dans un creuset : on ajoute ensuite, peu à peu, quatre parties de mercure; on agite bien la masse; le soufre et le mercure se combinent, et donnent naissance à un sulfure violet, quelquefois noirâtre. Dans cet état, ce sulfure s'appelle vulgairement *ethiops de mercure*. On introduit ce sulfure dans un matras de verre à long col; on l'expose à feu nu à une température voisine de la chaleur rouge; l'excès de soufre se dégage et se brûle, et le sulfure de mercure, à l'état de cinnabre, se sublime ensuite, et cristallise en aiguilles violettes dans le col du matras. Si le cinnabre ne paraît pas d'une belle teinte, on le sublime de nouveau : alors il est très-beau. La fabrication du cinnabre se fait en grand en Hollande. Au lieu de creuset, on se sert de bassine de fonte; on y fond le soufre et on y fait arriver le mercure en le passant à travers une peau de chamois : il en résulte que la combinaison est plus prompte et plus homogène; aussitôt qu'elle est faite, on surmonte la bassine d'un vase où le cinnabre se condense à mesure qu'il est volatilisé.

On se sert du cinnabre naturel pour extraire le mercure : c'est en quelque sorte la seule mine de mercure exploitée. La plus célèbre est celle d'Almaden (1198). On emploie le cinnabre artificiel en peinture. On le réduit en poudre, et alors il prend le nom de vermillon. Le vermillon le plus estimé nous vient de Chine. Cette couleur est très-solide et résiste à presque tous les agens.

## *Proto-sulfure d'Argent.*

249. Formé de 100 d'argent et de 14,9 de soufre,
d'après M. Berzelius, et sensiblement des mêmes quantités, d'après M. Vauquelin; solide, opaque, gris noirâtre, plus fusible que l'argent, cristallisable en aiguilles,
décomposable par une forte chaleur; sans action sur le
gaz oxigène sec ou humide à la température ordinaire;
absorbe ce gaz à l'aide de la chaleur, et donne lieu à du
gaz sulfureux et à de l'argent; se comporte avec l'air
comme avec le gaz oxigène; s'obtient par les quatre procédés (232). Le sulfure d'argent se forme d'ailleurs de
plusieurs autres manières.

On sait que l'argent noircit en l'exposant à la vapeur
des fosses d'aisanses, et qu'il éprouve très-promptement
cet effet auprès des éaux sulfureuses : c'est qu'il se trouve
dans ces deux cas en contact avec l'hydrogène sulfuré
qu'il décompose peu à peu. Macquer rapporte même,
qu'ayant eu occasion d'analyser un vase d'argent qu'on
avait retiré d'une fosse d'aisance, il le trouva tout friable
et tout noir, et converti en proto-sulfure d'argent. Enfin,
l'on sait que les œufs que l'on fait cuire dans un vase
d'argent le noircissent plus ou moins, et que c'est encore par le soufre qu'ils contiennent que cet effet a
lieu.

On trouve le proto-sulfure d'argent dans presque
toutes les mines d'argent, mais surtout dans les mines
du Mexique ; dans celles de Freyberg ; de Schemnitz,
en Hongrie, et de Joachimsthal en Bohême. Ce sulfure
est souvent cristallisé et toujours opaque; il est aussi en
masses peu volumineuses et en lames. Sa pesanteur spécifique est de 6,90. On l'entame facilement par le couteau.

On exploite le proto-sulfure d'argent naturel ainsi que toutes les autres mines d'argent, pour en extraire ce métal.

249 *bis.* Il nous reste encore à examiner les sulfures de chrôme, tungstène, columbium, urane, cerium, cobalt, titane, tellure, nickel, osmium, rhodium, palladium, platine, or, iridium. Ces différens sulfures n'ayant point ou n'ayant encore été que très-peu étudiés, nous ne pouvons ajouter que très-peu de chose à ce que nous en avons dit d'une manière générale (263 *bis*). 1° Aucun n'existe dans la nature. 2° On obtient les sulfures de tellure, nickel, rhodium et palladium par les deux premiers procédés (232) : on obtient ceux de tungstène, de cerium, de cobalt et de titane par le second ; on obtient probablement tous les autres par le troisième ou le quatrième.

Tous ces sulfures sont sans action sur l'air, sur le gaz oxigène secs ou humides à la température ordinaire ; tous, au contraire, absorbent ce gaz à l'aide de la chaleur. Les sulfures de rhodium, de palladium, de platine, d'or, d'iridium, donnent naissance à du gaz sulfureux, et le métal est mis en liberté. Il est probable que les autres, et surtout ceux d'urane, de cerium, de cobalt, de nickel, passent d'abord à l'état de sulfate, et qu'à l'aide d'une forte chaleur, ils donnent lieu à du gaz sulfureux et à un oxide.

*Azotures de potassium et de sodium.* (Voyez action de l'ammoniaque sur ces métaux (576.)

### DES ALLIAGES.

250. Un alliage est la combinaison d'un métal avec un ou plusieurs métaux. On distingue chaque alliage

par le nom des métaux qui le constituent: ainsi on appelle alliage de plomb et d'étain, la combinaison du plomb et de l'étain. Cependant on donne plus particulièrement le nom d'amalgame aux combinaisons de mercure avec les métaux : on dit alors seulement amalgame de tel ou tel métal, pour désigner l'union de ce métal avec le mercure; d'où il suit que les expresssions d'amalgame de plomb ou alliage de mercure et de plomb sont synonymes, ou représentent les mêmes composés. Puisqu'il existe 38 métaux, il doit exister 703 alliages binaires, en supposant que les métaux puissent se combiner tous, deux à deux. Cependant on ne connaît encore que 132 alliages de ce genre. Cela tient, 1° à ce que 9 de ces métaux n'ont point encore pu être réduits, ni par conséquent combinés avec les autres; 2° à ce qu'il en est qu'on ne se procure que difficilement, et qui n'ont pu être combinés qu'avec un petit nombre; 3° à ce qu'on n'a point encore tenté toutes les combinaisons possibles, même avec les métaux les plus communs. Ces obstacles, en disparaissant, permettront sans doute de multiplier beaucoup le nombre des alliages connus ; mais il n'est pas probable qu'on obtienne jamais tous ceux que la théorie indique. En effet, il y a des métaux qui ont si peu d'affinité pour d'autres, que jusqu'à présent on n'a point encore pu les combiner, quoiqu'on se soit efforcé de le faire ; ils ne sont pas en grand nombre à la vérité, mais on en rencontre surtout parmi ceux dont le degré de fusibilité et de volatilité est très-différent; on en rencontre peu au contraire parmi ceux dont le degré de fusibilité est presque le même, et qu'on peut mettre complètement en fusion. C'est que, dans ce cas, les métaux se trouvent dans les circonstances les plus favorables à leur union ; au lieu que dans le premier, la cohésion du métal peu fusible et l'expansion du métal volatil, sont deux circonstances qui tendent à la détruire.

On concevra très-bien ce résultat, si on se rappelle que deux corps ne peuvent s'unir qu'autant que leur affinité réciproque est plus forte que leur cohésion. Ou, pour vaincre la cohésion des corps solides et rendre l'affinité prépondérante, on est obligé de pénétrer ces corps de calorique : il arrivera de là que si l'un est presqu'infusible et l'autre très-volatil, ils ne s'uniront pas, à moins que l'affinité qui tend à les rapprocher ne soit très-forte ; car celui qui est volatil sera réduit en vapeur, alors que la cohésion de l'autre sera vaincue. Si, au contraire, ces corps sont à peu près aussi fusibles l'un que l'autre, ils se trouveront par la fusion dans les circonstances les plus favorables à leur union, et ils s'uniront toujours, à moins que leur affinité ne soit très-faible.

Si on est loin de connaître tous les alliages binaires qu'il est possible de faire, on est bien plus éloigné de connaître les alliages ternaires, etc., qui peuvent exister ; mais, indépendamment des causes que nous avons assignées, et qui s'appliquent précisément au cas que nous considérons, il faut ajouter surtout que nous ne sommes si peu avancés sur ceux-ci, que parce qu'on ne s'en est presque point encore occupé : aussi ne peut-on citer que quelques alliages ternaires qui aient été décrits, et à peine en pourrait-on citer de quaternaires.

Il n'en est pas des alliages comme des oxides (263) ; ils ne sont soumis à aucune loi dans leur composition ; du moins la plupart paraissent se combiner en toutes sortes de proportions : ainsi, 100 parties d'étain s'unissent avec 1, 2, 3,.... 100 parties de plomb et plus, etc.

250 *bis. Propriétés physiques.* — Les alliages ont les plus grands rapports avec les métaux dans leurs propriétés physiques : tous sont solides à la température ordinaire, excepté l'alliage formé d'une certaine quantité de potassium et de sodium, et les amalgames dans lesquels le mercure est très-prédominant; tous sont brillans en masse et même en poussière, quand elle n'est pas trop tenue; tous ont une couleur qui leur est propre; tous sont presque complètement opaques et plus ou moins denses, par rapport aux métaux qui les constituent; tous sont excellens conducteurs du fluide électrique; tous cristallisent plus ou moins bien ; les uns sont cassans, les autres sont ductiles et malléables (*a*); quelques - uns ont une odeur particulière; plusieurs sont très-résonnans et élastiques.

Nous ne pouvons point donner de tableau de ces diverses propriétés, parce qu'elles varient en raison des principes qui constituent l'alliage, et parce qu'on ne les a point encore bien étudiées pour des proportions déterminées : nous nous bornerons à présenter quelques réflexions générales relativement à quelques - unes d'entre elles.

1° On observe que la densité des alliages est tantô plus grande, tantôt plus petite que la densité moyenne des métaux qui les constituent; de sorte que les mé-

(*a*) Les alliages malléables à froid sont presque tous cassans à chaud, lorsqu'ils résultent de deux métaux différemment fusibles, parce qu'une partie du plus fusible tend à fondre et à se séparer. *Exemple* : Laiton.

taux, au moment où ils s'unissent, diminuent ou augmentent de volume.

| *Alliages dont la densité est plus grande que la densité moyenne des métaux qui les constituent.* | *Alliages dont la densité est moins grande que la densité moyenne des métaux qui les constituent.* |
|---|---|
| Or et zinc. | Or et argent. |
| Or et étain. | Or et fer. |
| Or et bismuth. | Or et plomb. |
| Or et antimoine. | Or et cuivre. |
| Or et cobalt. | Or et iridium. |
| Argent et zinc. | Or et nickel. |
| Argent et plomb. | Argent et cuivre. |
| Argent et étain. | Cuivre et plomb. |
| Argent et bismuth. | Fer et bismuth. |
| Argent et antimoine. | Fer et antimoine. |
| Cuivre et zinc. | Fer et plomb. |
| Cuivre et étain. | Étain et plomb. |
| Cuivre et palladium. | Étain et palladium. |
| Cuivre et bismuth. | Étain et antimoine. |
| Cuivre et antimoine. | Nickel et arsenic. |
| Plomb et bismuth. | Zinc et antimoine. |
| Plomb et antimoine. | |
| Platine et molybdène. | |
| Palladium et bismuth. | |

2° Tous les alliages formés de métaux cassans le sont
eux-mêmes, sans aucune exception.

3° Les alliages qui résultent de la combinaison de
métaux ductiles avec les métaux cassans sont tous cas-

sans, lorsque le métal cassant est très-prédominant ; ils sont tous au contraire, à quelques exceptions près, plus ou moins ductiles, lorsque le métal ductile est très-prédominant ; et ils sont presque tous cassans, lorsque le métal ductile et le métal cassant sont unis en proportions qui ne s'éloignent pas trop l'une de l'autre.

4° Parmi les alliages qui résultent de la combinaison de métaux ductiles entre eux, il y en a presque autant de cassans que de ductiles, lorsqu'ils sont formés dans des proportions presque égales ; mais lorsque l'un des deux métaux est très-prédominant, ils sont ductiles (*a*).

251. *Propriétés chimiques.* — Les alliages ont autant de rapports avec les métaux non alliés dans leurs propriétés chimiques que dans leurs propriétés physiques.

Lorsqu'on expose un alliage à l'action du feu, il s'échauffe rapidement, se dilate plus ou moins, et entre en fusion à un certain degré. On ne connaît la dilatation que d'un très-petit nombre d'alliages : on ne connaît aussi le degré de fusion que de quelques uns ; mais on remarque, en général, que l'alliage est toujours plus fusible que le métal le moins fusible qui entre dans sa composition, et que, quand les métaux dont il est formé sont à peu près fusibles au même degré, il entre aussi presque toujours plus facilement en fusion que le plus fusible d'entre eux. L'alliage étant fondu, si on le fait refroidir en l'abandonnant à lui-même, il se solidifie et cristallise confusément ; mais si, sa surface

_____

(*a*) Cependant l'or fait exception : il devient cassant, d'après M. Hatchett, en se combinant avec $\frac{1}{1920}$ de son poids de plomb ou d'antimoine.

étant figée, on en décante les parties intérieures encore liquides, il en résulte souvent que les parties extérieures cristallisent plus ou moins régulièrement (a). Si, au lieu de soumettre un alliage au degré de chaleur qui le fond, on l'expose à un degré de chaleur supérieure, et si cet alliage est formé d'un métal fixe et d'un des métaux volatils, qui sont le mercure, l'arsenic, le potassium, le tellure et le zinc, il se décompose en tout ou en partie; il se décompose complètement dans le cas où il contient du mercure, à cause de la volatilité de ce métal; il ne se décompose, au contraire, presque jamais complètement dans le cas où il contient de l'arsenic, du potassium, du tellure, et surtout du zinc, parce que ces métaux sont moins volatils que le mercure; et encore est-il nécessaire, pour que la décomposition ait lieu, que l'alliage contienne une assez grande quantité de ces métaux, surtout de zinc: d'ailleurs, dans tous les cas où elle s'effectue, elle est d'autant plus prompte que le métal fixe réagit moins sur le métal volatil, que celui-ci jouit d'une plus grande volatilité, et que la température est plus élevée. On constate tous ces résultats en introduisant l'alliage dans une

---

(a) Lorsqu'un alliage est formé de deux métaux qui fondent à des températures très-différentes, et que cet alliage contient une assez grande quantité du métal le plus fusible, on peut séparer en grande partie ces métaux, en les exposant à une température capable de fondre l'un, et insuffisante pour opérer la fusion de l'autre. Cette opération est connue sous le nom de liquation. On la pratique en grand pour extraire l'argent du cuivre: on combine le cuivre argentifère (1204) avec 3 ½ fois son poids de plomb, et on expose l'alliage ternaire à une température convenable. Le plomb entraîne l'argent dans sa fusion, et laisse le cuivre sous la forme d'une masse solide, poreuse, criblée d'une multitude de trous. On retire ensuite l'argent du plomb par un autre procédé (1203).

petite cornue de grès, plaçant la cornue dans un fourneau à réverbère, et adaptant à son col une alonge communiquant avec un récipient : ce n'est que pour les
alliages à base de potassium qu'il faut employer de
préférence un vase d'une moindre capacité, *par exemple*, un tube de porcelaine ; il est même nécessaire de le
remplir de gaz azote auparavant; sans cela, l'oxigène de
l'air qu'il contient oxiderait en partie le potassium,
parce qu'on n'opère que sur une petite quantité d'alliage.

On peut, jusqu'à un certain point, juger de l'action du gaz oxigène et de l'air sur les alliages, par
celle que ces gaz exercent sur les métaux qui les constituent (132). En effet, lorsqu'un alliage est formé d'un
métal susceptible d'absorber le gaz oxigène, et d'un
autre qui ne jouit pas de cette propriété, cet alliage absorbe ce gaz de telle sorte que le premier métal passe
seul à l'état d'oxide, et que l'autre est mis en liberté ;
mais, lorsque les métaux qui composent un alliage sont
susceptibles d'absorber tous deux le gaz oxigène, l'alliage s'oxide entièrement : cependant, si l'un des métaux est bien plus facile à oxider que l'autre, on peut
obtenir celui-ci presque pur, en suspendant l'opération
à une certaine époque ; c'est ce que nous offrent tous les
alliages de potassium et de sodium avec les autres métaux; c'est ce que nous offre encore, jusqu'à un certain
point, l'alliage d'étain et de cuivre. On observe en général que les métaux à l'état d'alliage s'oxident moins
bien qu'isolément; quelques-uns seulement font exception : tels sont surtout le plomb et l'étain ; car alliés
dans le rapport de 3 à 1, ces métaux, au degré de
chaleur voisin du rouge brun, brûlent avec lumière et
s'oxident presque instantanément; tandis que chacun

en particulier, dans les mêmes circonstances, s'oxide lentement et sans dégager de lumière.

*Etat naturel.* — On rencontre différens alliage dans la nature ; ces alliages sont au nombre de dix, savoir : quatre résultant de la combinaison de l'arsenic, 1° avec le bismuth ; 2° avec l'antimoine ; 3° avec le cobalt ; 4° avec le nickel ; un seul composé de fer et de nickel ; un autre de mercure et d'argent ; un autre d'argent et d'antimoine ; et les trois autres formés, le premier, d'argent, d'arsenic, de fer et d'atimoine ; le second, d'or, d'argent, de cuivre et de fer ; le troisième, de platine, de fer, de cuivre, de plomb, de palladium, d'osmium, d'iridium, et d'un atôme de soufre : celui-ci n'est autre chose que la mine de platine. Il sera question plus particulièrement de ces alliages dans l'histoire qu'on fera de chacun d'eux.

251 *bis. Préparation.* — On fait les alliages en chauffant convenablement, dans un creuset, les métaux dont ils doivent être formés : pour cela, après avoir recouvert le creuset d'un couvercle, on le place dans un fourneau ordinaire, ou bien dans un fourneau à réverbère, ou bien encore dans un fourneau de forge, selon que les métaux alliés sont plus ou moins faciles à fondre. Lorsqu'ils sont bien fondus, on brasse le bain avec soin : sans cela, s'il y avait une grande différence entre la pesanteur spécifique des métaux, l'alliage ne serait point homogène ; la partie inférieure de cet alliage contiendrait le métal le plus pesant en plus grande quantité que la partie supérieure. Les métaux ayant été brassés avec soin, on peut regarder l'alliage comme bien fait : on retire le creuset du feu, et on le laisse refroidir. Lorsque les métaux sont volatils, ou lorsque l'un des deux

l'est, il faut se garder d'exposer l'alliage à une trop haute chaleur.

On modifie légèrement ce procédé pour la préparation des alliages de potassium et de sodium connus jusqu'à présent, parce qu'elle ne peut avoir lieu que sur de petites quantités de matière, et qu'elle doit être faite de manière que ces métaux ne soient point en contact avec l'air. Alors on se sert d'un tube de verre fermé par l'une de ses extrémités : on met le potassium ou le sodium au fond du tube, et on les recouvre du métal avec lequel on veut les allier ; puis saisissant le tube avec une pince, on le chauffe jusqu'à ce que les métaux soient fondus.

*Usages.* — Il n'y a qu'un très-petit nombre d'alliages employés. Ces alliages sont au nombre de 13, savoir : l'alliage de cuivre et d'or ; de cuivre et d'argent ; l'alliage d'étain et de cuivre ; de plomb et d'étain ; de fer et d'étain ; de mercure et d'étain ; de zinc et de cuivre ; d'antimoine et de plomb ; de zinc, de mercure et d'étain ; d'arsenic et de platine ; de mercure et d'argent ; de mercure et d'or ; de mercure et de platine. (Voyez ces alliages n° 253 et suivans.)

*Historique.* — On connaît depuis un temps immémorial la propriété qu'ont les métaux de se combiner ensemble ; de sorte que, à mesure qu'on a découvert de nouveaux métaux, on a essayé de les allier à ceux qui étaient connus. Presque tous les chimistes ont eu occasion de faire des observations sur les alliages ; mais ceux qui se sont occupés de ce genre de recherches avec le plus de suite et le plus de succès, sont Gellert et M. Hatchett. Le premier a examiné la plupart des combinaisons des métaux ductiles avec les métaux cassans

connus en 1750 ( Voy. Chimie métallurgique de Gellert, traduite de l'Allemand, tome 1 ). Le second s'est
occupé de la combinaison de l'or avec presque tous
les métaux ( Voy. Expériences et Observations sur les
différens alliages de l'or, leur pesanteur, etc., traduites
de l'Anglais, par M. Lerat ).

Après les généralités que nous venons de présenter sur les alliages, il n'est pas nécessaire de parler
de chacun d'eux en particulier. Nous nous contenterons
d'étudier de cette manière les alliages qui sont employés, et ceux qui, ne l'étant pas, jouissent de plusieurs propriétés remarquables. Nous nous occuperons d'abord des alliages binaires, ensuite des alliages
ternaires, et enfin des alliages plus compliqués. Nous
les examinerons tous suivant l'ordre de la plus grande
fusibilité des métaux. Nous traiterons donc en premier
lieu des amalgames ou de la combinaison du mercure
avec chacun des autres métaux; puis des alliages que
le potassium est susceptible de produire avec tous les
métaux, moins le mercure, etc.; mais auparavant nous
croyons devoir exposer dans un tableau, 1° quels sont
les alliages binaires connus jusqu'ici; 2° quels sont les
alliages ductiles et cassans; 3° quels sont les métaux qui
ne peuvent point s'unir, et quels sont ceux qu'on n'a
point tenté d'unir.

*TABLEAU des Alliages binaires, résultant de la combinaison des métaux ductiles avec les métaux cassans* (1).

| MÉTAUX. | Bismuth. | Tellure. | Arsenic. | Antimoine. | Cobalt. | Manganèse. | Molybdène. | Urane. | Tungstène. | Chrôme. | Titane. |
|---|---|---|---|---|---|---|---|---|---|---|---|
| Mercure. | C | C | C | C | O | O | | | | | |
| Potassium. | C $\frac{4.5}{1}$ | C | C $\frac{2.7}{1}$ | C $\frac{3.1}{1}$ | | | | | | | |
| Sodium. | C $\frac{4.5}{1}$ | | C $\frac{2.7}{1}$ | C $\frac{3.1}{1}$ | | | | | | | |
| Étain. | C $\frac{2}{1}$ | | S $\frac{1}{128}$ | A | A | | C $\frac{1}{1}$ | | A | | |
| Plomb. | D $\frac{1}{1}$ | | A | D $\frac{1}{3}$ | D $\frac{1}{8}$ | | S $\frac{1}{10}$ | | A | | O |
| Zinc. | A | | A | A | O | A | A | | | | |
| Argent. | A | | C $\frac{7}{90}$ | A | O | | A | | A | | O |
| Cuivre. | A | | A | C $\frac{1}{1}$ | A | A | A | | A | | O |
| Or. | C $\frac{1}{1920}$ | | C | C $\frac{1}{1920}$ | D $\frac{1}{110}$ | S $\frac{1}{9}$ | C $\frac{1}{3}$ | | | | |
| Fer. | A | | A | A | A | A | C $\frac{1}{1}$ | | A | | A |
| Nickel. | A | | A | | A | | A | | | | |
| Palladium. | C $\frac{1}{1}$ | | | | | | | | | | |
| Osmium. | | | | | | | | | | | |
| Iridium. | | | | | | | | | | | |
| Rhodium. | | | | | | | | | | | |
| Platine. | C $\frac{24}{1}$ | | A | C $\frac{1}{1}$ | | | C $\frac{1}{1}$ | | | | |

(1) C indique les Alliages qui sont cassans, et D les alliages qui sont ductiles, quelle que soit la quantité des deux métaux qui les constituent. C et D , suivis de deux nombres, indiquent aussi des Alliages cassans et des Alliages ductiles , mais résultant de proportions exprimées par ces nombres : le nombre supérieur exprime la quantité du métal supérieur ; et le nombre inférieur celle du métal latéral.

On indique par S les Alliages légèrement ductiles, et par O les métaux qu'on n'a point pu allier. Lorsqu'un Alliage existe, et qu'on ne sait pas en quelles proportions il faut unir ses principes constituans pour le rendre ductile ou cassant, on le désigne par A. Enfin lorsqu'on ne sait pas si un Alliage existe, on laisse en blanc la case à laquelle il correspond.

TABLEAU des Alliages binaires résultant de la combinaison des métaux cassans entre eux.

| | Bismuth | Tellure | Arsenic | Antimoine | Cobalt | Manganèse | Molybdène | Urane | Tungstène | Chrôme | Titane |
|---|---|---|---|---|---|---|---|---|---|---|---|
| Tellure. | | | | | | | | | | | |
| Arsenic. | | | | | | | | | | | |
| Antimoine. | C | | C | | | | | | | | |
| Cobalt. | O | | | | | | | | | | |
| Manganèse. | O | | O | | | | | | | | |
| Molybdène. | C | | C | C | C | | | | | | |
| Urane. | | | | | | | | | | | |
| Tungstène. | C | | C | | | | | | | | |
| Chrôme. | | | | | | | | | | | |
| Titane. | | | | | | | | | | | |

TABLEAU des Alliages binaires résultant de la combinaison des métaux ductiles entre eux.

| | Mercure | Potassium | Sodium | Étain | Plomb | Zinc | Argent | Cuivre | Or | Fer | Nickel | Palladium | Osmium | Iridium | Rhodium | Platine |
|---|---|---|---|---|---|---|---|---|---|---|---|---|---|---|---|---|
| Potassium. | C | | | | | | | | | | | | | | | |
| Sodium. | C | $C\frac{1}{30}$ | | | | | | | | | | | | | | |
| Étain. | C | $C\frac{1}{29}$ | $C\frac{1}{30}$ | | | | | | | | | | | | | |
| Plomb. | C | $C\frac{1}{51}$ | $C\frac{1}{32}$ | D | | | | | | | | | | | | |
| Zinc. | C | $C\frac{1}{31}$ | $C\frac{1}{33}$ | D | A | | | | | | | | | | | |
| Argent. | C | | | $D\frac{2}{7}$ | $D\frac{2}{7}$ | A | | | | | | | | | | |
| Cuivre. | C | | | $D\frac{8}{100}$ | A | $D\frac{1}{4}$ | D | | | | | | | | | |
| Or. | C | | | $S\frac{1}{11}$ | $C\frac{1}{1920}$ | $C\frac{1}{50}$ | D | D | | | | | | | | |
| Fer. | C | A | A | $D\frac{12}{7}$ | A | $C\frac{2}{7}$ | $D\frac{1}{1}$ | A | $D\frac{11}{1}$ | | | | | | | |
| Nickel. | O | | | A | A | O | O | A | $C\frac{11}{1}$ | A | | | | | | |
| Palladium. | | | | $C\frac{1}{1}$ | A | | A | $S\frac{1}{1}$ | $D\frac{1}{1}$ | A | | | | | | |
| Osmium. | | | | | | | A | A | | | | | | | | |
| Iridium. | | | | | | | A | A | A | | | | | | | |
| Rhodium. | | | | | | | A | A | A | | | | | | | |
| Pl... | C | | | $C\frac{5}{1}$ | $C\frac{7}{1}$ | $C\frac{1}{3}$ | D | A | $D\frac{11}{1}$ | $S\frac{3}{1}$ | | $S\frac{1}{1}$ | | | | |

## *Des Amalgames (a).*

253. Les amalgames sont tantôt liquides et tantôt solides : liquides, lorsque le mercure est très-prédominant;
solides, lorsqu'il ne l'est point suffisamment, et à plus
forte raison lorsqu'il est en moins grande quantité que
le métal auquel il est uni : toutefois on observe de très-
grandes différences à cet égard. L'alliage formé de
8o parties de mercure et de 1 de sodium est solide, tandis que l'alliage formé de 15 parties de mercure et de
1 d'étain est liquide ; à l'état liquide, les amalgames ressemblent au mercure, excepté que la plupart coulent
moins facilement ; à l'état solide, ils sont cassans. Tous
les amalgames sont en général blancs. Tous sont susceptibles de cristalliser ; il ne faut pour cela que dissoudre
à chaud une quantité convenable d'un métal dans le mercure, et laisser refroidir la combinaison ; celle-ci se
partage en deux parties, l'une solide cristallisée, et
l'autre liquide. Tous sont décomposables au moyen de
la chaleur rouge (251). Presque tous, à l'état liquide,
sont susceptibles d'être décomposés par l'air à la température ordinaire, lorsque le métal allié au mercure appartient aux quatre premières sections; alors ce métal
absorbe peu à peu l'oxigène, et forme un oxide qui se
rassemble à la surface du bain : les amalgames de potassium, de barium, de strontium, de calcium, jouissent
de cette propriété d'une manière remarquable ; celui de
cuivre en jouit lui-même très-sensiblement. Tous peuvent

____

(a) Ce que nous allons dire des divers genres d'alliages ne doit
s'entendre que des alliages connus jusqu'à présent. On trouvera ces
alliages dans le tableau compris sous le n° 252.

être préparés en mettant le mercure en contact, à la température ordinaire, avec les métaux très-divisés. Qui ne sait que le mercure s'attache à l'or et le blanchit subitement; qu'il s'attache de même à l'argent. Cependant il vaut mieux en général faire ces sortes de combinaisons à l'aide de la chaleur. Les amalgames de zinc et d'antimoine ne peuvent même bien s'obtenir qu'en fondant ces métaux, et y versant peu à peu le mercure chauffé d'avance.

Nous examinerons seulement six amalgames : ce sont ceux de potassium, de sodium, d'étain, de bismuth, d'argent et d'or.

*Amalgame formé de* 1 *partie de potassium et de* 145 *de mercure.* — Ressemble au mercure, absorbe le gaz oxigène de l'air à la température ordinaire, et se transforme en mercure pur et en oxide de potassium; se décompose par la chaleur, s'obtient par le premier procédé dans un tube de verre (251 *bis*) ; se forme aussitôt que le potassium entre en fusion et donne lieu, au moment de sa formation, à grand dégagement de calorique.

L'amalgame de potassium se fait aussi très-bien à la température ordinaire pourvu que le potassium ne soit point oxidé : c'est pourquoi les parcelles de potassium qu'on jette sur un bain de mercure s'agitent en tous sens, vont et viennent jusqu'à ce qu'elles soient entièrement dissoutes. En ne combinant le potassium qu'avec 72 fois son poids de mercure, on obtient un amalgame qui est solide, très-fusible, blanc, qui cristallise facilement et jouit d'ailleurs des mêmes propriétés que le précédent.

*Amalgame de sodium.* — L'histoire de cet amalgame est la même que celle de l'amalgame de potassium, si ce n'est que sa formation a lieu non-seulement avec dégagement de calorique, mais encore avec déga-gement de lumière.

*Amalgame formé de 1 partie d'étain et de 10 parties de mercure.* — Liquide, ressemble au mercure, si ce n'est qu'il est moins coulant ; se décompose par la chaleur, absorbe lentement le gaz oxigène de l'air, s'obtient par le premier procédé (251 *bis*).

L'amalgame qui résulte de l'union d'une partie d'é-tain et de trois de mercure, est mou et cristallise facile-ment : on l'obtient très-solide à parties égales.

On se sert de l'amalgame d'étain pour étamer les glaces et les mettre au tain : d'abord on étend une feuille d'étain sur une table bien horizontale ; ensuite on verse sur toutes les parties de cette feuille une cer-taine quantité de mercure ; celui-ci y adhère par sa tendance à s'unir à l'étain, et y forme une couche assez épaisse ; puis on glisse une glace de manière à couper cette couche en deux, et enfin on charge la glace de poids : bientôt la feuille se combine intimement avec le mercure, et forme un amalgame qui s'attache forte-ment aux parois de la glace, et lui donne la propriété de réfléchir les objets.

*Amalgame formé de 1 partie de bismuth et 4 de mercure.* — En partie liquide et en partie cristal-lisé, entre complètement en fusion à une température élevée, s'attache fortement aux corps avec lesquels on le met en contact, se décompose par la chaleur, etc. ; s'obtient en chauffant le mercure avec le bismuth.

On s'en sert pour étamer intérieurement des globes de verre : pour cela, l'on fait sécher les globes ; l'on y verse, lorsqu'ils sont encore chauds, l'amalgame chaud lui-même et en parfaite fusion, et on le promène sur toute la surface du vase; une partie de l'amalgame se solidifie et donne lieu à un étamage qui est très-beau.

*Amalgame formé de 1 partie d'argent et de 8 parties de mercure.* — Mou, blanc, très-fusible; cristallise facilement; se décompose par la chaleur; n'éprouve aucune altération dans son contact avec l'air; ne se dissout que dans une grande quantité de mercure; s'obtient en faisant rougir une partie d'argent en grenaille, projetant successivement cette grenaille dans douze ou quinze parties de mercure chauffé à environ 200°, et comprimant ensuite le mélange pour le faire passer à travers une peau de chamois : tout le mercure en excès retenant une certaine quantité d'argent en dissolution, passe à travers la peau, tandis que l'amalgame mou reste dans le nouet qu'on a formé.

*Amalgame d'or.* — L'histoire de l'amalgame d'or est la même que celle de l'amalgame d'argent, si ce n'est peut-être que l'or est un peu plus soluble dans le mercure que l'argent.

On emploie ces amalgames, le premier pour argenter, et le second pour dorer le cuivre. Ce procédé consiste à appliquer de l'amalgame sur la pièce de cuivre, à chauffer la pièce pour en dégager le mercure, à la frotter sous l'eau, avec une brosse un peu rude, pour enlever l'excès d'or et d'argent, et ensuite à brunir ou polir la pièce.

C'est en traitant principalement les mines d'or et d'argent d'Amérique par le mercure qu'on les exploite.

### *Alliages de Potassium* (252).

253 *bis.* Ces alliages sont toujours solides, excepté

ceux de mercure et de sodium, qui sont quelquefois
liquides ; tous sont blancs et sapides en raison du
potassium qu'ils contiennent ; tous, en général, sont
cassans, à moins qu'ils ne soient formés d'une très-
petite quantité de potassium et d'une grande quantité de métal ductile, ou au contraire d'une très-
petite quantité de métal ductile et d'une très-grande
quantité de potassium (*a*) ; tous sont fusibles au-dessous de la chaleur rouge, excepté celui de fer ; tous
absorbent le gaz oxigène de l'air à la température ordinaire, de telle sorte que le potassium s'oxide, et que le
métal auquel il est uni est mis en liberté, pourvu toutefois qu'il ne soit pas lui-même très-oxidable ; enfin tous
s'obtiennent en chauffant le potassium avec ces divers
métaux dans des tubes de verre (251 *bis*). Il est très-probable qu'en chauffant les amalgames de palladium, de
platine, d'or, d'argent avec le potassium, on parviendrait à faire des alliages de potassium et de platine, etc. :
il en résulterait d'abord un alliage triple qui bientôt
serait décomposé par une chaleur suffisante, et qui,
laissant en contact le potassium et les autres métaux,
molécule à molécule, leur permettrait de s'unir. Tous
ces alliages ont lieu avec dégagement de calorique ;
quelques-uns même se font avec dégagement de lumière ; ce sont ceux d'antimoine, d'arsenic, de tellure
et d'étain. Il est facile de s'en convaincre en préparant
ces alliages sur le mercure, de la même manière que le

(*a*) Lorsqu'on tient, pendant long-temps, de la tournure de fer
en contact avec le potassium au rouge brun, cette tournure absorbe une petite quantité de potassium, devient très-flexible et
quelquefois si molle, qu'on peut la couper très-facilement avec des
ciseaux et même la rayer avec l'ongle.

phosphure de potassium (*pl.* 20, *fig.* 3), dans une petite cloche courbe qui contient du gaz azote.

Il n'est utile d'étudier particulièrement que deux alliages de potassium : ce sont ceux que forme ce métal avec le mercure et le sodium. Le premier a été examiné (253) : nous allons décrire le second.

*Alliage de Potassium et de Sodium.* — Cet alliage est toujours plus fusible que le sodium : il l'est tantôt plus et tantôt moins que le potassium. Trois parties de sodium et une de potassium forment un alliage liquide à $0^b$, et qui, refroidi par un mélange de glace et de sel marin, se solidifie, cristallise et devient cassant ; en augmentant la quantité de sodium, il devient de moins en moins fusible ; en augmentant celle de potassium, il devient au contraire de plus en plus fusible : ce n'est que lorsque la quantité de potassium est très-grande, qu'il commence à perdre de sa fusibilité. L'alliage qu'on forme avec 10 parties de potassium et une seule de sodium, est même encore liquide à zéro, et présente la propriété très-remarquable d'être plus léger que l'huile de naphte ou de pétrole rectifiée ; mais celui qu'on formerait avec 30 parties de potassium et 1 de sodium, serait beaucoup moins fusible. Ces alliages sont plus ou moins volatils, très-sapides, cassans, blancs comme l'argent, cristallisent facilement ; exposés à l'air à la température ordinaire, ils s'altèrent prompt ment, en absorbent peu à peu l'oxigène, l'eau et l'acide carbonique, et se transforment ainsi, au bout d'un certain temps, en sous-deuto-carbonates. Plongés dans l'huile de naphte, ils s'altèrent même encore lorsque cette huile a le contact de l'air : le potassium s'oxide toujours et bien

plus promptement que le sodium, de sorte que quand
le sodium est allié à un peu de potassium, on peut employer ce procédé pour le purifier; l'alliage étant cassant et le sodium ductile, il est facile de reconnaître
l'époque à laquelle celui-ci est pur.

On obtient les alliages de potassium et de sodium en
chauffant ensemble ces métaux dans l'huile de naphte :
cette huile doit être contenue dans une petite capsule
ou plutôt dans un tube de verre. On peut encore faire les
alliages de potassium et de sodium, fusibles à la température ordinaire, sans les exposer à l'action du feu; il
ne faut pour cela qu'introduire dans un petit tube de
verre des quantités convenables de potassium et de sodium, et exercer sur eux une légère pression. Bientôt,
en effet, on les voit s'allier et se liquéfier.

### *Alliages de Sodium* (252).

254. L'histoire de ces alliages est sensiblement la même
que celle des alliages de potassium. Tous se font comme
ceux-ci avec dégagement de calorique; quatre seulement
dégagent de la lumière au moment de leur formation;
savoir : ceux de mercure, d'antimoine, de tellure et d'arsenic. ( Voyez pour plus de détails sur ces alliages, les
Recherches Physico-Chimiques, t. 1, p. 111 et 217.)

### *Alliages d'étain* (252).

254 *bis.* On observe, en général, qu'il ne faut qu'une
très-petite quantité d'étain pour diminuer singulièrement la ductilité des métaux avec lesquels on l'allie, et
les rendre beaucoup plus durs qu'ils ne le sont : un huit
à dixième d'étain suffit souvent pour cela.

Parmi les alliages d'étain, il n'y en a que sept qui méritent d'être examinés : ce sont ceux que forme l'étain avec le mercure, le potassium, le sodium, le plomb, l'arsenic, le cuivre, le fer. Trois de ces alliages ont été étudiés en général ou en particulier (253, 253 *bis*, 254). Examinons maintenant les autres.

*Alliage d'étain formé de* 1 *partie d'étain et de* 2 *de plomb*. — Solide, d'un blanc gris, malléable, plus fusible que l'étain ; sans action sur le gaz oxigène sec à la température ordinaire ; en a une lente sur le gaz oxigène humide à cette température ; l'un et l'autre l'absorbe au-dessous de la chaleur rouge, brûle comme un pyrophore, et donne lieu à une combinaison d'oxide d'étain et de plomb ; se comporte avec l'air comme avec le gaz oxigène ; n'existe point dans la nature ; s'obtient très-facilement par le premier procédé dans un fourneau ordinaire (251 *bis*) ; est employé pour souder les tuyaux de plomb, et par cette raison connu sous le nom de soudure des plombiers.

Lorsqu'au lieu de combiner l'étain avec 2 parties de plomb on le combine avec 3 parties de ce métal, il en résulte un alliage qui brûle plus facilement encore que le précédent.

*Alliage formé de* 3 *parties d'étain et de* 1 *partie d'arsenic*. — Blanc, très-brillant, très-cassant, cristallise en lames très-larges ; plus fusible que l'arsenic, mais moins que l'étain ; se décompose en partie par la chaleur ; absorbe le gaz oxigène à l'aide de la chaleur, et se transforme en deutoxide d'arsenic qui se volatilise sous forme de vapeurs blanches et en oxide d'étain fixe. N'existe point dans la nature ; s'obtient en chauffant dans

un creuset couvert, jusqu'au rouge brun, 3 parties d'é-
tain et une partie et demie d'arsenic (*a*).

On se sert de cet alliage dans les laboratoires, pour
préparer le gaz hydrogène arséniqué.

L'étain peut être rendu cassant par un vingtième de
son poids d'arsenic.

*Alliage formé de* 10 *ou* 12 *parties d'étain et de* 90 *à*
88 *de cuivre.* — Solide, légèrement malléable, jaune,
d'une densité plus grande que la moyenne des métaux qui
le constituent; plus tenace et plus fusible que le cuivre;
sans action sur le gaz oxigène sec à la température ordinaire; n'en a qu'une extrêmement lente sur ce gaz humide à cette température; absorbe ce gaz, soit sec, soit
humide, à l'aide de la chaleur, et donne lieu à de l'oxide
d'étain et à de l'oxide de cuivre; se comporte avec l'air
comme avec le gaz oxigène; n'existe point dans la nature; s'obtient par le premier procédé (251 *bis*); est
employé pour faire les canons et les statues de bronze.

*Alliage formé de* 22 *parties d'étain et de* 78 *de cuivre.*
— Est solide, cassant, à grains fins et serrés, d'un blanc
gris; un peu plus fusible que le précédent; se comporte de
la même manière avec le gaz oxigène et l'air; s'obtient par
le premier procédé (251 *bis*); est employé pour faire
les cloches en grand : cet alliage se fait dans des fours à
réverbère.

On allie encore l'étain et le cuivre dans d'autres proportions pour faire, 1° le *tam-tam* (*b*), les timbres des hor-

(*a*) On met une partie et demie d'arsenic, parce qu'il s'en volatilise une certaine quantité.

(*b*) Instrument qui nous vient de la Chine, et qui produit un son
très-éclatant par la percussion. C'est un disque, peu épais, d'un
assez grand diamètre, et dont les bords sont légèrement relevés.

loges et les miroirs de télescopes. Le tam-tam est formé
d'environ 80 parties de cuivre et de 20 parties d'étain.
Les timbres des horloges contiennent un peu plus d'étain et
un peu moins de cuivre que le métal de cloche. Il paraît,
d'après M. Watson, qu'on fait entrer un peu de zinc
dans ceux des montres. Quant aux miroirs de télescopes,
ils résultent d'environ 1 d'étain et 2 de cuivre. Ce
dernier alliage est d'un blanc d'acier, très-dur, très-
cassant, et susceptible de recevoir un beau poli. Les
alliages qui précèdent jouissent d'autant moins de ces
propriétés, qu'ils contiennent moins d'étain. On construit aussi des miroirs de télescope avec un alliage quadruple de cuivre, d'étain, de platine et d'arsenic. Cet
alliage semble même avoir des avantages sur celui qui
n'est formé que de cuivre et d'étain.

On peut extraire facilement le cuivre et l'étain de ces
différens alliages par le procédé qui a été employé pendant la révolution pour exploiter le métal de cloche. Ce
procédé est fondé sur la propriété qu'a l'étain d'être
plus fusible et plus oxidable que le cuivre.

1° On commence par oxider entièrement une certaine quantité de métal de cloche, en le calcinant dans
un fourneau à réverbère; on retire l'oxide et on le pulvérise.

2° On met dans ce fourneau, ou dans un fourneau
semblable, une nouvelle quantité de métal; on le fond
et on y ajoute la moitié de son poids d'oxide provenant
de la première opération; puis, après avoir brassé le tout
avec beaucoup de soin, on augmente le feu. Il en résulte,
au bout de quelques heures, d'une part, du cuivre sensiblement pur, et de l'autre, un composé d'oxide d'étain,
d'oxide de cuivre, et d'une petite quantité de la terre du
fourneau; ce composé reste sous forme de matières

pâteuses, appelées scories, à la surface du cuivre qui alors est en parfaite fusion ; on retire ces scories avec un ringard, et on coule le bain ; on reprend ces scories, on les pulvérise et on en sépare, par des lavages, les fragmens de cuivre qu'elles contiennent.

On retire de 100 kilogrammes de métal de cloche , 50 kilog. de cuivre qui ne contient que $\frac{1}{100}$ de matières étrangères.

3° On mêle les scories avec $\frac{1}{8}$ de leur poids de charbon, et on chauffe fortement le mélange dans un fourneau à réverbère. On obtient ainsi un alliage formé d'environ 60 parties de cuivre et de 40 parties d'étain, et des nouvelles scories bien plus riches en étain que les premières.

4° On calcine cet alliage en se servant toujours pour cela du fourneau à réverbère, mais sans agiter la masse. Il se forme peu à peu à la surface du bain des couches d'oxides de l'épaisseur de 5 à 6 millimètres ; ces couches ont une certaine solidité et sont composées de beaucoup plus d'oxide d'étain que d'oxide de cuivre. Cette opération doit être continuée jusqu'à ce que le métal qui reste dans le fourneau soit ramené au titre du métal de cloche ; alors on coule ce métal pour le soumettre aux mêmes opérations que le métal de cloche proprement dit.

5° Les couches d'oxides qui se forment dans l'opération précédente , sont réduites au fourneau à manche. ( Voy. Fourneau à manche (1203.) On réduit également dans ce fourneau les scories riches en étain, provenant de celles qui ont été traitées par le charbon dans le fourneau à réverbère, art. 3, et on retire par-là un alliage formé d'environ 28 de cuivre et de 72 d'étain.

6° On calcine ce nouvel alliage dans un fourneau à réverbère de la même manière que l'alliage art. 4, jusqu'à ce qu'il soit au titre de ce dernier alliage, c'est-à-dire composé de parties à peu près égales d'étain et de cuivre ; mais alors il ne se forme que de l'oxide d'étain pur ou presque pur. On enlève cet oxide, et on continue la calcination de manière à transformer l'alliage restant en oxides d'étain et de cuivre, et en métal de cloche que l'on traite comme nous l'avons dit art. 5 et 1.

La couleur des couches d'oxides qui se forment est un signe suffisant pour reconnaître l'époque à laquelle on doit les enlever et suspendre l'opération : tant qu'elles sont blanches, c'est une preuve qu'elles ne contiennent que de l'oxide d'étain ; lorsqu'elles deviennent grises, elles commencent à contenir de l'oxide de cuivre ; et lorsqu'elles deviennent brunes noirâtres, l'alliage est ramené au titre de métal de cloche.

7° Enfin, on mêle l'oxide d'étain avec la dixième partie de son poids de charbon, on agglutine le mélange avec de l'eau, et on le traite au fourneau à manche : bientôt l'oxide d'étain se trouve réduit, et on obtient de l'étain presque pur : s'il contenait trop de cuivre, on le ferait fondre dans une chaudière de fonte, et on le laisserait refroidir au point où il cesserait de charbonner le papier. Le cuivre, allié à une certaine quantité d'étain, se précipiterait au fond de la chaudière sous forme d'une masse pâteuse ; de sorte que le bain surnageant ne serait composé que d'étain ; on le puiserait, couche par couche, pour le mouler.

La première partie du procédé que nous venons d'exposer est due à Fourcroy, et la seconde, savoir, le traitement des scories, à MM. Anfrye et Lecourt. D'abord on avait exploité tout le métal de cloche par le procédé de Fourcroy ; il en était résulté une grande quantité de scories dont on avait essayé vainement d'extraire l'étain et le cuivre, et dont on se servait pour raccommoder ou ferrer les chemins : c'est alors que MM. Anfrye et Lecourt, s'étant occupés de cette extraction, réussirent si bien, que, dans l'espace de quelques années, ils versèrent dans le commerce plusieurs centaines de milliers de kilogrammes de cuivre et d'étain. Cependant ils finissaient par obtenir des scories tellement chargées de terre, qu'ils les abandonnaient. Ces scories ont été exploitées par M. Bréant ; mais son procédé n'ayant point été publié, nous ne pouvons en rien dire (*a*).

*Cuivre étamé.* — L'étamage de cuivre consiste à appliquer sur ce métal une couche très-mince d'étain ; il a pour objet de prévenir l'oxidation du cuivre. On commence par décaper ou désoxider la pièce de cuivre, en la saupoudrant de muriate d'ammoniaque, la chauffant et la frottant avec ce sel au moyen d'une étoupe. Lorsque le cuivre est devenu très-brillant, on met une quantité d'étain convenable sur cette pièce, en ayant soin de la tenir toujours sur le feu. Bientôt celui-ci entre en fusion ; alors on l'étend par le frottement sur toute la surface de la pièce de cuivre, et on continue de frotter jusqu'à ce que l'étamage soit achevé. Quelquefois on ajoute une petite quantité de résine, pour prévenir l'oxidation de l'étain.

_____

(*a*) Pour avoir une idée très-exacte du procédé de MM. Anfrye et Lecourt, il faut lire la description que les auteurs en ont donnée dans le volume 41 des Annales de Chimie.

---

L'étamage même le mieux fait n'est pas de longue durée, parce que, outre que la couche d'étain est très-mince, elle n'est point unie au cuivre ; elle n'est réellement que superposée.

*Alliage formé de 8 parties d'étain et de 1 partie de fer.* — Solide, cassant, à grains fins et serrés, d'un blanc gris, fusible un peu au-dessous de la chaleur rouge ; sans action sur le gaz oxigène sec et humide à la température ordinaire ; absorbe ce gaz à l'aide de la chaleur, et donne lieu à de l'oxide de fer et d'étain ; s'obtient par le premier procédé (251 *bis*), en donnant le coup de feu à la forge et recouvrant le mélange de verre pilé ; a été sans usage jusqu'ici ; on commence actuellement à l'employer pour étamer le cuivre. ( Voy. Etamage. )

Le fer blanc n'est autre chose que de la tôle dont les deux surfaces sont combinées avec une petite quantité d'étain. Pour faire le fer blanc, on décape ou on désoxide d'abord la tôle ou fer réduit en feuilles, en la plongeant à froid dans l'acide sulfurique très-étendu d'eau, et en la recurant avec du grès. Alors on la nétoie avec de l'eau ; on l'essuie, et on la plonge dans un bain d'étain couvert de suif fondu. Lorsque la tôle a pris ce qu'elle pouvait prendre d'étain, on la retire et on la laisse refroidir. On prétend qu'alors on la passe entre deux laminoirs pour en unir toutes les parties. Le fer blanc anglais a obtenu, jusque dans ces derniers temps, la prééminence sur le fer blanc français ; mais, depuis quelques années, on en fait en France, dans plusieurs fabriques, qui ne laisse rien à désirer.

Les fourchettes de fer s'étament en les recurant avec du sablon, les plongeant dans un bain d'étain

couvert de sel ammoniac et les frottant avec des
étoupes.

## *Des Alliages de Plomb* (252).

255. Il paraît qu'à parties égales, tous les alliages de
plomb avec les métaux ductiles sont cassans, excepté ceux
de zinc et d'étain. Il paraît même, d'après M. Hatchett,
que l'or peut être rendu cassant par $\frac{1}{1920}$ de plomb ( Traduction des Expériences de M. Hatchett, sur les alliages
d'or, etc., par M. Lerat). Le plomb en se combinant avec
les métaux ne forme que sept alliages dont il soit utile
d'étudier les propriétés. Ces alliages proviennent de la
combinaison du plomb avec le mercure, le potassium,
le sodium, l'étain, l'antimoine, l'argent et l'or. Quatre
de ces alliages ont été examinés en général ou en particulier (253, 253 *bis*, 254, 254 *bis*). Étudions les trois
autres.

*Alliage formé de 20 parties d'antimoine et de 80 par-
ties de plomb.* — Solide, malléable, beaucoup plus
dur que le plomb ; entre en fusion au-dessous de la chaleur rouge cerise ; n'agit point sur le gaz oxigène sec ou
humide à la température ordinaire ; absorbe ce gaz à
l'aide de la chaleur sans dégagement de lumière, et
donne lieu à une combinaison jaune d'oxide de plomb
et d'antimoine ; n'existe point dans la nature ; s'obtient
par le premier procédé (251 *bis*) ; est employé pour
faire les caractères d'imprimerie.

Lorsque l'alliage est formé de parties égales d'antimoine et de plomb, il est cassant ; lorsqu'il est formé de
16 parties de plomb et de 1 d'antimoine, il est semblable
au plomb, excepté qu'il est un peu plus dur.

*Alliage formé de 7 parties de plomb et de 1 partie*

*d'argent.* — Blanc grisâtre, moins ductile que le plomb et à plus forte raison que l'argent; un peu moins fusible que le premier de ces métaux; absorbe le gaz oxigène de l'air à la température rouge, de manière à se trans= former en oxide de plomb qui se vitrifie et en argent pur. S'il contenait du cuivre, celui-ci s'oxiderait égale= ment, se combinerait et se vitrifierait avec l'oxide de plomb, de sorte qu'on obtiendrait encore l'argent pur ou presque pur. C'est sur cette propriété qu'est fondé l'art de faire les essais d'argent, et d'exploiter la plupart des mines d'argent en Europe. ( Voyez quatrième vo- lume, art. Analyse, et premier volume (257).

On combine facilement le plomb avec l'argent, en les chauffant ensemble dans un creuset.

*Alliage formé de 1 partie de plomb et de 11 parties d'or.* — Jaune pâle; si fragile qu'il se brise comme le verre; terne, surtout intérieurement, à tel point qu'il offre dans sa cassure l'aspect de la porcelaine; plus dur et plus fusible que l'or; sans action sur l'air à la tempé- rature ordinaire; en absorbe le gaz oxigène à la chaleur rouge, et se transforme en oxide de plomb qui se vi- trifie, et en or pur ou presque pur. Du reste, son histoire est la même que celle de l'alliage d'argent.

D'après M. Hatchett, il suffit d'exposer l'or à la va- peur du plomb pour le rendre cassant; c'est ce qui ne paraîtra point étonnant, si réellement il n'exige que $\frac{1}{1920}$ de son poids de ce métal pour acquérir cette pro- priété. Or, comme on est obligé d'allier l'or avec une certaine quantité de cuivre pour en faire des vases, des ornemens ou bien de la monnaie, il faut bien se garder d'employer du cuivre qui contiendrait quelques atômes de plomb.

## *Alliages d'arsenic* (252).

255 *bis.* Tous les métaux, même les plus ductiles, excepté le cuivre, deviennent cassans en se combinant avec 0,1 de leur poids d'arsenic. Il en est même qui n'en exigent que 0,01 à 0,02 pour perdre sensiblement leur ductilité : tel est particulièrement l'or. Plusieurs alliages d'arsenic sont susceptibles d'être complètement et facilement décomposés par le feu dans des vaisseaux fermés : nous citerons pour exemple ceux d'or et d'argent. Tous, sans exception, sont décomposés par cet agent dans des vaisseaux ouverts : alors il se forme du deutoxide d'arsenic qui se volatilise et paraît sous forme de vapeurs blanches, tandis que le métal qui était uni à l'arsenic reste libre s'il appartient à la dernière section, ou passe lui-même à l'état d'oxide, le mercure excepté, s'il appartient aux cinq premières (*a*).

Quoiqu'il n'y ait que deux alliages d'arsenic qui soient de quelque utilité, il y en a sept qui méritent d'être étudiés. Ce sont ceux à base de mercure, de potassium, de sodium, d'étain, de cuivre, de fer et de platine : quatre ont été examinés en général ou en particulier ( 253, 253 *bis*, 254, 254 *bis* ); examinons les trois autres.

*Alliage formé de 1 partie d'arsenic et de 10 parties de cuivre.* — Blanc, légèrement ductile, plus dur et plus fusible que le cuivre, sans action sur le gaz

___

(*a*) Cependant il serait possible que, dans quelques circonstances, se fît une petite quantité d'arseniate, surtout dans la calcination des alliages d'arsenic et de potassium ou de sodium. Ces arseniates étant fixes, il en résulterait que tout l'arsenic ne serait point volatilisé.

oxigène de l'air à la température ordinaire, l'absorbe facilement à une température élevée, et se convertit en deutoxide d'arsenic volatil et en oxide de cuivre fixe ; s'obtient en faisant rougir dans un creuset de terre couvert, dix parties de tournure de cuivre et un peu plus d'une partie d'arsenic. On prétend qu'on fait des cuillers et différens vases avec le cuivre allié à certaines doses avec l'arsenic.

*Alliage formé de 1 partie d'arsenic et de 2 parties de fer.* — Blanc grisâtre, sans action sur l'aiguille aimantée, très-cassant, beaucoup plus fusible que le fer ; absorbe le gaz oxigène de l'air à l'aide de la chaleur, et se convertit en deutoxide d'arsenic volatil et en oxide de fer fixe ; s'obtient en mêlant une partie de fer en limaille avec un peu plus d'une demi-partie d'arsenic en poudre, plaçant le mélange dans un creuset couvert, et le chauffant dans un fourneau à réverbère jusqu'à ce que l'alliage soit fondu. Quand l'alliage ne contient que la cinquième partie d'arsenic, il est encore sensible à l'aiguille aimantée.

*Alliage formé de 20 d'arsenic et de 2 de platine.* — Blanc gris, très-cassant, fusible un peu au-dessus de la chaleur rouge ; sans action sur l'air à la température ordinaire, en absorbe le gaz oxigène à l'aide de la chaleur, et se transforme en deutoxide qui se volatilise et en platine pur ; s'obtient en employant les mêmes précautions que pour la préparation de l'alliage précédent.

C'est en unissant l'arsenic avec le platine, et en décomposant ensuite cet alliage par la chaleur et l'air, que Jeannety extrait ce métal précieux de sa mine (1207).

## *Alliages de Zinc* (252).

256. Un seul mérite d'être examiné, c'est celui qui résulte de la combinaison de 20 à 40 parties de zinc avec 80 à 60 parties de cuivre : cet alliage est connu dans le commerce sous le nom de cuivre jaune, de laiton ; il prend aussi quelquefois le nom de similor, d'or de Manheim ; dans quelques ouvrages anciens, on l'appelle encore alliage du prince Robert. Cet alliage de zinc et de cuivre est jaune, pèse spécifiquement de 7,824 à 8,441, est très-malléable et très-ductile à froid, ne l'est point, ou l'est très-peu à une température élevée (250 *bis*) ; est beaucoup moins bon conducteur du calorique que le cuivre ; n'entre en fusion qu'au-dessus de la chaleur rouge ; est plus fusible que le cuivre ; laisse probablement dégager un peu de zinc, lorsque la chaleur est excessivement forte ; n'a aucune espèce d'action sur le gaz oxigène sec, à la température ordinaire ; en a une légère sur le gaz oxigène humide à cette température ; absorbe ce gaz à l'aide de la chaleur, et donne lieu à de l'oxide de zinc et à de l'oxide de cuivre ; se comporte avec l'air comme avec le gaz oxigène ; n'existe point dans la nature ; s'obtient par le premier procédé (251 *bis*), avec quelques précautions qu'il faut indiquer.

La préparation du laiton ne se fait point en grand avec le zinc métallique : elle se fait en chauffant ensemble un mélange de charbon, de cuivre et de calamine, ou d'un composé d'oxide de zinc, de silice et d'eau, qu'on trouve très-abondamment dans la nature (142) ; mais comme la calamine contient quelquefois de l'oxide de fer et des sulfures métalliques, il est nécessaire de choisir la plus pure, et même de la griller pour brûler le soufre qu'elle pourrait contenir : on la grille facilement dans un fourneau à réverbère chauffé par le charbon de terre. Lorsqu'elle est bien grillée, on la concasse au moyen de meules verticales ; on la broie ensuite au moyen de meules horizontales ; quelquefois même on la blute ou on la tamise pour l'obtenir en poudre plus fine. C'est dans cet état qu'on l'emploie : on prend 50 parties de cette calamine, on la mêle intimement avec 20 parties de charbon, et on stratifie ce mélange dans de grands creusets, avec 30 parties de cuivre en lames ou plutôt en grenaille. Ces creusets étant convenablement chargés, doivent être exposés à l'action d'une haute température ; alors l'oxide de zinc se réduit, et le zinc se combine avec le cuivre, à peu près dans le rapport de 1 à 3. La combinaison étant faite, on retire les creusets du feu, on réunit le laiton de plusieurs creusets en un seul, on le met en pleine fusion, et on le coule en planches du poids de 40 à 45 kilogrammes, dans des moules ordinairement de granit.

Cet alliage se fait à Liége, à Namur, dans le département de la Roër et dans le pays de Nuremberg : le plus estimé est celui du pays de Nuremberg et de Namur ; il est plus doux que les autres, parce qu'il est fait avec des matières plus pures.

On se sert du laiton pour faire un grand nombre d'instrumens de physique et différens vases qu'on emploie dans les ménages, tels que des chaudières, des poêlons, etc. ; on l'emploie aussi pour faire des épingles et des cordes d'instrumens de différentes grosseurs : à cet effet, on le tire à la filière. En France, c'est particulièrement dans le département de l'Orne et dans le département de l'Eure que les épingles se fabriquent.

## *Alliages d'Antimoine* (252).

256 *bis.* Parmi les alliages d'antimoine, il n'y en a que cinq qui nous offrent quelques propriétés remarquables : ce sont les alliages d'antimoine et de potassium, de sodium, de plomb, de cuivre et d'or. Les trois premiers ont déjà été examinés en général et en particulier (253 *bis*, 254, 255); il ne nous reste plus qu'à dire un mot des deux derniers.

*Alliage formé d'environ 25 parties d'antimoine et de 75 de cuivre.* — Cassant, lamelleux, violet, susceptible de recevoir un beau poli, plus fusible que le cuivre, etc.; s'obtient facilement en chauffant ensemble le cuivre et l'antimoine dans un creuset.

L'alliage cesse d'être violet, quand il est formé de parties égales d'antimoine et de cuivre; à plus forte raison quand la quantité d'antimoine est plus grande que celle du cuivre : alors il devient blanchâtre.

*Alliage d'antimoine et d'or.* — Cet alliage est remarquable en ce qu'il est cassant pour peu qu'il contienne d'antimoine. D'après M. Hatchett, l'or perd sa ductilité en se combinant avec $\frac{1}{1929}$ de son poids d'antimoine.

## *Alliages d'argent* (252).

257. Les combinaisons de l'argent avec le mercure, le plomb, le cuivre, l'or, sont les seuls alliages d'argent qui présentent de l'intérêt. Les deux premiers ont été étudiés (253, 255). Nous allons nous occuper des deux autres.

Ces deux alliages sont plus ou moins ductiles, quelle que soit la quantité d'argent, de cuivre ou d'or qui les compose.

*Alliage formé de 9 parties d'argent et 1 de cuivre.* — Blanc, moins ductile et plus fusible que l'argent, sans action sur l'air sec ou humide à la température ordinaire, en absorbe l'oxigène à la chaleur rouge, et se transforme dans un espace de temps plus ou moins considérable, à une température capable de le fondre, en oxide de cuivre et en argent presque pur; s'obtient en fondant ensemble l'argent et le cuivre dans un creuset.

C'est avec l'alliage dont nous venons de parler qu'on fait en France toute la monnaie d'argent : celle de billon contient beaucoup plus de cuivre; elle est formée de 4 parties de ce métal et de 1 partie d'argent. Tous les ustensiles, vases et ornemens d'argent, résultent également de la combinaison du cuivre avec l'argent. Les uns, tels que les couverts et la vaisselle, résultent de 9 parties et demie d'argent et une demi-partie de cuivre; et les autres, tels que les bijoux, etc., de 8 parties d'argent et de 2 de cuivre. Ces différentes proportions dans lesquelles on allie l'argent au cuivre, constituent ce qu'on appelle les titres de l'argent.

On dit de ces alliages qu'ils sont à un *titre* d'autant plus élevé, qu'ils contiennent plus d'argent. Ainsi un lingot d'argent qui sur 1000 parties contient 950 d'argent est au titre de 950. On voit d'après cela que la monnaie d'argent est au titre de $\frac{900}{1000}$; celle de billon au titre de $\frac{200}{1000}$; et que tous les ouvrages d'orfévrerie sont tantôt au titre de $\frac{950}{1000}$, et tantôt à celui de $\frac{800}{1000}$.

On détermine facilement le titre d'une pièce quelconque d'argent, en exposant un gramme de cette

pièce avec plusieurs grammes de plomb, à une température élevée, dans une petite coupe ou coupelle poreuse, ordinairement faite avec des os calcinés. D'abord
il se forme un alliage triple; mais bientôt le plomb et le
cuivre s'oxident, se vitrifient, s'infiltrent à travers les
pores de la coupelle, et laissent l'argent pur dans cette
coupelle sous forme d'un petit bouton. ( Voy. article
Analyse, tome 4.)

Outre les usages précédens, on se sert encore de l'alliage de cuivre et d'argent pour souder l'argent, mais
alors on l'emploie au titre de $\frac{3 \text{ à } 400}{1000}$; sans cela il ne serait point assez fusible.

*Alliage d'or et d'argent.* — Sa dureté est plus grande
que celle de l'un des deux métaux qui le composent, et
sa fusibilité plus grande que celle de l'or; sa couleur
varie : elle est verdâtre lorsque l'argent n'entre que
pour une petite quantité dans l'alliage; elle est blanche
lorsqu'il y entre pour les $\frac{2}{3}$ ou les $\frac{3}{4}$.

Dans aucun cas, soit à la température ordinaire, soit
à une température élevée, l'alliage ne s'oxide dans son
contact avec le gaz oxigène ou l'air atmosphérique. On
l'obtient en faisant fondre l'argent et l'or dans un creuset.
L'or qu'on trouve dans la nature est toujours combiné avec
une petite quantité d'argent. Il en est presque toujours
de même de l'argent naturel par rapport à l'or. Aussi
les lingots d'or et les lingots d'argent du commerce con-
tiennent-ils toujours, les premiers un peu d'argent, et
les seconds un peu d'or. Ce n'est que lorsque les lingots
d'argent contiennent trois millièmes d'or qu'on peut
extraire celui-ci avec avantage.

En combinant 708 parties d'or pur avec 292 parties

d'argent pur, on obtient un alliage vert que l'on appelle or vert.

Le vermeil n'est autre chose que de l'argent doré avec un amalgame d'or. Cette dorure se fait comme celle du cuivre (255).

## *Alliages de Cuivre* (252).

258. Le cuivre forme sept alliages dont il est utile d'étudier les propriétés d'une manière particulière. Ces alliages résultent de la combinaison de ce métal avec le mercure, l'étain, l'arsenic, le zinc, l'antimoine, l'argent et l'or. Les six premiers ont été examinés en général ou en particulier (253, 254 *bis*, 255 *bis*, 256, 256 *bis*, 257). Nous allons examiner le dernier ou celui de cuivre et d'or, qui est toujours plus ou moins ductile, quelle que soit la quantité d'or et de cuivre qui le composent.

*Alliage formé de* 1 *partie de cuivre et de* 9 *parties d'or.* — Jaune d'or, moins ductile, plus dur et plus fusible que l'or; sans action sur le gaz oxigène sec ou humide à la température ordinaire; absorbe ce gaz à une chaleur rouge, et se transforme, à un degré de chaleur capable de le fondre, en oxide de cuivre et en or presque pur; se comporte avec l'air comme avec le gaz oxigène; n'existe point dans la nature; s'obtient en fondant ensemble le cuivre et l'or dans un creuset.

C'est avec cet alliage qu'on fait en France la monnaie d'or (a). Les vases, ornemens, et en général tous les us-

(a) Dans les monnaies, on se sert de creusets de plombagine

tensiles d'or sont aussi formés d'or et de cuivre. Les uns sont au titre de $\frac{920}{1000}$ ; les autres sont au titre de $\frac{840}{1000}$ ; enfin il en est qui sont à $\frac{750}{1000}$. Il existe donc trois titres pour les ouvrages d'or, tandis qu'il n'en existe que deux pour les ouvrages d'argent. Nous devons faire observer que comme l'or naturel contient toujours une petite quantité d'argent qu'on ne pourrait point en séparer avec avantage, il s'en suit que cet argent fait nécessairement partie des monnaies, ainsi que de tous les ouvrages en or; en sorte que, rigoureusement parlant, ces monnaies et ouvrages sont des alliages triples, mais qui contiennent toujours la quantité d'or énoncée dans les titres précédens. La présence de cette petite quantité d'argent rend la détermination du titre d'une pièce d'or plus difficile que celle d'une pièce d'argent. En effet, après avoir traité une partie de cette pièce par le plomb, à une haute température, dans un vase poreux, comme nous l'avons dit précédemment (257), et en avoir séparé ainsi tout le cuivre, il faut en séparer l'argent; mais on ne peut bien séparer ces deux métaux que par l'acide nitrique : or, la quantité d'argent étant trop petite, l'acide ne dissoudrait que les parties de ce métal qui sont à la surface. De là la nécessité d'ajouter de l'argent : on en emploie ordinairement trois fois autant que d'or. On met l'argent, l'or et le plomb dans la coupelle; on obtient ainsi, après la coupellation, un alliage très-riche en argent, qui, laminé et mis en contact avec l'acide nitrique, cède à

---

très-épais pour allier l'or au cuivre, et de creusets de fer battu pour l'allier à l'argent. Dans les deux cas, on brasse l'alliage avec beaucoup de soin, et on l'essaie de temps en temps.

celui-ci tout l'argent qu'il contient; de sorte que l'or restant parfaitement pur, il ne s'agit plus que de le mettre dans la balance pour en apprécier le poids.

## *Alliages d'Or* (252).

259. De tous les alliages que peut former l'or, il n'en est que cinq dont les propriétés doivent être étudiées d'une manière particulière : ce sont ceux qui résultent de l'union de ce métal avec le mercure, le plomb, l'argent, le cuivre et le platine. Les quatre premiers ont été examinés (253, 255, 257, 258). Nous allons examiner celui d'or et de platine.

*Alliage de platine et d'or.* — Cet alliage, dont se sont occupés successivement MM. Lewis, Vauquelin, Klaproth, et surtout Hatchett, est remarquable par la grande quantité d'or qui doit entrer dans sa composition pour devenir légèrement jaune. Celui qui est formé de 4 parties d'or et d'une partie de platine, a sensiblement la même couleur que le platine pur : l'alliage est encore blanc lors même qu'il contient onze fois autant d'or que de platine; il ressemble alors à de l'argent terni, et est très-ductile et très-élastique. Dans tous les cas, cet alliage est plus fusible que le platine, et d'autant plus qu'il contient plus d'or; il n'agit en aucune manière sur le gaz oxigène et sur l'air, soit à chaud, soit à froid. Cependant il est attaquable par l'acide nitrique, ainsi que M. Vauquelin l'a reconnu, quoique cet acide soit sans action sur ces métaux non alliés (375).

L'or et le platine ne peuvent se combiner qu'à une très-haute température : on doit donc employer la forge pour les allier.

A une certaine époque, on a craint qu'on ne fît usage du platine pour faire de la fausse monnaie en l'alliant à l'or ; mais les propriétés dont jouit cet alliage ont bientôt dissipé ces craintes, d'autant plus qu'il est extrêmement facile de reconnaître par la coupellation quelques millièmes de platine dans l'or.

## *Alliages de Fer* (252).

260. Quoique le fer se combine avec un grand nombre de métaux, il n'y en a que trois qu'il soit utile d'examiner : ce sont les alliages à bases de potassium, d'étain et d'arsenic. L'examen en a été fait en général ou en particulier (253 *bis*, 254 *bis*, 255 *bis*). Nous ajouterons seulement, relativement à l'alliage de fer et de platine, qu'il se produit facilement, qu'il entre assez facilement en fusion, et que par conséquent il faut se garder de mettre le fer en contact avec les vases de platine à une haute température.

## *Alliages de platine* (252).

261. Le platine ne forme que deux alliages qu'on doive considérer en particulier : ce sont ceux à base d'arsenic et d'or ; ils ont été examinés (255 *bis*, 259).

Tels sont tous les divers alliages binaires employés dans les arts, ou remarquables par quelques propriétés qu'il est essentiel de connaître. Occupons-nous maintenant de l'étude des alliages ternaires et quaternaires, etc.

## *Des Alliages ternaires et quaternaires, etc.*

262. Il est sans doute possible de faire un grand nombre de ces alliages, puisque les métaux s'unissent presque tous les uns avec les autres, et qu'ils s'unissent en toutes proportions (251); mais on n'en connaît qu'un très-petit nombre. Ceux dont nous parlerons sont, 1° l'alliage triple de bismuth, d'étain et de plomb; 2° l'alliage triple de zinc, de mercure et d'étain; 3° l'alliage quadruple de mercure, d'étain, de bismuth et de plomb; 4° l'alliage de platine, de fer, de cuivre, de plomb, de palladium, de rhodium.

*Alliage formé de 2 parties de mercure, de 1 partie de zinc et de 1 partie d'étain.* — Extrêmement fragile, décomposable par la chaleur, de telle manière que le mercure se volatilise, et que le zinc reste allié à l'étain; s'oxide lentement par le gaz oxigène humide à la température ordinaire; absorbe facilement ce gaz à l'aide de la chaleur, et se transforme en oxide de zinc et d'étain, et en mercure; se comporte avec l'air comme avec le gaz oxigène; s'obtient en faisant fondre les trois métaux dans un creuset; est employé en poudre ou incorporé à la graisse, pour frotter les coussins des machines électriques.

Quant à l'alliage formé de platine, de fer, de cuivre, de plomb, de rhodium, de palladium, et d'un atôme de soufre, alliage qui existe dans la nature (165), et d'où on extrait le platine, nous ne l'examinerons qu'à l'époque où nous nous occuperons de l'extraction de ce métal (1207).

*Alliage formé de 8 parties de bismuth, de 5 parties de plomb et de 3 parties d'étain.* — Gris de plomb ; entre en fusion dans l'eau bouillante et même dans celle qui n'est qu'à 90° ; n'a point d'action sur le gaz oxigène sec à la température ordinaire ; s'oxide lentement par le contact du gaz oxigène humide ; absorbe ce gaz au moyen de la chaleur, et donne naissance à des oxides de bismuth, de plomb et d'étain ; se comporte avec l'air comme avec le gaz oxigène ; n'existe point dans la nature ; se fait en fondant les trois métaux ensemble dans un creuset. On l'emploie pour clicher les médailles : on ajoute quelquefois un peu de mercure à cet alliage ; alors il en résulte un alliage quadruple beaucoup plus fusible qu'on peut employer pour faire des injections anatomiques.

# CHAPITRE SEPTIÈME.

## *Des Corps brûlés binaires.*

263. Les corps brûlés binaires résultent de la combinaison des corps combustibles un à un avec l'oxigène. Les uns, appelés acides, ont une saveur plus ou moins aigre, assez souvent même caustique : tous sont plus ou moins solubles dans l'eau ; tous rougissent la teinture de tournesol, et jouissent de la propriété de former des sels en se combinant avec les oxides.

Les autres, appelés oxides, sont presque tous insipides et insolubles dans l'eau ; aucun ne rougit la teinture de tournesol. Lorsqu'un oxide et un acide sont soumis à un courant galvanique, l'oxide se porte du côté négatif, et l'acide du côté positif, pourvu toutefois que le courant ne soit point assez fort pour en opérer la décomposition ( Voyez , pour les noms des oxides et des acides, la nomenclature (72) ).

Souvent le même corps combustible se combine en plusieurs proportions avec l'oxigène, et donne naissance d'abord à un ou plusieurs oxides, et quelquefois ensuite à un ou plusieurs acides : d'où il suit, 1° qu'un oxide qui a le même radical qu'un acide, est toujours moins oxigéné que celui-ci ; 2° qu'on peut faire passer un oxide à l'état d'acide, en le combinant avec une suffisante quantité d'oxigène, et transformer un acide en oxide en le désoxigénant. Tous les corps combustibles non métalliques, excepté l'hydrogène, sont susceptibles de former des acides; tous les métaux, au contraire, excepté cinq (*a*), ne forment que des oxides : les corps brûlés qui ont le même radical sont soumis à une loi de composition très-remarquable découverte par M. Berzelius. C'est que ceux de ces corps qui sont au-dessus du premier degré d'oxidation contiennent la même quantité de corps combustible, et $1\frac{1}{2}$, ou 2, ou 4, ou 6, ou 8 fois autant d'oxigène que celui qui est à ce premier degré. ( Annales de Chimie, t. 78 et suiv )

Nous partagerons les corps brûlés binaires en quatre sections : dans la première et la seconde, nous placerons les oxides et les acides à radicaux non métalliques;

***

(*a*) On peut même n'admettre que trois métaux acidifiables; car le tungstène et le columbium, en se combinant avec l'oxigène, forment des composés qui ont autant les caractères des oxides que des acides.

dans la troisième et la quatrième, les oxides et acides à
radicaux métalliques.

## DES OXIDES NON MÉTALLIQUES.

264. Les oxides non métalliques sont au nombre de
cinq: l'eau ou l'oxide d'hydrogène, l'oxide de carbone,
l'oxide de phosphore, et les deux oxides d'azote : ces
deux derniers et l'oxide de carbone sont toujours gazeux. L'oxide de phosphore est toujours solide à la température ordinaire, et l'on sait que l'eau est toujours
liquide à cette même température. Il existe peut-être un
oxide de bore et un oxide de soufre ; mais jusqu'ici
l'existence de ces deux oxides n'est point assez évidente
pour être admise. Tous ces oxides sont sans saveur ;
aucun n'a d'action sur les couleurs ; aucun ne se
combine avec les acides de manière à donner naissance
à des sels.

### De l'Eau ou Oxide d'Hydrogène.

265. *Propriétés physiques.* — L'eau est un liquide
transparent, sans couleur, sans odeur, sans saveur,
susceptible de mouiller la plupart des corps; élastique,
car elle transmet les sons. L'eau peut soutenir, sans
changer de volume, une colonne de mercure de 227
centimètres, ou 7 pieds de hauteur. On le prouve facilement en se servant d'un tube recourbé semblable à
celui dont Boyle et Mariotte se sont servis pour comprimer l'air (110). On met de l'eau dans la branche la
plus courte et du mercure dans la branche la plus
longue, et l'on voit que, soit qu'il y ait peu ou beau-

coup de mercure, le volume de l'eau est toujours le même. Il suit de là que, si l'eau est compressible, ce n'est qu'à un faible degré (*a*) : l'on sait, d'ailleurs, qu'il en est de même de tous les liquides.

266. Cependant, c'est en admettant la compressibilité de l'eau, qu'on explique une belle observation de M. Desaignes : lorsqu'on expose l'eau à l'action d'un choc subit et assez fort, on en fait jaillir une vive lumière. Il est probable que, dans cette circonstance, l'eau est comprimée, que ses molécules se rapprochent, et qu'une portion du calorique qui les tenait écartées devient lumière.

On fait l'expérience au moyen de l'appareil représenté ( *pl. 22, fig. 4* ).

AAAA, corps de pompe très-épais en verre.

BB, tige terminée par le piston de cuir C.

D, petit piston de cuir sans tige.

E, robinet adapté au corps de pompe par la boîte de cuivre FF.

GG, manche en bois traversé par la tige métallique HH, qui se visse sur le robinet E.

II, autre boîte de cuivre à travers laquelle passe la tige BB du piston C.

MM,M'M', tiges en laiton, servant à assujettir les

_____

(*a*) C'est ce que prouve évidemment une expérience faite par les académiciens de Florence. Voulant savoir si l'eau était compressible, ils remplirent d'eau une sphère d'or, et la soumirent à une pression capable de la déformer légèrement. Par ce moyen, ils en diminuèrent un peu la capacité ; mais alors toute l'eau ne put être contenue dans la sphère ; elle suinta à travers les pores, et se rassembla en gouttelettes à sa surface.

deux boîtes de cuivre FF, II, au moyen des écrous NN.

OO, plan de cet appareil sur une échelle beaucoup plus étendue.

PP, partie inférieure de l'appareil.

RR, partie supérieure de l'appareil, mais prise au-dessous du robinet.

On se sert de cet appareil de la manière suivante : On dévisse la tige métallique HH qui traverse le manche GG ; on ouvre le robinet, et on enfonce le piston de cuir C le plus possible, c'est-à-dire, jusqu'au haut du corps de pompe ; alors on pose le piston de cuir D sur le piston C ; on retire légèrement celui-ci au moyen de la tige BB, en appuyant sur l'autre ; lorsque la partie supérieure du piston D est entrée de quelques centi-mètres dans le corps de pompe, comme on le voit dans la figure 4, on visse le robinet sur la boîte de cuivre FF ; on l'ouvre, et on remplit d'eau, privée d'air, tout l'espace compris entre ce robinet et le piston ; ensuite on ferme le robinet, et on y adapte la tige HH, qui traverse le manche GG. L'appareil étant ainsi disposé, on le porte dans l'obscurité ; on fixe avec les pieds l'extrémité inférieure de la tige BB ; on élève le corps de pompe en saisissant le manche avec les mains, puis on le rabaisse subitement et fortement. Au moyen de ce mécanisme, l'eau reçoit nécessairement un grand choc, et devient lumineuse. Il est essentiel, pour que l'expé-rience réussisse bien, qu'il ne se glisse aucune portion d'air entre les deux pistons, et qu'au moment où on abaisse le piston C, le piston D reste immobile, pour que le vide soit exact entre les deux.

267. De même qu'on compare la pesanteur spéci-

fique des gaz à celle de l'air, de même on compare la pesanteur spécifique des liquides et des solides à celle de l'eau. On connaît rigoureusement celle-ci, puisque la nouvelle unité de poids, appelée gramme, n'est autre chose que le poids absolu d'un centimètre cube d'eau pure, au maximum de densité, c'est-à-dire à +4° (269).

267 *bis.* Lorsqu'on expose à quelques degrés au-dessous de zéro une masse d'eau, on voit se former à sa surface de petites aiguilles triangulaires qui présentent le long de leur base d'autres aiguilles beaucoup plus petites, arrangement d'où résultent des dentelures semblables à celles des feuilles de fougère. Ces aiguilles ont une tendance remarquable à se réunir sous un angle de 60 à 120° : c'est ce qu'on observe particulièrement dans la neige au moment où elle vient de tomber ; en examinant sa structure, on y distingue 6 rayons qui partent d'un centre commun et qui imitent un hexagone régulier : l'eau est donc susceptible de cristalliser en se solidifiant.

268. *Propriétés chimiques.* — L'eau pure est un mauvais conducteur du fluide électrique ; c'est pourquoi on n'en opère pas sensiblement la décomposition, même au moyen d'une pile très-forte ; et c'est aussi pour cela que l'on peut, en rapprochant convenablement les fils que l'on y plonge, faire passer l'étincelle de l'une à l'autre ; mais si on y ajoute une petite quantité de sel ou d'acide, elle acquiert sur-le-champ la propriété de conduire le fluide et d'être décomposée (66).

Lorsqu'on expose l'eau à l'action de la chaleur, elle s'échauffe graduellement jusqu'à ce qu'elle soit à 100° sous la pression de 0$^{\text{mètre}}$,76 ; parvenue à ce terme, elle reste à la même température tant qu'elle est liquide, bout, augmente de 1700 fois son volume, et forme un gaz transparent et invisible que l'on appelle vapeur aqueuse (40) : sous une pression moindre, l'eau bouilli- rait au-dessous de 100° ; sous une pression plus forte, elle ne bouillirait qu'au-dessus ( voyez ce qui a été dit à cet égard (41). Dans tous les cas, la tension ou la pres- sion de la vapeur qui se forme dépend de la tempé- rature.

*Tension de la vapeur d'eau, d'après M. Dalton.*

| Ther. centi. | Tension en mètre. m. |
|---|---|
| 0 | 0,00508 |
| 1 | 0,00540 |
| 2 | 0,00574 |
| 3 | 0,00610 |
| 4 | 0,00650 |
| 5 | 0,00693 |
| 6 | 0,00741 |
| 7 | 0,00791 |
| 8 | 0,00844 |
| 9 | 0,00898 |
| 10 | 0,00953 |
| 11 | 0,01012 |
| 12 | 0,01075 |
| 13 | 0,01140 |
| 14 | 0,01212 |
| 15 | 0,01288 |
| 16 | 0,01368 |
| 17 | 0,01450 |
| 18 | 0,01536 |

| Ther. centi. | Tension en mètre. |
|---|---|
| | m. |
| 19 | 0,01623 |
| 20 | 0,01717 |
| 21 | 0,01820 |
| 22 | 0,01930 |
| 23 | 0,02049 |
| 24 | 0,02176 |
| 25 | 0,02311 |
| 26 | 0,02451 |
| 27 | 0,02601 |
| 28 | 0,02748 |
| 29 | 0,02911 |
| 30 | 0,03073 |

269. Lorsqu'au lieu d'exposer l'eau à l'action de la chaleur, on l'expose à l'action du froid, elle se condense de plus en plus jusqu'à +4°; alors elle se dilate, au contraire, jusqu'au terme de la congélation. Selon Mairan, l'eau à zéro augmente environ d'un quatorzième de son volume en se congelant : aussi la glace surnage-t-elle l'eau. L'explication de ce phénomène a beaucoup occupé les savans; on suppose généralement aujourd'hui qu'il est dû à ce que les molécules ne sont point disposées de la même manière dans l'eau liquide et dans l'eau solide, et que, dans celle-ci, leur disposition est telle qu'elles sont forcées d'occuper plus d'espace que dans celle-là. On suppose d'ailleurs qu'audessous de 4°, cette disposition se fait sentir dans l'eau liquide elle-même, parce que déjà il y a tendance à la cristallisation; et comme cette tendance augmente par le refroidissement, on voit pourquoi l'eau à +3° a une moindre pesanteur que l'eau à +4°, etc. L'eau n'est pas

le seul liquide qui jouisse de la propriété de se dilater en se solidifiant. Plusieurs alliages sont dans ce cas : cependant le plus grand nombre paraissent se contracter.

L'eau, en se solidifiant, jouit d'une force expansible considérable. Buot ayant rempli exactement d'eau un canon de fer épais d'un doigt, et l'ayant exposé à un froid très-grand après en avoir fermé l'ouverture, le trouva cassé en deux endroits au bout de douze heures. A Florence, on fit crever de la même manière une sphère de cuivre si épaisse, que, d'après Muschembroeck, l'effort nécessaire pour la rompre était équivalent à un poids de 27720 livres; par conséquent, on concevra sans peine comment, par un temps de gelée, les pierres dont les fissures ou les gerçures sont remplies d'eau se brisent; comment les vases qui en sont pleins aussi, et dont l'ouverture est resserrée, se brisent également; comment les végétaux souffrent, surtout dans le collet de leur racine, à la suite d'un dégel, si la gelée reprend tout à coup, ou si la sève, commençant à circuler, il survient un froid vif.

270. On a vu (41) que l'eau entrait en ébullition à 100° sous une pression de $0^m,76$, et se congelait à zéro; mais il faut pour cela qu'elle soit pure : si elle contient quelques sels en dissolution, elle se congèlera et bouillira d'autant moins promptement, que la quantité de sel sera plus grande. C'est ainsi que l'eau saturée de sel marin à 15° ne bout qu'à environ 107°,4 sous la pression précédente, et ne se congèle qu'au-dessous de —20°. Il suit de là que quand l'eau n'est pas saturée de ce sel, celle qui est en excès à la saturation doit se congeler la première; et l'on conçoit même que, si cet excès était grand, la portion de glace formée en premier

lieu pourrait ne contenir que très-peu de sel. Cependant il arrive quelquefois que l'eau très-pure reste liquide au-dessous de zéro : on produit ce phénomène, pour ainsi dire, à volonté, en introduisant de l'eau dans un matras dont on ferme le col à la lampe, et que l'on expose dans un lieu tranquille pendant plusieurs heures à —5° ou 6° ; mais en excitant des vibrations dans le liquide, tout à coup la congélation s'opère ; on met donc ainsi les molécules dans les positions les plus favorables à la cristallisation. D'après M. Blagden, l'eau pure et privée d'air peut être ramenée jusqu'à —5° sans se congeler ; l'eau aérée à —3°$\frac{1}{2}$ ; tandis que l'eau chargée de limon se congèle toujours à zéro.

271. L'eau, à l'état liquide, a la propriété de dissoudre d'autant plus d'oxigène, que la température est plus basse et que la pression est plus grande. A +10° et à o ,76, elle en dissout plus de la 25$^{ème}$ partie de son volume ; bouillante, ou même à zéro dans le vide, elle n'en dissout pas la plus petite quantité ; de sorte que celle qui en contient le laisse échapper sous forme de bulles, soit qu'on la fasse chauffer, soit qu'on la mette dans un vase sous un récipient qu'on prive d'air par la machine pneumatique.

272. L'eau agit sur l'air comme sur le gaz oxigène, si ce n'est qu'elle en dissout un peu moins. Ce qu'il y a de très-remarquable, c'est que l'air de l'eau est un peu plus pur que celui de l'atmosphère. Tandis que celui-ci ne contient que 0,21 d'oxigène, celui de l'eau en contient 0,32. Cette différence paraît tenir à ce que l'eau en contact avec deux gaz, en dissout en raison de leur quantité respective, de leur réaction réciproque, et de son affinité pour chacun d'eux. Or, il y a près de quatre

fois autant de gaz azote que de gaz oxigène dans l'air ;
mais le gaz oxigène pur est un peu plus soluble dans
l'eau que le gaz azote pur , ou, ce qui est la même chose,
le premier paraît avoir plus d'affinité pour l'eau que le
second; il suit de là que l'air doit être un peu plus
pur dans l'eau que dans l'atmosphère. Il s'en suit encore, que si au lieu de saturer l'eau d'air en l'agitant
dans l'atmosphère, on l'en saturait en l'agitant avec
de l'air dans un flacon, elle prendrait sensiblement moins
d'oxigène dans ce cas que dans le premier. *Expérience :*
Lorsqu'on veut déterminer la quantité et la nature de
l'air dissous dans l'eau, on s'y prend comme il suit. On
remplit de cette eau un matras de 3 à 4 litres; on y
adapte, par le moyen d'un bouchon troué, un tube propre
à recueillir les gaz ; mais ce tube doit être lui-même
plein d'eau : à cet effet, avant de l'adapter au matras ,
on le remplit d'eau, et bouchant son extrémité libre avec
un petit bouchon, il est facile, sans qu'il se vide, d'introduire l'autre dans le col du matras et de l'y fixer; on
applique avec soin du lut sur le bouchon du col , et du
papier collé sur ce lut; puis, ayant disposé le matras sur
un fourneau à feu nu , et ayant engagé l'extrémité du
tube sous une cloche, on retire le petit bouchon, et on
chauffe l'eau peu à peu. Bientôt on voit des bulles se
dégager. Après que l'eau a bouilli pendant deux ou trois
minutes, on peut la regarder comme totalement privée
d'air. Alors on laisse refroidir l'appareil sur le fourneau ,
ou bien on l'enlève. On mesure le gaz , et on en détermine le volume, par rapport à celui de l'eau; enfin , on
l'analyse par l'hydrogène dans l'eudiomètre de Volta ,
en se conformant à ce qui a été dit à ce sujet (86).

Lorsqu'on fractionne les gaz qu'on retire de l'eau , et
lorsqu'on les analyse séparément, on a l'occasion de

faire une observation curieuse : le gaz recueilli contient d'autant plus d'oxigène , qu'il est recueilli plus tard. Le premier recueilli en contient, par exemple , 0,22 à 0,23 ; le second , 0,25 à 0,26 , et le dernier 0,33 à 0,34. Cet effet est dû à l'affinité plus grande de l'eau pour l'oxigène que pour l'azote; s'il n'est pas plus grand, c'est probablement parce que le gaz azote en se degageant tend à entraîner l'oxigène. ( Voyez le Mémoire de MM. Humboldt et Gay-Lussac (Journ. de Phys., 1805) (a).

Toutes les eaux de pluies , toutes celles qui sont courantes , et même les eaux stagnantes qui ont le contact de l'air libre, contiennent la même quantité d'oxigène et d'azote, c'est-à-dire 0,32 du premier et 0,68 du second. Cependant si ces eaux viennent à être renfermées , il arrive presque toujours qu'au bout d'un certain temps elles contiennent moins d'oxigène, et il peut même se faire qu'elles en soient totalement privées. Cette désoxigénation est produite par des matières végétales ou animales qu'elles tiennent en dissolution , et qui se décomposent; alors elles sont fades et mauvaises à boire; quelquefois même elles sont fétides : telles sont surtout les eaux pluviales qu'on recueille en Hollande sur les toits, et qu'on conserve dans des citernes ou l'air ne peut circuler. Mais si avant de faire rendre ces eaux dans les citernes, on les filtrait à travers une couche épaisse de sable qui les pri-

---

(a) Le gaz oxigène que l'on met en contact avec une eau aérée s'y dissout en expulsant de cette eau une portion de l'azote qu'elle contient. Le gaz hydrogène , qui seul n'est point soluble dans l'eau, y devient sensiblement soluble par la présence du gaz oxigène. Ces deux gaz, en se dissolvant ainsi, ne se combinent pas; car on les retire de l'eau, l'un et l'autre, par la distillation. *Ibidem.*

verait des matières qu'elles entraînent de dessus les toits, ou qu'elles trouvent en suspension dans l'atmosphère, elles seraient toujours d'excellente qualité (*a*), pourvu d'ailleurs qu'on lavât bien les citernes et qu'on y entretînt sans cesse des courans d'air.

Si l'eau à l'état liquide est susceptible de dissoudre de l'air, il n'en est pas de même de l'eau à l'état solide : par conséquent l'eau en se congelant doit abandonner l'air qu'elle contient; celui-ci reprend l'état de gaz et forme des cavités. On peut l'extraire en faisant fondre la glace sous une cloche pleine d'eau.

273. *Eau et Corps combustibles simples non métalliques.* — Parmi tous les corps combustibles simples non métalliques, il n'en est point que l'eau dissolve sensiblement, si ce n'est le gaz azote dont elle dissout une très-petite quantité. Aucun ne la décompose à la température ordinaire; trois au plus la décomposent à une température élevée, savoir : le bore, le carbone et le phosphore (*b*). Il est évident que l'hydrogène ne sau-

---

(*a*) Les eaux des puits des pays maritimes, et à plus forte raison des rivières, sont trop chargées de matières salines pour être potables. Celles des puits du sol de la Hollande sont surtout dans ce cas : de là, la nécessité de recueillir les eaux pluviales. C'est principalement vers le mois de septembre que l'eau des citernes devient mauvaise en Hollande, parce qu'alors il ne pleut que rarement. Dans le cas où le procédé que nous venons d'indiquer ne suffirait pas complètement pour conserver les eaux à cette époque, il faudrait avant de les boire les passer à travers le charbon et les aérer.

Nous devons faire observer qu'il arrive quelquefois qu'en creusant le sable près du bord de la mer, on trouve des sources d'eau douce d'une excellente qualité; mais, en général, ces sources sont bientôt taries; ce que savent très-bien les voyageurs.

(*b*) La décomposition de l'eau par le phosphore n'est pas certaine.

rait en opérer la décomposition, puisqu'il ne se combine qu'en une seule proportion avec l'oxigène. *Expérience :* On décompose l'eau par le bore et le charbon de la même manière que par le fer (287). Il n'y a d'autre différence qu'en ce qu'au lieu d'un tube de verre, il faut employer un tube de porcelaine. On met le bore ou le charbon dans ce tube, etc. On obtient avec le premier de l'acide borique fixe, et avec le second du gaz hydrogène carboné et du gaz acide carbonique ou du gaz oxide de carbone, selon que la température est plus ou moins élevée.

On peut encore s'assurer que le charbon décompose l'eau, en en plongeant des fragmens rouges de feu sous des cloches pleines de ce liquide. Par conséquent, l'eau peut, dans certaines circonstances, activer la combustion du charbon : c'est lorsqu'on la jette par petites portions sur ce corps combustible incandescent.

274. *Eau et Corps combustibles composés non métalliques.* — Quatre de ces corps se dissolvent dans l'eau : l'un est le gaz hydrogène phosphoré, l'autre est le gaz hydrogène sulfuré, le troisième est la combinaison de l'hydrogène sulfuré avec l'hydrogène azoté ou ammoniaque, et le quatrième est l'ammoniaque. A la pression et à la température ordinaire, elle dissout près de $\frac{1}{4}$ de son volume du premier, et 3 fois son volume du second. Le troisième et le quatrième y sont extrêmement solubles.

Il paraît qu'il en est trois qui peuvent la décomposer à une température élevée, l'hydrogène percarburé, le phosphure de carbone et le phosphure de soufre. On sera convaincu que l'hydrogène percarburé peut la décomposer, si on se rappelle qu'en l'exposant à une haute chaleur, il s'en sépare du charbon (171); et en même temps on en conclura qu'il agira sur elle comme le char-

bon même. Cette décomposition peut très-bien se faire
dans un tube de porcelaine, en y faisant passer tout à
la fois l'eau en vapeur au moyen d'une petite cornue, et
le gaz au moyen d'une vessie, et en montant du reste
l'appareil comme pour la décomposition de l'eau par le
fer (287).

Il n'est pas démontré que le phosphure de carbone
décompose l'eau. Il n'y a encore eu aucune expérience
faite à cet égard ; en sorte qu'on n'admet cette décomposition que par analogie. Il en résulterait probablement
de l'acide carbonique ou du gaz oxide de carbone, et
peut-être bien du gaz hydrogène phosphoré.

Quant au phosphure de soufre, on a déjà vu (185)
qu'il la décomposait sensiblement, même à la température ordinaire ; que par la chaleur de l'eau bouillante, il
pouvait la décomposer dans quelques circonstances assez
rapidement pour produire une explosion, et que dans
tous les cas, il se formait d'une part du gaz hydrogène
sulfuré, et d'une autre part, de l'acide phosphoreux
ou phosphorique.

275. *Eau et Métaux.* — Aucun métal n'est soluble
dans l'eau ; il n'y a qu'un certain nombre de leurs
oxides qui s'y dissolvent : un assez grand nombre peut
en opérer la décomposition. Tous ceux qui sont compris dans la première et seconde sections (129) l'opèrent à la température ordinaire. Aucun de ceux qui sont
compris dans les autres sections ne l'opèrent à cette
température, et il n'en est que quatre, savoir : le manganèse, le zinc, le fer et l'étain, qui puissent l'opérer
à chaud. Dans tous les cas, l'oxigène de l'eau se combine avec le métal, et l'hydrogène se dégage à l'état de
gaz. *Expérience :* Lorsque le métal est susceptible de
décomposer l'eau à froid, comme le potassium et le

sodium, on fait l'expérience dans une éprouvette pleine de mercure : d'abord on y fait passer une certaine quantité d'eau, par exemple, un centilitre ; ensuite on y introduit le métal même, en l'enveloppant dans un peu de papier pour s'opposer à sa dissolution dans le mercure. Aussitôt que le contact a lieu, l'action se manifeste ; l'hydrogène se rassemble au haut de la cloche et l'oxide reste en dissolution dans l'eau, ou se précipite sous forme de poudre, s'il y est insoluble : il y a un grand dégagement de calorique.

Lorsque le métal ne peut décomposer l'eau qu'à l'aide de la chaleur, on emploie le même appareil que pour la décomposer par le fer (287), avec cette différence que le tube doit être courbe pour contenir le métal, s'il est très-fusible, tels que l'étain et le zinc : après l'expérience, on retrouve l'oxide dans le tube. Quant à l'hydrogène, il se rend à l'état de gaz dans des flacons pleins d'eau.

*Eau et Métaux de la première Section.* — Comme on n'est point encore parvenu à se procurer ces métaux à l'état métallique, on n'a pu s'assurer, par l'expérience, s'ils décomposent l'eau à la température ordinaire ; mais on en sera convaincu, si l'on considère que ceux de la seconde section, qui ont moins d'affinité pour l'oxigène qu'eux, jouissent de cette propriété.

*Eau et Métaux de la seconde Section.* — Ceux de ces métaux dont on a le plus examiné l'action sur l'eau sont le potassium et le sodium ; ils présentent, dans leur contact avec ce liquide, des phénomènes très-dignes de remarque ; ils tournent, s'agitent en tous sens, vont et viennent çà et là à sa surface, produisent un sifflement dû au gaz hydrogène, dégagent une grande quantité de chaleur, diminuent à vue d'œil, et disparaissent bientôt. La chaleur produite par le potassium est même assez grande pour enflammer le gaz hydrogène qui se dégage, si l'expérience se fait avec le contact de l'air ; et par là le potassium s'échauffe tellement, qu'il finit par rougir et produire une petite explosion. Cette expérience est très-curieuse à voir, surtout en jetant plusieurs morceaux de métal dans un large vase de verre plein d'eau. Chacun de ces fragmens semble être un petit boulet rouge qui court à la surface du liquide. Quoique le sodium dégage beaucoup de chaleur, elle n'est jamais assez grande pour produire l'inflammation de l'hydrogène.

Jusqu'ici on n'a point mis les autres métaux de la seconde section, si ce n'est le barium, en contact avec l'eau, à cause de la difficulté de se les procurer ; mais on a fait souvent cette expérience avec leurs amalgames. Or, comme ces amalgames décomposent l'eau, on est certain qu'à plus forte raison ils la décomposeraient eux-mêmes.

*Eau et Métaux des autres Sections.* — Nous avons avancé qu'il n'y avait que les quatre métaux de la troisième section qui, outre les précédens, pouvaient décomposer l'eau par la chaleur ; mais nous devons ajouter qu'on a peu fait d'expériences sur les autres : il serait possible que plusieurs d'entre eux, tels que le cobalt, etc. etc., la décomposassent. On peut assurer qu'aucun de ceux appartenant à la cinquième section, à plus forte raison à la sixième, ne peuvent la décomposer.

En décomposant l'eau, le fer passe à l'état de protoxide ou de deutoxide : on ne sait pas à quel état d'oxidation passent le manganèse, le zinc et l'étain, si c'est à l'état de protoxide ou à l'état de deutoxide (*a*).

276. *Eau et Combustibles mixtes.* (*b*) — Un seul de ces composés est soluble dans l'eau, et la colore en pourpre, c'est le tellure hydrogéné. (Davy, Ann. de Chimie, t. 78.) Un grand nombre d'entre eux la décomposent rarement à froid, souvent à chaud.

277. 1° *Eau et Hydrures métalliques.* — Un seul hydrure peut décomposer l'eau à une température quelconque, c'est celui de potassium. Il en résulte du deutoxide de potassium qui se dissout dans l'eau, et un dégagement de gaz hydrogène provenant de l'hydrure et de l'eau décomposée. Cette décomposition est accompagnée des mêmes phénomènes que ceux que produirait le potassium lui-même, soit quelle ait lieu avec ou sans le contact de l'air (275). On doit l'opérer dans la cloche courbe où on fait l'hydrure.

278. 2° *Eau et Borures métalliques.* — On n'a encore fait aucune expérience pour savoir si les borures de fer ou de platine, les deux seuls connus jusqu'à présent, sont susceptibles de décomposer l'eau. En considérant que le bore et le fer peuvent isolément la décomposer, et que l'acide borique et l'oxide de fer peuvent se combiner ensemble, on sera porté à croire que le premier de ces borures doit en opérer la décomposition. Elle se fera dans un tube de porcelaine, comme celle de l'eau

(*a*) Le zinc, et peut-être d'autres métaux de la troisième section, décomposent l'eau à la température ordinaire dans l'espace de plusieurs mois. Cet effet est probablement dû à la lumière.

(*b*) Nous connaîtrons, sous le nom de combustibles mixtes, les composés résultant de l'union des corps combustibles non métalliques avec les métaux.

par le fer (287). Comme le platine a très-peu d'affinité avec l'oxigène, et que son oxide en a une faible pour l'acide borique, on ne peut rien présumer relativement à son action sur l'eau. Il la décomposera si le bore n'est pas fortement retenu par le métal; mais s'ils réagissent avec beaucoup d'énergie l'un sur l'autre, il n'y aura pas de décomposition.

279. 3° *Eau et Carbures métalliques.* — On a vu (188 et 189) que le fer était le seul métal qui se combinait avec le charbon, et qu'il formait au moins avec ce corps deux principales combinaisons, l'acier et la plombagine ou mine à crayon. Aucun de ces carbures ne décompose l'eau à froid, mais tous la décomposent à une chaleur rouge. Cette décomposition s'opère dans un tube de porcelaine, comme celle de l'eau par le fer (287). Les produits de cette décomposition n'ont point encore été bien examinés; mais il est probable qu'ils varieront en raison de la quantité de carbone et de fer constituans le carbure. Lorsque le carbure ne contiendra presque point de charbon, comme l'acier qui n'en renferme que 0,007, on obtiendra beaucoup d'oxide de fer et d'hydrogène peu carburé. Mais lorsque le carbure contiendra au contraire 90 de carbone et 10 de fer, comme la plombagine, on obtiendra très-peu d'oxide de fer, beaucoup de gaz acide carbonique ou oxide de carbone, et beaucoup de gaz hydrogène carboné. Quoi qu'il en soit, on remarque que ces carbures décomposent moins facilement l'eau que le fer ou le charbon.

280. 4° *Eau et Phosphures des métaux appartenant à la première et à la seconde Section.* — Les phosphures de potassium et de sodium décomposent l'eau à la température ordinaire. Il en résulte du phosphate ou

phosphite d'oxide de potassium ou de sodium, et du gaz hydrogène phosphoré. Il est probable que quand on pourra se procurer les autres phosphures des métaux appartenant à la première et à la seconde section, et qu'on les mettra en contact avec l'eau, ils donneront lieu aux mêmes phénomènes; car ils paraissent plus combustibles encore que ne le sont le potassium et le sodium.

*Expérience :* Après avoir fait le phosphure de potassium ou de sodium sur le mercure, dans une petite cloche courbe et contenant du gaz azote ( *pl.* 20, *fig.* 3), on la remplit de mercure, et on y fait passer de l'eau dont on peut aider l'action, si l'on veut, au moyen de la lampe à esprit de vin. Le phosphite ou phosphate qui se forme reste en dissolution dans l'eau, et l'hydrogène phosphoré se réunit au haut de la cloche.

Aucun phosphure résultant de la combinaison du phosphore avec les métaux compris dans les trois, quatre et cinquième sections, ne décompose l'eau à la température ordinaire. Il est probable que plusieurs d'entre eux, et particulièrement ceux de fer, de manganèse, de zinc, etc., la décomposeraient à l'aide de la chaleur, et qu'on obtiendrait ainsi des phosphates fixes et du gaz hydrogène plus ou moins phosphoré. Mais on n'a encore fait aucune expérience à cet égard. On pourrait les tenter toutes dans un appareil semblable à celui de la décomposition de l'eau par le fer (287). S'il se formait un phosphate, il resterait dans le tube; quant au gaz hydrogène phosphoré, il se rendrait dans des flacons pleins d'eau, situés à l'extrémité de l'appareil.

281. 5° *Eau et Sulfures métalliques.* — Les sulfures de potassium ou de sodium décomposent l'eau à la température ordinaire. Il ne se forme rien autre chose qu'un

hydro-sulfure de deutoxide de potassium, c'est-à-dire une combinaison d'hydrogène sulfuré et de ce deutoxide. Cette combinaison se dissout dans l'eau, de sorte que le sulfure disparaît sans donner lieu à aucun gaz. Il suit de là que l'oxigène de l'eau décomposée se porte uniquement sur le métal, que son hydrogène se combine avec le soufre, et que l'hydrogène sulfuré qui en provient se combine lui-même avec le deutoxide formé. On voit en outre que l'action des sulfures de potassium sur l'eau est moins grande que celle des phosphures. *Expérience :* Après avoir fait du sulfure de potassium ou de sodium sur le mercure, dans une cloche courbe et contenant du gaz azote (*pl.* 20, *fig.* 3), on la remplit de mercure, et on y fait passer une petite quantité d'eau, environ 5 à 6 fois le volume du sulfure; ensuite on y introduit à peu près autant d'acide muriatique, et on chauffe légèrement. Celui-ci s'empare du deutoxide, et met en liberté l'hydrogène sulfuré qui reprend l'état de gaz. Une quantité quelconque de sulfure de potassium, donne précisément autant de gaz hydrogène sulfuré en volume, que ce métal donne d'hydrogène : or, l'hydrogène sulfuré contient son volume de gaz hydrogène (178); d'où on conclut qu'il n'y a d'eau décomposée que par le potassium.

Tout nous porte à croire que si jamais on parvient à se procurer les sulfures des autres métaux de la 1$^{re}$ et 2$^e$ section, on obtiendra, en les mettant en contact avec l'eau, des phénomènes plus ou moins analogues à ceux que nous présentent les sulfures de potassium et de sodium.

Les sulfures des métaux des quatre autres sections ne décomposent point l'eau à la température ordinaire : il est probable qu'à une température élevée, ils ne la dé-

composeraient pas non plus ; car, lorsqu'on calcine au
rouge dans des vaisseaux fermés un hydro-sulfure d'oxide
de fer ou de manganèse, etc., on obtient de l'eau d'une
part, et un sulfure métallique de l'autre ; d'où l'on voit
que les principes de l'hydro-sulfure se combinent, l'un
avec l'oxigène, l'autre avec le métal de l'oxide métallique : or, puisque dans ce cas le sulfure peut exister
avec l'eau, il ne doit la décomposer dans aucun autre.

282. Quoique le soufre combiné avec le fer n'agisse
point sur l'eau à la température ordinaire, il y agit
d'une manière bien remarquable, lorsqu'il n'est que
mêlé avec ce métal. Au bout de 15 à 20 minutes, le mélange s'échauffe considérablement, le fer et le soufre disparaissent, et se transforment en une matière noire et
solide, qui n'est autre chose que de l'hydro-sulfure de
protoxide de fer. Il faut conclure de là que l'eau est décomposée, et que ses élémens sont absorbés et con-
densés, savoir : l'hydrogène par le soufre, et l'oxigène
par le fer ; enfin, que l'hydrogène sulfuré et l'oxide de
fer se combinent ensemble. *Expérience :* On prend deux
parties de fer en limaille et une partie de soufre très-
divisé, par exemple, de la fleur de soufre ; on les broie
avec une quantité d'eau suffisante pour en faire une
pâte molle, et on les introduit, pour les abriter du contact de l'air, dans un flacon de verre auquel on adapte
un tube à boule recourbé qui plonge dans le mercure ou
dans l'eau, afin de constater qu'il ne se dégage pas de
gaz. Il ne faut remplir le flacon tout au plus qu'aux
deux tiers, pour qu'il puisse contenir toute la matière
après qu'elle aura réagi. L'appareil étant ainsi disposé, on l'abandonne à lui-même, et tous les phénomènes annoncés se présentent plus ou moins prompte-

ment, selon que la température de l'atmosphère est plus ou moins élevée. Si lorsque l'hydro-sulfure qui se forme est complètement refroidi on l'expose à l'air, il s'empare promptement de l'oxigène de ce fluide, donne lieu à de l'eau, à du peroxide de fer, et met du soufre en liberté. Aussi décompose-t-il l'air presque subitement, et pourrait-on s'en servir pour en faire l'analyse. Cette absorption est si rapide, qu'elle a lieu avec un assez grand dégagement de chaleur pour rendre la matière incandescente. Lemeri, à qui l'on doit d'avoir découvert la réaction du fer, du soufre et de l'eau, a prétendu que ce mélange jouait un grand rôle dans les volcans; il l'a même appelé volcan artificiel, nom que ce mélange a porté jusque dans ces derniers temps.

Il est possible que d'autres métaux que le fer, mêlés avec le soufre et l'eau, produisent des phénomènes semblables au précédent: jusqu'à présent, on n'en connaît point.

283. *Eau et azotures métalliques.* — Lorsqu'on met en contact avec l'eau, à froid ou à chaud, les azotures de potassium et de sodium qui sont les seuls connus jusqu'ici, il en résulte du deutoxide de potassium ou de sodium, et de l'ammoniaque, qui se dissolvent dans ce liquide. Une portion de l'eau est donc décomposée; son oxigène se porte sur le métal et son hydrogène sur l'azote; et, ce qui est fort remarquable, c'est que les principes constituans de l'azoture sont aux principes constituans de l'eau, dans un rapport tel, qu'en s'échangeant réciproquement ils donnent lieu aux deux composés précédens.

284. *Eau et Alliages.* — On peut juger avec assez de précision de l'action de l'eau sur un alliage, par l'action qu'elle exerce sur les métaux dont il est formé. Si l'un

ou l'autre des métaux qui constituent l'alliage sont susceptibles de décomposer l'eau, l'alliage, en général, la
décomposera lui-même (a). Nous citerons pour exemple
l'alliage de potassium et de sodium, et ceux que forment le potassium ou le sodium avec l'étain, le
plomb, le bismuth, le mercure, l'antimoine, le
zinc, l'arsenic et le tellure : tous ces alliages décomposent l'eau à la température ordinaire, et donnent
lieu, savoir : l'alliage de potassium et de sodium à un
dégagement de calorique et de lumière, à un dégagement de gaz hydrogène, et à du deutoxide de potassium
ou de sodium qui se dissout; et les autres à un dégagement de chaleur et de gaz hydrogène, à du deutoxide
de potassium ou de sodium, selon que l'alliage contient
l'un ou l'autre de ces deux métaux, et à la séparation
du métal avec lequel ceux-ci étaient combinés: il n'y a
que les alliages de potassium ou de sodium avec l'arsenic
ou le tellure qui donnent des produits un peu différens; au lieu de gaz hydrogène, on obtient du gaz
hydrogène arseniqué ou telluré; et au lieu d'arsenic ou
de tellure, on obtient de l'hydrure d'arsenic sous la
forme de flocons brun-maron, et de l'hydrure de tellure de couleur pourpre. D'ailleurs, le gaz hydrogène
arseniqué se dégage comme le gaz hydrogène; mais le
gaz hydrogène telluré reste en combinaison avec le
deutoxide de potassium ou de sodium. L'alliage du fer
avec le manganèse peut être également cité comme
exemple de ce que nous venons de dire relativement à
l'action de l'eau sur les alliages; car il jouit, de même
que le fer et le manganèse, de la propriété de décomposer l'eau. Cependant, on doit faire observer qu'en raison

---

(a) En supposant toutefois que l'alliage contienne une assez
grande quantité du métal capable d'en opérer la décomposition.

de l'affinité des métaux, l'action doit être moins grande sur ces corps unis que sur ces corps isolés. Ce ne serait qu'autant que leurs oxides tendraient fortement à se combiner, qu'elle pourrait être plus grande : telle serait celle que l'eau exercerait probablement sur la soudure des plombiers, ou l'alliage d'étain et de plomb.; car on a vu (254 *bis*) que cette soudure était beaucoup plus combustible que l'étain ou le plomb qui la composent.

285. *Etat.* — Tout le monde sait combien l'eau est abondante dans la nature. Elle existe partout : on la trouve tantôt solide, tantôt liquide, tantôt en vapeurs.

1° *Eau solide.* — Elle existe constamment à cet état, sous forme de glace ou de neige, sur les hautes montagnes et sous les pôles (*a*).

Ces amas de glace et de neige sont connus sous le nom de glaciers. Dans les Alpes, il en existe un si étendu, qu'on lui a donné le nom de mer de glace. Ces glaciers fondent en partie dans la saison la plus chaude, et donnent naissance à des rivières qui sont quelquefois très-considérables, et dont les eaux sont toujours froides. Tel est l'Arveron formé par la mer de Glace même.

---

(*a*) La neige est perpétuelle, 1° sous l'équateur, et sous les 3° de latitude, à 4800 mètres ( 2464$^t$ );

2° Sous les 20° de latitude boréale, à 4600$^m$ (2361$^t$·);

3° Sous les 35° de latitude, à 3500$^m$ ( 1800$^t$ ) de hauteur;

4° Sous les 40° de latitude, à 3100$^m$ ( 1600$^t$ );

5° Sous les 45° de latitude boréale, à 2500$^m$ ( 1282$^t$ );

Aux Pyrénées, à 2440$^m$; en Suisse, à 2700$^m$, sur les cônes isolés; à 2530, si la cime des montagnes dépasse 3100$^m$;

6° Sous le 75° de latitude boréale, au niveau de la mer.

Ces observations sont tirées du Tableau physique des Andes et pays voisins, par M. Humboldt.

L'air de l'eau de neige contient 0,285 d'oxigène, d'après MM. Humboldt et Gay-Lussac.

2° *Eau liquide.* — C'est sous cet état qu'on trouve plus fréquemment l'eau, mais on ne la trouve jamais ou presque jamais pure. L'eau de pluie ou de neige est tout au plus dans ce cas; encore contient-elle de l'air en dissolution. Le plus souvent, l'eau contient des sels, souvent du sel marin et des sels calcaires, quelquefois des sels ferrugineux, du sulfate de magnésie, quelquefois aussi de l'acide carbonique et de l'hydrogène sulfuré libre ou combiné, etc. Quand elle est sapide ou qu'elle contient une quantité remarquable de sels, et capable d'agir sur l'économie animale, elle prend le nom d'eau minérale. Cependant on donne plus particulièrement le nom d'eau salée à l'eau de mer et des sources abondantes en sel marin. Quand au contraire l'eau n'a pas de saveur sensible, et ne contient que très-peu de sels, elle prend le nom d'eau douce : telles sont les eaux de la plupart des rivières et des fontaines. L'eau de Seine contient environ 12 à 15 centigrammes de sel par litre.

Il arrive quelquefois de rencontrer çà et là des sources d'eau très-chaudes. Ces eaux sont ordinairement minérales. Nous citerons pour exemple les eaux de Plombières, de Bourbon-les-Bains et de Barèges. La température des premières est de 55 à 70°; celle des secondes, de 46 à 69°; et celle des troisièmes, de 41 à à 56°. ( Voyez quatrième volume, Eaux Minérales.)

Ce phénomène tient sans doute à ce que ces eaux avant d'arriver à la surface du sol, passent sur des couches de terre dont la température est élevée par des décompositions chimiques.

3° *Eau en vapeur.* — L'eau en vapeur existe dans l'air atmosphérique, même bien au-dessous de zéro (125). Ce fluide a la propriété d'en contenir d'autant plus, qu'il occupe plus d'espace, et que sa température est plus élevée ; en sorte qu'il en laisse précipiter quand il en est saturé, si on le comprime ou si on le refroidit ; ou qu'il en prend une nouvelle quantité si on le dilate, ou si on en élève la température. C'est en faisant l'application de ces principes, qu'on explique la plupart des météores aqueux, la formation de la pluie, de la rosée, des brouillards, de la neige.

286. *Préparation.* — C'est en distillant de l'eau douce, c'est-à-dire de l'eau qui ne contient que très-peu de sels en dissolution, qu'on l'obtient pure ; les matières salines n'étant pas volatiles, restent au fond du vase distillatoire : l'eau étant volatile, au contraire, passe dans les récipiens et s'y condense. Lorsqu'on n'a besoin que de très-peu d'eau pure, on peut la préparer dans une cornue munie d'un récipient ; mais comme on en consomme ordinairement une très-grande quantité, on se sert d'un instrument en cuivre ou en étain qu'on appelle alambic. ( Voyez Description des Appareils. ) Cet alambic ( *pl.* 1, *fig.* 1, 2, 3) est formé de trois parties ; l'une inférieure A, *fig.* 1, appelée cucurbite ; l'autre supérieure P, *fig.* 2, appelée chapiteau ; et la troisième latérale SS, *fig.* 3, appelée serpentin. L'alambic étant disposé sur son fourneau, on verse de l'eau dans la cucurbite par l'ouverture E jusqu'à la base du tuyau de cette ouverture ; on la ferme avec un bouchon, et on fait du feu dans le fourneau de manière à faire bouillir l'eau. Celle-ci s'élève en vapeur ; va frapper contre les parois du chapiteau ; se rend dans l'alonge gg' ; de là dans le

serpentin qui doit toujours être plein d'eau froide, et de
là dans un récipient. On doit rejeter les premières portions d'eau distillée, parce qu'ordinairement elles contiennent des matières étrangères qui se trouvaient dans le
serpentin. Au reste on reconnaît que l'eau qui distille est
pure, lorsqu'en y versant une dissolution de nitrate
d'argent et de barite, elle reste limpide. Alors on la
recueille dans un vase quelconque, dans une cruche de
grès, par exemple, et on la conserve, soit dans des vases
de cette nature ou de toute autre. Il est commode d'en
préparer beaucoup à la fois et de la conserver dans une
fontaine de grès.

287. *Composition.* — L'eau est formée de $88^{parties},29$
d'oxigène, et de $11^{parties},71$ d'hydrogène en poids, ou de
1 partie de gaz oxigène et de 2 parties de gaz hydrogène en volume. On prouve que telle est la nature et la
proportion des principes constituans de l'eau, soit par
l'analyse, soit par la synthèse.

1° *Analyse ou décomposition de l'eau.* — C'est en
mettant l'eau en contact avec le fer à la chaleur rouge
cerise, qu'on parvient à la décomposer de manière à déterminer facilement la proportion de ses principes
constituans. On prend un tube de porcelaine verni intérieurement, ou un tube de verre luté ; on y introduit
une quantité déterminée de copeaux ou de tournure de
fer parfaitement décapée ; on place ce tube trans-
versalement dans un fourneau F échancré en LL
(*pl.* 24), de manière que son extrémité B soit un peu
plus élevée que son extrémité B'. Ensuite on adapte à
l'extrémité B le col d'une cornue de verre contenant un poids connu d'eau distillée, et l'on engage
l'extrémité B' dans la partie supérieure E du tuyau d'un

serpentin. Enfin, l'on fait rendre la partie inférieure et courbe E' de ce tuyau, dans un flacon à deux tubulures. On met celui-ci en communication avec une cloche graduée et pleine d'eau, par le moyen d'un tube recourbé, et on lute les tubulures I,I' du flacon, et les extrémités B,B' du tube.

L'appareil étant ainsi disposé, on remplit le serpentin d'eau, à laquelle on ajoute de la glace; on élève peu à peu le tube de porcelaine jusqu'à la température rouge cerise (a), et l'on met un peu de feu dans le fourneau F'. Bientôt l'eau de la cornue se volatilise, passe à travers la tournure de fer, et se décompose presque toute entière. Son oxigène se combine avec le fer, et le fait passer à l'état de protoxide ou de deutoxide, tandis que son hydrogène se dégage à l'état de gaz et se rend dans la cloche graduée. Quant à la portion d'eau qui échappe à la décomposition, elle se condense dans le serpentin, et se rassemble dans le flacon. L'on continue l'opération jusqu'à ce que toute l'eau soit volatilisée, on laisse refroidir l'appareil, et on pèse tous les produits. Supposons que l'on ait mis dans la cornue 180 décigrammes d'eau, et qu'on en retrouve après l'opération 80 dans le flacon tubulé, y compris la petite quantité d'eau qu'emporte le gaz; il est évident qu'il y en aura 100 parties de décomposées. Or, le poids du gaz hydrogène recueilli sera

(a) Il est essentiel de ne pas porter le tube au rouge blanc, parce qu'à cette haute température, le fer ne décompose point l'eau; en effet, l'hydrogène que l'on fait passer sur l'oxide de fer chauffé au rouge blanc, lui enlève son oxigène et forme de l'eau.

sensiblement de 11<sup>décig</sup>,71 , et celui de l'oxigène fixé par le fer sera de 88,29, c'est-à-dire que la somme de ces deux poids égalera celui de l'eau qui aura été décomposée; par conséquent, l'on devra en conclure que l'eau est formée de ces deux principes dans ce rapport.

2° *Synthèse ou recomposition de l'eau.* — Toutes les fois que l'hydrogène brûle , il se forme de l'eau; par conséquent on peut démontrer , au moyen de l'eudiomètre, que l'eau est formée de deux parties de gaz hydrogène et d'une partie de gaz oxigène en volume (86). Mais lorsqu'on veut recomposer l'eau de manière à pouvoir la recueillir , et à estimer en même temps la proportion de ses principes constituans, il faut combiner ensemble une bien plus grande quantité de gaz hydrogène et de gaz oxigène que celle que peut contenir l'eudiomètre. On y parvient en faisant le vide dans un grand ballon de verre, remplissant ce ballon de gaz oxigène, y faisant arriver le gaz hydrogène par un tuyau percé d'un très-petit trou, et enflammant ce gaz par l'étincelle électrique. De tous les appareils qu'on peut employer pour cela, le suivant est un des plus commodes.

B, *fig.* 1<sup>re</sup>, ballon de verre de 10 à 12 litres.

cc, virole en cuivre mastiquée au col du ballon.

c'c', pièce de cuivre vissée sur la virole cc, et à laquelle se trouvent soudés trois conduits de cuivre munis chacun d'un robinet, savoir :

1° Le conduit ddf terminé par une petite boule percée d'un trou, dans lequel passerait à peine une aiguille très-fine ;

2° Le conduit d'd' ;

3° Enfin le conduit d''d'' , *fig.* 2.

mm', tige de cuivre recourbée inférieurement , terminée par une petite boule de cuivre m'; et destinée à faire passer des étincelles électriques de m' en f.

oo, bouchon de cuivre rodé, entrant à frottement dans la pièce de cuivre c'c', et traversé par le tube de verre PP, *fig.* 3, qui l'est lui-même par la tige mm' à laquelle il sert d'isoloir. On consolide la tige mm' dans le tube, et le tube dans le bouchon avec du mastic.

vv',vv', *fig.* 1re, tubes creux de verre, communiquant avec les tubes dd et d'd', et contenant de l'eau de manière que leurs boules en soient à moitié pleines.

uu, support en bois pour placer le ballon.

u'u', colonnes en bois servant à maintenir les trois conduits soudés à la virole c'c' du ballon, au moyen de vis u''u'' aussi en bois.

hh', *fig.* 2, tuyau flexible de cuir verni que l'on adapte au tuyau d''d'' par son extrémité h', et à la platine de la machine pneumatique, par son extrémité de verre h.

C A C, *fig.* 1, gazomètre destiné à mesurer la quantité de gaz oxigène que l'on introduit dans le ballon et composé des pièces suivantes.

L grande cloche graduée de verre mobile et soutenue par le contre-poids K, au moyen d'une corde passant sur les poulies ii.

E, cylindre intérieur de fer verni, arrondi supérieurement et fermé de tous côtés.

CC, cylindre extérieur, séparé du cylindre E par un intervalle gg d'environ 12 centimètres, que l'on remplit d'eau pour faire l'expérience.

g'g', fond de la cavité circulaire gg.

aa, rebord du cylindre extérieur servant à recevoir l'eau dont le niveau s'élève à mesure que la cloche L descend entre les deux cylindres.

y, robinet placé immédiatement au-dessus du fond g'g', et servant à vider l'eau contenue dans la cavité circulaire gg.

y', tuyau horizontal muni d'un robinet et servant à introduire le gaz oxigène dans la cloche L, au moyen du tuyau vertical tt' avec lequel il communique.

y″, autre tuyau horizontal muni d'un robinet, et s'adaptant d'une part au tuyau vertical tt', et de l'autre au tuyau SS' qui se rend dans le conduit d'd'.

PP, montant de cuivre fixé au cylindre extérieur par les vis nn, et servant de support aux poulies ii.

zz, vis destinées à mettre l'instrument de niveau.

a, *fig.* 4, extrémité conique du tube zz, rodée et entrant à frottement dans une cavité b également conique et rodée, où elle est maintenue par une vis circulaire creuse C.

C'est ainsi que s'adaptent le tube SS', avec les tubes y″, d'd'; le tube TT' avec les tubes x', dd, *fig.* 1^re; et le tube hh' avec le tube d″d″, *fig.* 2.

C'A'C', *fig.* 1^re, gazomètre semblable en tout au gazomètre CAC, destiné à conduire le gaz hydrogène et communiquant avec le ballon B par le conduit x″TT'.

D'après cette disposition, on concevra facilement la manière de faire l'expérience. On remplit la cloche L de gaz oxigène, ce qui se fait très-facilement en adaptant au tuyau y' le tube d'une cornue d'où l'on fait dégager ce gaz, et tenant le robinet y″ fermé. On a soin de mettre des poids dans le bassin K, pour élever la cloche L à mesure qu'elle se remplit de gaz, et maintenir l'équilibre entre la presssion intérieure et celle de l'atmosphère. Après avoir rempli de la même manière la

cloche L′ de gaz hydrogène, on fait le vide dans le
ballon B en adaptant l'extrémité h′ du tuyau flexible hh′
au tuyau d″d″, et l'extrémité h du même tuyau à la platine de la machine pneumatique. Le vide étant fait, et
les robinets e″,e′ et y′ étant fermés, on ouvre peu à peu
les robinets e et y″ : à l'instant même le gaz de la cloche L
passe dans le ballon et le remplit. A mesure que cet effet
a lieu, on abaisse la cloche; puis après on la remplit de
nouveau de gaz oxigène, comme nous venons de le dire.
Cela étant fait, et les robinets y″ et e étant ouverts,
on fait passer continuellement des étincelles électriques
de m′ en f, en mettant la partie supérieure de la tige
mm′ en communication avec la machine. Ensuite, après
avoir fermé le robinet x′, on ouvre les robinets x″ et é′,
et l'on presse assez fortement avec les mains sur la cloche L′. De cette manière le gaz hydrogène qu'elle contient se rend dans le ballon par l'extrémité f du tuyau dd,
et s'enflamme par l'effet de l'étincelle électrique. Alors
on cesse d'exciter des étincelles, et on diminue la pression jusqu'à ce qu'elle ne soit plus égale qu'à 3 à 4 centimètres d'eau; on en exerce une en même temps sur le
gaz oxigène de la cloche L, mais celle-ci ne doit-être
que de 7 à 8 millimètres. Ces pressions constantes s'obtiennent en retirant de temps en temps des poids des
bassins K et K′, et se mesurent par l'ascension de l'eau
dans les branches v′,v′ des tubes vv′, vv′. En satisfaisant
à toutes ces conditions, l'expérience se fait très-bien :
la combustion du gaz hydrogène est continue; elle n'est
ni trop rapide, ni trop lente, et l'eau qui en est le produit se condense toute entière dans le ballon. Lorsque la
cloche L ou L′ est presque pleine d'eau, on arrête la
combustion en fermant le robinet e′; on remplit cette

cloche du gaz qu'elle est destinée à contenir, et on allume de nouveau l'hydrogène par l'étincelle, etc., en
se conformant à tout ce qui a été dit précédemment.

L'expérience étant entièrement terminée, on ferme
le robinet e', et on mesure ce qui reste de gaz oxigène
et hydrogène dans les cloches L L', en notant avec soin
la température et la pression. On détermine également
ce que le ballon peut renfermer de gaz oxigène ; et retranchant les quantités d'hydrogène et d'oxigène res-
tantes des quantités d'hydrogène et d'oxigène sur lesquelles on a opéré à une température et à une pression
donnée, on a celles qui ont été consumées ; enfin, l'on
pèse exactement l'eau produite : l'on trouve ainsi, 1° qu'il
se consume deux fois autant de gaz hydrogène que de
gaz oxigène en volume ; 2° que ces gaz, en raison de leur
pesanteur spécifique, se combinent en poids dans le rapport de 11,71 d'hydrogène à 88,29 d'oxigène ; 3° que le
poids de l'eau produite est égal au poids d'oxigène et
d'hydrogène consumés, et que par conséquent l'eau n'est
formée que d'hydrogène et d'oxigène dans les rapports
que nous venons d'établir en volume et en poids (a).

---

(a) 1° On mesure facilement les gaz des cloches L, L', en remplissant
presque entièrement d'eau les vases CC et C'C', car ces vases s'élargis-
sant à leur partie supérieure, on distingue tout aussi bien le niveau
intérieur que s'ils étaient placés dans une cuve ; 2° on détermine également avec facilité la quantité d'oxigène que contient le ballon après
l'expérience, puisqu'elle est égale à la capacité du ballon qui est
connue, moins le volume de l'eau formée ; 3° on obtient sensiblement
ce volume en pesant le ballon tel qu'il est après l'expérience, et ensuite plein d'oxigène seulement, puisque la différence sera l'expression très-approximative du poids de l'eau formée, et que la pesanteur spécifique de l'eau est bien connue ; 4° enfin, quant au poids

Nous avons supposé dans ce que nous avons dit précédemment que les gaz oxigène et hydrogène étaient purs. Mais il arrive presque toujours qu'ils contiennent un centième ou un demi-centième de gaz azote, et l'on sait que l'hydrogène renferme lui-même constamment un atôme de carbone ; c'est pourquoi il se forme un peu de gaz acide carbonique et d'acide nitrique : c'est pourquoi aussi la combustion s'arrête d'elle-même, après avoir eu lieu pendant très-long-temps. Lorsqu'on se sert d'oxide de manganèse bien pur, ou de muriate sur-oxigéné de potasse, pour extraire l'oxigène, il est évident que l'azote ne peut provenir que de l'air qui reste adhérent aux parois des cloches L et L' ; de celui qui reste dans le ballon, parce que le vide n'est jamais exactement fait; et de celui que l'eau tient en dissolution. On évite en grande partie la présence de l'azote, en remplissant la cloche L et le ballon de gaz oxigène, et la cloche L' de gaz hydrogène; et en rejetant au-dehors les gaz des deux cloches par la pression, et celui du ballon par la pompe pneumatique. Mais comme il est impossible d'obtenir du gaz hydrogène entièrement privé de carbone, on ne peut éviter la formation du gaz acide carbonique. Le gaz hydrogène qu'on prépare avec le zinc, et qui paraît être le plus pur, forme, en brûlant, 0,003 de son volume de gaz acide carbonique, d'après M. de Saussure.

Nous avons aussi supposé que les gaz oxigène et hydrogène étaient secs : on les obtiendra facilement

_____

exact de l'eau, il sera évidemment le même que celui qui est exprimé par cette différence, moins le poids d'un volume d'oxigène égal au volume de l'eau.

tels, en les faisant passer dans des tubes contenant du muriate de chaux, avant leur introduction dans le ballon; ou bien on tiendra compte de la quantité de vapeur qu'ils contiennent, quantité qu'il sera facile de connaître, et qui dépend de leur volume et de leur température (125 *bis*).

Lorsqu'on ne se propose point de recueillir l'eau, et qu'on veut seulement s'assurer qu'il s'en forme dans la combustion du gaz hydrogène, on peut se contenter de remplir une vessie de ce gaz, d'adapter au robinet de cette vessie un tube de cuivre terminé par un très-petit trou, d'enflammer le jet qui se forme par la pression de la vessie, de le placer au-dessous d'une cloche bien sèche remplie d'air, ou mieux, de l'engager sous une cloche également sèche, mais remplie de gaz oxigène, et dont les bords plongent dans le mercure (*a*). A mesure que la combustion a lieu, l'eau se dépose sur les parois de la cloche et bientôt ruisselle.

288. *Usages.* — Il est peu de corps dont les usages soient aussi multipliés que ceux de l'eau.

A l'état solide, on l'emploie comme rafraîchissant, pour faire des froids artificiels, pour se procurer le zéro du thermomètre centigrade et de quelques autres, pour déterminer le calorique spécifique des corps, et en général pour estimer la quantité de calorique qui se dégage dans leur combinaison; enfin, on l'emploie, en médecine, comme un puissant sédatif.

---

(*a*) Pour introduire le jet enflammé sous la cloche pleine de gaz oxigène, il faut la pencher d'un côté, de manière que l'un de ses bords sorte du mercure.

A l'état de vapeur, on l'emploie comme force motrice dans les pompes à feu ; on s'en sert pour échauffer
les appartemens, en la faisant circuler sous le parquet
par des conduits en cuivre ; on commence aussi à en
faire un grand usage dans quelques fabriques, pour
échauffer des masses d'eau plus ou moins considérables :
pour cela, on fait bouillir de l'eau dans une chaudière,
au couvercle de laquelle on adapte des tuyaux qui vont
se rendre au fond des vases qui contiennent l'eau
froide. Ce procédé offre deux grands avantages ; c'est
qu'au moyen d'une seule chaudière et d'un seul foyer,
on peut échauffer 4, 5, 6 bains ou plus, et que ces
bains, au lieu d'être contenus dans des chaudières en
cuivre, le sont dans des cuviers de bois (*a*). Il paraît
que les viandes et les légumes cuits à la vapeur de l'eau
sont beaucoup plus tendres et plus savoureux que ceux
qu'on fait cuire dans l'eau liquide.

A l'état liquide, l'eau est employée dans les arts pour
séparer les substances dont la pesanteur spécifique est
très-différente ; c'est ainsi qu'en lavant des mines de fer
limoneuses, on enlève une grande partie de l'argile que
ces mines contiennent ; plus souvent encore, on l'emploie comme une force capable de produire les plus
grands effets ; c'est un aliment indispensable pour les
animaux et les végétaux ; c'est un agent dont les médecins tirent le plus grand parti en l'administrant inté-

(*a*) Il ne faut qu'une très-petite quantité de vapeur pour échauffer une grande quantité d'eau. En faisant passer 1 kilogramme de
vapeur à 100° à travers 5$^{kilog}$,66 d'eau à 0°, on obtiendrait
6$^{kilog}$.66 d'eau bouillante, s'il ne s'échappait aucune portion de
calorique des parois des vases (41).

rieurement et extérieurement ; l'eau se vaporise spontanément et passe dans l'atmosphère, d'où elle se précipite pour se vaporiser encore et se précipiter de nouveau ; elle s'infiltre à travers les terres, se rassemble
dans de grandes cavités souterraines, et en sort pour
former les sources, les rivières et les mers. Mais, de
tous les usages de l'eau liquide, les plus nombreux sont
ceux qu'elle remplit comme dissolvant. Les chimistes
s'en servent pour dissoudre une foule de corps et les
faire réagir les uns sur les autres ; ils opèrent ainsi des
séparations, des décompositions, et produisent enfin
une foule de phénomènes qu'il leur serait impossible
de produire d'une autre manière : aussi, dans un laboratoire de recherches, consomme-t-on une grande
quantité d'eau distillée, quoique, la plupart du temps,
on n'opère que sur quelques grammes de matière (*a*).
C'est sur la propriété dissolvante de l'eau que sont fondés
un grand nombre d'arts, l'art d'extraire le nitre, le sel
proprement dit, l'alun, le sulfate de fer, etc., et en
général la plupart des sels, du sein de la terre ; le sucre,
la gomme, les couleurs, des végétaux qui les recèlent ; la
colle forte, des matières animales qui la contiennent :
c'est aussi sur cette propriété que repose en partie l'art
de préparer le bleu de Prusse, l'acide nitrique, l'acide
sulfurique, l'art du blanchiment, l'art de préparer les
médicamens, et tant d'autres que nous ne nommerons
point.

Si nous considérons actuellement l'eau, soit à la surface, soit dans le sein de la terre, nous la trouverons

---

(*a*) On n'emploie presque jamais que de l'eau distillée, parce
que l'eau ordinaire contient toujours quelques corps étrangers qui
pourraient avoir de l'action sur ceux qu'on traite.

partout chargée d'une plus ou moins grande quantité
de matières de nature diverse, en raison du sol qu'elle
traverse, ou sur lequel elle coule. De là les sources
d'eaux douces et d'eaux minérales ; de là aussi l'explication qu'on peut donner de la formation des couches
cristallisées de sel marin, de sulfate de chaux, et des
autres sels qu'on rencontre çà et là dans le sein de la
terre. Ces sels ont été tenus en dissolution par les eaux ;
celles-ci se sont vaporisées, ont permis aux molécules
salines de se rapprocher, et ont donné lieu à une cristallisation plus ou moins régulière. C'est aussi de cette
manière que se forment les stalactites qu'on rencontre
dans un grand nombre de grottes : les eaux s'infiltrent à
travers la voûte, dissolvent une partie de la matière qui
la constitue, et déposent en partie cette matière pendant leur séjour dans la grotte.

Enfin, si nous examinons quel rôle l'eau joue dans la
végétation et l'animalisation, nous verrons que, constamment, ses principes peuvent être absorbés, et que
souvent elle sert à porter dans le sein du végétal et de
l'animal des alimens qui leur sont nécessaires, ou à ex-
haler de leur sein les matières superflues et nuisibles.
L'on voit donc que, dans le plus grand nombre de cas,
elle agit comme dissolvant, surtout dans les opérations
naturelles ou spontanées : aussi les anciens l'ont-ils appelée le grand dissolvant de la nature.

289. *Historique.*—Dès 1776, Macquer et Sigaud-La-
fond observèrent qu'il se déposait de l'eau sur les parois
des vases au-dessous desquels on faisait brûler le gaz
hydrogène. Au commencement de l'année 1781, Priestley ayant fait détonner un mélange de gaz hydrogène et
de gaz oxigène dans un vaisseau de verre, observa aussi

qu'après la détonnation, l'intérieur du vase était humide ;
mais aucun d'eux n'en conclut que l'eau était composée
d'hydrogène et d'oxigène. Ce fut Cavendisch qui, dans
l'été de la même année 1781, ayant répété l'expérience de Priestley avec un très-grand soin, et s'étant
procuré ainsi plusieurs grammes d'eau, osa le premier
en tirer cette conséquence. Cependant il était nécessaire, pour convaincre les esprits, de brûler de grandes
quantités de gaz hydrogène, de mesurer les proportions
de gaz hydrogène et de gaz oxigène qui se combi-
naient, et de prouver que leur poids était absolument
le même que celui de l'eau formée : c'est ce qu'essaya
Lavoisier en 1783, et ce qu'il exécuta avec Meunier
en 1785, au moyen des gazomètres dans un grand
ballon de verre (287). Bientôt après il confirma les résultats de cette importante expérience, en décomposant
l'eau par le fer (287) : alors la composition de l'eau
fut généralement mise au nombre des vérités bien dé-
montrées, et permit d'expliquer une foule de phénomènes dans lesquels l'eau se décompose, et qui, jusque
là, avaient été inexplicables (*a*).

Outre les travaux qui sont relatifs à la nature de
l'eau, on en a fait un grand nombre d'autres qui ont eu
pour objet l'étude de ses diverses propriétés. Presque
tous les chimistes s'en sont occupés, en sorte que l'eau
est l'un des corps les mieux connus.

_____

(*a*) Parmi ceux qui répétèrent l'expérience de Lavoisier, on doit
surtout citer M. Lefebvre-Gineau, au Collège de France ; Fourcroy,
MM. Vauquelin et Séguin : ceux-ci obtinrent jusqu'à 5 hectogrammes
d'eau parfaitement pure.

## *De l'Oxide de Carbone.*

290. *Propriétés.* — L'oxide de carbone est un gaz invisible et insipide, dont la pesanteur spécifique est de 0,96783. Ce gaz ne rougit point la teinture de tournesol, éteint les corps en combustion, et fait périr promptement les animaux qui le respirent.

291. Le gaz oxide de carbone n'éprouve aucune altération au plus haut degré de chaleur : on le soumet à cette épreuve en en remplissant une vessie, en le faisant passer dans un tube qui traverse un fourneau à réverbère, et le recevant dans une vessie vide, puis le faisant repasser de celle-ci dans la première ( *pl.* 23, *fig.* 3 ). Il n'a aucune action sur le gaz oxigène sec ou humide, à la température ordinaire ; mais, à la température rouge, il se combine avec la moitié de son volume de ce gaz, donne lieu à un volume égal au sien de gaz acide carbonique, et à un dégagement de calorique et de lumière. *Expérience :* On fait passer 100 parties de gaz oxide de carbone et 200 parties de gaz oxigène dans l'eudiomètre à mercure ; on enflamme le mélange par l'étincelle électrique ; on mesure le gaz, et l'on voit qu'il est réduit à 250 parties. Mettant ensuite en contact dans le tube gradué même ces 250 parties de gaz avec un peu d'hydrate de potasse et un peu d'eau (594), et agitant, on absorbe tout le gaz acide carbonique formé, et on obtient pour résidu tout l'oxigène en excès : l'on trouve ainsi qu'il s'est formé 100 parties d'acide, et qu'il y a eu 50 parties d'oxigène absorbées.

L'action du gaz oxide de carbone sur l'air est la même que sur le gaz oxigène, si ce n'est qu'elle est moins vive : il suit de là qu'en plongeant une bougie allumée dans du gaz oxide de carbone, en contact avec l'air, ce gaz doit s'enflammer et donner lieu à du gaz acide carbonique ; ce qui arrive en effet.

292. *Oxide de Carbone et Corps combustibles.* — Aucun corps combustible ne décompose à froid le gaz oxide de carbone : un très-petit nombre seulement le décompose à l'aide de la chaleur.

293. *Oxide de Carbone et Combustibles simples non métalliques.* — Comme le gaz oxide de carbone est le seul oxide que le charbon puisse former, on est certain que ce gaz ne peut être décomposé par ce corps combustible. Le phosphore et le soufre ne peuvent non plus décomposer le gaz oxide de carbone ; car les oxides et les acides de phosphore et de soufre peuvent être décomposés par le charbon. L'hydrogène lui-même est sans action sur le gaz oxide de carbone, ainsi que l'a démontré T. de Saussure (Journ. de Phys., t. 55). Le bore est donc le seul qui pourrait peut-être en opérer la décomposition ; mais cette décomposition n'a point été confirmée par l'expérience. En supposant qu'elle ait lieu, il en résultera du charbon et de l'acide borique.

294. *Oxide de Carbone et Métaux.* — Le potassium et le sodium sont les seuls métaux connus jusqu'ici qui puissent décomposer le gaz oxide de carbone : il en résulte un oxide de potassium ou de sodium, un dégagement de chaleur et de lumière; tout le gaz oxide disparaît s'il est pur, et tout le charbon qu'il contient est mis à nu. *Expérience :* On remplit de mercure une petite cloche de verre légèrement courbe; ensuite on y fait passer une certaine quantité de gaz oxide de car-

bone, et on porte un excès de métal à l'extrémité d'une
tige jusque dans sa partie courbe : puis on chauffe peu à
peu avec une lampe à esprit de vin. Lorsque la température est voisine du rouge cerise, on agite le métal avec
la tige, et bientôt le gaz est absorbé et décomposé rapidement. Il est probable que tous les autres métaux de la
première et de la seconde sections pourraient également
décomposer le gaz oxide de carbone ; peut-être même
que cette décomposition aurait lieu à froid.

Parmi les métaux des autres sections, il n'en est aucun qui soit dans le cas de décomposer le gaz oxide de
carbone ; car tous les oxides de ces métaux sont décomposés par le charbon : il n'y aurait tout au plus que
le fer qui ferait exception, parce qu'il tend à se combiner avec les deux élémens de l'oxide de carbone.

295. *Oxide de Carbone et Combustibles composés.*
— On n'a encore éprouvé l'action du gaz oxide de carbone sur aucun combustible composé non métallique ;
mais il est probable qu'ils se comporteraient tous avec
ce gaz comme leurs élémens, et que, par conséquent,
aucun n'en opérerait la décomposition.

296. Parmi les deux autres classes de corps combustibles composés, il n'y aura évidemment que ceux qui
contiennent du potassium ou du sodium, qui décomposeront le gaz oxide de carbone ; nous n'entrerons
dans aucun détail à cet égard : ce que nous venons de
dire doit suffire pour faire comprendre les phénomènes
qui pourront être produits.

297. *Etat naturel et Préparation.* — Jusqu'à présent, on n'a point encore trouvé le gaz oxide de carbone dans la nature.

On obtient le gaz oxide de carbone en chauffant un

mélange de fer en limaille et de carbonate de barite ou
de protoxide de barium, naturel ou artificiel, bien
sec (744) : le fer s'empare d'une portion de l'oxigène
de l'acide carbonique, se combine avec l'oxide de barium, tandis que le gaz oxide de carbone provenant
de l'acide carbonique désoxigéné n'ayant point d'affinité pour ces oxides, se dégage. On exécute cette opération de la manière suivante : On pulvérise le carbonate ; on le calcine pour chasser l'eau qu'il pourrait
contenir ; on le mêle avec son poids de limaille de fer ;
on introduit le mélange dans une cornue de grès assez
petite pour en être presque entièrement remplie ; on y
adapte un tube recourbé propre à recueillir les gaz sous
l'eau ; on la dispose comme on le voit ( *pl.* 3, *fig.* 1 ),
et on la porte peu à peu au rouge cerise : alors le gaz
oxide de carbone commence à se dégager; mais on ne
commence à le recueillir qu'après en avoir perdu une
certaine quantité, pour ne l'avoir pas mêlé avec de
l'air : on continue l'expérience en élevant de plus en
plus la température, jusqu'à ce que le dégagement des
gaz se ralentisse, ou s'arrête. La combinaison de l'oxide
de fer avec le protoxide de barium reste dans la cornue ; on n'y retrouve plus de carbonate, si le mélange
a été bien fait, et si la température a été assez élevée.

A défaut de carbonate de barite, on peut employer
plusieurs autres substances pour obtenir du gaz oxide
de carbone. En général, on en obtiendra toutes les
fois qu'on mettra en contact, à une haute température,
un excès de carbone avec l'oxigène ou le gaz acide carbonique ; ou bien encore avec des corps qui cèdent
difficilement l'oxigène ou l'acide carbonique qu'ils
contiennent. Mais, de tous les procédés, le meilleur,

après celui qui vient d'être décrit, consiste à chauffer ensemble un mélange de parties égales d'oxide de zinc et de charbon fortement calciné : l'oxide se réduit, et de là résulte du zinc qui se sublime et s'attache aux parois du col de la cornue, et beaucoup de gaz oxide de carbone, quelquefois même un peu de gaz acide carbonique (*a*). Cette expérience doit être faite comme la précédente, excepté qu'avant de recueillir les gaz sous l'eau, il faut les faire passer à travers une solution aqueuse de deutoxide de potassium, pour absorber la petite quantité de gaz acide carbonique qui peut se former.

Il faut dire actuellement pourquoi le premier procédé est plus sûr que le second : la raison en est fort simple ; c'est que le charbon, le plus fortement calciné, contenant encore de l'hydrogène (95), produira, dans sa calcination avec l'oxide de zinc, de l'hydrogène carboné ; au lieu que les carbonates de barite et le fer, ne contenant rien d'étranger, ne pourront produire que du gaz oxide de carbone. Cependant, comme la quantité d'hydrogène qui reste dans le charbon fortement calciné est très-petite, le gaz oxide de carbone provenant du charbon sera presque pur.

298. *Composition.*—100 de gaz oxide de carbone sont formés de 43 de carbone et de 57 d'oxigène en poids, et contiennent la moitié de leur volume de gaz oxigène. C'est ce qu'il sera facile de voir en observant que le gaz acide carbonique résulte de 27,37 de carbone et de

_____

(*a*) Il ne se forme probablement de gaz acide carbonique, que parce que le mélange de l'oxide et du carbone est mal fait, et que l'oxide est en excès dans quelques points.

72,63 d'oxigène en poids (347), ou de 100 de gaz oxide
de carbone et de 50 d'oxigène en volume ; que la pesanteur spécifique du gaz oxide de carbone est de
0,9569, et que celle du gaz oxigène est de 1,10359 (78).

*Historique.* — Il n'y a que treize ans que le gaz
oxide de carbone est connu : avant cette époque, on
croyait que, dans la réduction des oxides métalliques
par le charbon, il ne se formait que du gaz acide carbonique ; mais Priestley ayant reconnu que, dans celle
de l'oxide de zinc, il ne se formait que du gaz inflammable, et ayant annoncé que ce gaz était de l'hydrogène carboné, les chimistes s'empressèrent de répéter
cette expérience, d'autant plus que Priestley la re-
gardait comme inexplicable par la nouvelle théorie. On
vit, en effet, que le gaz qui provenait de l'action de
l'oxide de zinc sur le charbon était susceptible de s'enflammer ; mais on reconnut en même temps que c'était
un nouveau composé de carbone et d'oxigène, auquel
il ne manquait que de l'oxigène pour devenir acide carbonique. La nature de ce gaz fut reconnue tout à la fois
par Cruickshank en Angleterre ( Bibliot. britann.,
tomes 17 et 18), et par MM. Clément et Desormes en
France (Annales de Chimie, tome 39).

## De l'Oxide de Phosphore (a).

299. Cet oxide est solide, blanc, insipide ; son odeur
ressemble à celle du phosphore : sa pesanteur spécifique n'a point été déterminée.

Il entre moins facilement en fusion que le phosphore,

_____

(a) Plusieurs chimistes pensent qu'il existe deux oxides de phosphore, l'un blanc, et l'autre rouge ; mais il paraît que celui-ci est
un composé de phosphore et de carbone.

brûle rapidement dans le gaz oxigène et dans l'air, pour peu qu'on le chauffe.

*Oxide de Phosphore et Combustibles simples et composés.* — On n'a encore soumis l'oxide de phosphore qu'à l'action du potassium et du sodium. Cette expérience a été faite dans une petite cloche de verre courbe ; on a rempli cette cloche de mercure ; on y a fait passer une certaine quantité de gaz azote ; on y a introduit de l'oxide de phosphore et du potassium ou du sodium ; on a chauffé avec la lampe à esprit de vin : l'oxide a été décomposé avec chaleur et lumière, et il en est résulté de l'oxide de potassium et de sodium phosphoré.

Il est probable qu'à une haute température, le carbone décomposerait l'oxide de phosphore, puisqu'il désoxigène complètement l'acide phosphorique à cette température. Le bore serait probablement dans le même cas ; mais le soufre et l'azote ne peuvent point jouir de cette propriété. Nous ne présenterons aucune conjecture sur l'action des autres corps combustibles.

L'oxide de phosphore n'existe point dans la nature : on le prépare en mettant le phosphore à la température ordinaire, sous forme de cylindres d'un petit diamètre, dans un flacon presque plein d'eau, et renouvelant l'air de temps en temps : bientôt le phosphore perd sa transparence et se couvre d'une croûte blanche, qui n'est autre chose que l'oxide que l'on cherche à obtenir ; il se forme en même temps une certaine quantité d'acide phosphoreux qui reste en dissolution dans l'eau.

### Du Protoxide d'Azote.

3oo. *Propriétés.* — Le protoxide d'azote est un gaz

sans couleur, sans odeur, dont la saveur est légèrement sucrée, et dont la pesanteur spécifique est de
1,36293.

Ce gaz entretient la combustion mieux que l'air ; il
rallume même les bougies ou les allumettes qu'on y
plonge, pourvu qu'elles présentent quelques points en
ignition, ce qu'on explique très-bien en observant qu'il
contient beaucoup plus d'oxigène que l'air sous le même
volume, et qu'il est facilement décomposé par les
corps combustibles : cependant il est impropre à la respiration.

301. Lorsqu'on l'expose à l'action d'une chaleur
rouge, il se transforme en deutoxide d'azote et en azote,
qui, étant l'un et l'autre moins pesans que le protoxide
d'azote, occupent plus de volume que lui. Cette expérience se fait très-bien à l'aide de deux vessies, l'une
pleine de protoxide, et l'autre vide, et d'un tube de
porcelaine ou même de verre (*pl.* 23, *fig.* 3).

302. Le protoxide d'azote n'a point d'action sur
l'oxigène, à la température ordinaire : il n'en exerce
sur ce gaz, à une température élevée, que parce qu'il
se décompose, et qu'il en résulte du deutoxide qui,
avec l'oxigène, peut former de l'acide nitreux.

Son action, sur l'air atmosphérique, est la même que
sur le gaz oxigène.

303. *Protoxide d'Azote et Combustibles simples et
composés.* — Il est peu de corps combustibles qui ne
décomposent le protoxide d'azote : cependant ces décompositions n'ont lieu qu'à l'aide de la chaleur. Dans
tous les cas, le gaz oxigène se combine avec le corps
combustible, et l'azote est mis en liberté.

3o4. *Protoxide d'Azote et Combustibles simples non métalliques.* — Tous les combustibles simples, excepté le gaz azote, décomposent le protoxide d'azote : le gaz hydrogène en opère la décomposition à une chaleur rouge ; cette décomposition donne lieu à de l'eau, à un dégagement de gaz azote, et à un dégagement de calorique et de lumière. *Expérience* : On fait passer dans l'eudiomètre à mercure 1 partie de deutoxide d'azote et 3 parties de gaz hydrogène ; on excite une étincelle à travers le mélange ; il s'enflamme ; une grande quantité de gaz disparaît : le résidu est formé de l'excès d'hydrogène et de tout l'azote du protoxide. On peut, en remettant ce résidu dans l'eudiomètre et le faisant brûler avec un excès de gaz oxigène, déterminer la quantité de gaz azote qu'il contient : connaissant celui-ci, on en conclura la quantité du gaz oxigène qui entre dans le protoxide. On pourra donc, par ce moyen, analyser le protoxide. ( *Voyez* Analyse de l'Air, 125 *bis*, la manière de se servir de l'eudiomètre. )

3o5. Le bore, le carbone, le phosphore et le soufre décomposent aussi le protoxide d'azote à une chaleur rouge : le premier donne lieu à de l'acide borique fixe et à du gaz azote ; le deuxième à du gaz acide carbonique et à du gaz azote ; le troisième à de l'acide phosphorique et à du gaz azote phosphoré ; le quatrième à du gaz acide sulfureux et à du gaz azote. Toutes ces décompositions se font avec chaleur et lumière. Les deux premières s'opèrent avec l'appareil ( *pl.* 23, *fig.* 4). On introduit le gaz dans la vessie ; on place le bore ou le charbon dans le tube, et lorsque celui-ci est rouge, on tourne le robinet de la vessie et on fait passer le gaz peu à peu. On reçoit d'ailleurs les produits gazeux à l'aide d'un tube de verre, soit dans l'eau, soit dans le mercure.

On peut encore s'assurer que le charbon est susceptible de décomposer le protoxide d'azote en en plongeant un fragment incandescent dans un flacon rempli
de ce gaz : à l'instant même sa combustion devient plus
vive ; ce qu'on ne peut attribuer qu'à ce qu'il s'empare
de l'oxigène du protoxide. Cette manière d'opérer doit
être même préférée à l'autre, toutes les fois qu'on ne
veut point recueillir les gaz qui se dégagent. C'est également ainsi qu'il faut s'y prendre pour s'assurer que le
phosphore et le soufre peuvent brûler dans le protoxide
d'azote : on placera donc du phosphore ou du soufre
dans une petite capsule ou coupelle suspendue à un bouchon par le moyen d'un fil de fer (91) ; on allumera le
phosphore ou le soufre, et on les plongera dans un
bocal rempli de protoxide d'azote : la combustion du
phosphore sera extrêmement vive ; celle du soufre ne le
sera pas beaucoup plus que dans l'air ; elle n'aura même
lieu qu'autant que la température du soufre sera très-
élevée. On réussira constamment à la produire, si on
chauffe la petite capsule contenant le soufre, et si,
après avoir plongé cette capsule un instant dans le gaz
oxigène, on la plonge tout à coup dans le protoxide.

3o6. *Protoxide d'Azote et Métaux.* — Le potassium et le sodium décomposent le protoxide d'azote
bien au-dessous du rouge cerise : il se forme un protoxide, un deutoxide ou un peroxide, selon qu'il y a
plus ou moins de métal ; l'azote est mis en liberté et
passe à l'état de gaz ; beaucoup de calorique et de lumière sont produits ; souvent la décomposition est si
rapide, qu'elle a lieu avec une sorte d'explosion. *Expérience :* On remplit de mercure une petite cloche

courbe ; on y fait passer un peu plus de centilitre de protoxide d'azote, et on porte ensuite, dans sa partie courbe, environ 2 centigrammes de potassium, à l'aide d'une tige de fer; alors on chauffe peu à peu avec la lampe à esprit de vin : la combustion étant faite, si on mesure le résidu gazeux, on peut en conclure l'analyse du protoxide.

307. Le fer, le manganèse, le zinc, l'étain, décomposent le protoxide d'azote à une chaleur rouge : il est probable que la plupart des métaux de la quatrième section le décomposeraient aussi. Toutes ces expériences se font comme celles qui précèdent, et qui sont relatives à la décomposition du protoxide d'azote par le charbon et le bore.

308. On ne sait point si les métaux de la cinquième section sont capables de décomposer le protoxide d'azote; mais il est certain que ceux de la sixième ne peuvent pas le décomposer ; car leurs oxides se réduisent avec une facilité extrême et bien au-dessous de la chaleur rouge.

309. *Protoxide d'Azote et Combustibles composés.* — L'hydrogène phosphoré est le seul composé combustible non métallique qui ait été mis en contact avec le protoxide d'azote : son action a lieu à froid et avec une sorte d'explosion ; il en résulte de l'eau, de l'acide phosphorique et du gaz azote phosphoré. On ne saurait douter que la plupart des composés combustibles non métalliques ne soient capables d'opérer la décomposition du protoxide d'azote à l'aide de la chaleur.

310. Quoiqu'on n'ait encore éprouvé l'action d'aucun combustible mixte sur le protoxide d'azote, on peut assurer, jusqu'à un certain point, que ces corps

sont tous susceptibles de le décomposer à l'aide de la chaleur rouge, et de donner naissance à des produits qu'il est facile de prévoir.

311. Aucun alliage n'a été encore mis en contact avec le protoxide d'azote ; mais on peut juger de leur action sur ce gaz par celle des métaux qui les composent. Il est probable, en effet, que tous les alliages qui contiendront un ou plusieurs métaux capables de décomposer le protoxide d'azote isolément, le décomposeront réunis.

312. *Etat, Préparation, etc.* —.Le protoxide d'azote ne se trouve point dans la nature : on l'obtient en chauffant convenablement le nitrate d'ammoniaque desséché (909). On met 20 à 25 grammes de ce sel dans une très-petite cornue de verre, au col de laquelle on adapte un tube recourbé; on place cette cornue dans le laboratoire d'un fourneau ordinaire, et on en élève peu à peu la température : bientôt le nitrate fond, se décompose et se transforme en eau qui se condense, et en protoxide d'azote qui se dégage sous forme de gaz et qu'on recueille dans des flacons pleins d'eau. Il est essentiel, d'une part, de boucher ces flacons à mesure qu'ils se remplissent, parce que ce gaz est légèrement soluble dans l'eau ; et, d'une autre part, de ne pas faire trop de feu sous la cornue, parce que la décomposition serait trop vive, et aurait même lieu avec explosion à une température voisine du rouge brun : d'ailleurs, il est facile de concevoir ce qui se passe dans cette opération; il suffit, pour cela, d'observer que l'acide nitrique et l'ammoniaque, qui constituent le nitrate d'ammoniaque, sont formés, le premier, d'azote et d'oxigène, et le second, d'azote et d'hydrogène. Les deux

, principes de l'ammoniaque se combinent évidemment, savoir : l'hydrogène avec une certaine quantité de l'oxigène de l'acide nitrique, et l'azote avec cet acide en partie désoxigéné.

Le protoxide d'azote a été découvert par Priestley en 1776, et étudié par M. Berthollet en 1785 et par M. Davy ( Ann. de Chimie, T. 42 et suivans ). D'après M. Davy, il est formé de 100 d'azote et de 57,97 d'oxigène en poids ; ou, d'après M. Gay–Lussac, de 2 d'azote et de 1 d'oxigène en volume, proportion qui diffère à peine de la précédente, en raison de la pesanteur spécifique de ces gaz ( 2e vol d'Arcueil ).

### Du Deutoxide d'Azote.

313. *Propriétés.* — Le deutoxide d'azote est toujours à l'état de gaz, sans couleur, probablement sans odeur, sans action sur la teinture de tournesol ; sa pesanteur spécifique est de 1,0388 ; il éteint les corps en combustion et asphixie les animaux qui le respirent.

314. Le deutoxide d'azote est indécomposable par la chaleur : lorsqu'on le met en contact avec l'oxigène au-dessous de la température rouge, ces deux gaz se combinent constamment dans le rapport de 3:1, donnent naissance, à la moitié de leur volume, d'un gaz très–rouge qui est le gaz acide nitreux, et à un dégagement très-sensible de calorique. *Expérience :* On prend un ballon de cristal dont la capacité est connue, et au col duquel se trouve adapté un robinet lui-même en cristal, travaillé avec beaucoup de soin : on fait le vide dans ce ballon, et on le visse sur le robinet d'une cloche graduée pleine de mercure ; alors, au moyen de cette cloche, on introduit d'abord dans ce ballon la moitié

de son volume de gaz oxigène ; ensuite, après avoir fermé les robinets et avoir introduit dans cette cloche deux ou trois fois autant de deutoxide d'azote qu'en peut contenir le ballon, on ouvre les robinets d'une très-petite quantité ; puis, lorsque le mercure ne monte plus dans la cloche, on les ferme : le ballon étant revenu à la température de l'air ambiant, on les ouvre de nouveau ; on mesure le deutoxide d'azote restant dans la cloche, et l'on voit qu'il en est passé dans le ballon environ $1\frac{1}{2}$ fois son volume. Pour que l'expérience ait un plein succès, il faut que les gaz soient bien secs, parce que l'acide nitreux est soluble dans l'eau : par conséquent, on ne doit pas faire l'expérience sur l'eau. Il faut aussi éviter le contact du cuivre, de la résine, etc., dont l'action sur l'acide nitreux est très-grande : c'est pourquoi l'on ne se sert pas d'un ballon ordinaire.

Toute autre proportion de gaz oxigène et de deutoxide d'azote donnerait une condensation moins grande ; on obtiendrait un mélange de gaz acide nitreux et de deutoxide d'azote ou d'oxigène. Dans le premier cas, on pourrait séparer le gaz acide nitreux par l'eau ; dans le second, on ne le pourrait point, parce que le gaz oxigène et le gaz acide nitreux, qui seuls ne se combinent point ensemble, se combineraient probablement par le contact de l'eau.

On peut présumer qu'à une haute température, le deutoxide d'azote ne se combine point avec l'oxigène.

L'air n'agit sur le deutoxide d'azote que par l'oxigène qu'il contient.

Lorsqu'au lieu de mettre le deutoxide d'azote et l'oxigène en contact dans des vases vides, on les met

en contact sur l'eau, on observe de nouveaux phénomènes que nous devons examiner avec soin. Si l'oxigène est en excès, le deutoxide d'azote en absorbe la
moitié de son volume, et il se forme ainsi de l'acide
nitrique qui se combine avec l'eau. Si le deutoxide est
au contraire en excès, il n'absorbe que le tiers de son
volume d'oxigène, comme dans les vases vides, et par
conséquent donne lieu à de l'acide nitreux; mais cet
acide, au lieu de rester à l'état de gaz, se dissout dans
l'eau, d'où il suit que dans les deux cas, l'absorption
sera considérable : dans le premier, elle sera de 150
parties, en supposant qu'il y ait 100 parties de deutoxide d'azote et plus de 50 parties d'oxigène, et, dans
le deuxième, de 133,33, en supposant qu'il y ait 33,33
d'oxigène et plus de 100 parties de deutoxide d'azote.
De là résulte un moyen très-simple de faire l'analyse
de l'air avec le deutoxide d'azote, puisque, en employant un excès de ce deutoxide, on est sûr d'absorber
tout l'oxigène de l'air, de ne former que de l'acide nitreux, et, par conséquent, d'obtenir une absorption
dont le quart représente le volume de l'oxigène. Cependant, pour que l'expérience ait un plein succès, il
ne faut point agiter le mélange avec l'eau, parce qu'on
dissoudrait un peu de deutoxide d'azote : or, comme
dans un tube étroit le mélange des deux gaz et l'absorption qui en résulte ne seraient rapides que par
l'agitation, il faut se servir d'un vase large pour
mettre les gaz en contact, et faire l'opération de la manière suivante : On mesure successivement 100 parties
d'air et 100 parties de deutoxide d'azote dans un tube
gradué, et on les introduit dans un gobelet plein d'eau;
il se forme une vapeur rouge qui n'est autre chose que

de l'acide nitreux, et qui s'absorbe complètement dans l'espace d'une minute au plus : au bout de ce temps, on fait passer le résidu dans le tube gradué pour le mesurer ; et on le retranche des 200 parties sur lesquelles on a opéré. On trouve ainsi que l'absorption est d'environ 84 parties, lesquelles représentent 21 d'oxigène : les 116 autres parties non absorbées sont un mélange de 79 parties de gaz azote provenant de 100 parties d'air, et de 37 parties de deutoxide d'azote non absorbées.

M. Gay-Lussac, qui, le premier, a employé avec succès le deutoxide d'azote pour analyser l'air, a fait construire un petit appareil fort commode pour cette sorte d'analyse ; il est représenté ( *pl.* 5 , *fig.* 6 ) ; il consiste en un tube gradué A, dont la partie inférieure est entourée d'une virole dd en laiton, rodée et légèrement conique, et en un vase de verre cylindrique CC, surmonté de la pièce de cuivre EE qui se termine par un goulot évasé et rodé , susceptible de recevoir à frottement l'extrémité dd du tube A. On mesure les gaz dans le tube A ; on les fait passer dans le vase CC plein d'eau ; ensuite on plonge le tube A dans l'eau , et on fait entrer son extrémité dd dans le goulot de la pièce EE ; puis on renverse l'appareil, de sorte qu'il se trouve dans la position indiquée par la *fig.* 7 , *pl.* 5. Le résidu passe nécessairement, par ce moyen, dans le tube gradué A, où on en apprécie facilement le volume. A la vérité, comme le niveau intérieur de l'eau est un peu au-dessus du niveau extérieur, le gaz est un peu plus dilaté après l'expérience qu'auparavant ; mais cette légère erreur se trouve compensée par la petite quantité de deutoxide d'azote qui se dissout dans l'eau.

315. *Deutoxide d'Azote et Corps combustibles.* —

Le deutoxide d'azote n'est décomposé à la température ordinaire par aucun corps combustible ; mais il l'est
à une chaleur rouge par un assez grand nombre. L'oxigène est absorbé et l'azote est mis en liberté.

316. *Deutoxide d'Azote et Combustibles simples
non métalliques.* — Lorsqu'on introduit, au moyen
d'une petite capsule ou coupelle (91), du phosphore enflammé dans un flacon plein de deutoxide d'azote, il
brûle avec une vive lumière, et donne lieu à de l'acide
phosphorique et à de l'azote phosphoré. Un charbon incandescent mis de la même manière en contact avec ce
gaz, ne tarde point à s'éteindre : cependant, si l'on fait
passer du deutoxide d'azote dans un tube de porcelaine
rouge contenant du charbon, il en résulte du gaz azote
et du gaz acide carbonique ou de l'oxide de carbone
(*pl.* 23, *fig.* 3). L'hydrogène paraît être sans action sur
le deutoxide d'azote ; du moins un mélange de ces deux
gaz n'est point altéré par l'électricité ou par une chaleur
rouge cerise. En plongeant du soufre en vive combustion dans le deutoxide d'azote, il s'éteint tout à coup. Le
gaz azote ne saurait décomposer le deutoxide d'azote,
puisqu'il ne pourrait se former que du protoxide, et
que celui-ci, soumis à l'action de la chaleur, se transforme en azote et en protoxide. On ne sait point comment le bore se comporterait avec le deutoxide d'azote :
il est probable qu'il en opérerait la décomposition.

317. *Deutoxide d'Azote et Métaux.* — Le deutoxide d'azote, mis en contact avec le potassium, donne
lieu à des produits qui varient en raison de la quantité
de matière respective sur laquelle on opère, et du
temps que dure le contact. Si le potassium est en excès,
on n'obtient que du protoxide de ce métal et du gaz
azote ; si le deutoxide d'azote est au contraire en excès,

on obtient d'abord du peroxide de potassium qui est jaune, et du gaz azote; ensuite, à mesure que la température diminue, le peroxide de potassium absorbe le deutoxide d'azote, et de là résulte un nitrite de deutoxide de potassium qui est blanc. On reconnaît ce sel à la propriété qu'il a de faire brûler vivement les charbons rouges, d'être décomposé par l'acide sulfurique, et de dégager du gaz acide nitreux. La décomposition du gaz oxide se fait tantôt subitement et tantôt successivement, toujours avec chaleur et lumière. On ignore encore la cause de cette différence d'action. Dans le premier cas, cette décomposition ne serait point sans danger si on opérait sur quelques décigrammes de potassium. *Expérience :* On remplit de mercure une petite cloche de verre courbe; on y fait passer le deutoxide d'azote; ensuite on y porte le potassium et on chauffe peu à peu avec la lampe à esprit de vin ( *pl.* 20, *fig.* 3 ). Bientôt le métal fond, brûle, devient jaune chocolat en passant à l'état de peroxide, et blanc en passant à celui de nitrite. Cette nouvelle transformation étant opérée, le gaz cesse d'être absorbé. Celui qui reste n'équivaut point en volume à la moitié de celui qui a été employé, et est un mélange de gaz azote et de deutoxide d'azote.

Quoique le sodium ait une grande affinité pour l'oxigène, il ne décompose point le deutoxide d'azote à la chaleur de la lampe. On ne saurait douter qu'à une chaleur rouge, il n'en opérât la décomposition; car le fer, à cette température, est susceptible de le décomposer.

318. Le fer est le seul des métaux de la troisième section dont on ait constaté l'action sur le deutoxide d'azote. Il le décompose à l'aide d'une chaleur rouge, s'oxide et met l'azote du deutoxide en liberté. Cette décomposition s'effectue dans l'appareil ( *pl.* 23, *fig.* 4 ). On met le gaz

dans la vessie; le fer, en fil, dans le tube de porcelaine; et on recueille le gaz par le tube de verre, dans des flacons pleins d'eau. Il serait possible de faire passer le deutoxide seulement à l'état de protoxide, en ménageant la chaleur; par exemple, en ne la portant pas tout à fait jusqu'au rouge. Le manganèse, le zinc, l'étain, et plusieurs des métaux de la quatrième section, sont sans doute susceptibles de décomposer le deutoxide d'azote; mais on peut regarder comme certain que l'osmium, le mercure et les métaux de la dernière section, n'en opèrent point la décomposition.

320. *Deutoxide et Composés combustibles.* — On n'a éprouvé l'action d'aucun de ces composés sur le deutoxide d'azote. Il est probable que la plupart de ceux dont les élémens sont susceptibles d'opérer la décomposition du deutoxide d'azote, opéreraient eux-mêmes cette décomposition.

322. *Etat et Préparation.* — On n'a point encore trouvé le deutoxide d'azote dans la nature. Pour le préparer, on prend un flacon de verre à deux tubulures, d'environ un quart de litre de capacité; on y introduit à peu près 50 à 60 grammes de tournure de cuivre; on adapte à l'une des tubulures un tube recourbé propre à recueillir les gaz et un tube droit à l'autre (*voyez pl.* 20, *fig.* 1); on verse par le tube droit, au moyen d'un petit entonnoir, environ 80 à 100 grammes d'acide nitrique à 17° ou 18° de l'aréomètre de Beaumé; et on engage l'extrémité du tube recourbé sous une cloche pleine d'eau. La réaction ne tarde point à avoir lieu: elle est telle qu'il se forme, d'une part, du deutoxide d'azote qui se dégage à l'état de gaz, et, d'autre part, du deuto-nitrate de cuivre qui est bleu, et qui reste en dissolution dans le flacon. Il suit de là que l'acide nitrique se partage en

deux parties; l'une cède une certaine quantité de son
oxigène au cuivre, et passe à l'état de deutoxide d'azote,
tandis que l'autre, se combinant avec le cuivre oxidé,
forme le deuto-nitrate de cuivre. Les premières portions
de gaz qui se dégagent ne doivent point être recueillies;
elles contiennent tout à la fois du gaz azote provenant de
l'air des vases, et du gaz acide nitreux provenant de l'action du deutoxide d'azote sur l'oxigène de cet air : aussi
aperçoit-on d'abord des vapeurs rouges. Non-seulement
on doit laisser perdre les gaz tant qu'elles existent, mais
encore quelque temps après qu'elles ont disparu. Les
gaz sont reçus dans des cloches ou des flacons pleins
d'eau. On en obtient un assez grand nombre de litres
avec les quantités de matières prescrites.

323. *Composition.* — Le deutoxide d'azote est formé
en poids, selon M. Davy, de 100 d'azote et de 127,01
d'oxigène; et, selon M. Gay-Lussac, de 100 d'azote et
de 116,36 d'oxigène, ou, ce qui est la même chose, d'a-
près la pesanteur spécifique de ces deux gaz, de parties égales en volume de l'un et de l'autre.

*Historique.* — Le deutoxide d'azote a été découvert
par Hales, et étudié surtout par Priestley, par M. Davy
( Rech. sur les combinaisons de l'azote avec l'oxigène,
Ann. de Chim., t. 42 et suivans), par M. Gay-Lussac
( 2ᵉ vol. d'Arcueil), et proposé par lui pour analyser l'air.

### DES ACIDES.

324. Les acides qui résultent de la combinaison des
corps combustibles non métalliques sont au nombre de
huit, savoir : l'acide borique, l'acide carbonique, les
acides phosphorique et phosphoreux, sulfurique et sulfureux, nitrique et nitreux. Outre ces huit acides,
on en admet quatre autres qu'on peut regarder comme

formés, ainsi que les précédens, d'oxigène et d'un corps combustible; mais, quelqu'effort qu'on ait pu faire jusqu'à present pour isoler ces corps, on n'y est point parvenu. Six de ces douze acides sont naturellement à l'état de gaz; ce sont les acides carbonique, sulfureux, nitreux, muriatique, muriatique oxigéné et muriatique suroxigéné. Deux sont solides, les acides borique et phosphorique; les quatre autres, c'est-à-dire, les acides phosphoreux, sulfurique, nitrique et fluorique, sont liquides. Tous les acides rougissent la teinture de tournesol, excepté l'acide muriatique oxigéné, qui la détruit. Les acides carbonique et borique la rougissent faiblement et ont peu de saveur; les autres la rougissent fortement, sont très-sapides et même caustiques: trois seulement sont colorés, l'acide nitreux en rouge, et les acides muriatique oxigéné et suroxigéné en jaune verdâtre. Nous n'exposerons les autres propriétés dont ils jouissent qu'en parlant de chacun d'eux : nous examinerons ces acides dans l'ordre que nous avons suivi pour l'étude de leurs radicaux, en plaçant toutefois à la fin ceux dont les radicaux sont inconnus (*a*).

---

(*a*) Cinq de ces acides, savoir, les acides sulfurique, nitreux, phosphoreux, fluorique et muriatique, n'ont encore pu être obtenus que combinés avec l'eau ou d'autres corps. Peut-être devrait-on appeler leur combinaison avec l'eau acide hydro-sulfurique, acide hydro-nitrique, etc., et non point seulement acide sulfurique, etc., comme on l'a fait jusqu'ici. Sans la présence de l'eau, l'acide phosphoreux serait probablement solide; l'acide fluorique, l'acide sulfurique et nitrique gazeux; peut-être même que ces deux derniers ne pourraient point exister (642) : on ne peut pas prévoir sous quel état serait l'acide muriatique pur. L'acide muriatique oxigéné jouissant à peine des caractères acides, nous le nommerons seulement gaz muriatique oxigéné.

## De l'Acide borique.

**325. Propriétés.** — L'acide borique est un corps solide et sans couleur; il n'a qu'une faible saveur, et rougit légèrement la teinture de tournesol. Dissous dans l'eau chaude, il cristallise, par le refroidissement, en petites paillettes brillantes et douces au toucher.

**326.** Soumis à l'action d'une forte chaleur, l'acide borique fond, se vitrifie, et donne lieu à un verre blanc et transparent; au-dessous de la chaleur rouge, il commence à peine à se ramollir; à ce degré de chaleur, sa fusion est pâteuse; à un degré de chaleur beaucoup plus élevée, elle est parfaite, et telle qu'il coule alors presque comme de l'eau; à quelque chaleur qu'on l'expose, il ne se volatilise pas. *Expérience :* On peut fondre l'acide borique, soit dans un creuset de terre, soit dans un creuset de platine; on met cet acide dans le creuset, on le recouvre de son couvercle, on le dispose sur un cylindre de terre dans un fourneau, et on chauffe.

**326 *bis*.** Lorsqu'après avoir humecté légèrement la surface de l'acide borique vitreux, on le met en contact avec les extrémités d'une pile très-forte, de telle manière que les deux fils positif et négatif soient très-près l'un de l'autre, il se manifeste à l'extrémité du fil négatif une petite tache brune que l'on peut attribuer, d'après M. Davy, à un peu de bore mis à nu : d'où il suit qu'alors l'acide borique serait décomposé, et que, tandis que son radical se réunirait au pôle négatif, son oxigène se rassemblerait au pôle positif. Cependant il est de fait que, quelle que soit la force de la pile, on ne peut décomposer ainsi que des traces d'acide ( Voyez Recherches physico-chimiques, t. 1).

**327.** L'acide borique n'a d'action, soit à froid, soit à

chaud , ni sur le gaz oxigène, ni sur l'air bien secs; car on peut conserver indéfiniment de l'acide borique dans un flacon plein de ces gaz sans les altérer ; et l'on peut tenir cet acide en contact avec l'air, indéfiniment aussi , à une température quelconque; par exemple, dans un creuset de platine, sans qu'il perde rien de ses qualités. Si ces gaz étaient humides, ou s'ils contenaient de la vapeur d'eau, et si l'acide était en verre transparent, il en absorberait une portion à la température ordinaire, et deviendrait opaque ou *s'effleurirait.* On conçoit qu'à une température élevée, loin d'en absorber, il céderait celle qu'il pourrait contenir.

328. *Acide borique et Corps combustibles.* — Le bore a une si grande affinité pour l'oxigène, que l'acide borique n'est décomposé que par un très-petit nombre de corps combustibles. Ces décompositions ne se font jamais qu'à une très-haute température.

329. *Acide borique et Combustibles simples non métalliques.* — Le carbone n'a d'action a aucune température sur l'acide borique ; du moins lorsqu'on mêle cet acide en poudre avec un grand excès de charbon, et qu'on expose ce mélange dans un creuset couvert à un feu de forge pendant plusieurs heures , cet acide ne se décompose pas: car en traitant ce mélange par l'eau bouillante, filtrant et faisant évaporer la liqueur, on retrouve l'acide borique tout entier dans le vase évaporatoire. Il est probable d'après cela, que l'hydrogène et le phosphore, et à plus forte raison le soufre, ne pourraient point opérer la décomposition de cet acide; d'ailleurs, on sait que le gaz azote est sans action sur l'acide borique comme sur tous les corps brûlés.

330. *Acide borique et Métaux.* — Lorsqu'on met en contact parties égales d'acide borique et de potassium

ou de sodium un peu au-dessous du rouge brun, il en résulte du bore et du sous-borate de deutoxide de potassium ou de sodium : l'acide borique est donc seulement en partie décomposé. Quand bien même on emploierait un grand excès de métal, la décomposition totale de l'acide n'aurait pas lieu. Cet effet est dû à ce que l'acide borique, qui seul est susceptible d'être décomposé par ces métaux, cesse de l'être une fois qu'il est uni à leurs oxides. La décomposition de l'acide borique par le potassium se fait avec chaleur et lumière; celle de l'acide borique par le sodium, ne se fait qu'avec dégagement de chaleur, et à une température plus élevée. *Expérience :* On prend un tube de verre, large d'environ 3 à 4 millimètres, et long d'environ 6 ou 7 centimètres; on le ferme à la lampe par l'une de ses extrémités; on introduit successivement dans ce tube environ un décigramme de métal qu'on coupe en fragmens avec un couteau, et autant ou plus d'acide borique fondu et pulvérisé. Ensuite, saisissant le tube avec une pince, on l'expose à l'action d'un feu capable de le faire rougir légèrement au bout d'un certain temps. Avant qu'il ne soit porté à ce degré de chaleur, la réaction s'opère et donne lieu à une masse d'un vert noirâtre, qui est un mélange de bore et de sous borate de deutoxide du métal. Si, après avoir laissé refroidir le tube, on le casse; et si, après avoir détaché la matière, on la fait chauffer avec de l'eau, on dissout le sous-borate de deutoxide de potassium ou de sodium, et on obtient le bore sous forme de flocons.

331. C'est en traitant ainsi l'acide borique par le potassium ou le sodium, qu'on parvient à se procurer ce nouveau corps combustible; mais alors au lieu d'opérer sur un décigramme de métal et d'acide, on peut opérer sur plusieurs grammes de ces deux corps. L'opération

se fait de la même manière que la précédente, à quelques modifications près que nous allons indiquer. Il vaut mieux se servir d'un tube de cuivre que de verre, parce que celui-ci peut se briser ou entrer en fusion, et faire corps avec la matière au moment de la décomposition. On doit autant que possible multiplier les points de contact de l'acide avec le métal ; à cet effet, on met successivement dans le tube une portion de métal et une portion d'acide ; cela fait, on bouche le tube avec un bouchon de liége auquel on a pratiqué une légère fissure, afin d'empêcher l'air de se renouveler, et de permettre au gaz qui pourrait se produire de se dégager. On place ce tube dans un fourneau, et on met des charbons rouges tout au tour, jusqu'au point de le faire rougir légèrement. On le retire du feu ; lorsqu'il est froid, on y verse de l'eau à plusieurs reprises, jusqu'à ce que la matière soit dissoute ou détachée ; on fait chauffer l'eau à chaque fois pour faciliter la réaction ; on rassemble toutes les eaux de lavage dans un flacon ; on les laisse déposer ; on décante la liqueur surnageante qui tient en dissolution le sous-borate, et on lave le résidu par décantation à plusieurs reprises, ou plutôt jusqu'à ce que la liqueur ne verdisse plus le sirop de violettes. A cette époque, on fait sécher peu à peu le bore dans une capsule, et on le conserve dans un flacon à l'abri du contact de l'air.

332. Aucun des métaux appartenant aux quatre dernières sections ne décompose l'acide borique.

333. *Acide borique et Composés combustibles.* — On n'a encore examiné l'action d'aucun de ces composés sur l'acide borique ; mais il est probable, 1° que les composés combustibles non métalliques n'ont aucune action

sur lui, puisque leurs élémens n'en ont point eux-
mêmes (329) ; 2° que parmi les composés combustibles
mixtes et les alliages, il n'y a tout au plus que ceux qui
contiennent du potassium et du sodium, qui seraient
susceptibles d'en opérer la décomposition.

334. *État.* — L'acide borique existe libre dans les
eaux de plusieurs petits lacs de Toscane. Il y a été découvert, en 1776, par MM. Oëfer et Mascagni. On le trouve
même à l'état concret dans les terres qui entourent ces
lacs. Ceux qui contiennent le plus de cet acide sont les
lacs de Castel-Nuovo, de Monte-Cerboli et de Cher-
chiajo. On trouve aussi cet acide dans plusieurs lacs des
Indes ; mais il paraît que dans ces lacs, il est toujours
combiné avec un excès de soude, ou de deutoxide de
sodium. C'est même de ces lacs que le commerce tire
tout le borax ou sous-borate de soude dont on a besoin
dans les arts.

335. *Préparation.* — On extrait l'acide borique du
sous-borate de soude, que l'on trouve en grande quantité dans le commerce (741). On le pulvérise dans un
mortier quelconque, bien propre; on le fait chauffer avec
environ trois fois son poids d'eau ; lorsque le borate
est dissout, ce qui a lieu presqu'aussitôt que l'eau commence à bouillir, on y verse, peu à peu, un assez grand
excès d'acide sulfurique du commerce, et on agite à mesure la liqueur. Le sous borate est décomposé; il en résulte un sulfate acide de soude qui est très-soluble, tandis
que l'acide borique qui est mis en liberté, se précipite, par
le refroidissement, sous forme de lames souvent très-
larges. La liqueur étant complètement refroidie, on la
filtre ; on laisse bien égoutter le résidu, et on le lave
avec de l'eau froide : mais comme l'acide borique ainsi

obtenu contient encore de l'acide sulfurique, il faut le
purifier, en le fondant dans un creuset de Hesse, après
l'avoir desséché dans une étuve. A cet effet, on fait
rougir un creuset, et on y projette successivement
l'acide borique ; lorsqu'il est en fusion parfaite et tranquille, on le coule dans une bassine d'argent. A la rigueur, on pourrait encore soupçonner dans cet acide
fondu la présence de quelques corps étrangers qui pro-
viendraient de ce que l'acide borique cristallisé n'aurait pas été privé de tout le sulfate acide de soude et
d'une petite quantité de terre du creuset : s'il en était
ainsi, il faudrait le dissoudre dans plusieurs fois son
poids d'eau bouillante, et le faire cristalliser de nouveau par le refroidissement ; le dessécher, et le fondre
non plus dans un creuset de terre, mais dans un creuset de platine, et le couler (*a*). Dans tous les cas, on le
conserve à l'abri du contact de l'air, afin de s'opposer à
son efflorescence : en évaporant les eaux mères des
deux opérations, on en retire de l'acide borique ; celui
des premières est très-impur ; celui des secondes est
presque pur (*b*).

*Composition.* — L'acide borique est probablement
formé de l'union de deux parties de bore et d'une
partie d'oxigène (Recherches physico-chimiques, t. 1) :
du moins, en traitant 100 parties de bore par un

_____

(*a*) On ne doit se servir de creuset de platine pour fondre l'acide
borique qu'autant que cet acide ne contient point d'acide sulfurique,
car s'il en contenait, le creuset pourrait être percé.

(*b*) L'acide sulfurique concentré produit une si vive ébullition au
moment où on le verse dans une dissolution très-chaude de sous-
borate de soude, qu'il y aurait du danger à en verser beaucoup à la
fois.

excès d'acide nitrique à l'aide d'une chaleur convenable, on obtient 150 parties d'acide borique pur ; dans cette opération, le bore s'empare de l'oxigène de l'acide nitrique, qui passe ainsi à l'état d'oxide d'azote ou d'azote. Ceux-ci se dégagent avec l'acide nitrique non décomposé.

*Usages.* — On emploie l'acide borique pour fondre et analyser les pierres gemmes qui contiennent de la potasse ou de la soude, et pour faire la plupart des borates : on l'employait autrefois en médecine comme sédatif.

*Historique.* — Découvert en 1702, par Homberg, en distillant un mélange de sous borate de soude et de sulfate de fer. Extrait pour la première fois du sous borate de soude au moyen des acides, par Lémeri le jeune. Regardé jusque dans ces derniers temps comme un corps simple. Décomposé et recomposé en 1808, par MM. Gay-Lussac et Thenard. Appelé jusqu'à la création de la nouvelle nomenclature, sel sédatif ou narcotique, en raison des propriétés qu'on lui attribuait ; appelé alors acide boracique, nom tiré de celui du borax, que portait, et que porte encore dans le commerce le sous borate de soude d'où on l'extrait ; appelé acide borique depuis qu'on a trouvé qu'il était formé d'oxigène et d'un corps combustible particulier, auquel on a donné le nom de bore.

## De l'Acide carbonique.

336. *Propriétés.* — L'acide carbonique est toujours à l'état de gaz et invisible ; sa saveur est légèrement aigre, et son odeur légèrement piquante ; il ne rougit que faiblement la teinture de tournesol ; il éteint les corps en combustion, et asphyxie sur-le-champ les ani-

maux qu'on y plonge. Sa pesanteur spécifique est de
1,5196 L'acide carbonique étant plus pesant que l'air,
peut être versé d'un flacon dans un autre, à la manière de l'eau. Soient deux éprouvettes, l'une pleine d'air,
l'autre pleine de gaz acide carbonique ; si on incline
celle-ci sur l'autre, comme on le ferait d'abord pour y
verser de l'eau, et si on la renverse ensuite de manière
à adapter les ouvertures des deux éprouvettes, on trouvera quelques secondes après que l'éprouvette qui était
pleine d'air sera pleine d'acide carbonique, et que celle
qui était pleine d'acide carbonique sera pleine d'air : ce
qu'on reconnaîtra en y plongeant des bougies allumées.
Il ne faudrait pas conclure de cette expérience, que
le gaz acide carbonique dans un air tranquille occu-
perait toujours la partie inférieure ; car les gaz dont
la pesanteur spécifique est très-différente, finissent par se
mêler lors même qu'ils ne communiquent ensemble que
par un tube très-étroit (Berthollet, Mém. d'Arcueil, t. 2).

337. Le gaz acide carbonique résiste à la plus forte
chaleur que nous puissions produire. Il n'a aucune action
chimique ni sur le gaz oxigène, ni sur l'air à une température quelconque.

339. *Acide carbonique et Corps combustibles.* —
L'acide carbonique n'est décomposé à froid par aucun
corps combustible, excepté peut-être par le potassium.
Il n'est décomposé à l'aide de la chaleur que par un
petit nombre ; souvent il ne cède qu'une portion de son
oxigène au corps combustible, et passe à l'état d'oxide
de carbone ; quelquefois il le cède tout entier, et est
réduit à l'état de carbone : rarement la décomposition
s'en opère avec lumière, parce que, dans le gaz acide
carbonique, l'oxigène est déjà très-condensé.

340. *Acide carbonique et Combustibles simples non métalliques.* — Tous ces corps, excepté le bore et le phosphore, ont été mis en contact avec le gaz acide carbonique. Le soufre et l'azote ne le décomposent pas : l'hydrogène et le carbone le décomposent. Le premier enlève une portion d'oxigène à cet acide et donne lieu à de l'eau et à du gaz oxide de carbone ; le deuxième agit de la même manière que l'hydrogène, passe à l'état de gaz oxide de carbone, et ramène l'acide carbonique à cet état. Ces deux décompositions ne se font qu'à une très-haute température, et l'on peut regarder comme certain qu'elles ont lieu sans dégagement de lumière. *Expérience :* on décompose le gaz acide carbonique par le gaz hydrogène dans l'appareil (*pl.* 23, *fig.* 4). On met 2 parties de gaz hydrogène et 1 partie de gaz acide carbonique dans la vessie ; on porte le tube de porcelaine au rouge ; on y fait passer le mélange gazeux peu à peu ; l'eau se condense dans le petit tube de verre qui, pour cela, doit être très-long et entouré d'un mélange de sel et de glace. Le gaz oxide de carbone se rend, avec l'excès de gaz hydrogène, et avec une portion d'eau non condensée, dans des flacons pleins de mercure ou d'eau.

Quant à la décomposition du gaz acide carbonique par le charbon, on l'opère de la même manière que par le fer (voy. page suivante).

Il est probable que le bore décomposerait l'acide carbonique, et que le phosphore ne le décomposerait pas ; car le carbone n'enlève pas la plus petite portion d'oxigène à l'acide borique, même à une très-haute température, tandis qu'il désoxigène complètement l'acide phosphorique (351).

341. *Acide carbonique et Métaux.* — Le potassium et le sodium décomposent le gaz acide carbonique, le premier avec dégagement de calorique et de lumière, et le deuxième avec dégagement de calorique seulement; le métal s'oxide et le carbone est mis à nu; l'acide carborique est complètement décomposé, si le potassium ou le sodium sont en excès; dans le cas contraire, il est en partie absorbé. *Expérience :* On remplit de mercure une petite cloche de verre légèrement courbe; on y fait passer environ un centilitre de gaz acide carbonique, puis on y introduit 4 à 5 centigrammes de potassium, et on chauffe fortement avec la lampe à esprit de vin. Le métal perd son brillant; on l'agite avec la tige; il devient pâteux, et dès-lors la décomposition ne tarde point à se faire. Une fois qu'elle est faite, on peut séparer le carbone des autres produits par l'eau, ce corps étant le seul qui ne s'y dissolve pas.

342. Le fer est le seul des métaux de la troisième section dont on ait constaté l'action sur le gaz acide carbonique. Il est prouvé qu'il le décompose au-dessus de la chaleur rouge, et qu'il résulte de cette décomposition du gaz oxide de carbone et de l'oxide de fer. Quand bien même l'acide carbonique serait en excès, il ne se formerait point de carbonate, parce que cet acide ne peut s'unir avec l'oxide de fer qu'au-dessous de la chaleur rouge. *Expérience :* On fait passer un tube de porcelaine à travers un fourneau; on introduit dans ce tube une certaine quantité de fil de fer très-fin, et on adapte à ses extrémités deux vessies, l'une vide, l'autre pleine de gaz acide; ensuite on porte peu à peu le tube jusqu'au rouge, et on fait passer, par une légère pression,

le gaz de la vessie pleine dans la vessie vide, puis de celle-ci dans la première. (Voy. *pl.* 23. *fig.* 3.)

Il est probable que le zinc, le manganèse jouissent aussi, comme le fer, de la propriété de décomposer le gaz acide carbonique, et de le transformer en gaz oxide de carbone, à une très-haute température, et qu'aucun des métaux des trois dernières sections ne jouit de cette propriété.

344. *Acide carbonique et Combustibles composés.* — On n'a point encore fait d'expérience pour déterminer l'action de ces sortes de composés sur le gaz acide carbonique ; mais il est permis de présumer que les gaz hydrogène carboné, phosphoré, sulfuré, en opéreraient la décomposition à une haute température, et le transformeraient en gaz oxide de carbone ; que l'hydrogène arséniqué et telluré, que les hydrures métalliques, le borure et le carbure de fer, l'opéreraient également, et que ces diverses décompositions se feraient tantôt par l'un ou l'autre des élémens de ces composés, tantôt par les deux à la fois. Enfin, on peut présumer qu'il en serait de même des alliages dont les métaux ont beaucoup d'affinité pour l'oxigène, et particulièrement de ceux qui sont à base de potassium et de sodium.

345. *Etat naturel.* — On trouve l'acide carbonique, 1º à l'état de gaz ; 2º dissous dans l'eau ; 3º combiné avec divers oxides, et particulièrement avec la chaux, la soude, la potasse, la barite, l'oxide de fer, l'oxide de plomb, l'oxide de zinc, l'oxide de cuivre, etc.

1º *Acide carbonique gazeux.* — Non-seulement on trouve le gaz acide carbonique mêlé avec l'oxigène et l'azote dans l'air atmosphérique ; mais on le trouve presque pur dans certaines cavités ou certaines grottes des pays volcaniques ou des terrains calcaires de sédiment. Il y a un assez grand nombre de ces sortes de cavités ou grottes dans le royaume de Naples : la plus connue est la grotte du Chien, près de Pouzzole, célèbre par les récits merveilleux auxquels elle a donné lieu. On dit que les oiseaux qui passent au-dessus tombent frappés de mort; qu'il en est de même des chiens qui s'en approchent : mais ceux qui l'ont visitée savent combien ces faits sont exagérés. Cette grotte ne contient ordinairement qu'une couche d'acide carbonique de 4 à 6 décimètres d'épaisseur; en sorte qu'un homme peut y pénétrer sans danger, et qu'un chien y est asphixié.

On peut donner lieu aux phénomènes de la grotte du Chien en remplissant une éprouvette de gaz acide carbonique, la renversant, puis y plongeant un cylindre dont le diamètre soit presque égal au sien, et le retirant doucement : par ce moyen, on aura deux couches, l'une supérieure d'air qui entretiendra la combustion, l'autre inférieure qui éteindra les bougies et fera périr les animaux.

On voit donc qu'il peut être dangereux de descendre dans des cavités ou des cavernes qu'on n'a point visitées depuis long-temps, et où l'air ne se renouvelle point; on ne doit le faire qu'en portant devant soi des bougies allumées et attachées à l'extrémité d'un long bâton : si la bougie brûle et si l'air est sans odeur, on peut y descendre avec sécurité; mais si la lumière de la bougie pâlit, ou si l'air a une odeur d'œufs pourris, on doit auparavant renouveler l'air au moyen d'un fourneau plein de charbons allumés, qu'on disposera à l'entrée de la cavité, en adaptant au cendrier un tuyau qui plongera très-avant dans la cavité même.

&ast; 2°. *Acide carbonique dissous dans l'eau.* — Presque toutes les eaux contiennent des traces d'acide carbonique ; il en est même qui en contiennent plusieurs fois leur volume ; telles sont certaines eaux minérales, celles de Seltz, de Spa, de Pyrmont, etc. : aussi ces eaux sont-elles mousseuses.

346. *Préparation.* — On extrait l'acide carbonique de la craie ou du marbre, qui ne sont l'un et l'autre que du carbonate de chaux, en les traitant par un acide et surtout par l'acide sulfurique étendu de 10 à 12 fois son poids d'eau, ou par une dissolution faible de gaz acide muriatique dans ce liquide. L'opération se fait dans un flacon à deux tubulures, comme celle par laquelle on se procure le gaz hydrogène. On délaye 60 à 80 grammes de craie dans l'eau, de manière à en faire une bouillie très-liquide ; on l'introduit dans le flacon ; on adapte un tube recourbé à l'une des tubulures, et on adapte à l'autre un tube droit surmonté d'un entonnoir, par lequel on verse peu à peu l'acide sulfurique (*pl.* 20, *fig.* 1). Cet acide s'empare de la chaux, et forme un sel presqu'insoluble ; tandis que l'acide carbonique mis en liberté reprend l'état gazeux, chasse l'air du flacon, et bientôt se dégage par l'extrémité du tube recourbé. On peut alors le recueillir dans des flacons pleins d'eau ; mais pour être certain qu'il soit pur, il faut en laisser perdre quelques litres, ou plutôt l'éprouver par une dissolution de potasse caustique qui doit l'absorber tout entier. Au bout d'un certain temps, le dégagement du gaz s'arrête ; à cette époque, on verse une nouvelle quantité d'acide sulfurique par le tube droit ; on agite un peu le flacon, et ainsi de suite, jusqu'à ce que tout le carbonate soit presqu'entièrement décomposé.

L'emploi de l'acide sulfurique n'est pas sans inconvénient. D'abord le dégagement du gaz acide carbonique est subit et considérable ; ensuite il s'arrête presque tout à coup quoiqu'il y ait encore de l'acide sulfurique libre, parce que le sulfate de chaux qui se forme et qui, en raison de son insolubilité, se dépose sur le carbonate, le couvre, et s'oppose ainsi à sa décomposition : de là, la nécessité d'agiter. A la vérité, on pourrait substituer à l'acide sulfurique l'acide muriatique du commerce, qui forme avec la chaux un sel très-soluble ; mais son action sur la craie serait trop subite, et occasionnerait une effervescence telle, que la masse serait soulevée jusqu'au tube. Tous ces inconvéniens disparaissent, si, en faisant usage de l'acide muriatique, on se sert en même temps d'un carbonate de chaux très-cohérent, tel que le marbre, et réduit en petits fragmens. Dans ce cas, l'action est modérée et continue. Par conséquent, toutes les fois qu'on pourra se procurer facilement du marbre, il faudra le préférer à la craie, le concasser et le traiter par l'acide muriatique liquide, comme la craie par l'acide sulfurique.

Le gaz acide carbonique étant légèrement soluble dans l'eau, doit être conservé dans des flacons bouchés.

347. *Composition.* — L'acide carbonique contient, ainsi que nous allons le démontrer, un volume égal au sien de gaz oxigène : or, comme la pesanteur spécifique de l'acide carbonique est de 1,5196, et que celle de l'oxigène est de 1,10359, il s'en suit évidemment que cet acide est composé de 27,376 de carbone et de 72,624 d'oxigène. On prouve que l'acide carbonique contient réellement un volume d'oxigène égal au sien,

au moyen d'un appareil consistant en deux gazomètres
semblables aux gazomètres CAC et C'A'C' (*pl.* 25,
*fig.* 1), dont on fait communiquer les tuyaux SS', TT',
par des tubes intermédiaires avec un tube de porcelaine
ou de platine traversant un fourneau : ces gazomètres ne
diffèrent de ceux-ci qu'en ce qu'ils sont moins grands ;
et qu'on peut se dispenser d'y adapter un bassin portant des poids ; on verse du mercure dans la capacité gg ;
ensuite pressant sur les cloches LL', et ouvrant les
tuyaux y',x', on chasse par ces robinets l'air qu'elles contiennent, et on les remplit ainsi de mercure ; alors on
fait passer du gaz oxigène dans l'une d'elles, en s'y
prenant comme nous l'avons dit au sujet de la composition de l'eau (287). D'une autre part, on met une certaine quantité de charbon fortement calciné dans l'intérieur du tube de porcelaine sur une petite cuiller de
platine : cela étant fait, et les tuyaux y',x' étant fermés,
on ouvre les tuyaux y'',x'' ; puis on porte le tube de porcelaine au rouge, et on presse sur la cloche qui contient
le gaz oxigène. Par ce moyen, ce gaz traverse le tube
de porcelaine, brûle le charbon, et se rend dans l'autre
cloche pleine de mercure ; de celle-ci on peut le faire
passer dans la première, et ainsi de suite, jusqu'à ce
qu'on juge qu'il y ait assez de charbon brûlé. L'expérience étant terminée, et le gaz étant rassemblé dans
l'une des cloches graduées, on voit facilement qu'il n'a
point changé de volume ; à la vérité, on pourrait objecter
qu'il s'est formé quelqu'autre produit que l'acide carbonique ; mais on se convaincra que cela n'est point en
analysant le gaz. En effet, on le trouvera composé
d'acide carbonique et d'oxigène, en telle quantité que
son poids sera sensiblement le même que celui de tout

l'oxigène employé, et de la portion de charbon brûlé ;
on en fera l'analyse par une dissolution de potasse
caustique qui absorbe facilement le gaz acide carbonique, et qui n'a aucune action sur le gaz oxigène. Nous
avons supposé qu'on n'employait dans cette expérience
que du gaz oxigène pur ; mais il est difficile de s'en procurer qui ne contienne pas un peu d'azote. D'ailleurs les
vases dont on se sert sont eux-mêmes susceptibles d'en
fournir une petite quantité. On peut apprécier cet azote
en analysant le gaz oxigène par le gaz hydrogène dans
l'eudiomètre, avant l'expérience et après l'absorption,
par la potasse caustique (a).

*Usages.* Dissous dans l'eau, l'acide carbonique est
d'un fréquent usage en médecine. Il constitue alors les

---

(a) Cet appareil est de l'invention de MM. Allen et Pepis ; ils
s'en sont servis pour brûler le diamant et les différentes espèces de
charbon. M. Guyton-Morveau s'en est également servi pour le même
objet. Mais, au lieu d'un tube de porcelaine, ils ont fait usage d'un
tube de platine, parce que souvent les tubes de porcelaine sont per-
méables. M. Guyton a même pris la précaution de faire forer le
tube qu'il a employé. Il suit de leurs expériences que le diamant,
l'anthracite, et les diverses espèces de charbons végétaux calcinés, absorbent sensiblement la même quantité d'oxigène pour
passer à l'état d'acide carbonique, et que dans cette absorption, il
ne se forme point d'eau, ou que du moins il ne s'en forme que des
atômes ; résultat d'où l'on peut conclure que ces différens corps sont
identiques, et ne contiennent point d'hydrogène ou en contiennent des quantités si petites, qu'on peut les négliger. ( Voyez le
Mémoire de MM. Allen et Pepis, Bibliothèque Britannique,
Sciences et Arts, tome 36, ou Transactions Philosophiques pour
1807 ; et le Mémoire de M. Guyton, Annales de Chimie, tome 84.)
Ces Mémoires sont accompagnés de dessins, excepté dans la Bibliothèque Britannique.

eaux gazeuzes, naturelles ou artificielles, que l'on emploie aujourd'hui presque indistinctement. Associé au vin, il forme une boisson piquante, agréable, et qui convient à un grand nombre de personnes. C'est l'agent dont la nature se sert pour fournir aux plantes le carbone dont elles ont besoin, et réparer ainsi les pertes d'oxigène que l'atmosphère fait à chaque instant. (Voy. t. 3, Végétation.) Les chimistes se servent, mais très-rarement, d'acide carbonique comme réactif.

*Historique.* — L'acide carbonique est le premier gaz qu'on ait appris à distinguer de l'air; jusque là on s'était imaginé que tous les corps, excepté l'air, étaient liquides ou solides; on doit donc regarder la découverte de ce gaz comme une des plus importantes qui aient été faites, puisqu'elle a ouvert une nouvelle carrière, celle des fluides élastiques, que l'on a parcourue avec tant de succès depuis trente ans, et qui a changé la face de la science. Les premiers indices de cette grande découverte remontent jusqu'à Vanhelmont; il reconnut le premier que les pierres calcaires étaient susceptibles de dégager un air auquel il donna le nom de gaz. Hales vit ensuite que cette sorte d'air ou gaz faisait partie essentielle de ces pierres, et chercha à déterminer combien elles en contenaient. Black découvrit bientôt après qu'il était susceptible d'être absorbé par la chaux et les alcalis, de les neutraliser et de leur donner la propriété de faire effervescence avec les acides. Priestley en étudia les propriétés avec beaucoup de soin, et en soupçonna l'existence dans l'atmosphère. Bergman, Cavendish, Jacquin, Fontana, enfin presque tous les chimistes, s'en occupèrent successivement; mais ce fut Lavoisier qui, en 1776, nous en fit connaître la nature,

et qui détermina la proportion de ses principes constituans, proportion que des expériences faites tout récemment encore par MM. Allen et Pepis, Théodore de Saussure (Ann. de Chimie, t. 71) et Guyton-Morveau, ont
sensiblement confirmée. On l'a connu successivement sous
les noms de gaz proprement dit, d'air fixe ou fixé, d'air
méphitique, d'acide aérien, d'acide crayeux, jusqu'à la
réformation du langage chimique, époque à laquelle il
reçut le nom d'acide carbonique en raison de sa nature.

## De l'Acide Phosphorique.

348. *Propriétés.* — Cet acide est solide, très-sapide,
inodore, sans couleur; il rougit fortement la teinture de
de tournesol; sa pesanteur spécifique est plus grande
que celle de l'eau.

Exposé au feu, l'acide phosphorique commence à se
ramollir bien au-dessous de la chaleur rouge; à ce degré
de chaleur il est en fusion parfaite, et donne lieu à un
verre blanc et transparent; à un degré de chaleur beaucoup plus élevé, il se vaporise. *Expérience* : Il faut
fondre l'acide phosphorique dans un creuset de platine;
à défaut de platine, on peut le fondre dans un creuset
d'argent. On ne doit jamais en opérer la fusion dans des
vases de terre ou de verre; il les attaque et les troue
promptement; il agit même d'une manière sensible sur
l'argent avec le contact de l'air. (Voy. l'Action de
l'Acide phosphorique sur les Métaux (660.)

349. Soumis à l'action de la pile, de la même manière
que l'acide borique, l'acide phosphorique vitrifié et légèrement humecté est susceptible d'être décomposé;

l'oxigène se rend au fil positif, et le phosphore au fil négatif.

350. L'acide phosphorique n'a d'action à aucune
température, ni sur le gaz oxigène, ni sur l'air; il s'empare seulement avec énergie, à la température ordinaire,
ou à une température inférieure, de toute l'eau que ces
gaz peuvent contenir. Cet effet a lieu promptement,
surtout avec l'acide phosphorique très-divisé ou floco-
neux. A peine est-il en contact avec l'air, que tous les
flocons forment comme autant de petites gouttelettes.

351. *Acide phosphorique et Combustibles simples
non métalliques.* — On n'a examiné que l'action de
deux de ces corps sur l'acide phosphorique, celle du carbone et de l'azote. Celui-ci n'altère en aucune manière
l'acide phosphorique à une température quelconque. Le
carbone le décompose à une température élevée; il en
résulte du gaz acide carbonique ou du gaz oxide de carbone et du phosphore; c'est sur cette décomposition
qu'est fondé l'art de se procurer le phosphore (Phosphate de Chaux (787). *Exp.:* On prend une partie d'a-
cide phosphorique récemment fondu, et on le pulvérise
avec trois parties de charbon dans un mortier de porcelaine ou de laiton. La pulvérisation doit se faire promptement, pour que l'acide attire le moins possible l'humidité de l'air et ne devienne pas visqueux. On introduit le mélange dans une petite cornue de grès; on
place cette cornue dans un fourneau à réverbère; on
adapte à son col une alonge dont le bec plonge, de quelques lignes, dans l'eau d'un récipient tubulé; un tube
recourbé et à boule part de la tubulure du récipient, et
va s'engager sous des flacons pleins d'eau. Les jointures
étant bien lutées, on chauffe peu à peu la cornue, et on

la porte jusqu'au rouge presque blanc, en surmontant
le dôme du fourneau d'un tuyau d'environ 1 mètre de
hauteur. Bientôt l'acide est décomposé; les gaz se rendent
dans les flacons pleins d'eau, et le phosphore se sublime
et se condense, soit dans l'alonge, soit dans le récipient.
L'opération est terminée quand le dégagement du gaz
cesse, et que la température est très-élevée. Nous devons
faire observer que l'acide phosphorique contenant presque toujours de l'eau, cette eau elle-même est décomposée dans l'opération par le charbon, et donne lieu
tout à la fois à de l'hydrogène carboné, à de l'hydrogène phosphoré, et à de l'oxide de carbone, ou de l'a-
cide carbonique, qui sont tous gazeux. Il est probable
qu'à une haute température, l'hydrogène et le bore décomposeraient l'acide phosphorique; mais il paraît certain que le soufre ne le décomposerait point, puisque le
phosphore décompose l'acide sulfurique.

352. *Acide phosphorique et Métaux.* — Le potassium et le sodium ont tous deux la propriété de décomposer l'acide phosphorique à l'aide de la chaleur : les
produits varient en raison de la quantité des matières
qu'on emploie. Si le potassium ou le sodium sont en
excès, on obtiendra de l'oxide métallique phosphoré;
c'est-à-dire une combinaison d'oxide de potassium ou de
sodium et de phosphore. Si au contraire l'acide phosphorique est en excès, on obtiendra un phosphate de deutoxide, et de l'oxide de phosphore ou même du phosphore. On voit donc que, dans le premier cas, tout
l'oxigène de l'acide sera absorbé par le métal, et que
l'oxide qui en résultera se combinera avec le phosphore
mis à nu; tandis que dans le second, à mesure que le
métal passera à l'état de deutoxide par une portion d'a-

cide décomposé, il se combinera avec une autre portion
d'acide qui ne le sera pas. Tels sont les phénomènes qui
se présentent, lorsque l'acide phosphorique ne contient
point d'eau ; mais lorsqu'il en contient, cette eau est elle-
même décomposée par le potassium ou le sodium, son
oxigène se combine avec ces métaux, et son hydrogène
se combine avec le phosphore de l'acide phosphorique,
mis à nu pendant l'opération. *Expérience :* On décompose l'acide phosphorique par le potassium ou le sodium
dans un petit tube de verre, comme l'acide borique (330).
L'oxide phosphoré ou le phosphate formé reste dans
le tube ; les gaz s'en dégagent avec le phosphore.

353. Parmi les autres métaux, il n'y a que ceux de la
troisième section, et quelques-uns de ceux de la quatrième, qui soient capables de décomposer l'acide phosphorique : la décomposition n'a même lieu qu'à la température rouge. Il se forme alors un phosphate et un
phosphure (203). Si la température était moins élevée, et
si le mélange avait le contact de l'air, il se formerait seulement un phosphate : dans ce cas, l'air seul oxiderait le
métal.

354. *Acide phosphorique et Composés combustibles.* —
On ne connaît précisément l'action d'aucun de ces composés sur l'acide phosphorique. On ne peut faire à cet
égard que des conjectures fondées sur ce que nous avons
dit précédemment de l'action qu'exercent leurs élémens
sur cet acide.

355. *Etat.* — On n'a point encore trouvé l'acide
phosphorique libre ; mais on le trouve fréquemment
combiné avec la chaux, assez souvent avec l'oxide de
plomb, l'oxide de fer, et quelquefois avec la potasse,
la soude, la magnésie et l'ammoniaque. Les os des ani-

maux contiennent presque la moitié de leur poids de phosphate de chaux (787 et 788).

256. *Préparation.* — On peut obtenir l'acide phosphorique, soit en brûlant le phosphore dans l'air, soit en le brûlant par l'acide nitrique, soit en décomposant le phosphate d'ammoniaque par le feu.

*Premier procédé.* — On place une soucoupe sur un bain de mercure ; on y met quelques grammes de phosphore ; on enflamme ce phosphore avec une allumette ou un charbon rouge, et on recouvre le tout d'une grande cloche pleine d'air. L'acide phosphorique se forme en très-peu de temps, et se dépose en flocons blancs et très-légers sur la capsule et les parois de la cloche.

*Deuxième procédé.* — On introduit une certaine quantité de phosphore dans une cornue de verre, par exemple, 30 grammes, et on y ajoute 200 grammes d'acide nitrique à 20° de l'aréomètre de Beaumé ; on place cette cornue sur un fourneau ordinaire au moyen d'une grille en gros fil de fer, et on adapte à son col un matras tubulé. L'appareil ainsi disposé, on met quelques charbons sous la cornue ; bientôt l'acide nitrique se trouve décomposé, cède une portion de son oxigène, ou même tout son oxigène au phosphore ; d'où résultent de l'acide phosphorique qui reste dans la cornue, et de l'oxide d'azote, ou de l'azote qui se dégage à l'état de gaz en produisant une effervescence plus ou moins considérable : cette effervescence sert de guide dans la manière dont le feu doit être dirigé ; lorsqu'elle est très-faible, on doit augmenter la température et la diminuer dans le cas contraire. En supposant que la quantité d'acide prescrite ne suffise point pour brûler tout le phosphore, il faut en ajouter une nouvelle portion dans la cornue, ou plutôt recohober, c'est-à-dire y remettre le liquide distillé qui contient beaucoup d'acide non décomposé. Tout le phosphore étant brûlé, ce qui a lieu lorsqu'il est entièrement dissous, on continue la distillation jusqu'à ce que la liqueur soit presqu'en consistance syrupeuse; alors on la verse dans un creuset de platine que l'on porte peu à peu au rouge brun, et qu'ensuite on laisse refroidir jusqu'à ce que l'acide devienne visqueux; puis on le verse dans un flacon très-chaud bouché à l'émeri.

*Troisième procédé.* — On met du phosphate d'ammoniaque en poudre dans un creuset de platine; on le chauffe peu à peu jusqu'au rouge : toute l'ammoniaque se dégage sous forme de gaz; l'acide reste au contraire sous forme d'un liquide que l'on verse dans un flacon bouché à l'émeri, comme nous venons de le dire.

De ces trois procédés, le meilleur est le dernier, parce qu'en le suivant, on obtient tout à la fois de l'acide en grande quantité et à bas prix; avantage qu'on n'obtient point dans les deux premiers.

357. *Composition*, etc. — 100 parties de phosphore exigent, pour passer à l'état d'acide phosphorique, 154 parties d'oxigène, d'après Lavoisier (Elémens, t. 1, p. 60); 163,4, d'après M. Thomson, et 114, d'après Rose. L'eau a tant d'affinité pour cet acide, qu'on ne peut, à beaucoup près, d'après M. Berthollet, l'en séparer toute entière, même à une très-haute température; d'où l'on voit que celui qui est fait par les deux derniers procédés doit contenir de l'eau. Cet acide a été découvert par Margraff et étudié surtout par les chimistes que nous venons de citer. On s'en sert quelquefois dans l'analyse des pierres gemmes qui contiennent de la potasse ou de la soude (voyez quatrième volume, Analyse des pierres).

## De l'Acide phosphoreux.

358. *Propriétés.* — L'acide phosphoreux, tel qu'on l'a obtenu jusqu'ici, est un liquide visqueux, sans couleur, doué d'une légère odeur de phosphore, très-sapide, rougissant fortement la teinture de tournesol, plus pesant que l'eau dans un rapport qui n'est point déterminé. Tout nous porte à croire que l'acide phosphoreux serait solide, s'il était possible de le priver d'eau.

359. Lorsqu'on expose l'acide phosphoreux à l'action de la chaleur, il passe à l'état d'acide phosphorique, en donnant lieu à du gaz hydrogène phosphoré. On ne peut se rendre compte de ce résultat, qu'en admettant qu'une portion de l'eau contenue dans l'acide phosphoreux est décomposée, et que ses deux élémens se combinent, savoir, l'oxigène avec l'acide phosphoreux, et l'hydrogène avec une partie du phosphore de cet acide ; qu'ainsi tous deux contribuent à la transformation de l'acide phosphoreux en acide phosphorique ; le premier, en augmentant la quantité du principe comburant, et le second, en diminuant la quantité du principe combustible. *Expérience.* On prend une petite cornue de verre tubulée ; on y verse la moitié de son volume d'acide par la tubulure, à l'aide d'un entonnoir ; on bouche cette tubulure avec un bouchon ; on adapte au col de la cornue un tube recourbé propre à recueillir les gaz ; on place la cornue sur un fourneau, et l'on chauffe peu à peu jusqu'à environ 200°. D'abord il se dégage un peu d'eau, et l'acide devient visqueux ; ensuite il passe un gaz qu'on reçoit sur le mercure ou sur l'eau ; on continue

T. I. 33

de chauffer jusqu'à ce qu'il ne se forme plus de gaz ; alors on arrête l'opération, et l'on trouve pour résidu de l'acide phosphorique en consistance très-épaisse. Le fonds de la cornue est sensiblement attaqué. Si au lieu de chauffer l'acide phosphoreux dans des vases fermés, comme on vient de le dire, on le chauffe avec le contact de l'air, par exemple, dans une fiole ou dans un petit matras dont le col soit court, il se produira à l'extrémité du vase une inflammation due sans doute à la combinaison de l'oxigène de l'air avec l'hydrogène phosphoré : cette inflammation sera accompagnée d'une odeur d'ail. L'acide phosphoreux étant le seul acide qui présente ces caractères, il sera toujours facile de le reconnaître.

L'acide phosphoreux soumis à l'action de la pile se décomposerait sans doute comme l'acide phosphorique.

L'acide phosphoreux n'a d'action ni sur le gaz oxigène, ni sur l'air atmosphérique à la température ordinaire. Il n'absorbe à cette température que l'humidité que ces gaz peuvent contenir.

360. *Acide phosphoreux et Corps combustibles.* — L'acide phosphoreux se comporte sensiblement de la même manière que l'acide phosphorique avec les divers corps combustibles ; nous ajouterons seulement que comme cet acide le plus concentré contient toujours une petite quantité d'eau, celle-ci est toujours décomposée en même temps que lui. C'est ce qui a lieu quand on traite l'acide phosphoreux par le charbon, le potassium ou le sodium, le fer, le zinc, à une haute température.

361. *État naturel, Préparation.* — L'acide phosphoreux n'a point encore été trouvé dans la nature. On l'obtient toujours en faisant brûler lentement des cy-

lindres de phosphore dans l'air. Mais il faut, 1º que l'air se renouvelle pour l'entretien de la combustion ; 2º qu'il soit humide, car s'il était sec, l'acide phosphoreux formerait une couche autour du phosphore, et la combustion s'arrêterait; 3º que les différens cylindres de phosphore soient isolés, afin que leur température ne s'élève pas trop, qu'ils ne fondent pas, et qu'il n'en résulte pas une combustion vive dont le produit est toujours de l'acide phosphorique ; 4º que l'acide, à mesure qu'il se forme, soit recueilli dans un vase de manière à en perdre le moins possible. On satisfait à toutes ces conditions de la manière suivante. On prend des tubes de verre dont l'une des extrémités est effilée à la lampe ; on introduit dans chacun de ces tubes un cylindre de phosphore plus ou moins long que le tube, mais d'un diamètre plus petit que le sien ; on en dispose les uns à côté des autres, 30 à 40, dans un entonnoir, dont on reçoit le bec dans un flacon placé sur une assiette couverte d'eau ; l'on recouvre le flacon et l'entonnoir d'une cloche de verre percée de deux trous à sa partie supérieure et latérale, et plongeant dans l'eau de l'assiette.

Le phosphore se dissout d'abord dans le gaz azote ; ensuite il se combine avec l'oxigène et l'eau de l'air, et donne lieu à l'acide phosphoreux qui se rassemble en goutelettes à l'extrémité de chaque tube, tombe dans le bec de l'entonnoir, et de là dans le flacon. Cependant, on trouve un peu d'acide phosphoreux sur les parois du flacon et dans l'eau de l'assiette. Dans cet état, l'acide phosphoreux est très-étendu d'eau. On le réduit en consistance visqueuse en le chauffant doucement, et mieux encore, en le mettant, à la température ordinaire, dans une capsule, à côté d'une autre capsule pleine d'acide sulfurique concentré, sous un récipient, où l'on fait le vide à quelques millim. près (voy. ce qui a été dit à cet égard (53). La combustion du phosphore dans l'air étant très-lente, il s'en suit que pour obtenir une quantité un peu remarquable d'acide phosphoreux, il faut beaucoup de temps. Ce n'est souvent qu'au bout de deux mois qu'un cylindre de phosphore de 2 à 3 grammes est entièrement brûlé.

362 *bis. Composition.* — L'acide phosphoreux est formé d'environ 100 de phosphore, et de 110,39 d'oxigène. On le prouve en déterminant la quantité de gaz oxigène qui est nécessaire pour brûler lentement une cartaine quantité de phosphore. A cet effet, on remplit une éprouvette de mercure, et on y fait passer d'abord environ le tiers de ce qu'elle peut contenir d'air, en tenant compte de la température et de la pression; puis un cylindre de phosphore bien desséché qu'on soutient par un tube de verre élargi en forme de capsule à sa partie supérieure, et étranglé un peu au-dessous; ensuite on y introduit une couche d'eau d'environ 4 millim. d'épaisseur, et à peu près autant de gaz oxigène que d'air. Lorsque l'oxigène qu'on a ajouté est sensiblement absorbé, on en introduit une nouvelle quantité, et l'on voit de jour en jour le cylindre de phosphore diminuer. Il faut bien prendre garde de ne pas laisser tomber le phosphore de dessus le tube, car il s'enflammerait probablement. L'expérience étant terminée, ce qui a lieu au bout de 15 à 18 jours, en n'opérant que sur 1 à 2 grammes de phosphore, on mesure le résidu gazeux, et on en fait l'analyse, au moyen de l'hydrogène, dans l'eudiomètre de Volta. Cela fait, on a

tout ce qu'il faut pour connaître la proportion des principes constituans de l'acide phosphoreux. En effet, on a le poids du phosphore brûlé, et on a aussi celui du gaz oxigène absorbé dans cette combustion, puisque ce poids n'est que la différence qui existe entre toute la quantité d'oxigène qu'on emploie et la quantité d'oxigène que contient le résidu, et que ces deux quantités sont connues (*a*).

L'acide phosphoreux est sans usages. M. Sage est un des premiers chimistes qui en ont observé la formation; mais ce fut Lavoisier qui le distingua de l'acide phosphorique, et qui prouva qu'il contenait moins d'oxigène que cet acide.

### De l'Acide nitreux.

363. *Propriétés.* L'acide nitreux est toujours gazeux et très-rouge; son odeur et sa saveur sont très-fortes; il agit sur l'économie animale avec une énergie extraordinaire, et fait éprouver subitement dans la poitrine un sentiment très-pénible de constriction : aussi est-ce un des gaz les plus dangereux à respirer; l'animal qu'on y plongerait périrait promptement; non-seulement la membrane qui tapisse les bronches, mais encore toutes

---

(*a*) Si l'acide phosphoreux est formé réellement de 100 de phosphore et de 110,39 d'oxigène, il est probable que l'acide phosphorique le sera de 100 de phosphore et de 110,39 d'oxigène, plus 55,19, c'est-à-dire, de 165,58, et que, par conséquent, des trois analyses d'acide phosphorique que nous avons citées, c'est celle de M. Thomson qui mérite le plus de confiance (357).

les autres parties de l'animal qui seraient en contact avec le gaz, seraient corrodées et deviendraient jaunes.

Cet acide rougit sur-le-champ et fortement la teinture de tournesol; sa pesanteur spécifique est de 2,10999.

364. Soumis à l'action d'une forte chaleur, il est probable que le gaz acide nitreux se décompose, et se transforme en oxigène et en deutoxide d'azote. Cependant il est difficile, pour ne pas dire impossible, de le démontrer; car en supposant qu'il se décompose à une haute température, il se reforme au-dessous de la chaleur rouge cerise (314).

365. Le gaz acide nitreux n'a aucune action sur le gaz oxigène sec, à une température quelconque; mais lorsqu'il est en contact tout à la fois avec l'oxigène et l'eau, il absorbe la quatrième partie de son volume de ce gaz, et passe ainsi à l'état d'acide nitrique qui se combine avec l'eau. L'action de l'acide nitreux sur l'air est la même que sur le gaz oxigène.

366. *Acide nitreux et Corps combustibles.* — L'action du gaz acide nitreux sur les corps combustibles n'a point été étudiée avec soin, et ce que nous allons dire est plutôt un résultat théorique que pratique. Tous les corps combustibles simples et composés, excepté le gaz azote, l'osmium, l'or, le platine, l'iridium et peut-être le palladium et le rhodium, sont susceptibles de décomposer le gaz acide nitreux. Les uns en opèrent la décomposition à la température ordinaire; tels sont le phosphore, le gaz hydrogène sulfuré, les métaux et les combustibles mixtes ou les composés dont les métaux font partie : les autres n'en opèrent la décomposition qu'à l'aide de la chaleur; ceux-ci sont en très-petit nombre; nous citerons seulement le gaz hydrogène et

le soufre. Ces décompositions donnent lieu à des produits variables.

Lorsque le corps combustible est un métal, et qu'on
opère à la température ordinaire, il en résulte en général un nitrite solide et du gaz oxide d'azote ou du gaz
azote. Mais si l'opération a lieu à la température rouge,
il ne se forme point de nitrite, parce qu'à ce degré de
chaleur les nitrites sont tous décomposés; on obtient
seulement de l'oxide d'azote ou de l'azote, et un oxide
métallique, excepté toutefois avec l'argent et le mercure dont les oxides sont facilement réductibles.

Lorsque le corps combustible n'est pas de nature
métallique, il ne se forme jamais de nitrite, puisque
tous les sels ont pour base l'oxide d'un métal; alors l'a-
cide nitreux passe, comme précédemment, à l'état
d'oxide d'azote ou d'azote, et le corps se trouve brûlé.
L'hydrogène ne fait que s'oxider; mais le bore, le carbone, le phosphore et le soufre s'acidifient.

Les alliages et les combustibles composés non métalliques donnent lieu aux mêmes produits que les corps
qui les constituent. Il en est de même des combustibles
mixtes. Cependant nous devons observer que si ces combustibles résultent de l'union du phosphore ou du soufre
avec les métaux, et si l'acide nitreux est en quantité
suffisante, il pourra se former des phosphates, ou des
sulfates, à moins que la température ne soit très-élevée,
ce qui s'opposerait à la formation du plus grand nombre
des espèces comprises dans ce dernier genre (797 et
798).

On voit donc, en dernier résultat, que l'acide nitreux
exerce une grande action sur les corps combustibles.
Aussi quand on y plonge une bougie allumée ou du

phosphore en combustion, ces corps continuent-ils à brûler, et quand on y agite du potassium, ce métal s'enflamme-t-il subitement.

368. *Etat et Préparation.* — L'acide nitreux n'a été trouvé jusqu'ici ni libre, ni combiné.

On l'obtient en faisant le vide dans un ballon, et y faisant passer d'abord 3 mesures de deutoxide d'azote, et ensuite 1 de gaz oxigène, au moyen d'une cloche à robinet pleine d'eau ou de mercure.

Ce gaz, ne se conservant bien qu'autant qu'il n'est en contact ni avec le mastic, ni avec le cuivre, etc., il faut que le col et le robinet du ballon dont on se sert soient de verre (Voyez (314) Action de l'Oxigène sur le Deutoxide d'azote).

On ne peut pas le préparer dans un flacon plein de mercure ou d'eau, parce qu'il attaque le premier de ces deux liquides, et qu'il se dissout dans le second.

369. *Composition.* — L'acide nitreux est formé de 3 parties, en volume, de deutoxide d'azote et de 1 d'oxigène (314); mais comme le deutoxide d'azote est formé en volume de parties égales de gaz oxigène et de gaz azote, selon M. Gay-Lussac, et de 100 d'azote, et de 108,9 d'oxigène, selon M. Davy, il s'en suit, d'après la pesanteur spécifique de ces gaz, que 100 parties d'acide nitreux doivent être formées, en poids, de 100 d'azote, et de 189,796 ou 202,7 d'oxigène.

Le gaz acide nitreux est sans usages; il a été étudié successivement par Schéele, par Priestley, Lavoisier, M. Davy (Recherches sur les Combinaisons de l'Oxigène avec l'Azote, Ann. de Chimie, t. 42 et suivans), et par M. Gay-Lussac (2e vol. d'Arcueil).

## De l'Acide nitrique.

370. *Propriétés.* — L'acide nitrique est liquide, blanc, odorant, très-sapide et corrosif ; il désorganise presque subitement la peau et la tache en jaune, d'où il suit que c'est un des plus violens poisons que l'on connaisse ; une seule goutte de cet acide rougit une grande quantité de teinture de tournesol ; on n'a point encore pu l'obtenir privé d'eau ; la pesanteur spécifique de celui qui en contient le moins est de 1,554 (Kirwan).

371. Soumis à l'action d'une chaleur d'environ 150°, il bout et se vaporise, et ensuite se condense par le refroidissement, comme l'eau, sans avoir éprouvé d'altération ; mais si la chaleur est rouge, il se décompose et se transforme en gaz oxigène et gaz acide nitreux, ou plutôt en deutoxide d'azote, qui, à une basse température, se combinant avec l'oxig ne, fait du gaz acide nitreux. *Expérience :* 1° On opère la distillation de l'acide nitrique, comme celle de l'eau, dans une cornue de verre munie d'une alonge et d'un récipient tubulé, etc.; 2° on décompose l'acide nitrique dans un tube de verre luté ou de porcelaine ; on fait passer ce tube à travers un fourneau, comme on le voit (*pl.* 13, *fig.* 6); on adapte à l'une de ses extrémités une petite cornue de verre contenant de l'acide nitrique, et à son autre extrémité un petit tube de verre qui plonge dans un flacon vide à deux tubulures ; de la seconde tubulure de celui-ci part un autre petit tube de verre recourbé qui va s'engager sous des flacons pleins d'eau. L'appareil étant ainsi disposé, on porte au rouge le tube qui traverse le fourneau ; ensuite on met du feu sous la cornue et on fait bouillir l'acide; tout à coup le flacon se remplit de vapeurs rouges, ce

qui indique que l'acide nitrique a passé à l'état de gaz acide nitreux ; et bientôt il se rassemble dans la cloche un gaz qui n'est autre chose que du gaz oxigène : cependant on n'obtient point, à beaucoup près, tout l'oxigène qui avait été séparé de l'acide nitrique dans le tube, parce qu'au moyen de l'eau, le gaz oxigène a la propriété de se combiner avec le gaz acide nitreux (314) ; mais on y parviendrait, si, au lieu de laisser le flacon tubulé vide, on y mettait de l'acide nitrique concentré, parce que cet acide dissout le gaz acide nitreux, et ne dissout point le gaz oxigène (644).

Soumis, dans un petit matras ou une fiole, à un froid de 50°, il se prend en une masse de la consistance du beurre. (V. le moyen de produire ce froid (53.)

Là lumière solaire agit sur l'acide nitrique comme la chaleur rouge : elle le transforme en gaz oxigène qui se dégage, et en acide nitreux qui reste en partie dissous dans l'acide nitrique non décomposé, et le colore en brun. La décomposition n'est point totale, parce qu'elle ne peut s'effectuer qu'autant que l'acide est concentré, et qu'à mesure qu'une portion de cet acide se décompose, cette portion cède l'eau qu'elle contenait à l'autre, qui, s'affaiblissant de plus en plus, devient bientôt indécomposable.

372. L'acide nitrique n'a d'action ni sur le gaz oxigène, ni sur l'air. Lorsque ces gaz sont humides, il y répand seulement des vapeurs blanches dues à la combinaison liquide qui se forme entre la vapeur acide et la vapeur aqueuse.

373. *Acide nitrique et Corps combustibles.* — L'acide nitrique est décomposé par un grand nombre de corps combustibles, même à la température ordinaire :

ces corps lui enlèvent une certaine quantité d'oxigène et le font passer à l'état d'acide nitreux, ou de deutoxide d'azote, ou de protoxide d'azote, ou bien d'azote. En général, ils lui en enlèvent d'autant plus qu'ils sont plus combustibles et que la température est plus élevée. D'après cela, on conçoit qu'un corps qui, à la température ordinaire, n'enlèvera pas tout l'oxigène à l'acide nitrique, pourra l'enlever tout entier à une température élevée. Ces décompositions se font avec dégagement de calorique, sans dégagement de lumière.

374. *Acide nitrique et Combustibles simples non métalliques.* — Ces corps, excepté l'azote, sont susceptibles de décomposer l'acide nitrique ; l'hydrogène ne le décompose qu'à l'aide de la chaleur, et donne lieu, s'il est en excès, à de l'eau et à du gaz azote, et, dans le cas contraire, à de l'eau et à du deutoxide ou du protoxide d'azote. L'appareil que l'on emploie est le même que pour décomposer l'acide sulfurique par l'hydrogène (407) : l'opération demande à être conduite avec ménagement, car il pourrait y avoir détonnation.

L'acide nitrique agit sur le bore avec une grande force, même à la température ordinaire : de là résultent de l'acide borique et du gaz oxide d'azote ou de l'azote. *Expérience :* On met du bore dans une fiole et on y adapte deux tubes, l'un recourbé qui s'engage sous des flacons pleins d'eau, l'autre à trois branches parallèles ; on verse par celui-ci l'acide nitrique peu à peu, et bientôt la réaction a lieu ; on peut l'aider par un peu de chaleur ; l'acide borique reste dans la liqueur, d'où on peut l'extraire par l'évaporation, tandis que l'oxide d'azote ou l'azote se dégagent à l'état de gaz.

L'action de l'acide nitrique sur le charbon est aussi vive que celle qu'il exerce sur le bore : du gaz acide carbonique et des oxides d'azote ou du gaz azote en sont le produit.

L'acide nitrique attaque plus vivement encore le phosphore que le charbon et le bore ; cet effet est dû à ce que le phosphore fond et n'a point de cohésion, au lieu que ces deux corps, restant solides, en ont une très-grande qui s'oppose à leur combustion : il en résulte de l'acide phosphorique, de l'oxide d'azote ou du gaz azote, et un grand dégagement de chaleur. L'expérience se fait, ainsi que la précédente, de la même manière que celle qui est relative au traitement du bore par l'acide nitrique : l'acide phosphorique reste dans la fiole ; les gaz passent dans les flacons pleins d'eau.

Le soufre est moins vivement attaqué par l'acide nitrique que les autres corps combustibles non métalliques : aussi est-il nécessaire d'élever un peu la température pour que la décomposition ait lieu ; il en résulte de l'acide sulfurique et du gaz oxide d'azote. L'expérience se fait encore dans l'appareil précédemment décrit : les gaz passent, comme à l'ordinaire, dans les flacons ; l'acide sulfurique reste dans la fiole.

375. *Acide nitrique et Métaux.*—L'acide nitrique attaque tous les métaux, excepté l'or, le platine, l'osmium et l'iridium. Son action sur ces corps a presque toujours lieu à la température ordinaire. Quelques-uns cependant ne le décomposent qu'à l'aide de la chaleur ; ce sont ceux qui ont beaucoup de cohésion : tels sont le chrôme, le titane ; il paraît même que le titane n'en opère que très-difficilement la décomposition. Il en résulte constamment du gaz oxide d'azote ou du gaz

azote et un oxide métallique, qui, le plus souvent, se combine avec l'acide nitrique et se dissout. Cependant le métal, au lieu de s'oxider, s'acidifie quelquefois ; alors il ne se combine jamais avec l'acide nitrique. Quelquefois encore, outre ces produits, il se forme du nitrate d'ammoniaque. Enfin, dans quelques circonstances, la nature des gaz qui se dégagent varie dans le cours même de l'opération ; c'est ce qui arrive surtout, si cette opération se fait à froid. Dans tous les cas, il y a un plus ou moins grand dégagement de calorique. Examinons la cause de ces différens phénomènes.

1º Il est facile de concevoir comment on obtient du gaz oxide d'azote ou du gaz azote, et un nitrate métallique, en traitant un métal par l'acide nitrique : cet acide se partage en deux parties ; l'une est décomposée et cède plus ou moins de son oxigène au métal, tandis que l'autre se combine avec l'oxide métallique formé.

2º Mais si l'oxide est susceptible de prendre beaucoup de cohésion, il pourra résister à l'action de l'acide ; alors l'oxide se précipitera, restera libre, quoiqu'en contact avec une grande quantité d'acide nitrique : c'est ce qui a lieu pour les oxides d'étain, d'antimoine, et même en partie pour l'oxide de fer : l'étain et l'antimoine apparaissent sous forme d'oxides blancs, et le fer sous celle d'oxide rouge.

3º Trois métaux, l'arsenic, le chrôme et le molybdène, sont susceptibles de passer à l'état d'acide. Or, l'acide nitrique a une si faible affinité pour l'oxigène, qu'il leur en cède assez pour les acidifier ; et les acides n'ont qu'une faible tendance à s'unir les uns avec les autres : par conséquent, lorsqu'on traitera l'un de ces métaux par l'acide nitrique, il sera possible de transformer ce métal en un acide qui restera mêlé avec l'excès d'acide nitrique.

4° Il y a des métaux qui ont beaucoup d'affinité pour l'oxigène : ceux-là peuvent décomposer complètement l'acide nitrique et en mettre l'azote à nu. Supposons qu'on mette en contact un excès de l'un de ces métaux avec l'acide nitrique, quelles seront les affinités mises en jeu, outre celle qui tend à unir l'oxigène de l'acide nitrique avec le métal, et l'oxide métallique avec l'acide nitrique? D'une part, l'oxigène de l'eau sera attiré puissamment par le métal; et, d'une autre part, son hydrogène le sera par l'azote et l'acide nitrique; elle sera décomposée, et de là résultera une nouvelle portion d'oxide métallique et du nitrate d'ammoniaque (909).

5° On a vu (373) que la chaleur favorisait singulièrement la décomposition de l'acide nitrique par les corps combustibles. Or, lorsque cet acide réagit sur un métal, il se dégage toujours du calorique, souvent même en très-grande quantité : il suit de là que, si on met le métal et l'acide en contact à la température ordinaire, d'abord l'action aura lieu à cette température; mais bientôt celle-ci s'élèvera de plus en plus jusqu'à une certaine époque à laquelle elle restera stationnaire pendant un certain temps, et décroîtra ensuite. Si le métal est susceptible de décomposer complètement l'acide nitrique à la température ordinaire, les produits ne varieront pas; il ne pourra se dégager que du gaz azote : mais si le métal, à la température ordinaire, ne peut faire passer l'acide nitrique qu'à l'état de deutoxide d'azote, ils varieront nécessairement. Lorsque la température sera suffisamment élevée, on obtiendra du protoxide d'azote, et enfin du gaz azote. En supposant que l'action ne soit point la même dans tous les points de la liqueur, qu'elle soit plus vive dans quelques-uns que dans d'autres, on obtiendra, ce qui arrive souvent, des mélanges de ces différens gaz.

6° La cause pour laquelle il se dégage du calorique en traitant un métal par l'acide nitrique, est trop évidente pour qu'il nous soit permis d'y insister : elle tient sans doute à ce que dans l'oxide ou le nitrate métallique formé, l'oxigène est bien plus condensé que dans l'acide nitrique.

376. Le potassium et le sodium décomposent rapidement l'acide nitrique à la température ordinaire. Il résulte de cette décomposition du gaz azote, du nitrate de deutoxide de potassium ou de sodium, et un grand dégagement de calorique. Se forme-t-il du nitrate d'ammoniaque? C'est ce qu'on ne sait pas.

377. Les métaux de la 3e section agissent, à la température ordinaire, avec presque autant de force sur l'acide nitrique que ceux des sections précédentes : tous donnent lieu, dans l'action qu'ils exercent sur cet acide, à beaucoup de chaleur, à un peu de deutoxide et de protoxide d'azote, et à beaucoup de gaz azote. Ils s'oxident tous ; le zinc passe à l'état de protoxide ; le manganèse, l'étain à l'état de deutoxide, et le fer à celui de tritoxide : mais l'oxide d'étain et l'oxide de fer se précipitent, le premier sous la forme de poudre blanche, le second sous celle de flocons rouges ; tandis que les oxides de manganèse et de zinc se combinent avec l'acide nitrique et restent en dissolution ; l'étain et le fer donnent lieu, en outre, à du nitrate d'ammoniaque que l'on peut obtenir en

filtrant la liqueur et la faisant évaporer (*a*). *Expérience :* On met dans une fiole à large goulot une certaine quantité de métal divisé ; on adapte à son col un tube recourbé propre à recueillir les gaz, et un tube à trois branches parallèles ; on verse peu à peu l'acide nitrique par celui-ci : aussitôt que le contact a lieu, la réaction se manifeste ; l'oxide ou le nitrate reste dans la fiole ; on recueille le gaz sur l'eau.

378. L'acide nitrique attaque tous les métaux de la quatrième section, à la température ordinaire, les uns avec beaucoup d'énergie, les autres d'une manière beaucoup moins marquée (375). Parmi ceux-ci, il en est même sur lesquels son action n'est bien sensible qu'à l'aide de la chaleur : d'abord il se dégage du deutoxide d'azote ; ensuite, la température s'élevant, il se dégage du protoxide et du gaz azote, et souvent même ces trois gaz à la fois (375). Tous ces métaux se combinent avec l'oxigène et forment des nitrates, excepté l'antimoine, l'arsenic, le chrôme, le molybdène et le tungstène. L'antimoine se combine seulement avec l'oxigène, et donne naissance à un oxide qui se précipite sous forme de poudre blanche ; le molybdène passe à l'état d'acide molybdique qui se précipite aussi, en partie du moins, sous la forme d'une poudre blanche ; le chrôme est transformé en acide chrômique rouge et soluble dans l'eau ; l'arsenic, en acide arsénic blanc, et aussi soluble

---

(*a*) Il serait possible que le fer, l'étain et l'antimoine ne donnassent lieu à du nitrate d'ammoniaque, que parce que leurs oxides ne s'unissant point à l'acide nitrique, ne peuvent s'opposer à la réaction de ses élemens sur l'ammoniaque.

dans l'eau ; et le tungstène en une poudre jaune qui se précipite. Tous, en décomposant ainsi l'acide nitrique, dégagent plus ou moins de chaleur, selon que leur action sur cet acide est plus ou moins vive, et qu'ils en condensent plus ou moins l'oxigène. Ces diverses expériences se font comme avec les métaux de la troisième section.

379. Tous les métaux de la cinquième section sont attaqués par l'acide nitrique, à la température ordinaire, si ce n'est l'osmium, qui ne l'est ni à chaud, ni à froid : l'action est même vive ; il en résulte des phénomènes semblables à ceux que nous présentent les métaux de la quatrième section, excepté toutefois que ces métaux se combinent constamment avec l'oxigène et l'acide nitrique, de manière à former des nitrates qui restent en dissolution dans la liqueur. On constate encore ces résultats comme nous l'avons dit précédemment.

380. Trois des métaux de la sixième section ont la propriété de décomposer l'acide nitrique, savoir : l'argent, le rhodium et le palladium : le premier le décompose vivement et à la température ordinaire ; les deux derniers, à l'aide de la chaleur et faiblement. L'expérience se fait encore comme les précédentes et donne lieu aux mêmes phénomènes, excepté qu'il est probable que l'acide nitrique passe seulement à l'état de deutoxide d'azote.

381. *Acide nitrique et Composés combustibles non métalliques.* — Aucun de ces corps ne décompose probablement l'acide nitrique à la température ordinaire ; il est probable, au contraire, que tous le décomposent à l'aide de la chaleur, et qu'il en résulte des produits dont il est facile de prévoir la nature, en raison de l'ac-

tion que l'acide nitrique exerce sur les élémens de ces corps (374).

382. *Acide nitrique et Composés combustibles mixtes.* — L'acide nitrique est sans doute décomposé par tous les corps combustibles mixtes, le plus souvent même à la température ordinaire. Cet acide passe à l'état d'oxide d'azote ou bien de gaz azote : presque toujours les deux élémens combustibles du composé sont brûlés, et toujours il y a un dégagement de calorique plus ou moins grand.

383. Aucun hydrure n'a été traité par l'acide nitrique ; mais on ne saurait mettre en doute que celui de potassium ne soit capable de décomposer cet acide à la température ordinaire ; que l'hydrure d'arsenic, l'hydrogène arseniqué et l'hydrogène telluré ne soient capables d'en opérer la décomposition, du moins à l'aide de la chaleur ; que, dans le premier cas, il se formerait probablement de l'eau et du nitrate de deutoxide de potassium, et qu'il se dégagerait du gaz azote ; que, dans le second, il se formerait de l'eau, de l'acide arsenique, et qu'il y aurait dégagement de gaz azote ou de gaz oxide d'azote, etc.

384. Lorsqu'on traite dans une fiole le borure de fer par l'acide nitrique, on obtient de l'acide borique, du peroxide de fer qui se précipite en partie, et du gaz oxide d'azote ou du gaz azote. On ne sait point si le borure de platine est attaqué par l'acide nitrique.

385. L'acier et la fonte sont attaqués par l'acide nitrique à la température ordinaire : il en résulte du tritoxide de fer, du gaz acide carbonique et du gaz oxide d'azote ou du gaz azote, et de la chaleur ; l'oxide de fer reste en partie combiné avec l'acide nitrique dans le vase où se fait l'expérience, et le gaz acide carbonique

et l'oxide d'azote ou l'azote se dégagent. Le per-carbure de fer, ou la plombagine, n'est point attaqué par l'acide nitrique à la température de l'eau bouillante; il ne l'est qu'à une température rouge. L'expérience se fait dans le même appareil que celui qu'on emploie pour décomposer l'eau (287); l'oxide reste dans le tube, et les gaz se dégagent dans des flacons propres à les recueillir.

386. Tous les métaux susceptibles d'être attaqués par l'acide nitrique, lorsqu'ils sont isolés, le sont, à plus forte raison, lorsqu'ils sont unis au phosphore ou au soufre, surtout à l'aide d'un peu de chaleur. De l'acide phosphorique ou sulfurique, un oxide métallique, et de l'oxide d'azote ou du gaz azote, sont les produits de cette action qu'on constate comme celle qu'exerce le soufre sur l'acide nitrique. D'ailleurs les acides phosphorique ou sulfurique s'unissent toujours en tout ou en partie à l'oxide métallique; le premier forme tous sels acides et solubles; le second forme quelquefois des sels neutres insolubles, qui se précipitent sous forme de poudre ou de flocons : tels sont le sulfate de plomb, de barium, et quelques autres. Il arrive quelquefois que le métal brûle avant le soufre; alors une portion de celui-ci est mise en liberté et se sépare sous forme de flocons.

388. Quant aux alliages, ils agissent en général sur l'acide nitrique comme leurs élémens. Cependant M. Vauquelin a observé qu'en faisant bouillir, avec l'acide nitrique, un mélange formé de 12 parties d'argent, 3 d'or et 1 de platine, on dissolvait non-seulement l'argent, mais encore le platine (Man. de l'Essayeur).

389. *État.* — On n'a point encore trouvé l'acide nitrique pur dans la nature; il n'y existe que combiné avec la potasse, la chaux et la magnésie (891).

590. *Préparation.* — On extrait l'acide nitrique du
nitrate de potasse, en traitant ce sel par l'acide sulfurique, à une température élevée. L'acide sulfurique
s'empare de la potasse, forme du sulfate acide de potasse fixe, tandis que l'acide nitrique se dégage sous
forme de vapeurs qu'on reçoit dans des récipiens.
*Expérience:* Dans les laboratoires, on prend une cornue
de verre; on y introduit 6 parties de nitre, et 4 parties
d'acide sulfurique du commerce. Celui-ci doit être porté
par un tube jusque dans la panse de la cornue; car si on
le faisait couler le long du col, il en resterait toujours
une certaine quantité adhérente aux parois de ce col,
laquelle, par la disposition de l'appareil, se mêlerait à
l'acide nitrique et l'altérerait. La capacité de la cornue
doit être au moins moitié plus grande que le volume de
l'acide et du sel qu'elle contient. On pose cette cornue
à feu nu sur un fourneau muni de son laboratoire, et on
en reçoit le col dans une alonge qui se rend dans un
récipient tubulé, à la tubulure duquel on adapte un
tube de sûreté à boule, propre à recueillir les gaz.
On lutte bien toutes les jointures de l'appareil, et on
fait peu à peu du feu sous la cornue, de manière à
faire entrer le mélange en fusion, et à l'entretenir
toujours fondu (*pl.* 27, *fig.* 1). Plusieurs phénomènes
dont on doit faire mention se présentent. On voit
d'abord apparaître une légère vapeur rouge qui est
du gaz acide nitreux; ensuite le mélange entre en fusion; la vapeur rouge se dissipe bientôt, et est remplacée
par des vapeurs blanches, qui ne sont autre chose que
de l'acide nitrique: celles-ci continuent à se dégager
pendant long-tems; mais, à la fin de l'opération, il se
forme de nouveau des vapeurs rouges plus abondantes

que jamais ; la matière se soulève , et tend à passer dans le
col de la cornue. C'est à ce dernier signe que l'on reconnaît que l'opération est faite : alors on retire le feu , et
on laisse refroidir les vases. Il est facile de se rendre
compte de ces divers phénomènes. Le nitre du commerce
dont on fait usage contient toujours un peu de sel
marin , sel formé d'acide muriatique et de soude.
L'acide sulfurique a non-seulement la propriété de décomposer le nitre, mais encore le sel marin, et de mettre
son acide en liberté en s'emparant de son oxide ; or ,
l'acide muriatique peut enlever une portion d'oxigène a
l'acide nitrique , et le faire passer à l'état de gaz acide
nitreux : donc il doit se former une certaine quantité de
cet acide au commencement de l'opération. Mais, lorsque
tout le sel marin est décomposé, ce qui ne tarde pas à
avoir lieu en raison de sa petite quantité et de sa facile
décomposition, l'acide nitrique du nitre peut seul se
dégager, et dès-lors il n'y a plus de vapeurs rouges.
Enfin la température allant sans cesse en croissant, il
arrive une époque à laquelle elle est assez élevée pour
opérer la décomposition de l'acide nitrique , et le changer en gaz oxigène et en gaz acide nitreux ; d'autant
plus qu'à cette époque il n'y a plus ou presque plus
d'eau dans le mélange, et que sans eau, l'acide nitrique
ne peut pas exister. Aussi, lorsqu'au lieu d'employer
le nitre du commerce on le fait foudre , et qu'on y
verse de l'acide sulfurique dépouillé le plus possible
d'eau par l'ébullition, obtient-on beaucoup plus de vapeurs rouges, et cesserait-on d'en obtenir si l'on versait
sur le mélange une suffisante quantité d'eau.

Quoi qu'il en soit, l'acide extrait par le procédé qu'on
vient de décrire, contient en dissolution du gaz acide

nitreux, ce qui le rend jaune ; un peu d'acide muriatique ou muriatique oxigéné ; et quelquefois même un
peu d'acide sulfurique. Pour le purifier, on le distille
de nouveau dans un appareil semblable au précédent.
Les premières portions qui passent sont l'acide nitreux et
l'acide muriatique oxigéné ; on les sépare avec soin, et
alors la liqueur, de jaune qu'elle était, doit être devenue
blanche : celles qui passent ensuite sont formées d'acide
nitrique pur ; elles doivent être reçues dans des vases
bien propres. On continue ainsi la distillation, jusqu'à
ce qu'il ne reste plus qu'un sixième environ de la liqueur
dans la cornue ; il y aurait du danger à outre-passer ce
point, parce qu'il serait possible qu'il se volatilisât un
peu d'acide sulfurique. L'acide nitrique doit être conservé dans des flacons bouchés à l'émeri et dans l'obscurité, la lumière le décomposant et agissant sur lui
comme une haute température (371). Quant au sulfate
acide de potasse qui reste dans la cornue où la décomposition du nitre a été faite, on ne peut le retirer qu'en le
dissolvant dans l'eau, parce qu'il est sous forme solide et
en masse fondue. A cet effet, on met de l'eau dans la
cornue et on la renouvelle de temps en temps, ou bien
on renverse la cornue et on la dispose de manière que la
panse soit au-dessus de son col, et on en fait plonger le
col dans l'eau, après l'avoir elle-même remplie de ce liquide ; dans ce cas, à mesure que l'eau se charge de sel,
elle devient plus pesante, elle tombe, et est remplacée
par celle qui n'en est point ou qui en est moins chargée,
de sorte que tout le sel se dissout peu à peu.

Dans les fabriques, on extrait aussi l'acide nitrique
du nitre par l'acide sulfurique, mais on ne se sert point
du même appareil que dans les laboratoires.

391. *Composition.* — L'acide nitrique est formé de 2 parties en volume de deutoxide d'azote et de 1 d'oxigène : mais comme le deutoxide d'azote est formé en volume de parties égales de gaz oxigène et de gaz azote, selon M. Gay-Lussac, et de 100 d'azote, et de 108,9 d'oxigène, selon M. Davy ; il s'en suit, d'après la pesanteur spécifique de ces gaz, que 100 parties d'acide nitrique doivent être formées en poids de 100 d'azote et de 227,74 ou 240,88 d'oxigène. *Expérience :* On remplit un petit flacon d'eau ; on y fait passer 100 parties de gaz oxigène, et ensuite peu à peu 100 parties de deutoxide d'azote ; il en résulte une absorption de 150 : le gaz non absorbé est du gaz oxigène, et le liquide tient en dissolution une quantité d'acide nitrique correspondante à l'absorption (*a*).

*Usages.* — On se sert de l'acide nitrique pour dissoudre un grand nombre de métaux ; on l'emploie sous le nom d'eau forte ou d'acide étendu d'eau, pour laver les boiseries ; c'est un des meilleurs réactifs que possède le chimiste, et dont il fait un perpétuel usage.

*Historique.* — Découvert en 1225 par Raimond-Lulle, en distillant un mélange de nitrate de potasse et

---

(*a*) D'après le résultat de quelques expériences qui ne sont point encore publiées, M. Gay-Lussac pense que le deutoxide d'azote est formé en poids de 100 d'azote, et de 128,411 d'oxigène. Or, comme l'acide nitrique est formé en volume de 2 parties de deutoxide d'azote et de 1 d'oxigène, cet acide le serait en poids, de 100 d'azote et de 250,116 d'oxigène. Le nouveau travail dont M. Gay-Lussac s'occupe dissipera sans doute toutes les incertitudes où nous sommes encore relativement aux proportions suivant lesquelles l'azote et l'oxigène peuvent se combiner.

d'argile. Analysé en 1784 par Cavendish, qui démontra qu'il était formé d'azote et d'oxigène, et étudié par beaucoup de chimistes, particulièrement par M. Davy ( Recherches sur la Combinaison de l'Azote avec l'Oxigène, Ann. de Chimie, t. 42 et suiv. ), et par M. Gay-Lussac (deuxième volume d'Arcueil ).

### De l'Acide Sulfureux.

392. *Propriétés.* — L'acide sulfureux est gazeux et invisible ; sa saveur est forte et désagréable ; son odeur est piquante, et la même que celle du soufre qui brûle ; il excite la toux, resserre la poitrine, et suffoque les animaux qui le respirent ; il rougit d'abord la teinture de tournesol, mais ensuite il l'affaiblit, et en fait passer la couleur à celle de vin paillet ; sa pesanteur spécifique est de 2,2553.

393. La plus forte chaleur qu'on ait encore pu produire ne le décompose pas. Un froid de 50° ne le fait point passer à l'état liquide, et à plus forte raison à l'état solide. Il ne se combine à aucune température, ni avec le gaz oxigène pur, ni avec le gaz oxigène de l'air.

394. *Acide sulfureux et Corps combustibles.* — Le gaz acide sulfureux n'agit à froid sur aucun corps combustible, excepté peut-être avec le temps sur le potassium et le sodium. Il agit au contraire sur un certain nombre de ces corps, à l'aide de la chaleur ; son oxigène est entièrement absorbé, et le soufre tantôt est mis en liberté, et tantôt entre en combinaison avec le corps combustible qui a décomposé l'acide sulfureux.

395. *Acide sulfureux et Combustibles simples non métalliques.* — L'hydrogène et le carbone décomposent

facilement le gaz acide sulfureux à une chaleur rouge et
même au-dessous. L'hydrogène donne lieu à de l'eau
et à du soufre ; et le carbone à du soufre et à du gaz
acide carbonique ou oxide de carbone : il se forme en
outre dans le premier cas du gaz hydrogène sulfuré,
si l'hydrogène est en excès et si la température n'est pas
trop élevée ; et dans le second, probablement du carbure
de soufre. *Expérience :* On met le carbone au milieu
d'un tube de porcelaine ; on le fait passer à travers un
fourneau à réverbère ; à l'une de ses extrémités, on adapte
un tube recourbé propre à recueillir les gaz, et à l'autre
on adapte, par le moyen d'un petit tube de verre, une
fiole contenant 20 à 30 grammes de mercure, et 3
à 4 fois autant d'acide sulfurique concentré. On porte
le tube de porcelaine au rouge, et ensuite on chauffe un
peu la fiole ; bientôt le mercure attaque l'acide sulfurique, il se produit du deuto-sulfate acide de mercure et
du gaz acide sulfureux ; celui-ci est forcé de passer à travers le tube de porcelaine, et est sur-le-champ décomposé. Le charbon passe à l'état de gaz oxide de carbone, quand il est en excès et que la température est
très-élevée (91) ; et à l'état de gaz acide carbonique,
quand au contraire il y a excès de gaz acide sulfureux.

Lorsqu'au lieu de vouloir décomposer le gaz acide
sulfureux par le charbon, on veut le décomposer par le
gaz hydrogène, on emploie le même appareil que le
précédent, si ce n'est qu'on ne met point de charbon
dans le tube et qu'on adapte à l'une des extrémités de ce
tube une vessie pleine de gaz hydrogène, outre la fiole
contenant du mercure et de l'acide sulfurique : d'ailleurs
l'opération est facile à conduire. Lorsque le tube est
rouge, on y fait passer tout à la fois du gaz acide sulfu-

reux et du gaz hydrogène, et on fait en sorte que celui-ci soit en excès. On recueille les gaz sur le mercure (a).

On sait que le soufre et le gaz azote sont sans action sur le gaz acide sulfureux à une température quelconque. Mais on ne sait pas encore quelle serait celle qu'exerceraient le bore et le phosphore sur ce gaz. Il est très-probable que le bore le décomposerait, et qu'il en résulterait du soufre et de l'acide borique.

396. *Gaz acide sulfureux et Métaux.* — Le potassium et le sodium agissent très-lentement à froid sur le gaz acide sulfureux ; mais ils le décomposent subitement à une température d'environ 200°. Lorsqu'il y a excès de métal, il se forme de l'oxide métallique sulfuré ; lorsqu'il y a au contraire excès d'acide sulfureux, il y a du soufre mis à nu et production d'un sulfate de deutoxide. Dans tous les cas, il y a un grand dégagement de calorique et de lumière. *Expérience* : On remplit de mercure une petite cloche courbe ; on y fait passer du gaz acide sulfureux, et ensuite on porte le métal avec une tige jusque dans la partie courbe de cette cloche ; on chauffe, et bientôt tous les phénomènes annoncés sont produits (voyez *pl.* 20 , *fig.* 3). Le mercure remonte avec rapidité, et le gaz est absorbé tout entier ou en partie, selon qu'il est en contact avec plus ou moins de métal. Le produit formé se trouve à l'état solide dans la partie courbe de la cloche.

---

(a) Si on voulait décomposer une grande quantité d'acide sulfureux par le charbon et l'hydrogène, au lieu d'un petit tube de verre qui serait bientôt engorgé par le soufre , il faudrait adapter à l'extrémité du tube de porcelaine , une alonge qui se rendrait dans un ballon tubulé portant un tube recourbé.

397. On n'a point encore mis le gaz acide sulfureux en contact avec les métaux des troisième et quatrième sections à une température élevée. On ne sait donc point précisément quels sont les phénomènes qui pourraient en résulter ; mais il est probable qu'un assez grand nombre de ces métaux décomposeraient le gaz acide sulfureux, que la plupart, comme le fer, donneraient lieu à de l'oxide et à du sulfure de fer, et que quelques-uns, tels que l'antimoine, formeraient de l'oxide métallique sulfuré. On traite d'ailleurs l'acide sulfureux par ces métaux, de la même manière que par le charbon.

398. Sans doute les métaux des cinquième et sixième sections n'opéreraient point la décomposition du gaz acide sulfureux, car on sait que leurs oxides sont décomposés par la chaleur, et qu'en chauffant convenablement avec le gaz oxigène les sulfures qu'ils sont susceptibles de former, on en sépare le métal et on en fait passer le soufre à l'état d'acide sulfureux : d'où l'on voit que le métal et l'acide sulfureux peuvent exister ensemble sans réagir l'un sur l'autre. Il faut cependant en excepter le nickel et le plomb dont les oxides ne se décomposent qu'à une très-haute température.

399. *Acide sulfureux et Composés combustibles non métalliques.* — L'action d'un seul de ces corps a été bien examinée, c'est celle du gaz hydrogène sulfuré. Lorsqu'on met en contact ces deux gaz à la température ordinaire, ils se décomposent réciproquement, et donnent lieu à de l'eau et à un dépôt de soufre, de sorte qu'ils disparaissent. Mais si ces gaz sont bien secs, leur réaction n'a lieu qu'au bout d'une demi-heure, trois quarts

d'heure : encore est-elle si lente, que ce n'est souvent que long-temps après qu'elle se termine ; s'ils sont humides, elle a lieu subitement. Il faut un peu plus de deux parties de gaz hydrogène sulfuré pour décomposer une partie de gaz acide sulfureux ; car le gaz hydrogène sulfuré contient un volume égal au sien d'hydrogène, le gaz acide sulfureux un peu plus de son volume de gaz oxigène, et l'eau résulte de la combinaison de 2 de gaz hydrogène et de 1 de gaz oxigène. *Expérience :* On remplit une éprouvette de mercure, et on y fait passer successivement 100 parties de gaz acide sulfureux, et 200 parties de gaz hydrogène sulfuré. Le soufre et l'eau, à mesure que la décomposition s'opère, se précipitent sur les parois de la cloche. On peut regarder comme certain que les gaz hydrogène carboné et phosphoré sont susceptibles de décomposer le gaz acide sulfureux à l'aide de la chaleur.

400. *Gaz acide sulfureux et Composés combustibles mixtes et Alliages.* — Ces corps combustibles n'ayant point encore été mis en contact avec le gaz acide sulfureux, nous ne pouvons rien dire de précis de leur action sur ce gaz. Nous observerons seulement qu'elle doit être plus ou moins analogue à celle de leurs élémens.

*État.* — On ne trouve presque jamais l'acide sulfureux qu'autour des volcans. Il est produit par le soufre qui s'en dégage, et qui brûle en partie par le contact de l'air.

401. *Préparation.* — C'est en traitant l'acide sulfurique du commerce par le mercure à l'aide de la chaleur, qu'on obtient le gaz acide sulfureux. Il se forme outre cet acide qui se dégage à l'état de gaz, du proto ou deuto-

sulfate de mercure qui se précipite en poudre blanche. Il suit de là que, dans cette opération, l'acide sulfurique se partage en deux parties; l'une cède de son oxigène au mercure et passe à l'état de gaz acide sulfureux; l'autre se combine avec le mercure ainsi oxidé et forme le sulfate de mercure. *Expérience :* On prend une cornue de verre; on y introduit 1 partie de mercure et 4 parties d'acide; la cornue doit être capable de contenir environ deux fois le volume de la matière qu'on y introduit. On adapte au col de la cornue un tube recourbé qui s'engage sous des flacons pleins de mercure; ensuite on chauffe peu à peu jusqu'à ce que la liqueur bouille. A cette époque, le gaz acide sulfureux se dégage; mais comme il est mêlé d'air, on ne doit le recevoir que quand on en a laissé perdre une certaine quantité. On reconnaît qu'il est pur, lorsqu'en en mettant en contact avec l'eau, il s'y dissout complètement. On fait cette épreuve en en remplissant une petite éprouvette, la bouchant avec le doigt, la portant dans l'eau et l'y agitant. On entretiendra l'ébullition pendant toute l'opération. De trente grammes de mercure, on retire facilement plusieurs litres d'acide sulfureux.

402. *Composition.* — L'acide sulfureux est formé de 100 de soufre et de 192 d'oxigène, selon M. Gay-Lussac, et de 100 de soufre et 97,96 d'oxigène, selon M. Berzelius.

*Usages.* — On se sert de l'acide sulfureux pour blanchir la soie et enlever les taches de fruits de dessus le linge. On l'emploie dans les laboratoires pour faire la plupart des sulfites.

*Historique.* — Connu de toute antiquité, mais distingué, pour la première fois, comme corps particulier,

par Sthal ; examiné ensuite par Priestley, en 1774 ;
enfin analysé par M. Gay-Lussac, 2ᵉ volume d'Arcueil ;
et par M. Berzelius ( Annales de Chimie, t. 74).

### De l'Acide Sulfurique.

403. *Propriétés.* — L'acide sulfurique est liquide,
blanc, inodore ; sa consistance est oléagineuse ; son action sur la teinture de tournesol est si forte, qu'une
seule goutte d'acide suffit pour colorer en rouge une
grande quantité de cette teinture. On n'a point encore
pu obtenir l'acide sulfurique sans eau : le plus concentré
en contient au moins le quart de son poids, et pèse environ 1,85. C'est un des plus violens caustiques que l'on
connaisse : il désorganise sur-le-champ toutes les matières végétales et animales ; aussi l'animal qui en prendrait, même une très-petite quantité, périrait-il promptement au milieu d'horribles convulsions.

404. Lorsqu'on expose l'acide sulfurique à un froid
de 10° à 12°, il se congèle et cristallise : il se congèle à
zéro et même au-dessus, si on l'étend d'un peu d'eau.
Exposé à une très-forte chaleur, il se décompose et se
transforme en gaz acide sulfureux et en gaz oxigène
qui sont entre eux, en volume, dans le rapport de 2:1.
Cette expérience ne peut se faire que dans un tube de
porcelaine, dont le diamètre est très-petit, *par exemple*, de 5 à 6 millimètres ; on fait passer ce tube à travers un fourneau à réverbère, en lui donnant une légère inclinaison ; on adapte à son extrémité supérieure
une petite cornue contenant de l'acide sulfurique le plus
concentré possible, et à son autre extrémité un tube
recourbé propre à recueillir les gaz sur le mercure ; on
fait du feu dans le fourneau, et on l'augmente en sur-

montant le dôme d'un tuyau en tôle, haut de 1 à 2 mètres, et mieux au moyen d'un soufflet, dont on fait rendre la douille dans le cendrier. Lorsque le tube est presque rouge-blanc, on y fait passer l'acide sulfurique en vapeur, en le chauffant convenablement : dès-lors, des vapeurs très-abondantes apparaissent dans le tube de verre recourbé, et une grande quantité d'un gaz nuageux se rassemble dans les flacons pleins de mercure. Si on mesure 100 parties de ce gaz dans un tube plein de mercure, et si, après avoir plongé l'extrémité du tube dans l'eau, on l'y agite, tout ce qui est acide sulfureux se dissoudra ; tout ce qui est oxigène restera libre , et l'on trouvera que la quantité de celui-ci sera égale à la moitié de la quantité de celui-là : d'où l'on voit que l'acide sulfurique est formé, en volume, de 2 parties d'acide sulfureux et de 1 partie de gaz oxigène.

404 *bis.* Lorsqu'on fait plonger dans l'acide sulfurique deux fils de platine en communication avec une pile, il se manifeste, à l'extrémité du fil négatif, des flocons de soufre, et une teinte brune à l'extrémité du fil positif; teinte due sans doute à la formation d'une petite quantité de sulfate de platine.

405. L'acide sulfurique n'a aucune action, soit à froid, soit à chaud, sur le gaz oxigène et sur l'air : il s'empare seulement de la vapeur d'eau que ces gaz peuvent contenir, et il peut en absorber une quantité assez grande pour doubler presque de poids : c'est ce qui arrive en quelques jours, en exposant de l'acide sulfurique dans une capsule au contact de l'air. On remarque en outre dans ce cas, que l'acide, de blanc, devient jaunâtre; cette couleur est due à ce que l'atmosphère contient en suspension des matières végétales

ou animales que l'acide sulfurique désorganise et charbonne ( voy. troisième volume, Action de l'acide sulfurique sur les substances végétales ). Lorsque l'acide sulfurique, par son contact avec l'atmosphère, s'est ainsi étendu d'eau, on peut le ramener au point de concentration où il était, en le chauffant dans une cornue jusqu'à ce qu'il commence à produire des vapeurs blanches, signe auquel on reconnaît qu'il est près de bouillir.

406. *Acide sulfurique et Corps combustibles.* — L'acide sulfurique est décomposé par un grand nombre de corps combustibles : tantôt il cède tout son oxigène à ces corps et passe à l'état de soufre ; tantôt il n'en cède qu'une partie et passe à l'état de gaz acide sulfureux. Sa décomposition n'a presque jamais lieu qu'à une température élevée. Comme l'acide sulfurique le plus concentré contient toujours le quart de son poids d'eau, on conçoit que, dans quelques circonstances, cette eau elle-même doit être décomposée.

407. *Acide sulfurique et Combustibles simples non métalliques.* — Aucun de ces corps ne décompose l'acide sulfurique à la température ordinaire. Tous, excepté l'azote, le décomposent à une température élevée.

L'hydrogène en opère la décomposition à une chaleur voisine du rouge cerise, et il en résulte de l'eau et du gaz acide sulfureux ou du soufre, selon que la quantité d'acide sulfurique est plus ou moins grande, par rapport à la quantité d'hydrogène. Il peut aussi en résulter du gaz hydrogène sulfuré, lorsque l'hydrogène est en excès et que la température n'est pas trop élevée. *Expérience :* Pour décomposer l'acide sulfurique par l'hydrogène, on fait passer ces deux corps ensemble à travers un tube de porcelaine chauffé au rouge. A cet effet, on se sert du même appareil que pour décomposer cet acide par le feu seulement (404), si ce n'est que, à l'extrémité du tube qui reçoit la cornue contenant l'acide sulfurique, on adapte en même temps, par le moyen d'un petit tube de verre ou de cuivre, une grande vessie pleine de gaz hydrogène, etc.

408. Lorsqu'on met en contact l'acide sulfurique avec le carbone, à la température d'environ 100 à 150°, ces deux corps réagissent de telle manière, qu'il se forme du gaz acide carbonique et du gaz acide sulfureux, quelles que soient leurs quantités respectives ; mais si on les met en contact à une température beaucoup plus élevée, et si le charbon est en excès, on obtiendra du soufre et du gaz oxide de carbone : si la température était rouge, l'eau de l'acide serait elle-même décomposée, et donnerait lieu à une nouvelle quantité de gaz oxide de carbone, d'acide carbonique et d'hydrogène carboné. *Expériences :* 1.° Pour décomposer l'acide sulfurique par le charbon à une basse température, on introduit dans une grande fiole environ 50 grammes d'acide sulfurique, et 20 à 25 grammes de charbon bien pulvérisé et bien calciné ; on les mêle ensemble par l'agitation ; on place cette fiole sur un fourneau ; on adapte à son col un tube recourbé propre à recueillir les gaz ; on chauffe peu à peu, et bientôt la réaction a lieu. On recueille le gaz acide sulfureux et le gaz acide carbonique sous des cloches pleines de mercure. On peut les séparer jusqu'à un certain point par l'eau, qui dissout facilement le premier, et ne dissout que difficilement le second.

2° Pour opérer la décomposition de l'acide sulfurique par le charbon à une haute température, on fait passer un tube de porcelaine à travers un fourneau à réverbère; on met du charbon dans le milieu de ce tube; on adapte à l'une de ses extrémités une petite cornue contenant de l'acide sulfurique, et à l'autre une alonge qui se rend dans un récipient tubulé portant un petit tube recourbé qui s'engage sous des flacons. On fait rougir le tube, et on réduit l'acide sulfurique en vapeurs. Le soufre se condense dans l'alonge et le ballon, et les gaz passent dans les flacons sous lesquels doit s'engager le tube recourbé.

409. Lorsqu'on traite l'acide sulfurique par le phosphore, comme on vient de le faire pour le charbon dans la première des deux expériences qui précèdent, on obtient de l'acide phosphorique ou phosphoreux, et du gaz acide sulfureux. Mais on ne sait point encore si à une température plus élevée, le phosphore enlèverait tout l'oxigène à l'acide sulfurique.

410. Quelle que soit la température à laquelle on expose un mélange d'acide sulfurique et de soufre, il est évident que cet acide ne peut passer qu'à l'état de gaz acide sulfureux, puisqu'il n'existe point d'oxide de soufre. Cette transformation commence à avoir lieu à une chaleur d'environ 200°. On l'opère encore de la même manière que la décomposition de l'acide sulfurique par le charbon ( 1re expérience).

411. Jusqu'à présent, on n'a point encore mis le bore en contact avec l'acide sulfurique; mais on ne saurait douter, d'après la grande affinité qu'il a avec l'oxigène, qu'il ne soit capable de décomposer cet acide, même plus facilement que ne le fait le charbon.

412. *Acide sulfurique et Métaux.* — Aussitôt qu'on met le potassium et le sodium en contact avec l'acide

sulfurique à la température ordinaire, il se forme un
deuto-sulfate, et il se dégage du gaz hydrogène et beaucoup de calorique. On constate ces résultats en remplissant une éprouvette de mercure, et y faisant passer
successivement l'acide sulfurique et le métal. D'ailleurs, ils sont faciles à concevoir : il suffit, pour cela,
de savoir que l'acide sulfurique le plus concentré contient toujours une certaine quantité d'eau, environ le
quart de son poids, et que le potassium et le sodium
sont susceptibles de la décomposer. A la vérité, comme
l'hydrogène tient plus à l'oxigène que le soufre, il
semble que l'acide sulfurique devrait être décomposé
de préférence à l'eau ; mais en observant que l'acide
sulfurique a une grande affinité pour le deutoxide de
potassium et de sodium, on comprendra qu'en raison
de cette affinité, les élémens de cet acide peuvent être
rendus plus stables que ceux de l'eau elle-même.

413. Le zinc, le fer et probablement le manganèse,
n'exercent qu'une très-faible action sur l'acide sulfurique
à la température ordinaire : du reste, ils donnent lieu,
comme le potassium et le sodium, à un dégagement de
gaz hydrogène et à un sulfate. Ce n'est qu'à l'aide de la
chaleur qu'ils agissent vivement sur cet acide : alors
l'eau n'est pas seule décomposée, l'acide l'est lui-même;
ce qui le prouve, c'est qu'on obtient beaucoup de gaz
acide sulfureux, outre une certaine quantité de sulfate
et de gaz hydrogène. Il paraît même qu'avec le fer, il
n'y a décomposition d'eau qu'au commencement de
l'opération, car dès que la température est un peu élevée, il ne se dégage plus que de l'acide sulfureux.

L'étain, ni aucun des métaux des trois dernières
sections, n'agissent sur l'acide sulfurique à la tem-

pérature ordinaire. Tous, au contraire, en opèrent la décomposition à une température de 100 à 200°, excepté le tungstène, l'osmium, le rhodium, le platine, l'or, l'iridium, et le nickel d'après M. Tupputi (a). Quelques-uns ne l'attaquent que faiblement, en raison de leur cohésion ou de leur peu d'affinité pour l'oxigène, savoir : le chrôme, l'urane, le titane et le palladium. Quoi qu'il en soit, dans tous les cas où il y a action, il se forme un sulfate et du gaz acide sulfureux ; par conséquent, l'acide sulfurique se partage en deux parties : la première cède une portion de son oxigène au métal, et passe à l'état d'acide sulfureux, et la seconde se combine avec l'oxide métallique formé. *Expérience :* On introduit une certaine quantité de métal en grenaille ou en fragmens dans une fiole ou dans une petite cornue, avec trois à quatre fois son poids d'acide sulfurique le plus concentré possible ; on place cette fiole ou cornue sur un fourneau, par le moyen d'une grille, et on adapte à son col un tube recourbé que l'on fait plonger dans des éprouvettes ou des flacons pleins de mercure ; on chauffe peu à peu, et bientôt la réaction a lieu : le gaz acide sulfureux passe dans les flacons, et le sulfate reste dans la fiole ou la cornue.

416. *Acide sulfurique et Composés combustibles non métalliques.* — Il n'est aucun de ces composés dont on

---

(a) Ce n'est que par analogie que nous mettons le columbium et le cerium au rang des métaux qui sont attaqués par l'acide sulfurique, parce que jusqu'ici, on n'a point examiné leur action sur cet acide.

ait constaté l'action sur l'acide sulfurique. Cependant, si on considère que tous sont formés d'élémens capables de décomposer cet acide à l'aide de la chaleur, il paraîtra très-probable que tous jouiront encore à cette température de la propriété d'en opérer la décomposition, et de donner naissance à divers produits, en raison de leur réaction et de leur nature.

417. *Acide sulfurique et Composés combustibles mixtes.* — Parmi ces composés, il n'y a que quelques sulfures qui aient été traités par l'acide sulfurique. Tous ceux qu'on a essayés, au nombre desquels se trouvent les sulfures de fer, de cuivre, de plomb, d'argent, d'antimoine, d'arsenic, de molybdène, le décomposent à l'aide de la chaleur, et donnent lieu aux mêmes phénomènes que si leurs élémens étaient désunis. Il est permis de croire qu'il en serait de même des autres composés combustibles mixtes.

418. *Acide sulfurique et Alliages.* — Il n'est presque point d'alliages dont l'action sur l'acide sulfurique ait été éprouvée; mais il paraît qu'en général, ils se comportent avec cet acide comme les élémens qui les constituent.

419. *État.* — Il est douteux qu'on trouve cet acide pur dans la nature, parce qu'il agit très-fortement sur la plupart des corps, et qu'il ne se forme que dans des circonstances rares. Cependant le professeur Baldassari dit l'avoir trouvé sous cet état près Santa-Fiora, aux environs de Sienne, dans des grottes de la petite montagne volcanique nommée Zoccolino. M. Pictet dit aussi en avoir trouvé distillant de la voûte d'une grotte près d'Aix, en Savoie; il contenait à la vérité un peu de sulfate de chaux. On trouve, au contraire, l'acide sulfurique très-souvent combiné avec certains oxides métal-

liques, et particulièrement avec la chaux, la barite, la strontiane, la potasse, la soude, la magnésie, l'alumine, l'oxide de fer (809).

420. *Préparation.* — Cette préparation est fondée sur les produits qui résultent de la réaction réciproque du gaz acide nitreux, du gaz acide sulfureux et de l'eau. Le gaz acide nitreux sec n'a aucune action sur le gaz acide sulfureux également sec ; mais si l'on met ces gaz en contact avec une très-petite quantité d'eau dans un vase convenable, tous ces corps agissent subitement les uns sur les autres : le gaz acide nitreux cède une portion de son oxigène à l'acide sulfureux, et de là résultent du deutoxide d'azote et de l'acide sulfurique, lesquels se combinant avec l'eau, donnent lieu à une multitude de flocons blancs qui tombent sur les parois du ballon, et s'y attachent sous forme d'aiguilles cristallines. Si on verse de l'eau sur ces petits cristaux, elle dissout l'acide sulfurique, détruit sa réaction sur le deutoxide d'azote ; de sorte que celui-ci reprend l'état gazeux. Il suit de là qu'au moyen d'une très-petite quantité de deutoxide d'azote, on pourra transformer une grande quantité d'acide sulfureux en acide sulfurique, pourvu toutefois que ce gaz acide soit mêlé avec au moins la moitié de son volume de gaz oxigène (423). C'est ce qu'on peut démontrer de la manière suivante : On prend un ballon à robinet d'environ 5 litres ; on y fait le vide ; ensuite on l'adapte à une cloche à robinet, graduée et pleine de mercure : au moyen de cette cloche, on fait passer dans le ballon 30 décilitres de gaz acide sulfureux, puis 15 décilitres de gaz oxigène, et enfin 5 décilitres de deutoxide d'azote ; cela fait, on ferme le ballon, on l'enlève, on le rouvre un instant pour y verser une

quantité d'eau capable seulement d'en humecter les
parois; alors la petite quantité de gaz acide nitreux qui
s'était formée avant l'introduction de l'eau, et qui ren-
dait tout le ballon rouge, disparaît, et donne lieu, en
agissant sur une certaine quantité d'acide sulfureux,
aux flocons dont nous avons parlé précédemment. Lorsqu'ils sont entièrement déposés et réunis en cristaux
aiguillés ou étoilés, on ouvre le ballon un instant, et
on y verse environ 1 centilitre d'eau qu'on promène
sur toute la surface : tout à coup il y a effervescence
due au deutoxide d'azote qui se dégage ; ce deutoxide ,
rencontrant du gaz oxigène dans le ballon, devient
acide nitreux, lequel, rencontrant de l'acide sulfureux,
reproduit les phénomènes déjà décrits ; en sorte que le
ballon paraît alternativement rouge, plein de flocons,
et transparent comme l'air. Tous ces phénomènes se
reproduisent un certain nombre de fois, selon que la
quantité de deutoxide d'azote est plus ou moins grande.
Lorsque les vapeurs rouges qui se forment ne disparaissent plus et sont transparentes, on peut en conclure
que tout l'acide sulfureux est changé en acide sulfurique que l'on trouve au fond du ballon, en dissolution
dans l'eau. Cette théorie, que l'on doit à MM. Clément
et Desormes, étant bien conçue, il sera facile d'entendre comment on fait l'acide sulfurique dans les fabriques.

421. On chauffe ensemble, dans une grande chambre de plomb dont le sol est couvert d'eau, un mélange
de 8 parties de soufre et de 1 partie de nitrate de potasse. L'acide nitrique de ce sel cède une portion d'oxigène à du soufre, et on obtient ainsi du sulfate de
potasse, corps solide et fixe (823), et du deutoxide

d'azote qui se dégage et passe à l'état de gaz acide nitreux en se combinant avec l'oxigène de l'air ; mais,
comme il y a beaucoup plus de soufre qu'il n'en faut
pour opérer la décomposition du nitrate de potasse, il
se forme beaucoup de gaz acide sulfureux par la combinaison du gaz oxigène de l'air avec ce corps combustible : ainsi, toutes les conditions nécessaires pour la
formation de l'acide sulfurique se trouvent donc réunies, puisque le gaz acide nitreux, le gaz acide sulfureux, l'eau et l'air sont en contact (*a*).

---

(*a*) Les chambres de plomb se composent de lames de plomb
soudées les unes aux autres, et attachées à une charpente extérieure
qui a la forme de la chambre, par des agrafes ou bandes de plomb
soudées d'une part à ces lames et clouées de l'autre à cette charpente. Les chambres de plomb varient en grandeur ; elles ont souvent 9 à 10 mètres de longueur et de largeur, et 5 à 6 mètres de
hauteur. Quelles que soient, au reste, les dimensions qu'on adopte
pour une chambre de plomb, il faut l'isoler de telle manière qu'on
puisse en visiter toutes les parties, les côtés, le dessus et le dessous, pour être à même de boucher les trous qui pourraient s'y former : à cet effet, on l'établit sur des parallélipipèdes en pierre, à environ 2 mètres au-dessus du sol, et à peu près à la même distance
des murailles et du toit.

On peut pénétrer dans la chambre par une porte pratiquée sur
l'un de ses côtés : le sol doit en être légèrement incliné, pour pouvoir en retirer facilement l'acide.

Il y a plusieurs manières de brûler le soufre dans les chambres ;
mais la meilleure paraît être la suivante : Près d'un des côtés de la
chambre, et à quelques décimètres de son fond, on dispose horizontalement une plaque en fonte munie d'un rebord, sur un fourneau qui traverse le fond de la chambre, et dont la cheminée n'a
aucune communication avec celle-ci : c'est sur cette plaque qu'on
place le mélange de nitre et de soufre ; on l'y porte par une trappe
faisant partie de la paroi latérale de la chambre et s'appuyant inférieurement sur la plaque elle-même : le mélange étant ainsi placé,

422. Lorsqu'on retire cet acide des chambres de plomb, il est bien loin d'être pur ; il contient, 1° beaucoup d'eau ; 2° un peu d'acide sulfureux qui a échappé à l'action de l'acide nitreux ; 3° un peu d'acide nitrique provenant de l'action de l'eau sur l'acide nitreux et l'oxigène de l'air (314) ; 4° enfin, un peu de sulfate de plomb, dû à ce que le plomb est oxidé par l'acide nitreux (366), et à ce que cet oxide se combine avec l'acide sulfurique (849). Il faut le séparer de la plupart de ces corps, et surtout de la majeure partie de l'eau, pour le rendre propre aux usages auxquels on le consacre dans le commerce. On y parvient de la manière suivante : On le porte dans des chaudières en plomb, où on le fait chauffer jusqu'à ce qu'il marque environ 55° à l'aréomètre de Beaumé ; on en dégage ainsi beau-

---

la chambre fermée, et son sol recouvert d'eau, on fait du feu peu à peu dans le fourneau ; bientôt le soufre s'enflamme et donne lieu aux produits dont nous avons parlé. Lorsque la combustion est achevée, ce qu'on voit par un petit carreau adapté à la trappe, on lève celle-ci ; on retire le sulfate de potasse de dessus la plaque ; on le remplace par un mélange de nitre et de soufre ; on renouvelle l'air dans la chambre, en ouvrant la porte et une soupape située sur le côté opposé à la trappe ; puis, après avoir refermé la trappe, la porte et la soupape, on remet du feu dans le fourneau ; on fait ainsi brûler de nouveaux mélanges jusqu'à ce que l'acide soit à environ 40° de l'aréomètre de Beaumé, en ayant soin de ne pas mettre sur la plaque plus de soufre que l'air n'en peut consumer : alors on retire l'acide de la chambre au moyen de robinets, ou au moyen d'un syphon plongeant dans une petite cavité extérieure qui communique avec l'intérieur de la chambre, et qui est placée, comme les robinets, à la partie la plus basse du sol : on fait rendre cet acide dans des chaudières en plomb, pour le soumettre aux opérations que l'on va décrire.

coup d'eau et tout l'acide sulfureux ; alors on l'introduit dans des cornues de verre lutées ou dans des cornues de grès ; on place ces cornues sur des barres de fer dans un fourneau rond, et assez grand pour en recevoir plusieurs, en les rangeant circulairement ; on les recouvre de terre, de brique et de tessons arrangés en forme de dôme ; on adapte à leur col un récipient ; on chauffe ; on volatilise une nouvelle quantité d'eau, tout l'acide nitrique, un peu d'acide sulfurique ; de sorte que l'acide sulfurique se concentre de plus en plus en même temps qu'il se purifie. Lorsqu'il est parvenu à 66°, on suspend le feu, on retire les cornues en brisant le dôme du fourneau, et on expédie l'acide pour le commerce dans de grosses bouteilles rondes de verre vert qu'on appelle *Dames-Jeanne*, et qu'on bouche avec de la terre cuite et un peu de terre glaise.

Dans cet état, l'acide est propre à toutes les opérations des arts ; mais il n'est pas propre à toutes les opérations de chimie, parce qu'il contient encore une petite quantité de sulfate de plomb, et même des sels provenant de l'eau introduite dans la chambre de plomb (285) : on l'obtient pur en le distillant ; tout ce qui est acide passe dans le récipient et s'y condense ; les sels restent dans la cornue. Pour cela, on met 1 ou 2 kilogrammes d'acide sulfurique dans une cornue de verre ; on place cette cornue dans un fourneau à réverbère, et on en fait rendre le col dans un ballon tubulé ; ensuite on fait peu à peu du feu sous la cornue, de manière à la porter à environ 300° de chaleur : alors l'acide entre en ébullition, et vient se condenser sous forme de vapeurs épaisses dans le ballon. Cette distillation demande à être conduite avec soin, à cause des soubresauts auxquels elle donne presque toujours lieu, et qu'on évite en partie, en introduisant dans la cornue deux à trois petits fragmens de verre hérissés de pointes. Il faut bien se garder de faire usage de bouchons ; car l'acide les charbonnerait et les noircirait.

423. *Composition.* — L'acide sulfurique est formé, en poids, de 100 de soufre et de 138 d'oxigène ; car il est formé, en volume, de 2 parties de gaz acide sulfureux et de 1 partie de gaz oxigène (404), et l'acide sulfureux est formé, en poids, de 100 de soufre et de 92 d'oxigène (402). L'acide sulfurique contient donc une fois et demie autant d'oxigène que l'acide sulfureux (*a*).

L'acide sulfurique n'a point encore pu être obtenu sans eau : le plus concentré en contient environ le quart de son poids.

*Usage.* — L'acide sulfurique est l'acide dont les usages sont les plus nombreux : on s'en sert, 1° pour obtenir presque tous les acides, soit dans les laboratoires, soit dans les arts ; 2° pour extraire la soude du sel marin ; 3° pour faire de l'alun et du sulfate de fer, lorsque ces sels sont chers et l'acide à bon marché ; 4° pour dissoudre l'indigo, gonfler les peaux dans le tannage ; 5° pour faire l'éther sulfurique, le sublimé

---

(*a*) Les résultats que nous venons de rapporter sont dus à M. Gay-Lussac (Mém. d'Arcueil, t. 2, p. 235), et sont calculés en supposant la pesanteur spécifique du gaz sulfureux égale à 2,265, et celle du gaz oxigène à 1,10359. Ils diffèrent sensiblement de ceux que M. Berzelius a obtenus. Ce chimiste regarde l'acide sulfureux comme composé de 100 de soufre et de 97,96 d'oxigène, et l'acide sulfurique de 100 de soufre et de 146,426 d'oxigène (Annales de Chimie, t. 78).

corrosif, le mercure doux, extraire le phosphore, etc. ;
6° enfin, c'est un des réactifs que le chimiste emploie le
plus souvent.

*Historique.* — Bazile Valentin est celui qui, le premier, vers la fin du quinzième siècle, a parlé de l'acide
sulfurique. On l'a extrait, pendant long-temps, en distillant le sulfate de fer dans des cornues de grès (832) ;
ensuite on l'a formé en faisant brûler un mélange de
soufre et de nitre dans de grands ballons de verre ;
enfin, depuis on a substitué des chambres de plomb à
ces ballons. Presque tous les chimistes ont fait des recherches sur l'acide sulfurique : parmi les modernes,
on doit citer surtout Lavoisier, qui nous en a fait connaître la nature (Elémens de Chimie ) ; M. Chaptal,
qui s'est beaucoup occupé de sa fabrication (Chimie
appliquée aux Arts); MM. Desormes et Clément, qui
ont établi la véritable théorie de sa formaation (Annales
de Chimie, t. 59); M. Klaproth (Annales de Chimie,
t. 58); M. Gay-Lussac (Mém. d'Arcueil, t. 1); et
M. Berzelius (Ann. de Chimie, t. 78), qui ont cherché
à en déterminer la proportion des principes constituans.

### De l'Acide fluorique.

424. L'acide fluorique est liquide et blanc ; il rougit
très-fortement la teinture de tournesol ; son odeur est
très-piquante et très-pénétrante ; sa saveur est insupportable : c'est de tous les corps, le plus corrosif; il agit
sur le tissu animal avec une énergie extrême ; à peine
l'a-t-on appliqué sur la peau, que déjà elle est désorga-
nisée ; une forte douleur se fait bientôt sentir ; les parties voisines du point touché deviennent blanches et
douloureuses, et forment une ampoule épaisse qui se

remplit de pus. Quand bien même la quantité d'acide serait très-petite et à peine visible, ces phénomènes auraient encore lieu; seulement ils ne seraient produits que dans l'espace de quelques heures. On n'a point encore pu prendre la pesanteur spécifique de l'acide fluorique.

L'acide fluorique ne se congèle point par un froid de 40°. Il paraît qu'il bout à une basse température, probablement à environ 30°. Il se réduit ainsi en gaz, qui redevient liquide par le refroidissement.

425. Il n'a aucune action sur le gaz oxigène. Quand on le met en contact avec l'air, il se vaporise, donne naissance à des fumées blanches très-épaisses, dues à la combinaison liquide qui se fait entre la vapeur acide et la vapeur aqueuse de l'air.

426. *Acide fluorique et Combustibles simples non métalliques.* — Ces sortes de corps sont sans action sur l'acide fluorique, soit à froid, soit à chaud.

427. *Acide fluorique et Métaux.* — Lorsqu'on met le potassium ou le sodium en contact avec l'acide fluorique, il en résulte une vive effervescence due à du gaz hydrogène qui se dégage, beaucoup de chaleur, et du fluate de deutoxide de potassium ou de sodium : résultat facile à concevoir, en observant que l'acide fluorique contient toujours une certaine quantité d'eau. Cette expérience ne doit être faite qu'en mettant peu à peu l'acide fluorique en contact avec l'un de ces deux métaux; car, sans cela, il y aurait une forte détonnation due à la grande quantité de gaz hydrogène et de calorique qui se dégageraient subitement: c'est sur quoi les expériences suivantes ne laissent point de doute. On a mis dans une cornue de plomb le mélange de fluate de

chaux et d'acide sulfurique propre à produire l'acide
fluorique ; on a placé cette cornue dans un fourneau, et
on en a fait rendre le col dans un tube de cuivre légèrement courbe, et entouré de glace, du moins dans sa
partie moyenne. En chauffant la cornue, l'acide fluorique provenant du fluate de chaux décomposé est venu
se condenser dans le tube. Alors on a introduit dans ce
tube gros comme une noisette de potassium, au moyen
d'un fil de fer courbé à angle droit. A peine le métal
a-t-il été en contact avec l'acide, qu'une forte détonnation a eu lieu, et qu'une flamme et une fumée
épaisse en forme de cône ont apparu à l'extrémité du
tube. Mais lorsqu'au lieu de faire l'expérience de cette
manière, on met d'abord le potassium dans le tube de
cuivre, et qu'on fait rendre ensuite l'acide fluorique
goutte à goutte dans ce tube, il n'y a point de détonnation ; on peut recueillir le gaz hydrogène au moyen
d'un tube de verre, sous des cloches pleines d'eau, et
l'on retrouve après l'expérience, dans le tube de cuivre
même, une liqueur acide qui n'est autre chose que du
fluate acide de potasse ou de soude.

428. Parmi les autres métaux, il n'y en a que trois qui
aient été mis en contact avec l'acide fluorique, savoir :
le zinc, le fer et le manganèse. Tous trois ont produit des
fluates, en donnant lieu à un dégagement de gaz hydrogène et de calorique. Il n'est pas probable que les autres,
si on en excepte ceux des première et deuxième sections, et peut-être l'étain, soient susceptibles d'être attaqués par l'acide fluorique, car il faudrait pour cela que
l'eau fût décomposée, et tout nous porte à croire qu'elle
ne le serait pas.

429. *Acide fluorique et Composés combustibles.* —

Aucune expérience ne nous a encore appris quelle est l'action de l'acide fluorique sur ces sortes de corps ; mais il est permis de présumer qu'il se comporterait comme l'acide muriatique (461).

430. *État.* — Jusqu'ici, on n'a trouvé l'acide fluorique que combiné avec la chaux et avec l'alumine (voyez les Fluates, (1045)). Il est probable qu'on ne le rencontrera jamais à l'état libre, à cause de la grande action qu'il exerce sur presque tous les corps.

431. *Préparation.* — On obtient l'acide fluorique en traitant à l'aide de la chaleur le fluate de chaux (1066) par l'acide sulfurique concentré : celui-ci s'empare de la chaux, forme une combinaison solide et fixe ; tandis que l'acide fluorique, uni à l'eau de l'acide sulfurique, se dégage sous forme de gaz, et se condense dans les récipiens. Cette opération ne peut se faire dans des vases de verre, parce que l'acide fluorique a la propriété de les attaquer (1062). On doit nécessairement la faire dans des vases en plomb. Ces vases consistent dans une cornue composée de deux pièces, A B, entrant à frottement l'une dans l'autre, pour pouvoir en retirer facilement le résidu après l'opération, et en un récipient C d'une forme particulière ( voyez *pl.* 2 , *fig.* 16 ). On prend du fluate de chaux bien pur, et surtout exempt d'oxide de silicium ou de silice ; on le pile ; on le tamise ; on le met dans la partie inférieure A de la cornue, et on le délaye dans deux fois son poids d'acide sulfurique concentré. Ensuite on adapte la partie supérieure B à la partie inférieure A ; on place la cornue sur un fourneau ; on en fait rendre le col dans le tube de plomb renflé vers sa partie moyenne, entouré de glace

et terminé par une très-petite ouverture; on lutte la jointure de la panse avec de la terre, et la jointure du col avec du lut gras; on chauffe peu à peu de manière à ne pas faire fondre le plomb, et bientôt on entend une véritable ébullition, due à l'acide fluorique qui passe dans le récipient, et qui s'y condense tout entier. On s'aperçoit que l'opération est terminée, quand en retirant le col du récipient et le refroidissant, il ne se rassemble plus de liquide à son extrémité. Il faut opérer au moins sur 100 grammes de fluate de chaux, pour avoir une quantité un peu remarquable d'acide fluorique. D'après ce que nous avons dit de son action sur les organes des animaux, on doit penser qu'il faut prendre toute espèce de précaution, pour ne point être atteint par sa vapeur en le préparant. On ne peut conserver l'acide fluorique que dans des vases métalliques et à l'abri du contact de l'air, parce qu'il se vaporise facilement, et qu'il attaque tous les corps autres que les métaux; encore agit-il sur un grand nombre. Les vases qui doivent être préférés pour la conservation de l'acide fluorique, sont ceux d'argent, dont le bouchon devra être rodé ou poli avec un très-grand soin : des vases de plomb le laisseraient échapper sous forme de vapeurs, car on ne pourrait les boucher qu'imparfaitement avec les bouchons métalliques qu'on y adapterait; on ne peut conserver dans ces sortes de vases que l'acide fluorique étendu d'eau.

432. *Composition.* L'acide fluorique est probablement, comme tous les autres acides, formé d'oxigène et d'un corps combustible; mais jusqu'à présent, on n'est point parvenu à isoler ce corps. On verra ce qui a été

fait à cet égard, en parlant de l'action du potassium sur
l'acide fluorique silicé et sur l'acide fluo-borique (1062
et 642).

Quoi qu'il en soit, le plus pur qu'on ait encore pu se
procurer, contient toujours une certaine quantité d'eau,
dont la proportion n'a point encore été déterminée.
On ne saurait douter que, sans cette eau, l'acide fluorique ne fût toujours à l'état de gaz à la température
ordinaire (324).

*Usages.* — On commence à employer l'acide fluorique dans les arts pour graver sur le verre. Pour cela,
on fait fondre ensemble trois parties de cire et une
partie de thérébentine, et l'on coule, sur le verre qu'on
veut graver, une couche de ce mastic d'environ un millimètre d'épaisseur. Lorsque cette couche est solidifiée
et refroidie, on y grave avec un burin le dessin qu'on
veut avoir, en faisant en sorte que les traits pénètrent
jusqu'à la surface du verre : puis, on remplit ces traits
d'acide fluorique étendu de 5 à 6 fois son poids d'eau,
ou on les expose à la vapeur de cet acide en mettant
1 partie de fluate de chaux et 2 parties d'acide sulfurique
dans une boîte de plomb que l'on chauffe légèrement,
et que l'on recouvre avec la pièce à graver. Dans les
deux cas, et surtout dans le dernier, l'acide ne tarde point
à attaquer et dépolir le verre. Alors on enlève le mastic,
et on achève les traits du dessin par les moyens ordinaires. On trouve dans cette manière d'opérer deux
grands avantages, une exécution plus prompte et plus
parfaite.

*Historique.* — Découvert et étudié par Schéele,
en 1771 ( première partie de ses Mémoires ). Obtenu
pur ou combiné avec le moins d'eau possible, par

MM. Gay-Lussac et Thenard : soumis à un nouvel examen, et décomposé probablement par eux ( deuxième volume d'Arcueil ).

### Du Gaz muriatique oxigéné (a).

433. *Propriétés.* — Le gaz muriatique oxigéné est un gaz jaune verdâtre, dont la saveur et l'odeur sont désagréables, fortes, et tellement caractérisées, qu'il est toujours facile de les reconnaître. Lorsqu'on le respire, même mêlé avec beaucoup d'air, il cause un sentiment de strangulation, resserre la poitrine, et produit un véritable rhume de cerveau. Si on le respirait en trop grande quantité, il déterminerait un crachement de sang, et finirait par faire périr au milieu de douleurs très-vives. Son action sur la teinture de tournesol est différente de celle qu'exercent les acides : tandis que ceux-ci la rougissent en se combinant avec elle, il la jaunit et la détruit à tel point qu'on ne peut plus la rétablir par la saturation.

On démontrera dans la suite ( trosième volume ) que le gaz muriatique oxigéné détruit non - seulement cette couleur, mais encore toutes les substances végétales et animales, en s'emparant de l'hy-

---

(a) Tous les phénomènes que produit le gaz muriatique oxigéné en réagissant sur les corps, peuvent s'expliquer, soit en regardant ce gaz comme un être simple, soit en le regardant comme un être composé, c'est-à-dire, formé d'acide muriatique et d'oxigène. Nous préférerons cette dernière hypothèse, par des raisons que nous nous proposons de développer dans le quatrième volume, et qu'on trouvera d'ailleurs exposées dans les Recherches physico-chimiques ( t. 2, p. 155 ).

drogène de ces substances au moyen de son oxigène. C'est aussi de cette manière qu'il agit sur les miasmes putrides qui se trouvent quelquefois dans l'air. Sa pesanteur spécifique a été déterminée avec soin ; elle est de 2,470 ( voy. pesanteur spécifique de l'air (113). **La flamme des bougies qu'on plonge dans ce gaz pâlit d'abord, rougit et ensuite disparaît.**

434. Le gaz muriatique oxigéné n'a encore pu être ni liquéfié, ni à plus forte raison solidifié par un abaissement de température ; il résiste à un froid de 50°. Ce n'est que quand il est humide qu'il se congèle ; alors il se congèle même au-dessus de zéro. Soumis à une excessive chaleur, il ne se décompose pas. C'est ce que l'on prouve en adaptant une cornue de verre ou ce gaz est produit (455), à l'extrémité d'un tube de porcelaine qui traverse un fourneau plein de charbon, et alimenté d'air par un bon soufflet : le gaz sort du tube, jouissant des mêmes propriétés qu'en y entrant ; on peut le recueillir sur l'eau, au moyen d'un petit tube recourbé.

Le gaz muriatique oxigéné n'est point décomposé même par la pile la plus forte.

Il n'a d'action à aucune température sur le gaz oxigène et sur l'air. Il n'agit que sur les miasmes putrides que celui-ci contient quelquefois, comme on l'a dit précédemment.

435. *Gaz muriatique oxigéné et Combustibles simples non métalliques.* — Le gaz muriatique oxigéné ne cède son oxigène à une température quelconque, qu'autant que l'acide muriatique qu'il contient est en présence d'un corps avec lequel il puisse se combiner.

436. Lorsqu'on place à la température ordinaire un mélange de gaz muriatique oxigéné et de gaz hydrogène, dans un lieu parfaitement obscur, il n'éprouve aucune espèce d'altération, même dans l'espace d'un grand nombre de jours ; mais si, à cette température, on l'expose à la lumière diffuse, peu à peu l'hydrogène et le gaz muriatique oxigéné se combinent à parties égales, et se transforment en un composé gazeux, incolore, fumant à l'air, dont le volume est le même que celui des deux gaz qui le constituent. Nous connaîtrons bientôt ce composé sous le nom de gaz hydro-muriatique (437).

*Expérience :* On prend un flacon et un ballon à long col d'une égale capacité ; on use le col du ballon sur la tubulure du flacon, de manière qu'il s'y adapte exactement. Ensuite on sèche ces deux vases, et on les remplit, savoir ; le flacon, de gaz muriatique oxigéné sec, et le matras, de gaz hydrogène également sec. Pour remplir le flacon de gaz muriatique oxigéné, on met dans une cornue de verre les matières propres à produire ce gaz (455). On place cette cornue sur un fourneau ; on adapte à son col, par le moyen d'un petit tube de verre, un autre tube de verre d'environ 14 millimètres de diamètre, et de 5 à 6 décimètres de long, et rempli de fragmens de muriate de chaux ; enfin, à l'extrémité de ce tube, dont la position doit être horizontale ou peu inclinée, on en adapte un autre d'un petit diamètre courbé à angle droit, de manière que l'une de ses branches puisse pénétrer jusqu'au fond du flacon. (La figure 2, planche 22, représenterait parfaitement cet appareil, si le tube DD' était coupé en D' et plongeait au fond d'un flacon.) L'appareil étant ainsi disposé, on chauffe peu à peu la cornue ; le gaz muriatique oxigéné se produit : il traverse le muriate de chaux, se dessèche, arrive au fond du flacon et en chasse l'air dans l'espace de 5 à 6 minutes, en supposant que la capacité du flacon soit au plus d'un demi-litre : alors, on bouche le flacon après en avoir retiré peu à peu le tube. Les moyens que l'on emploie pour remplir le ballon de gaz hydrogène sec, ne diffèrent en rien des procédés ordinaires ; ils consistent à remplir le ballon de mercure et à y faire passer du gaz hydrogène desséché par le muriate de chaux ou la chaux, jusqu'à ce qu'il en soit plein.

Le flacon et le matras ayant été ainsi remplis des deux gaz que l'on veut mettre en contact l'un avec l'autre, on débouche le flacon ; on introduit dans son goulot le col du matras, et on l'entoure de mastic fondu pour s'opposer à la sortie des gaz ou à l'introduction de l'air. Bientôt le gaz hydrogène et le gaz muriatique oxigéné se mêlent intimement, quoique leur pesanteur spécifique soit très-différente. Lorsque leur décoloration est complète, ce qui a lieu au bout de quelques jours, on en conclut que l'expérience est terminée. Cependant nous devons dire ici que pour décolorer complètement le mélange, il est nécessaire de l'exposer, au bout du second ou du troisième jour, pendant un quart d'heure ou une demi-heure, à l'action directe des rayons solaires.

437. Lorsqu'on expose un mélange de gaz muriatique oxigéné et d'hydrogène à l'action directe des rayons solaires, ou à une chaleur de 200°, et à plus forte raison à une chaleur rouge, il s'enflamme et détonne tout à coup ; la détonnation est subite et très-forte, dans le cas même où le mélange n'est que d'un demi-litre. D'ailleurs, il se transforme entièrement en gaz hydro-muriatique, comme dans l'expérience précédente, s'il

est formé de parties égales de ces deux gaz ; il s'y trans-
formerait seulement en partie, si l'un des gaz était en
excès par rapport à l'autre. *Expériences :* On adapte,
comme on vient de le dire tout à l'heure, un ballon
plein de gaz hydrogène à un flacon plein de gaz muriatique oxigéné ; on place ces vases dans un lieu obscur
pendant environ une demi-heure, et on les retourne de
temps en temps sens dessus dessous, pour permettre au
mélange de se faire. Alors on les expose à l'action directe
des rayons solaires ; mais il faut s'y prendre de telle
sorte, qu'on soit à l'abri de tout danger. Il y en aurait
beaucoup à tenir l'appareil au moment où il est frappé
par les rayons solaires, parce qu'il se brise instantanément, tant la réaction est prompte et la détonnation
forte ; c'est pourquoi on doit le placer dans un lieu que
l'on puisse éclairer à volonté par une lumière diffuse ou
directe. Au lieu de s'y prendre ainsi, on peut encore
remplir sous l'eau un flacon de gaz muriatique oxigéné
et d'hydrogène, le boucher, et procéder d'ailleurs à
l'expérience comme nous venons de le dire.

Quant à la détonnation du gaz hydrogène et du gaz
muriatique oxigéné par la chaleur, elle s'opère à la manière ordinaire. On remplit une éprouvette de parties
égales de ces deux gaz dans la cuve à eau, et on y
plonge une bougie allumée ou tout autre corps chaud ;
à l'instant même la réaction a lieu, et l'on voit apparaître des fumées blanches dans l'air, signe de la formation du gaz hydro-muriatique.

438. Comment expliquer ces divers phénomènes ?
Nous venons de voir que le gaz muriatique oxigéné
et l'hydrogène n'avaient d'action l'un sur l'autre qu'à
une température de 200° au moins. Mais nous savons

que la lumière, en se combinant avec les molécules des corps, peut agir sur eux, dans quelques circonstances, comme une chaleur rouge : par conséquent, le mélange d'hydrogène et de gaz muriatique oxigéné, frappé par les rayons solaires, pourra détonner ; tandis que plongé dans l'obscurité, il ne sera point possible qu'il éprouve d'altération. Reste actuellement à concevoir pourquoi la lumière diffuse est capable de produire une action lente. C'est que sans doute cette lumière diffuse n'agit d'abord que sur la couche extérieure ou celle qui est immédiatement en contact avec la paroi du vase, c'est-à-dire que tous les rayons capables de produire l'action chimique sont absorbés par cette couche, en telle sorte qu'il n'en arrive point ou que peu à la seconde couche, et à plus forte raison au centre.

439. Le gaz muriatique oxigéné n'a d'action à aucune température sur le bore; il n'en a point non plus même à la température la plus élevée sur le carbone pur : c'est ce qu'on démontre au moyen d'un appareil semblable à celui qui a été décrit (436), si ce n'est qu'au lieu d'adapter au tube contenant le muriate de chaux un petit tube recourbé plongeant dans un flacon, on y adapte un petit tube droit qui se rend dans un tube de porcelaine; celui-ci traverse un fourneau, et porte à son extrémité un tube propre à recueillir les gaz. Lorsque le tube de porcelaine est rempli de gaz muriatique oxigéné et qu'il est rouge de feu, on introduit, par son extrémité ouverte, le bore ou des fragmens de charbon fortement calciné : d'abord le gaz muriatique oxigéné est converti en gaz hydro-muriatique, effet dû à ce que le carbone le plus fortement calciné contient tou-

jours un peu d'hydrogène; mais bientôt la quantité de gaz hydro-muriatique qui se forme va en décroissant tellement qu'au bout d'environ 3o à 4o minutes, il n'y a plus de gaz muriatique oxigéné décomposé, quoique le tube contienne beaucoup de charbon.

44o. Le gaz muriatique oxigéné exerçant une action sensible sur le charbon le plus fortement calciné qui contient à peine de l'hydrogène, doit en exercer une très-grande sur le charbon ordinaire qui en contient beaucoup : aussi, quand on jette des fragmens de charbon ordinaire dans un flacon plein de gaz muriatique oxigéné, cet acide est-il décomposé presque subitement à la température de l'atmosphère, et est-il transformé bientôt en gaz hydro-muriatique. Tel est, en général, l'effet que produisent sur le gaz muriatique oxigéné toutes les substances qui contiennent de l'hydrogène, et par conséquent les substances végétales et animales.

441. Le phosphore, loin d'être sans action sur le gaz muriatique oxigéné, comme le bore et le carbone, en à au contraire une très-grande sur ce corps ; il en absorbe tout à la fois l'acide et l'oxigène à la température ordinaire : il résulte de là du phosphore oxi-muriaté qui peut être solide ou liquide, un dégagement de calorique, et même un dégagement de lumière, si l'absorption est rapide. *Expérience :* Pour constater le dégagement de lumière que peut produire le phosphore en se combinant avec les élémens du gaz muriatique oxigéné, il faut opérer de la manière suivante : On remplit de gaz muriatique oxigéné, dans la cuve à eau, un flacon à col droit d'environ un litre de capacité, et on y plonge un fragment de phosphore à l'aide d'un fil de

fer portant à son extrémité inférieure une petite coupelle
dans laquelle on place ce corps combustible, et à son
autre extrémité un bouchon destiné à fermer le flacon : un contact de quelques secondes suffit pour produire l'inflammation ; elle se manifeste sous la forme
de jet lumineux , et est accompagnée de vapeurs
blanches très-épaisses. Mais, lorsqu'on se propose de
recueillir le phosphore oxi-muriaté , il faut modifier
le procédé. On se sert de l'appareil qui a été décrit
(436), si ce n'est qu'au lieu de faire plonger le tube recourbé qui le termine dans un flacon , on le fait plonger
au fond d'une éprouvette, dans laquelle on met du
phosphore, bien desséché avec du papier Joseph : ce
tube doit d'ailleurs passer à travers un bouchon propre
à boucher l'éprouvette , et de ce bouchon doit partir
un autre tube plongeant dans l'eau ou dans le mercure ; de cette manière, l'air ne peut pénétrer dans
l'éprouvette, et le gaz qui n'est point absorbé peut
en sortir ; on fait peu à peu du feu sous la cornue,
de manière qu'il n'y ait jamais assez de gaz muriatique
oxigéné en contact avec le phosphore pour l'enflammer,
et on continue l'expérience jusqu'à ce que tout le phosphore soit attaqué. Il existe un autre procédé au moyen
duquel on obtient bien plus sûrement le phosphore
oxi-muriaté liquide : ce procédé consiste à traiter le
muriate de protoxide de mercure par le phosphore ;
on met au fond d'un tube de verre, fermé par un bout,
environ 25 à 30 grammes de phosphore et par-dessus 150
grammes de ce sel ; on place ce tube dans un fourneau
de manière à en faire passer l'extrémité inférieure d'environ un pouce à travers la grille ; ensuite on y adapte
un petit tube qu'on fait plonger jusqu'au fond d'une

éprouvette bien sèche et fermée avec un bouchon, auquel on pratique une petite fissure pour donner issue à la matière qui ne se condenserait pas ; alors on met quelques charbons rouges autour de la partie du tube qui contient le muriate de mercure : ce sel étant à peu près à la température de 200°, on réduit le phosphore en vapeurs à l'aide d'autres charbons ; la liqueur se forme promptement et vient se condenser dans l'éprouvette, d'où il est facile de la retirer. Cette liqueur est incolore, transparente, très-fumante, acide et très-caustique : du papier Joseph qu'on en imbibe et qu'on expose à l'air, ne tarde point à s'enflammer et à brûler avec l'apparence du phosphore : tant qu'elle est privée du contact de l'air, elle ne se décompose point dans l'espace de plusieurs mois ; mais exposée au contact de ce fluide, elle se décompose en quelques jours et dépose une grande quantité de phosphore ; l'eau la dissout en partie et en sépare du phosphore, de même que l'air. Lorsqu'on en fait passer sous une cloche pleine de mercure et qu'on y introduit du potassium, il se produit beaucoup de calorique et de lumière, et le potassium se détruit. Enfin, lorsqu'on la met en contact à une haute température avec le fer, il en résulte du phosphure de fer et du muriate de protoxide de fer. On exécute cette dernière expérience de la manière suivante : On introduit de la tournure de fer bien décapée dans un tube de porcelaine ; on dispose le tube horizontalement dans un fourneau à réverbère ; d'un côté, on y adapte une petite cornue dans laquelle on met le phosphore oxi-muriaté, et, de l'autre, un flacon contenant de l'eau et communiquant avec une cloche pleine de mercure ; on porte le tube de porcelaine au rouge et la liqueur à l'ébullition : sa décomposition est totale ; il ne se dégage aucun gaz ; le phosphure reste dans le centre du canon sous la forme de globules, et le muriate se condense à l'extrémité sous la forme de paillettes.

442. Lorsqu'on plonge du soufre en combustion dans du gaz muriatique oxigéné, il continue de brûler avec flamme ; mais lorsqu'on met ces deux corps en contact à la température ordinaire, il y a seulement dégagement de chaleur, quoique l'absorption du gaz par le soufre soit assez rapide ; dans les deux cas, il se forme du soufre oxi-muriaté qui est toujours liquide. Il suit de là que l'action du soufre sur le gaz muriatique oxigéné est analogue à celle que le phosphore exerce sur ce gaz : on se sert des mêmes appareils pour la produire (441). C'est en faisant l'expérience à la température de l'atmosphère, qu'on se procure ordinairement le soufre oxi-muriaté. On doit employer du soufre très-divisé, *par exemple*, du soufre sublimé, afin de faciliter la réaction, et on doit faire passer du gaz jusqu'à ce que tout le soufre, ou du moins la majeure partie, ait disparu ; ce qui n'a lieu que dans l'espace de sept à huit heures, en opérant sur une dixaine de grammes de ce combustible.

100 parties de soufre produisent à peu près 300 parties de soufre oxi-muriaté.

Le soufre oxi-muriaté, à la température ordinaire, est liquide, rouge-brun, très-volatil ; son odeur est vive, piquante et très-désagréable ; sa saveur est très-forte ; il rougit fortement le papier de tournesol : sa pesanteur spécifique, à 10°, est 1,7. Mis en contact avec l'air, le soufre oxi-muriaté répand des vapeurs très-épaisses. Un grand nombre de corps sont suscep-tibles d'en opérer la décomposition.

En mêlant ensemble par l'agitation parties égales de soufre oxi-muriaté et d'eau, il en résulte une ébul-lition très-vive et un grand dégagement de chaleur; il se dépose du soufre, et on obtient en dissolution dans l'eau de l'acide muriatique, de l'acide sulfureux et un peu d'acide sulfurique.

Les mêmes phénomènes se présentent lorsqu'on met en contact l'éther ou l'alcool avec le soufre oxi-mu-riaté; seulement, ils sont plus marqués en raison de la volatilité de ces deux liqueurs : la réaction est même telle, qu'à chaque fois qu'on laisse tomber une goutte de soufre oxi-muriaté dans de l'alcool très-concentré, il en résulte comme une sorte de déton-nation.

Si, au lieu de verser le soufre oxi-muriaté dans de l'éther ou de l'alcool, on le verse dans de l'ammo-niaque, de nouveaux phénomènes apparaissent : il se produit une vive ébullition; du soufre est précipité en-traînant un peu d'alcali si cet alcali est en excès, et il se forme tout à la fois un sulfite, un sulfate et un muriate d'ammoniaque : il se forme en outre d'épais tourbillons d'un beau rouge violacé. Les autres alcalis nous offrent des phénomènes à peu près semblables.

Enfin, lorsqu'on verse le soufre oxi-muriaté sur du mercure, la surface du métal se ternit, il se mani-feste une chaleur très-vive, et bientôt à la place du mer-cure et du soufre oxi-muriaté, on ne trouve plus qu'une masse grise, pulvérulente, qui n'est autre chose qu'un mélange de deuto-sulfate et muriate de mercure, de proto-muriate de mercure et de sulfure de mercure. On concevra facilement tous ces phénomènes, en observant que les élémens du soufre oxi-muriaté sont très-mobiles, et que la moindre force suffit pour les séparer.

Le soufre oxi-muriaté a été découvert par M. Thomson ( voy. son Système de Chimie ), et étudié par Amédée Berthollet ( premier volume d'Arcueil ).

442 *bis*. Le gaz muriatique oxigéné ne fait que se mêler avec le gaz azote; mais il forme avec l'azote à l'état de gaz naissant un composé qui jouit de propriétés très-extraordinaires, et qui a été découvert par M. Dulong en 1811. Nous connaîtrons ce composé sous le nom d'azote oxi-muriaté.

On l'obtient en dissolvant une partie d'un sel ammoniacal quelconque, par exemple, de muriate d'ammoniaque dans 20 parties d'eau, et faisant passer à travers cette dissolution un excès de gaz muriatique oxigéné. A cet effet, on prend un entonnoir dont l'extrémité tirée à la lampe n'a qu'une très-petite ouverture, et plonge dans une petite capsule pleine de mercure. On remplit presque entièrement cet entonnoir de la dissolution du sel ammoniacal; ensuite on y introduit un tube que l'on fait descendre jusqu'à peu de distance de la surface du mercure, et on verse par ce tube une dissolution concentrée de muriate de soude, jusqu'à ce qu'elle forme une couche d'environ 4 à 5 centim. de hauteur. Cette couche, qui occupe la partie inférieure de l'entonnoir où l'azote oxi-muriaté doit se rassembler, est destinée à soustraire ce composé au contact de la dissolution de sel ammoniac qui le décomposerait en partie. L'appareil étant ainsi disposé, on fait plonger dans l'entonnoir le tube par lequel arrive le gaz muriatique oxigéné, mais de manière qu'il ne touche pas à la solution de muriate de soude, et que le mouvement produit par l'arrivée des bulles , ne mêle pas les deux dissolutions qui ne sont séparées que par la différence de leur pesanteur spécifique. Le gaz muriatique oxigéné est d'abord absorbé en grande partie par la solution de sel ammoniacal. Quelque temps après, cette dissolution se trouble ; on voit s'y former de toutes parts de petites bulles de gaz, et bientôt après de petites gouttes d'azote oxi-muriaté qui se réunissent peu à peu et tombent au fond de l'entonnoir sur le mercure. Quand on a obtenu une suffisante quantité d'azote oxi-muriaté, on retire la capsule qui contient le mercure, et l'on reçoit cet azote oxi-muriaté dans une autre capsule vide ou pleine d'eau distillée.

L'azote oxi - muriaté ainsi obtenu est liquide et comme oléagineux ; sa couleur est fauve, son odeur est très-piquante, insupportable, et analogue à celle du gaz acide carbo-muriatique. Sa saveur n'est point connue, mais elle est probablement très-forte. On n'a point encore déterminé sa pesanteur spécifique ; on sait seulement qu'elle est plus grande que celle de l'eau , car lorsqu'on verse de l'azote oxi - muriaté dans de l'eau même chargée de sel , il la traverse et se rassemble au fond du vase. L'azote oxi-muriaté est très-volatil ; mis en contact avec l'air à la température ordinaire, il s'y vaporise promptement et lui communique une odeur suffocante qui le rend presque irrespirable. Exposé à une chaleur d'environ 30°, l'azote oxi-muriaté détonne tout à coup avec violence , en donnant lieu à un grand dégagement de calorique et de lumière ; phénomène dû, sans doute, à ce que la capacité de ce composé pour le calorique est beaucoup plus grande que celle de ses élémens. Les produits de cette décomposition ne peuvent être que du gaz muriatique oxigéné et du gaz azote.

L'action de l'azote oxi-muriaté sur le phosphore est très-violente; une détonnation semblable à la précédente a lieu au moindre contact de ces deux substances; il ne faut même, pour cela, qu'une très-petite quantité d'azote oxi-muriaté : aussi, lorsqu'on place du phosphore au fond de l'entonnoir où on le prépare, la première goutte presque imperceptible d'azote oximuriaté détermine-t-elle la rupture de l'appareil.

L'action de l'azote oxi-muriaté sur le soufre est moins grande que sur le phosphore. En effet, en plaçant un morceau de soufre dans l'entonnoir où l'on prépare l'azote oxi-muriaté, les gouttes d'azote oxi-muriaté s'y unissent à mesure qu'elles se forment, et donnent lieu à un composé triple de couleur brune qui se décompose à mesure avec une effervescence continuelle, mais tranquille. Il paraît que le gaz qui se dégage alors est de l'azote, et qu'il se forme de l'acide muriatique et de l'acide sulfureux, comme lorsque le soufre oxi-muriaté est décomposé par l'eau.

Le cuivre, et sans doute plusieurs autres métaux, décomposent aussi l'azote oxi-muriaté. Pour opérer cette décomposition, on place l'azote oxi-muriaté avec de la tournure de cuivre, dans un flacon plein d'eau distillée, et garni d'un tube dont l'extrémité s'engage sous une cloche pleine de mercure; le cuivre se noircit d'abord, et bientôt l'eau distillée prend la couleur d'une dissolution de muriate de cuivre; il ne se dégage que de l'azote pur qu'on recueille sous la cloche : en précipitant la dissolution de muriate de cuivre par le nitrate d'argent, il est facile de déterminer la quantité de gaz muriatique oxigéné qui entrait dans la combinaison, et d'en faire une analyse exacte. C'est en voulant faire cette analyse que M. Dulong a été blessé une seconde fois par une détonnation qui montre combien on doit prendre de précautions dans toutes les expériences qu'on tente sur cette substance, et qui l'a empêché de connaître la proportion des élémens dont elle est composée.

Nous avons dit qu'à mesure que l'azote oxi-muriaté se formait dans la dissolution de sel ammoniacal, on voyait paraître en même temps dans cette dissolution une multitude de petites bulles : ces bulles sont formées d'un gaz particulier qui paraît être de l'azote oxi-muriaté en vapeur, mêlé à du gaz azote. Ce gaz a une odeur très-forte, se décompose quelquefois spontanément dans l'air, en donnant lieu à une légère détonnation et à une vive lumière. On peut le recueillir en substituant à l'entonnoir un flacon de Wolf garni d'un tube plongeant sous une cloche pleine d'eau. Récemment recueilli, il détonne ordinairement, comme nous venons de le dire, à l'instant où l'on renverse la cloche ; mais il perd bientôt cette propriété lorsqu'il reste en contact avec l'eau ; il la perd également sous la cloche à mercure : dans ce cas, le métal se convertit en muriate, et il ne reste sous la cloche que de l'azote pur. Cette décomposition a lieu sans aucun changement dans le volume du gaz ; ce qui semble prouver que l'azote oxi-muriaté, à l'état de vapeur, a précisément le même volume que l'azote qu'il contient.

443. *Gaz muriatique oxigéné et métaux.* — Il n'est aucun métal qui ne soit susceptible d'absorber le gaz muriatique oxigéné à la température ordinaire, et à plus forte raison à une température élevée : il en résulte constamment un muriate de protoxide ou de

deutoxide, et quelquefois même de peroxide métallique ; un dégagement de calorique très-sensible, quand l'absorption du gaz est très-sensible elle même ; et un dégagement de calorique et de lumière, quand elle est très-rapide. *Expérience :* Lorsqu'on veut opérer à la température ordinaire, on remplit un flacon de gaz muriatique oxigéné par le procédé qui a été indiqué (436) ; on le bouche après y avoir introduit le métal en poudre, et on laisse celui-ci en contact avec le gaz jusqu'à ce que la réaction soit produite. Mais, lorsqu'on veut opérer à une température élevée, il faut modifier ce procédé comme il suit : au lieu de terminer l'appareil ( *pl.* 22, *fig.* 2 ) à l'aide duquel on l'exécute, par le tube recourbé DD', on le termine par un petit tube droit de verre qui se rend dans un autre tube également de verre d'environ un demi-pouce de diamètre, qu'on établit horizontalement sur un fourneau, et à l'extrémité duquel on en adapte un troisième propre à recueillir les gaz : celui-ci doit être un tube de sûreté. On fait du feu sous la cornue comme dans l'expérience précédente, et l'on en fait en même temps sous le tube qui traverse le fourneau ; bientôt ce tube est chaud, voisin même de la chaleur rouge, et est rempli de gaz muriatique oxigéné. Alors on y introduit, et on pousse jusque dans sa partie moyenne, avec une tige de verre, une petite capsule de platine demi-cylindrique contenant le métal qu'on veut mettre en contact avec le gaz muriatique oxigéné, et qui doit être très-divisé, à moins qu'il ne soit aussi fusible que l'étain et le plomb. A cet effet, on enlève pour un instant le tube à boule, qu'on replace immédiatement après l'introduction de la capsule. La réaction a lieu, et produit tous les phénomènes qui ont été annoncés. Le muriate qui se forme se rend en partie dans le tube recourbé, lorsqu'il est volatil.

444. Trois métaux brûlent avec flamme dans le gaz muriatique oxigéné à la température ordinaire : ces métaux sont l'arsenic, l'antimoine et le potassium. On enflamme l'arsenic et l'antimoine en les réduisant en poudre, et les projetant dans un flacon plein de gaz muriatique oxigéné. A peine y a-t-il contact, qu'ils brûlent vivement, et donnent lieu, le premier à un muriate de deutoxide, et le second à un muriate de protoxide, qui, tous deux étant volatils, apparaissent sous forme de fumées blanches.

On ne peut point enflammer le potassium de la même manière, parce qu'il n'est point susceptible de se réduire en poudre ; mais on en produit facilement l'inflammation, en le projetant par fragmens dans un flacon plein de gaz muriatique oxigéné, et en l'agitant au moyen d'un tube de verre qui passe au travers du bouchon du flacon. Tout le métal disparaît promptement ; le sel formé est comme avec l'arsenic, un deuto-muriate.

445. Tandis qu'on ne connaît encore que trois métaux qui brûlent à froid dans le gaz muriatique oxigéné avec chaleur et lumière, il en existe onze qui, à l'aide d'une température élevée, y brûlent, en donnant lieu à un dégagement plus ou moins grand de ces deux fluides. Ces onze métaux sont l'arsenic, l'antimoine, le potassium, précédemment cités ; le sodium, le zinc, le tellure, le mercure, l'étain, le fer, le cuivre, le tungstène et le manganèse. Les sept premiers, qui sont tous volatils,

excepté l'antimoine et le sodium (*a*), brûlent dans le gaz muriatique oxigéné avec flamme ; les cinq autres, qui sont fixes, rougissent seulement. Tous ces métaux donnent lieu, savoir ; les trois premiers, aux muriates dont il a déjà été question (444) ; le sodium, le cuivre, le manganèse, le mercure et l'étain, à des deuto-muriates ; le zinc, le tellure et le tungstène, à des proto-muriates, et le fer à un proto ou deuto-muriate. Ces sels sont tous volatils à l'aide de la chaleur, excepté ceux de potassium, de sodium, de cuivre, de manganèse, et tous solides à la température ordinaire, excepté le muriate d'étain qui est liquide.

446. Non-seulement l'argent, le plomb, le nickel, le cobalt et l'or ne s'enflamment point dans le gaz muriatique oxigéné à la température ordinaire, mais ils ne s'y enflamment même pas à une température voisine du rouge cerise. Tous les autres métaux sont probablement dans ce cas, si on en excepte ceux des première et seconde sections.

447. *Acide muriatique oxigéné et Composés combustibles non métalliques.* — Le gaz muriatique oxigéné paraît agir sur les composés combustibles non métalliques dont il peut attaquer tous les élémens, ou même un seul d'entre eux.

448. L'action du gaz muriatique oxigéné sur le gaz hydrogène carboné, est la même que celle qu'il exerce sur le gaz hydrogène (436). Elle est nulle dans l'obscurité à la température ordinaire ; elle est lente à la

---

(*a*) L'antimoine et le sodium ne se volatilisent d'une manière très-sensible qu'à une haute température, par l'effet d'un courant de gaz (131).

lumière diffuse ; elle est vive à une chaleur rouge où
bien à la lumière directe des rayons solaires. Dans ces
deux derniers cas, il y a détonnation, formation de gaz
hydro-muriatique, dépôt de charbon, dégagement de
calorique et de lumière. L'expérience se fait comme
quand il s'agit de mettre en contact le gaz muriatique
oxigéné et le gaz hydrogène (436).

449. Aussitôt qu'on met en contact à la température
ordinaire le gaz muriatique oxigéné et le gaz hydrogène phosphoré, il en résulte du gaz hydro-muriatique, du phosphore oxi-muriaté, et un dégagement
de calorique et de lumière. Cette expérience se fait en
introduisant successivement le gaz muriatique oxigéné
et le gaz hydrogène phosphoré sous une cloche pleine
d'eau ou de mercure. Dans le premier cas, l'absorption
est complète, parce que tous les produits se dissolvent
dans l'eau, ce qui ne saurait avoir lieu dans le second.

450. Le gaz muriatique oxigéné réagit avec presqu'autant de force sur le gaz hydrogène sulfuré à la température ordinaire, que sur l'hydrogène phosphoré. A
peine le contact a-t-il lieu, que l'action se manifeste. En
opérant sur partie égale d'hydrogène sulfuré et de gaz
muriatique oxigéné, tout le soufre se dépose, et il ne se
forme que du gaz hydro-muriatique, parce que cet
acide absorbe son volume de gaz hydrogène (436 et 437),
et que l'hydrogène sulfuré contient aussi son volume de
ce gaz; mais il se forme en même temps du soufre oxi-
muriaté, lorsqu'on mêle ensemble plus de gaz muriatique
oxigéné que de gaz hydrogène sulfuré. Dans tous les
cas, il y a dégagement de calorique sans dégagement
de lumière. On fait cette expérience de la même ma-

nière que la précédente, soit sur le mercure, soit sur l'eau.

451. Lorsqu'on introduit dans une cloche, pleine ou presque pleine de gaz azote phosphoré, quelques bulles de gaz muriatique oxigéné, il en résulte des vapeurs assez épaisses, dues probablement à la formation du phosphore oxi-muriaté. En traitant ensuite le gaz par une solution aqueuse de deutoxide de potassium pour absorber l'excès de gaz muriatique oxigéné, il ne reste plus que du gaz azote parfaitement pur.

452. Le phosphure de carbone, le phosphure de soufre et le carbure de soufre, n'ont point encore été mis en contact avec le gaz muriatique oxigéné. Mais il est probable qu'ils se comporteraient avec cet acide comme les élémens dont ils sont formés.

453. *Action du Gaz muriatique oxigéné sur les Combustibles mixtes.* — On n'a encore essayé parmi ces composés que la fonte et l'acier, et quelques sulfures et phosphures, savoir, les sulfures de fer, d'antimoine, de cuivre, et le phosphure de fer ; encore n'a-t-on fait ces essais qu'à la température ordinaire. La fonte et l'acier donnent lieu à un muriate de fer et à une sorte de plombagine; les sulfures et les phosphures, à du soufre, à du phosphore oxi-muriaté et à des muriates métalliques. Il est probable que tous les sulfures et phosphures offriraient des phénomènes semblables, soit à chaud, soit à froid. Ces diverses expériences se font en projetant les sulfures en poudre, etc., dans un flacon rempli de gaz muriatique oxigéné par le procédé décrit (436).

On ne saurait mettre en doute que l'hydrure de potassium et d'arsenic, les gaz hydrogène arséniqué et telluré, ne soient susceptibles d'agir sur le gaz muriatique oxigéné, si ce n'est à froid, du moins à l'aide de la chaleur, et de former un peu d'eau et des muriates métalliques. Il est probable que l'azoture de potassium et celui de sodium seraient aussi attaqués par le gaz muriatique oxigéné ; que la plombagine ne le serait pas, puisque ce gaz ramène la fonte et l'acier à l'état de plombagine. On ne peut pas présumer comment se comporteraient les borures.

454. *Action du Gaz muriatique oxigéné sur les Alliages.* — Il n'y a que très-peu d'alliages dont on ait examiné l'action sur le gaz muriatique oxigéné ; mais il est plus que probable que tous sont susceptibles d'absorber ce gaz, soit à froid, soit à chaud, et de former des muriates plus ou moins oxidés ; la plupart avec dégagement de calorique seulement, et le plus petit nombre avec dégagement de calorique et de lumière. Lorsqu'on voudra faire ces épreuves, il faudra s'y prendre comme pour traiter le gaz muriatique oxigéné par ces métaux. (443).

455. *Etat, Préparation.* — Le gaz muriatique oxigéné n'existe pas dans la nature. On le forme en traitant, à l'aide d'une légère chaleur, le peroxide de manganèse par une dissolution concentrée d'acide muriatique dans l'eau. Dans cette opération, outre ce gaz, il se forme un muriate de protoxide de manganèse qui reste en dissolution dans la liqueur : d'où l'on voit que l'acide muriatique se partage en deux parties ; que l'une ramène le peroxide à l'état de protoxide, et que l'autre se combine avec celui-ci. *Expérience :* On prend 1 partie de peroxide de manganèse bien pulvérisé, et 5 à 6 parties d'acide muriatique dissous

dans l'eau. On les introduit dans un matras dont la capacité doit être à peu près le double du volume de ces deux substances. On adapte à son col un tube recourbé propre à recueillir les gaz ; on place le matras sur un fourneau, et on engage l'extrémité du tube sous l'entonnoir renversé d'une cuve pleine d'eau. On met quelques charbons allumés sous le matras, et bientôt la production du gaz muriatique oxigéné a lieu. On le recueille dans des flacons pleins d'eau quand tout l'air des vases est chassé, ou quand le gaz qui se dégage est entièrement soluble dans une dissolution aqueuse de potasse. De 60 grammes d'oxide de manganèse, on retire plusieurs litres de gaz muriatique oxigéné.

Pour obtenir le gaz muriatique oxigéné, on peut encore distiller un mélange de sel marin ou deuto-muriate de sodium, d'acide sulfurique étendu d'eau, et de peroxide de manganèse. Ce procédé est même souvent préféré à l'autre. On prend 1 partie de peroxide de manganèse, 4 parties de sel marin, et 2 parties d'acide sulfurique concentré étendu de 2 parties d'eau. On pile le sel et l'oxide ensemble dans un mortier de fer ou de cuivre ; on les introduit dans un matras dont la capacité doit être à peu près double du volume de ces quatre substances ; on adapte à ce matras un tube, et l'on conduit cette opération comme la précédente. Il en résulte du gaz muriatique oxigéné qui se dégage, du deuto-sulfate de sodium et du proto-sulfate de manganèse qui restent dans le matras. Ainsi il faut admettre, d'une part, qu'une partie d'acide sulfurique se combine avec le deutoxide du sel marin, et que l'acide muriatique de ce sel est mis à nu ; et d'une autre part, que tandis que cet acide enlève de l'oxigène au peroxide de manganèse, celui-ci, ramené à l'état de protoxide, se combine avec l'autre partie d'acide sulfurique. L'eau, dans cette opération, a surtout pour objet de retenir l'acide muriatique à mesure qu'il est dégagé du sel marin : sans cela, cet acide passerait tout de suite à l'état de gaz (463) et n'aurait pas le temps de réagir sur le peroxide de manganèse ; en sorte qu'on obtiendrait beaucoup de gaz hydro-muriatique, et très-peu de gaz muriatique oxigéné. Elle sert encore à dissoudre les sulfates à mesure qu'ils se forment.

456. *Composition.* — Le gaz muriatique oxigéné contient la moitié de son volume de gaz oxigène, non compris celui qu'on peut supposer dans l'acide muriatique. Il suit de là qu'il est formé de 1,9183 d'acide muriatique et de 0,5517 d'oxigène ; car la pesanteur spécifique du gaz muriatique oxigéné est de 2,470, et celle du gaz oxigène de 1,1034.

*Usages.* — On se sert du gaz muriatique oxigéné pour blanchir les toiles de coton, de lin et de chanvre, pour blanchir les estampes, la pâte du papier, pour enlever les taches d'encre, etc., pour désinfecter l'air corrompu par des miasmes de nature végétale ou animale.

*Historique.* — Schéele découvrit et examina ce gaz en 1774 ( Mém. de Schéele, tome 2 ); M. Berthollet le soumit ensuite à de nombreuses recherches ( Mémoires de l'Académie ), le considéra comme un composé d'acide muriatique et d'oxigène, et créa un nouvel art aujourd'hui généralement pratiqué, celui du blanchiment des toiles par ce gaz. Beaucoup d'autres chimistes firent également des recherches sur le gaz muriatique oxigéné ; on doit surtout citer celles de M. Guyton-Morveau, de M. Chenevix ( Transac. Philosophiques, 1802 ); de

MM. Gay-Lussac et Thenard ( Recherches Phisico-chimiques, tome 2 ), et de M. Davy ( Annales de Chimie, t. 76 et 79). M. Guyton-Morveau s'en servit pour désinfecter l'air. M. Chenevix détermina le premier la proportion de ses principes constituans. MM. Gay-Lussac et Thenard la déterminèrent plus exactement, et firent voir qu'on ne pouvait décomposer le gaz muriatique oxigéné, qu'en le mettant en contact avec un corps capable de s'unir avec les deux élémens de ce gaz ou avec l'acide muriatique ; ils annoncèrent en même temps qu'on pouvait expliquer tous les phénomènes qu'il nous présente, en le regardant comme un corps simple ou comme un corps composé. Cependant cette dernière opinion leur parut plus vraisemblable. M. Davy, au contraire, embrassa la première, l'admit exclusivement, et chercha à la fortifier par des expériences qui lui sont propres. Le gaz muriatique oxigéné reçut d'abord de Schéele le nom d'acide marin déphlogistiqué. A l'époque de la réformation du langage chimique, on lui donna celui d'acide muriatique oxigéné. Enfin M. Kirwan proposa de le nommer gaz oxi-muriatique, nom que plusieurs chimistes ont adopté.

### De l'Acide hydro-muriatique (a).

457. *Propriétés.* — L'acide hydro-muriatique, tel

---

(a) Nous appelons gaz acide hydro-muriatique, le gaz qu'on a connu jusqu'ici sous le nom de gaz acide muriatique, parce que ce gaz résulte de la combinaison de parties égales en volume de gaz hydrogène et de gaz muriatique oxigéné, et qu'en regardant celui-ci comme une combinaison d'acide muriatique et d'oxigène, le gaz hydro-muriatique contient le quart de son poids d'eau ou des principes de l'eau (64).

qu'on l'a obtenu jusqu'ici, est un gaz sans couleur, dont l'odeur est très-piquante et excite la toux, qui rougit fortement la teinture de tournesol, éteint les corps en combustion, et tue les animaux qui le respirent. Sa pesanteur spécifique est de 1,278.

458. Soumis à un froid de 50°, il se condense sans changer d'état. Exposé dans un tube de porcelaine, comme le gaz muriatique oxigéné (434), à la plus forte chaleur, il n'éprouve point d'altération; il en est de même lorsqu'on le met en contact, à une température quelconque, avec l'oxigène ou l'air; il n'agit sur ces gaz qu'en s'emparant de la vapeur d'eau qu'ils peuvent contenir, et en formant avec elle, à la température ordinaire, un liquide qui apparaît sous forme de fumées épaisses.

458 *bis*. Lorsqu'on fait passer un courant d'étincelles électriques par des conducteurs en platine ou en or, à travers le gaz hydro-muriatique, une portion de ce gaz se décompose et se transforme en gaz hydrogène et en gaz muriatique oxigéné. Le gaz acide carbonique nous offre des phénomènes semblables; en l'électrisant, il se transforme seulement, en partie, en gaz oxigène et en gaz oxide de carbone : cependant, lorsqu'on fait passer une étincelle électrique à travers un mélange de parties égales de gaz muriatique oxigéné et d'hydrogène, ou de 2 parties de gaz oxide de carbone et de 1 de gaz oxigène, ces mélanges s'enflamment tout à coup : ces mélanges ne s'enflammeraient point évidemment, s'ils contenaient, savoir, le premier une certaine quantité de gaz acide hydro-muriatique, et le second une certaine quantité de gaz acide carbonique, ou peut-être même d'autres gaz. ( Henry. )

459. *Acide hydro-muriatique et Combustibles simples non métalliques.*—L'acide hydro-muriatique n'a aucune action, soit à froid, soit à chaud, sur ces différens corps. Nous ne citerons pour exemple que le carbone. On introduit, dans une cornue de verre tubulée, du sel marin; on place cette cornue sur la grille d'un fourneau; on adapte un tube en S à sa tubulure, et l'on adapte à son col un tube droit qui se rend dans un tube de porcelaine: celui-ci, au milieu duquel on a introduit du charbon fortement calciné, traverse un fourneau à réverbère, et se termine par un autre tube propre à recueillir le gaz; ensuite on verse peu à peu de l'acide sulfurique concentré dans la cornue par le tube en S, et on porte aussi peu à peu le tube de porcelaine jusqu'au rouge : d'abord on obtient un mélange d'acide hydro-muriatique et de gaz inflammable; mais ce dernier gaz va sans cesse en diminuant, de manière qu'au bout d'une heure, il forme à peine ' du volume du gaz acide hydro-muriatique. Il est probable que si, dans cette opération, il se dégage du gaz inflammable, c'est parce que l'acide hydro-muriatique entraîne un peu d'eau avec lui, qu'il enlève sans doute aux bouchons et au lut de l'appareil; car, en supposant que ce gaz fût dû à une portion de charbon et de l'eau qui entre dans la combinaison même de l'acide hydro-muriatique, on ne verrait pas pourquoi on n'en obtiendrait pas davantage, et pourquoi, surtout, ou en obtiendrait de moins en moins.

460. *Acide hydro-muriatique et Métaux.* — Lorsqu'on met le potassium, le sodium, le manganèse, le zinc, le fer et l'étain en contact avec l'acide hydro-muriatique, il en résulte constamment un muriate mé-

tallique, et un dégagement de gaz hydrogène égal, en volume, à la moitié de l'acide hydro-muriatique qui est absorbé. Il est probable que le barium, le strontium, le calcium et les métaux de la 1re section, se comporteraient de la même manière avec cet acide ; mais il paraît que les métaux des trois dernières sections n'ont aucune action sur lui : tous ces phénomènes s'expliquent facilement, en observant, 1° que l'acide hydro-muriatique résulte de parties égales de gaz muriatique oxigéné et de gaz hydrogène, et qu'il occupe le même volume que ces deux gaz ensemble (436) ; 2° que l'acide muriatique oxigéné est entièrement absorbé par les métaux ; 3° que l'affinité de l'hydrogène pour le gaz muriatique oxigéné , ou les principes de ce gaz, est très-grande, et, par conséquent, peut être telle que l'acide hydro-muriatique n'attaque que les métaux les plus oxidables. *Expérience :* On remplit de mercure une petite cloche de verre courbe ; ensuite on y fait passer un excès de gaz acide hydro-muriatique, et on porte jusque dans la partie courbe de cette cloche une certaine quantité de métal en fragmens s'il est fusible, et en poudre s'il est difficile à fondre : à cet effet, on se sert d'une tige de fer ou d'une pince à cuiller (*pl.*12, *fig.* 6.) ; on chauffe avec la lampe à esprit de vin, et bientôt la réaction a lieu ; à froid même, elle commence à se manifester, surtout avec le potassium et le sodium : aussi ces deux métaux s'enflamment-ils aussitôt que la température est assez élevée pour les fondre, tandis que le fer, le zinc, le manganèse et l'étain ne donnent lieu qu'à un dégagement de calorique. Dans tous les cas, on retrouve après l'expérience l'excès de gaz hydro-muriatique et le gaz hydrogène mêlés ensemble dans la cloche ; on en détermine la quantité en les mesurant dans un tube gradué sur le mercure, et faisant passer dans ce tube un peu d'eau qui absorbe l'acide et ne dissout point l'hydrogène.

461. *Acide hydro-muriatique et Composés combustibles mixtes et Alliages.* — Aucune expérience n'a été faite pour connaître l'action du gaz hydro-muriatique sur ces divers corps ; mais on peut présumer qu'il en aurait une très-grande sur l'hydrure de potassium, et qu'il en résulterait du gaz hydrogène et du muriate de deutoxide ; qu'il en aurait aussi une très-forte sur les phosphures et sulfures de potassium et de sodium, et peut-être sur quelques autres encore, et qu'il se formerait des muriates de deutoxides et des gaz hydrogène phosphoré et sulfuré (a) ; qu'il attaquerait tous les alliages de potassium et de sodium, et ceux qui contiendraient beaucoup de fer, de zinc, de manganèse et d'étain, etc.

462. *État.* — On ne trouve presque jamais l'acide muriatique que combiné avec les oxides métalliques, et particulièrement avec le deutoxide de sodium (voyez Muriates). On le trouve très-rarement combiné avec l'eau ; cependant il existe momentanément sous cet état dans le voisinage des volcans en activité : il provient probablement de quelques muriates décomposés par les feux volcaniques.

463. *Préparation.* — Le gaz acide hydro-muriatique

(a) En effet, l'acide muriatique en dissolution dans l'eau est susceptible d'attaquer le sulfure d'antimoine (689) et de former du gaz hydrogène sulfuré et du muriate d'antimoine ; par conséquent, il est probable que ce sulfure serait aussi attaqué par le gaz hydromuriatique.

s'extrait du sel marin ou muriate de deutoxide de sodium, en traitant ce sel à l'aide de la chaleur par l'acide sulfurique : celui-ci s'empare du deutoxide de sodium, avec lequel il forme un sulfate solide et fixe, et met en liberté l'acide muriatique qui se combine avec le tiers de son poids d'eau, et se dégage à l'état gazeux. *Expérience :* On prend 1 partie de sel marin et $\frac{1}{2}$ partie d'acide sulfurique du commerce ; on introduit le sel dans une fiole de verre ou un matras, dont la capacité est une fois plus grande que le volume du mélange ; on adapte au col du matras un bouchon percé de deux trous, dont l'un reçoit un tube recourbé propre à recueillir les gaz, et l'autre un tube à trois branches parallèles ; on place le matras sur un fourneau, et on fait plonger le tube recourbé dans un bain de mercure : alors on verse l'acide peu à peu par le tube à trois branches. Le gaz se dégage instantanément, même à la température ordinaire. On le recueille dans des flacons pleins de mercure, lorsqu'il est pur, ou lorsqu'en le mettant en contact avec l'eau, il s'y dissout complètement et instantanément ; on ne fait du feu sous le matras que quand le dégagement se ralentit ; d'abord on en fait fort peu ; ensuite on l'augmente successivement. Il arrive quelquefois qu'au moment où l'acide sulfurique est introduit dans le matras, il se forme une écume considérable, et même qu'une partie de sel est soulevée ; il faut éviter cet inconvénient, et on y parvient en versant l'acide en plusieurs fois. De 40 grammes de sel, on retire facilement plusieurs litres de gaz acide hydro-muriatique.

464. *Composition.* — On n'est point encore parvenu à décomposer l'acide muriatique pur : cependant l'ana-

logie nous porte à croire qu'il est formé d'oxigène et
d'un corps combustible comme les autres acides : on ne
le fait jamais passer que d'une combinaison dans une
autre. Celui dont nous venons de faire connaître les
propriétés sous le nom de gaz acide hydro-muriatique,
contient le quart de son poids d'hydrogène et d'oxigène
dans les proportions nécessaires pour faire l'eau ; car il
est formé, en volume, de parties égales de gaz muriatique oxigéné et de gaz hydrogène (436), ou, ce qui est
la même chose, d'après la pesanteur spécifique de ces
deux derniers gaz et la composition du gaz muriatique
oxigéné, de 300$^p$ d'acide muriatique, de 88$^p$,29 d'oxigène, et de 11$^p$,71 d'hydrogène.

*Usages.* — On se sert de l'acide muriatique dans les
fabriques pour faire en grand le muriate d'étain. On
pourrait l'employer pour faire l'acide muriatique oxigéné. On commence à en faire usage pour séparer la
chaux de l'indigo dans les indigoteries de pastel. Mêlé
à l'acide nitrique, on l'emploie pour dissoudre l'or, le
platine ; on s'en sert dans les laboratoires pour faire la
plupart des muriates et séparer les corps les uns des
autres.

*Historique.* — Glauber paraît être le premier qui ait
obtenu le gaz hydro-muriatique : il a été ensuite examiné par plusieurs chimistes ; et, dans ces derniers
temps, par M. Henry ( Elémens de Chimie, t. 1, et
Bibl. britann., t. 52 ); M. Berthollet (Mém. d'Arcueil,
t. 2, p. 56); MM. Gay-Lussac et Thenard (Recherches
physico-chimiques, t. 2 ), et par M. Davy ( Bibliot.
britannique, n° 332, octobre 1809). Les travaux de ces
chimistes modernes ont eu pour objet d'y rechercher
la présence de l'hydrogène et de l'oxigène.

## De l'*Acide muriatique suroxigéné.*

465. *Propriétés.* — L'acide muriatique suroxigéné est toujours à l'état de gaz ; sa couleur est le vert-jaune très-foncé ; son odeur participe de celle du sucre brûlé et de celle du gaz muriatique oxigéné ; sa pesanteur spécifique est de 2,41744. Ce gaz rougit d'abord les couleurs bleues, et les détruit ensuite.

Exposé à une douce chaleur, l'acide muriatique suroxigéné se décompose tout à coup ; celle de la main est souvent suffisante : aussi, quand on transvase ce gaz d'une cloche dans une autre, en opère-t-on quelquefois la décomposition. Dans tous les cas, le gaz muriatique suroxigéné se transforme en gaz muriatique oxigéné et oxigène, dont le volume est, à celui qu'il occupait, comme 6 à 5 ; il détonne facilement, et donne lieu à un dégagement de calorique et de lumière, dégagement qui provient sans doute de ce que cet acide a plus de capacité pour le calorique que n'en ont ensemble ses principes constituans. De 50 parties de gaz ainsi décomposé, on retire 40 parties de gaz muriatique oxigéné et 20 parties de gaz oxigène. L'expérience doit être faite sur le mercure, pour pouvoir en recueillir et examiner les produits. On remplit un tube gradué de mercure ; on y fait passer 50 parties de gaz muriatique suroxigéné ; on le chauffe avec la lampe à esprit de vin, jusqu'à ce qu'il y ait inflammation ; alors on note le volume du gaz, et on agite ce gaz avec l'eau, qui dissout tout le gaz muriatique oxigéné, et ne dissout pas sensiblement l'oxigène.

466. *Acide muriatique suroxigéné et Corps com-*

*bustibles.* — Lorsqu'on fait détonner le gaz muriatique suroxigéné avec deux fois son volume de gaz hydrogène, les deux gaz disparaissent et se convertissent en un liquide qui n'est autre chose qu'une combinaison d'eau et d'acide muriatique.

Des charbons incandescens plongés dans l'acide muriatique suroxigéné, brûlent vivement d'abord, s'éteignent ensuite peu à peu, et donnent lieu à du gaz acide carbonique et à du gaz muriatique oxigéné : ils s'emparent donc de la portion d'oxigène qui suroxigène celui-ci.

A peine le phosphore est-il en contact avec l'acide muriatique suroxigéné, qu'il le décompose; il se forme une véritable explosion, de l'acide phosphorique, du phosphore oxi-muriaté, et un grand dégagement de lumière.

L'action du soufre sur l'acide muriatique suroxigéné est d'abord nulle à froid; mais, au bout de quelque temps, elle est instantanée et a lieu avec violence : du gaz acide sulfureux, du soufre oxi-muriaté en sont les produits.

Tous les métaux, excepté peut-être ceux des deux premières sections, sont sans action sur l'acide muriatique suroxigéné à la température ordinaire : ils doivent être tous attaqués, au contraire, par l'acide muriatique suroxigéné, à une température élevée, puisqu'alors cet acide se trouve décomposé, et que les produits de cette décomposition sont du gaz muriatique oxigéné et de l'oxigène (465). Plusieurs même s'enflamment : tels sont l'antimoine, le cuivre, l'arsenic, le fer, le potassium, le sodium. Pour enflammer l'antimoine et le cuivre, on les fait rougir et on les projette dans l'acide muriatique

T. I.                                        38

suroxigéné ; pour enflammer l'arsenic, le potassium et le sodium, on les met en contact à la température ordinaire avec cet acide, qu'on chauffe ensuite assez pour en opérer la décomposition. On s'y prend de la même manière pour enflammer le fer, si ce n'est qu'il doit être sous forme de fil très-fin.

On ne connaît point encore l'action que peuvent exercer, à la température ordinaire, les corps combustibles composés sur l'acide muriatique suroxigéné ; mais il est évident que tous ceux qui sont susceptibles d'être attaqués par le gaz oxigène ou par le gaz muriatique oxigéné, le seront, à une température élevée, par cet acide, en raison de la décomposition qu'il éprouve.

467. *Etat, Préparation, etc.* — L'acide muriatique suroxigéné n'existe dans la nature ni libre, ni combiné. On l'extrait d'un sel qui a été connu jusqu'à présent sous le nom de muriate suroxigéné de potasse, et qui paraît être un composé de cet acide et de tritoxide de potassium. A cet effet, on prend 50 à 60 grammes de muriate suroxigéné ; on les met dans une fiole avec environ 30 à 40 grammes d'acide muriatique étendu d'eau (*a*) ; on adapte au col de la fiole un tube recourbé, et ensuite on la place sur un fourneau ; on chauffe légèrement la fiole. Par ce moyen, le muriate suroxigéné se décompose peu à peu, et on obtient, d'une part, du deuto-muriate de potassium qui reste en dissolution dans la liqueur, et, d'autre part, du gaz muriatique

(*a*) Il faut employer beaucoup plus de sel que d'acide muriatique, car si l'acide muriatique était en excès, il décomposerait l'acide muriatique suroxigéné, le ramènerait à l'état de gaz muriatique oxigéné, et y passerait lui-même.

suroxigéné mêlé d'un peu de gaz muriatique oxigéné. On
recueille ces gaz sur le mercure, et on les laisse en contact avec ce métal pendant plusieurs heures, ou plutôt
jusqu'à ce qu'on juge que le gaz muriatique oxigéné soit
absorbé. Ce qui se passe dans cette opération est facile
à entendre. L'acide muriatique s'empare du tritoxide
du sel, forme, avec ce tritoxide, un deuto-muriate et
du gaz muriatique suroxigéné, et en même temps met en
liberté tout le gaz muriatique suroxigéné combiné avec
ce même tritoxide. La petite quantité de gaz muriatique
oxigéné qu'on obtient peut provenir de ce qu'on emploie trop d'acide muriatique, ou de ce qu'on élève un
peu trop la température : en effet, lorsqu'on met en
contact l'acide muriatique suroxigéné avec l'acide muriatique, le premier cède de l'oxigène à l'autre, et tous
deux deviennent gaz muriatique oxigéné (640); et l'on
a vu qu'il ne fallait que très-peu de chaleur pour décomposer le gaz muriatique suroxigéné (465). On ne
peut remplacer l'acide muriatique, dans cette opération, par aucun autre acide (a).

*Composition.* — 100 parties de gaz muriatique suroxigéné sont formées de 80 parties de gaz muriatique
oxigéné et de 40 parties de gaz oxigène en volume (465),
ou de deux parties de l'un et d'une partie de l'autre : or,
comme le gaz muriatique oxigéné contient la moitié de
son volume de gaz oxigène, il s'en suit que le gaz muriatique suroxigéné en contient les $\frac{4}{5}$ du sien : il suit encore de là, et de la pesanteur spécifique de ces gaz, que
le gaz muriatique suroxigéné est formé, en poids, de

_____

(a) La théorie que nous venons d'exposer n'est pas sans objections.
Voy. (1033.)

0,4414 d'oxigène, et de 1,9760 de gaz muriatique oxi-géné, ou de 2 fois 0,4414=0,8828 d'oxigène, et de 1,5346 d'acide muriatique.

*Historique.* — M. Berthollet, à qui l'on doit la dé-couverte des muriates suroxigénés, démontra que ces sels devaient être formés d'acide muriatique suroxigéné et de bases salifiables; mais, jusqu'à M. Davy, on avait vainement essayé d'isoler cet acide; on croyait même qu'il ne pouvait exister qu'en combinaison avec d'autres corps. C'est du Mémoire de M. Davy que nous avons extrait tout ce que nous en avons dit. (Voy. Ann. de Chimie, t. 79.)

### *Fin du Tome premier.*

# TABLE
## DES MATIÈRES.

# TABLE

## CHAPITRE SIXIÈME.

*De la combinaison des Corps combustibles les uns avec les autres; et de la division des composés qui en résultent, en trois sections.*

DES COMPOSÉS COMBUSTIBLES NON MÉTALLIQUES.

## CHAPITRE SEPTIÈME.

### DES OXIDES NON MÉTALLIQUES.   43 1

### DES ACIDES EN GÉNÉRAL.

FIN DE LA TABLE DES MATIÈRES.

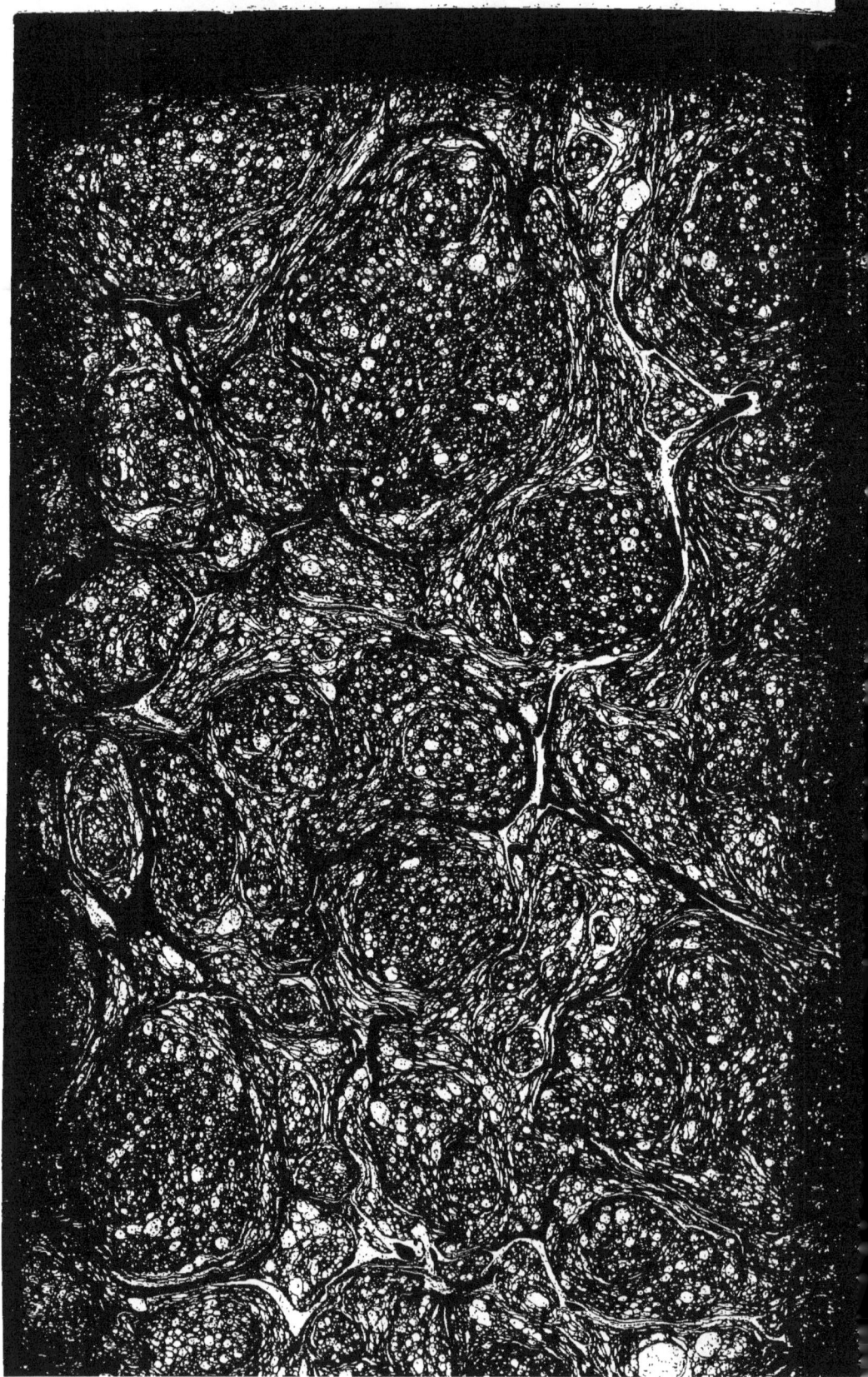

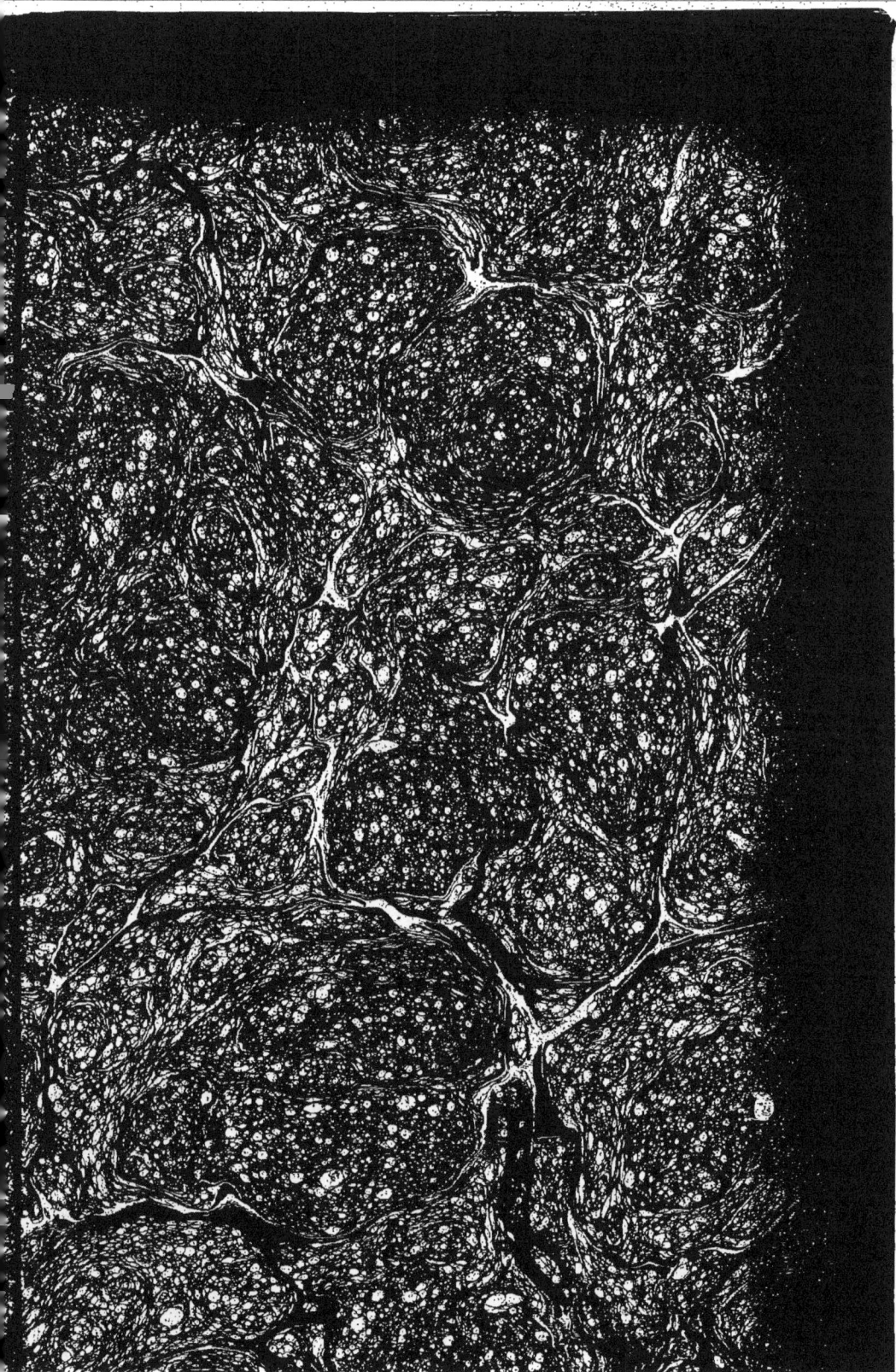

www.ingramcontent.com/pod-product-compliance
Lightning Source LLC
Chambersburg PA
CBHW060827220326
41599CB00017B/2286